小型水电站运行与维护丛书

电气设备检修

姜荣武　主编

中国电力出版社
CHINA ELECTRIC POWER PRESS

———— ···内 容 提 要··· ————

　　本书为"小型水电站运行与维护丛书"中的一个分册,全书共分为 11 章,主要内容包括电力变压器检修、高压断路器检修、高压隔离开关检修、互感器检修、绝缘子、母线、电力电缆检修、电力补偿设备检修、避雷器检修、异步电动机检修、直流系统检修,以及低压开关电器检修。

　　本书可作为小型水电站工作人员的培训教材,也可供相关技术人员学习参考。

图书在版编目(CIP)数据

电气设备检修/姜荣武主编. —北京:中国电力出版社,
2015.5

　(小型水电站运行与维护丛书)

　ISBN 978-7-5123-6989-4

　Ⅰ.①电…　Ⅱ.①姜…　Ⅲ.①水力发电站-电气设备-设备检修
Ⅳ.①TV734

中国版本图书馆 CIP 数据核字(2014)第 308697 号

中国电力出版社出版、发行

(北京市东城区北京站西街 19 号　100005　http://www.cepp.sgcc.com.cn)
航远印刷有限公司印刷
各地新华书店经售

＊

2015 年 5 月第一版　　2015 年 5 月北京第一次印刷
787 毫米×1092 毫米　16 开本　19 印张　450 千字
印数 0001—3000 册　　定价 **50.00** 元

《小型水电站运行与维护丛书》
编 委 会

主 任　李　华

委 员　孙效伟　尹胜军　姜荣武　安绍军

《电 气 设 备 检 修》
编 写 人 员

主 编　姜荣武

参 编　王洪玲

序

我国小水电近年来发展非常迅速,从 1995 年末发电装机容量 1650 万 kW,年发电量超过 530 亿 kWh,到 2011 年已建成小水电站 45 000 余座,总装机容量 5900 万 kW,年发电量 2000 多亿 kWh。目前,我国小水电遍布全国二分之一的地域、三分之一的县市,累计解决了 3 亿多无电人口的用电问题。中国小水电在山区农村的作用越来越显得重要,其自身经济效益也在逐步提高。小水电已成为我国农村经济社会发展的重要基础设施、山区生态建设和环境保护的重要手段。作为最直接的低碳能源生产方式,小水电在"十二五"期间将迎来新的发展机遇。

随着小水电事业的迅速发展和水电技术水平的不断提高,对小水电站运行与维护人员的知识、技能要求也越来越高。特别是随着新技术在小水电站的应用,需要电站运行与维护人员及时更新知识结构,从而保证小水电站安全、经济运行。为此,我们组织编写了本套"小型水电站运行与维护丛书",可满足小水电站运行与维护人员在不脱离岗位的情况下,通过对所需知识的学习提高业务水平和技能,并应用到实际工作中,以保障发电机组的安全、可靠、高效、经济运行。

本套丛书共包括《水轮发电机组及其辅助设备运行》、《水力机械检修》、《电气设备运行》、《电气设备检修》、《水电站运行维护与管理》五个分册。该套丛书密切结合小水电技术水平发展的实际,以典型小水电站的系统和设备为主线,并按 CBE 模式对丛书的内容进行了划分,按照理论上够用、突出技能的思路组织各分册的编写。丛书图文并茂、浅显易懂,并充分结合了新规程和新标准。小水电站运行与维护人员可根据自身专业基础和实际需要选择要学习的模块。

本套丛书由国网新源丰满培训中心组织编写，可作为小型水电站运行、检修岗位生产人员的培训教材，也可供水电类职业技术学院相关专业师生学习参考。

国网新源丰满培训中心希望能够通过本套丛书的出版，为我国的水电事业尽一份绵薄之力。因编写时间和作者水平所限，丛书谬误和不足之处难免，敬请广大水电工作者批评指正。

国网新源丰满培训中心

2012 年 9 月

前　言

　　电气设备是发电厂的重要组成部分，它直接影响发电厂及电力系统的安全运行。随着我国小型水电站的大量建设，电网不断拓展，电力行业队伍不断壮大。为保证电力系统安全可靠运行与不断提高电能质量，要求电力行业人员熟悉与掌握电气设备检修与维护的技能。为加速培养水电专业人才，满足水力发电各专业、各层次职工的岗位实际需要，编者根据多年从事电气设备运行、维护、检修的实际工作经验，并参考最新国家及行业的标准、规范、规程，较系统地介绍了电气设备检修的技能与工艺，使广大电力职工加深了对电气设备的理解与掌握。

　　本书在编写过程中，力求将理论、知识、实践融为一体，论述深入浅出，循序渐进，层次清晰，以最大限度满足电力工人专业水平、实践能力和综合能力等全面素质培养的需要。书中所列的检修实例，都是从实际工作中总结得来的，可帮助广大水力发电职工正确检测、诊断故障原因，提高设备检修能力及速度，从而缩短设备检修的时间，提高设备的使用周期。

　　本书在编写过程中王洪玲给予了大量的帮助，在此表示衷心的感谢。

　　本书在编写过程中，虽经反复推敲，多次修改，但因时间仓促，编者的编写水平有限，书中难免有一些缺点和错误，敬请广大读者在使用过程中提出宝贵意见，以便今后修订和完善。

编　者

2014 年 8 月 19 日

目　录

第 一 章

电气设备检修的基本内容

一、电气设备检修

电气设备检修是指，水力发电厂中对存在的各种异常或故障的电气设备进行处理，并使之恢复正常的过程。整个过程以处理缺陷为主，同时也有选择地对电气设备进行拆卸解体与组装、调整与试验以及试运行等。

（一）电气设备检修的目的

电气设备检修是保证设备安全、经济运行，提高设备可靠系数，充分发挥设备潜力的重要措施。检修的过程包括：检修前的准备、拆卸、清扫、检查、修理或更换、组装、调整与试验，以及试运行等。通过对设备进行检修，应达到以下目的：①消除设备缺陷，排除隐患，使设备能够安全运行；②保持设备的各项技术指标，延长设备的使用年限；③提高设备的利用率和效率，使设备能够经济运行。

对电气设备的检修，应贯彻"预防为主，计划检修"的方针。水电站应根据主管部门的要求，结合本单位的情况，每年编制一次年度检修计划和三年滚动计划，报主管部门批准后执行。

电气设备的检修主要是计划检修，此外还有事故检修和临时检修。计划检修主要有大修和小修两种，其中，大修是对设备进行较全面的检查、清扫和修理；小修是消除设备在运行中发现的缺陷，并重点检查易磨易损部件，进行必要的处理、清扫和试验；事故检修是指电气设备发生故障后，被迫进行的对其损坏部分的检查、修理或更换，具有突发性，一般需组织力量进行抢修，以便尽快排除故障，恢复生产。临时检修是指电气设备在运行中发现有危及安全的缺陷或异常后进行的临时性的局部检查、修理或更换。

电气设备检修完毕后，应进行调整与试验。调整是指电气设备在安装或组装就位后，为使设备达到技术指标或一定规格而进行的调节过程。试验是指按规程规定的项目和周期进行的设备性能的检测，主要有交接试验和预防性试验（有时在设备检修前需进行试验，以便检测设备健康状况和损坏程度），交接试验是在设备安装或检修后进行的试验，用以检测安装或检修的质量，判断设备能否投入运行；预防性试验是指对经过一定运行时间的电气设备，不论运行情况如何都要进行的试验，用以及时发现隐藏的缺陷及严重程度，以便及时维护及检修，防患于未然。

（二）电气设备检修的周期和项目

电气设备的检修周期是指两次同类型检修的相隔时间，它的长短取决于设备的技术状

1

况。检修项目是指检修中需要进行的各项内容。水电站主要电气设备的大修项目可分为标准项目和特殊项目两类。

标准项目是每次大修都必须进行的项目，主要内容包括：①对设备进行全面检查、清扫、测量和修理，已掌握规律的老设备可有重点地进行；②消除设备和系统的缺陷；③进行监测、试验和鉴定，定期更换零部件。

特殊项目是根据设备的具体状态有选择地进行的项目。特殊项目中，包含对系统设备结构有重大改变的技改项目（称为重大特殊项目）。

主要电气设备的小修也可分为标准项目和特殊项目两种，标准项目的内容有：消除运行中发生的缺陷；重点清扫、检查和处理易损、易磨部件，必要时，进行实测和试验。大修前的那次小修，应进行较细致的检查和记录，并据此确定某些大修项目。特殊项目要根据实际情况决定。

电力规程中对主要设备的大修与小修周期、标准项目、特殊项目以及停用天数都做了具体规定。应根据规定制定实施细则，定期检修，按时投入，切勿影响整个电力系统的稳定运行。

二、电气设备检修的工作内容

电气设备的大修，主要包括大修前的准备工作、大修的组织管理以及检修后的验收等工作内容。

（一）大修前的准备工作

大修前的准备工作主要包括以下内容。

（1）编制大修项目表。根据年度检修计划、设备运行情况、存在的缺陷、上次大修总结、小修核查结果以及决定采用的技术革新项目等，经现场查对和必要的设计、试验和鉴定后，落实检修项目。

（2）落实物质准备和检修施工场地布置。物质包括材料、备品配件、安全用具、施工机具和试验设备等。

（3）制订施工技术措施和安全措施。

（4）准备好技术记录表格，确定需测绘和校核的备品配件加工图，制订实施大修计划的网络图或施工进度表。

（5）组织各班组学习讨论检修计划、项目、进度、措施及质量要求和经济责任制等，做好特殊工种和劳动力的安排，协调班组和特殊工种间的配合工作，确定检修项目的施工和验收负责人。

（6）做好大修项目的费用预算，报领导批准及主管部门备案。

大修前一个月，检修工作负责人应组织有关人员检查上述各项工作的准备情况，开工前还应全面复查。大修工程在开工前，应落实好劳动力、主要材料、备品配件以及生产技术协作项目，检查各种施工机具、专用工具、安全用具和试验器械，并对检修场地及其环境条件做周密的选择。

（二）大修的组织管理

大修施工阶段是检修工作员紧张的阶段，必须做好下列各项组织工作。

（1）贯彻安全工作规程，检查各项安全措施，确保人身和设备安全。

（2）检查落实检修岗位责任制，严格执行各项质量标准、工艺措施，保证检修质量。

（3）随时掌握施工进度，加强组织协调，确保如期竣工。

（4）贯彻勤俭节约原则，爱护工具器械，节约原材料。

在施工中，应着重抓好关键项目的检修以及设备全面解体后和检修结尾回装阶段的综合平衡工作。设备解体后，要进行全面检查，查找设备缺陷，掌握设备技术状况。对于可能影响工期的项目以及尚需进一步落实技术措施的项目，设备的解体检查应尽早进行。设备解体后，如发现新的缺陷，要及时补充检修项目，落实检修方法。

在检修过程中，要及时做好记录，包括设备技术状况、修理内容、系统和设备结构的改变、测量数据和试验结果等，所有记录应做到完整正确、简明实用。检修工作应达到质量好、安全好、工期短、检修费用低和检修管理好等基本目标。

（三）检修后的验收

为确保检修质量，设备检修竣工后，严格执行班组、分场及厂部三级验收制度。由班组验收的项目，一般先由检修人员自检后，交班组长进行检验，班组长应全面掌握全班的检修质量，并随时做好必要的技术记录。重要工序和重要项目、分段验收项目及技术监督项目由车间进行验收。检验后应填好分段验收记录，其内容包括检修项目、技术记录、质量评价和验收双方负责人的签名。主要设备大修后的总验收和整体试运行，由厂总工程师主持。在核查分段验收、分部试运行资料并现场检查后，如质量和环境符合要求，可由总工程师发布启动和整体试运行决定。试运行内容包括各项冷态和热态试验以及带负荷试验。若没有发现缺陷，运行情况正常，由总工程师批准正式交给电力系统调度管理。

主要设备大修竣工后，检修负责人应尽快组织有关人员认真总结经验，对大修工作以及试运行情况进行总结，对主要设备进行评级和对检修工作进行评价，并在 30 天内写出大修总结报告。同时，应整理设备检修技术记录、试验报告和技术系统变更等技术文件，并归档保存。

第 二 章

变压器检修

本章讲述油浸自冷式、油浸风冷式和强迫油循环风冷变压器的拆装、检修和干式变压器的检修，图 2-1 所示为油浸自冷式和油浸风冷式变压器结构。

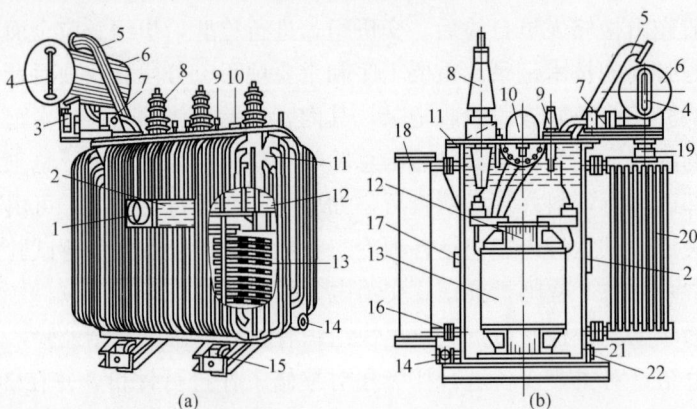

图 2-1　油浸自冷式、油浸风冷式变压器结构

(a) 油浸自冷式变压器；(b) 油浸风冷式变压器

1—温度计；2—铭牌；3—吸湿器；4—油位计；5—防爆管；6—储油柜（油枕）；7—气体继电器；8—高压套管；9—低压套管；10—分接开关；11—油箱；12—铁芯；13—绕组；14—放油阀；15—小车；16—阀门；17—信号温度计；18—净油器；19—呼吸器；20—散热器；21—接地螺栓；22—油样活门

第一节　变压器检修前的准备工作

一、人员、工器具、消耗材料的准备

1. 人员组织

变压器检修前的人员组织见表 2-1。

表 2-1　　　　　　　　　　人 员 组 织

序号	职责	人数	序号	职责	人数
1	工作负责人		5	油务检验	
2	技术负责		6	电气试验	
3	安全员		7	起重人员	
4	变电检修人员		8	工器具、材料	

具体人员数量应根据实际情况决定

2. 对主变压器进行全面调研

对主变压器进行全面调研的内容见表 2-2。

表 2-2　　　　　　　　　　对变压器进行全面调研内容

序号	调 查 内 容	责任人	备注
1	大修原因		
2	上次大修报告及遗留问题		
3	近期检修报告、试验报告、油化试验报告		
4	主变压器 3 年来运行记录		
5	有载分接开关及无载分接开关检修试验报告运行记录		
6	主变压器、有载分接开关及主要附件型号参数，主要关键零部件的形状及尺寸		
7	是否有改造项目，若有，应制定改造方案		
8	了解现存所有缺陷		
9	制定"三措"（安全、技术、质量措施）及施工方案		

3. 技术资料准备

技术资料准备见表 2-3。

表 2-3　　　　　　　　　　技 术 资 料 准 备

序号	内 容	责任人	备注
1	变压器出厂资料及检修技术资料		
2	高压套管检修工艺及标准		
3	有载分接开关及无励磁分接开关检修工艺及标准		
4	冷却器、散热器、检修工艺及标准		
5	油泵、风扇检修工艺及标准		
6	油流继电器、气体继电器、释压器、检修工艺及标准		
7	储油柜及磁力油位表检修工艺标准		
8	净油器检修工艺标准		
9	温度控制器检修工艺标准		
10	电力变压器通用小组件检修工艺标准，包括放油阀、蝶阀、吸湿器、油标、接地线		
11	其他项目		

4. 常用安全用具准备

常用安全用具准备见表 2-4。

表 2-4　　　　　　　　　　　常用安全用具准备

序号	名　　称	数　量	责任人	备　注
1	CO_2灭火器	（　）个		
2	工作服（专用）	（　）套		
3	接地线	适量		
4	绝缘鞋、手套	（　）套		
5	耐油工作鞋	（　）双		
6	护目镜	（　）副		
7	安全带	（　）条		

5. 变压器检修常用工器具准备

变压器检修常用工器具准备见表 2-5。

表 2-5　　　　　　　　　　变压器检修常用工器具准备

序号	设备、工具名称	规　　格	单位	备　注
1	绝缘电阻	500V 和 2500V	块	
2	交流电压表	0～75～150～300～600	块	
3	钳型电流表	0～30～100～300～1000	块	
4	万用表	数字 DT—830	块	
5	真空表	0～0.1MPa	块	
6	湿度表	干湿及指针式	块	
7	温度计	水银或酒精	只	
8	电桥	单、双臂式电桥各 1	只	
9	游标卡尺	0～220mm	个	
10	塞尺	0.05～2mm	个	
11	深度尺	0～500mm	个	
12	千分尺	0～75mm	个	
13	钢丝绳	视吊件重量确定		
14	钢丝绳套	视吊件重量确定	个	
15	白棕绳	视吊件重量确定		
16	滑轮	视吊件重量确定	个	
17	轻型铝合金梯子	3m 和 5m	把	
18	胶皮电源线	50A、100A、300A	m	
19	临时电源用开关	视检修电源容量定	个	
20	低压行灯	36V	个	附行灯变压器
21	滤油纸打孔器		个	
22	油桶	200L、100L	只	

续表

序号	设备、工具名称	规　　格	单位	备　注
23	开口油桶	200L、100L	只	
24	油盘		只	
25	油漏斗		个	
26	力矩扳手		把	
27	穿心螺栓专用扳手		把	
28	管钳	356～914mm	把	
29	各种活动扳手	250～450mm	把	
30	套筒扳手		套	
31	内六角扳手		套	
32	枕木	200mm×250mm×2500mm	个	需要时
33	起重搬运用滚杠	ϕ100	根	需要时
34	千斤顶	100kN、200kN、500kN	只	需要时
35	各种规格螺丝刀		把	
36	各种规格扳手	视加工件规格确定	个	
37	各种规格丝锥	视加工件孔径确定	个	
38	起重用吊环	视吊件重量确定	个	
39	割胶垫专用工具	画规、割刀	套	
40	喷灯		只	
41	电烙铁	70W、150W、300W	只	
42	各种规格油盘		个	
43	三角锉		把	
44	平锉		把	
45	圆锉		把	
46	半圆锉		把	
47	组锉		把	
48	大锤		把	
49	手锤		把	
50	铜锤		把	
51	木锤		把	
52	电炉	1～2kW、220V	只	
53	钢丝刷		把	
54	毛刷		把	
55	轴承拆卸专用工具		套	特制

续表

序号	设备、工具名称	规　格	单位	备　注
56	喷枪		把	
57	排风扇	视变压器容量确定	台	器腔通风
58	木箱		个	装螺钉用
59	电焊工具		套	需要时
60	气焊工具		套	需要时
61	铁画规		个	
62	氧气表		块	
63	剥线钳		把	
64	电动扳手			
65	手电钻	220V交直流两用	台	

6. 主要消耗材料准备

主要消耗材料准备见表2-6。

表2-6　　　　　　　主 要 消 耗 材 料 准 备

序号	名　称	规　格	数量	备　注
1	棉纱			
2	面粉（按需配备）			
3	白布带			
4	钢锯条			
5	海绵			
6	铁丝	8、10号		
7	砂纸	200、300		
8	塑料带			
9	清洁剂			
10	密封条	$\phi25$		
11	破布			
12	酒精			
13	绝缘胶布			
14	电焊条			或按需准备
15	塑料布			
16	滤油纸	300mm×300mm、280mm×280mm		
17	绸布			
18	毛巾			
19	洗衣粉			
20	602胶			
21	各种密封垫和更换配件			按需准备留足备用
22	其他消耗材料			按需准备

二、工作人员应学习的内容

工作人员应学习的内容见表 2-7。

表 2-7　　　　　　　　　　工作班负责人及工作班成员应学习的内容

序号	内　　　容	责任人	审查部门	备　注
1	工作人员应进行必要的安全规程学习和现场安全知识教育,并经考试合格后方可进入工作现场			
2	组织工作班成员讨论"三措"及施工方案的安全及技术措施,并结合现场认真学习			
3	各班工作负责人应根据本班工作内容进行必要技术、安全学习,并根据工作内容制订本班工作计划及施工进度			

三、主变压器检修"三措"及施工方案编制

（1）主变压器检修"三措"及施工方案的编制应由检修单位进行；方案的审查应由上级主管（生技、安监）专责进行；方案的批准应由主管生产的领导批准。

（2）主变压器检修主要危险点预控措施见表 2-8。

表 2-8　　　　　　　　　　主变压器检修主要危险点预控措施

序号	危 险 点	控 制 措 施
1	作业现场情况核查的不全面、不准确	（1）布置作业前,必须核对图纸,勘察现场,彻底查明可能向作业地点反送电的所有电源,并应断开其断路器、隔离开关
		（2）对大型作业、带电作业等较为复杂的检修项目,有关人员必须在工作前深入到现场,对现场周围的带电部位、大型施工器械的行走路线和工作位置以及对施工构成障碍的物体等核查清楚,以便确定可行的施工方案,查明作业中的不安全因素,制订可靠的安全防范措施
		（3）对设备缺陷的处理工作必须在工作前将缺陷发生的原因、处理方式以及处理工作时对现场条件的要求,工作中的安全注意事项等核查清楚
2	作业任务不清	（1）对大型作业、带电作业等较为复杂的施工项目,应按有关规定编制施工安全技术组织措施计划,并需组织全体作业人员结合现场实际认真学习
		（2）对常规的一般维护性作业,班组长要在作业前将人员的任务分工,危险点及其控制措施予以详尽的交待
		（3）做好事故预想
3	作业组的工作负责人和工作班成员选派不当	（1）选派的工作负责人应有较强的责任心和安全意识,并熟练地掌握所承担的检修项目和质量标准
		（2）选派的工作班成员需能在工作负责人指导下安全、保质地完成所承担的工作任务
4	安全用具、工器具不足或不合规范	检查着装和所需使用安全用具是否合格齐备
5	无票作业	认真执行工作票制度和保证安全的组织措施,坚决制止无票作业
6	监护不到位	（1）工作负责人正确、安全地组织作业,做好全过程的监护
		（2）作业人员做到相互监护、照顾和提醒

续表

序号	危险点	控制措施
7	人身触电	(1) 作业人员必须明确当日工作任务、现场安全措施、停电范围
		(2) 现场的工具，长大物件必须保持与带电设备安全距离并设专人监护
		(3) 加电压时操作人应站在绝缘垫上，要征得试验负责人的许可后方可加电压，加电压过程中应有人监护并准确发令
		(4) 现场要使用专用电源，不得使用绝缘老化的电线，安全开关要完好，熔丝的规格应合适
		(5) 低压交流电源应装有触电保安器
		(6) 电源开关的操作把手需绝缘良好
		(7) 接线端子的绝缘护罩齐备，导线的接头须采取绝缘包扎措施
8	起重工器具安全载荷选择不当或在吊装过程中失灵；被吊件悬挂不牢靠使被吊件脱落、碰、砸伤作业人员	(1) 工作时应正确选用起重工器具
		(2) 由专人统一指挥，使用指挥人和吊车司机共同认定的指挥方式
		(3) 吊绳悬挂、捆绑牢固，吊绳夹角不大于60°被吊件刚一吊起时应再次检查其悬挂和捆绑情况，确认可靠后再继续起吊
9	被吊件在吊装过程中摆动、抖动，挤、碰伤作业人员	(1) 被吊件的四角应系缆绳并指定专人控制
		(2) 被吊件和吊车吊臂下严禁站人，作业人员头部和手脚不得放在被吊件下方
10	使用梯子不当造成摔伤	(1) 梯子必须放置稳固，由专人扶持或专梯专用，将梯子与器身等固定物牢固地捆绑在一起
		(2) 上下梯子和设备时须清除鞋底油污
11	高空坠落	(1) 高空作业必须系好安全带，安全带的长度及系的位置必须合适
		(2) 严禁将物品上下抛掷，防止高空人员失手晃下。要按规定使用梯子
12	发生火灾	(1) 作业现场严禁吸烟和明火，必须用明火时应办理动火手续，并在现场备足消防器材
		(2) 作业现场不得存放易燃易爆品

(3) "三措"及施工方案具体内容见表2-9。

表2-9　　　　　　　　　　"三措"及施工方案具体内容

_____水电站_____主变压器　　　　　　　　　　检修日期_____

铭牌及有关数据	形　式		油重	
	接线组别		器身重	
	额定电压 kV		吊重	
	额定电流 A		运输重	
	厂家		总重	
	出厂日期		出厂编号	

检修类别						
大修组织措施	领导小组	组长			副组长	
		成员				
	现场组织措施	领导人			技术员	
		负责人			安全员	
		质检员			起重指挥	
		工具保管			地勤	
		成员				
检修前设备简况	（以×××水电站 66kV 变压器为例）					
	本变压器是沈阳变压器厂于 2004 年 5 月制造出厂的，运行地在×××水电站，其编号×××水电站 1 号主变压器。该变压器除冷却器部分渗油严重外，内部铁芯有故障，须进行大修					
	填写人			日期		
安全措施	（一）应拉的断路器及隔离开关					
	（1）101 断路器及两侧 1011、1012、111 隔离开关并断开其操作能源					
	（2）断开 1001 中性点隔离开关					
	（二）应装的接地线					
	（1）合上 101167 接地隔离开关					
	（2）合上 11167 接地隔离开关					
	（3）在 1 号主变压器高压侧挂地线一组					
	（4）在 1 号主变压器低压侧挂地线一组					
	（三）详细安全措施见工作票及危险点控制表					
	（四）退出 1 号主变压器各种保护连片					
	填写人			日期		
技术措施	（1）开工前应按《电业安全工作规程》办理合格发电厂第一种工作票，并认真填写大修的危险点控制表					
	（2）起吊作业前应首先检查机械及其他起吊设施的完好状态					
	（3）起吊作业开始用的钢丝绳及锈绳应无断股，载荷应符合规程要求，U 形环应装配齐全并无裂痕					
	（4）起吊作业时应有专人指挥					
	（5）所有检修、试验设备外壳应可靠接地，试验工作开始前，由现场总工作负责人监督、指挥检修人员暂时撤离工作现场					
	（6）加电压设备与检修设备要有明显的断开点，备试设备与检修间应按试验电压要求，保持足够的安全距离					
	（7）工作人员不得擅自拆除接地线或变更安全措施					
	（8）当天工作结束后各工作班组应清理工作现场，并断开所有的自用工作电源					

技术措施	(9) 次日开工前总工作负责人应会同各班组工作负责人以及运行值班员，重新检查所做安全措施是否有变更、是否齐全完整、是否符合规程要求			
	(10) 主变压器大修工作，应在主变压器预试工作、油化工作结束后进行。其他工作应结合现场实际情况安排工作顺序			
	(11) 多班组工作的协调由总工作负责人会同各班组负责人进行协调			
	(12) 工作现场严禁烟火，并配备充足的灭火器材，并摆放合理			
	(13) 高空作业必须系好安全带，且安全带质量可靠			
	填写人		日期	
工作进度	计划时间	工作内容	完成时间	检修班组
		电气预试		试验专业班组
		油气水化验		油化专业班组
		主变压器二次附件拆除		二次作业班组
		主变压器油抽出过滤		变压器专业班组
		主变压器吊芯及检修		变压器专业班组
		主变压器检修		变压器专业班组
		铁芯接地等试验		试验专业班组
		真空注油及循环		变压器专业班组
		主变压器主附件安装		变压器专业班组
		所有二次附件的调试		二次作业及保护专业班组
		大修后试验（电气、油气水）		试验专业班组
		主变压器套管取油样		油化专业班组
		综合调试、消缺、清理现场、验收		相关班组
		结束工作票		相关班组
方案审评				
	负责人		日　期	
工作任务完成及其变更情况				
	负责人		日　期	
工作评价				
	班长		日　期	
遗留问题				
	填写人		日　期	
大事栏				
	填写人		日　期	

四、工前准备工作程序

(1) 资料收集，了解运行状况，制定施工方案。

(2) 大型工器具提前进入变电站。

(3) 申请工作。

（4）办理工作票，并提前将工作票送交发电厂运行分场。

（5）许可工作后宣读工作票，交待安全措施，分配工作。

（6）工作开始。

五、检修前的试验

1. 试验过程中的危险点预控及人员组织、工器具准备

（1）危险点分析及控制措施见表2-10。

表 2-10　　　　　　　　　　危险点分析及控制措施

序号	危险点	控　制　措　施
1	试验任务不清楚	（1）坚持班前会制度
		（2）熟悉试验方案，了解工作任务，安全注意事项和措施
		（3）做好事故预想
2	安全用具、工器具不足或不合规范	检查着装和所需使用安全用具是否合格齐备
3	无票作业（试验）	认真执行工作票制度和保证安全的组织措施，坚决制止无票作业
4	工作地点不清，停电范围、任务不清	全体试验人员列队宣读工作票，试验人员必须明确工作票所列工作内容和工作范围及安全措施
5	监护不到位	（1）工作负责人正确、安全地组织作业，做好全过程的监护
		（2）作业人员做到相互监护、照顾和提醒
		（3）作业人员必须明确当日工作任务、现场安全措施、停电范围
		（4）现场使用的工具，长大物件必须保持与带电设备安全距离并设专人监护
6	人身触电	（1）加电压时操作人应站在绝缘垫上，要征得试验负责人的许可后方可加电压，加电压过程中应有人监护并准确发令
		（2）现场要使用专用试验电源，不得使用绝缘老化的电线，安全开关要完好，熔丝的规格应合适
7	高空坠落	（1）高空作业必须系好安全带，安全带的长度及系的位置必须合适
		（2）严禁将物品上下抛掷，防止高空人员失手晃下，要按规定使用梯子

（2）人员组织。

（3）主要工器具如下。

1）仪表。兆欧表、电压表、钳形电流表、直流微安表、万用表。

2）仪器。介损测试仪、直流高压测试仪、直流电阻测试仪、分接开关测试仪、组别变比测试仪、接触电阻测试仪、试验变压器、调压器、单臂电桥。

3）工器具。电源线、语音报警箱、线箱、温度计、梯子、围栏、绝缘杆、绝缘垫、绝缘台、工具箱、记录纸。

（4）技术措施和安全措施如下。

1）技术措施主要包括：① 根据主变压器预试、大修、交接的试验项目要求选择相应的仪器仪表，不得缺项、漏项；② 对试验数据必须进行认真分析、比较、判断，如存在问题

13

应立即向上级技术管理部门汇报；③ 各单项试验必须按工作程序严格执行。

2）安全措施主要包括：① 严格执行现场安全工作规定；② 严格执行现场工作危险点控制。

2. 主要试验项目

按预防性试验项目进行，必要时可增加其他试验项目（如特性试验，高压局部放电试验等）供大修后进行比较。主要试验项目如下。

（1）测量绕组的绝缘电阻和吸收比或极化指数。

（2）测量绕组连同套管一起的泄漏电流。

（3）测量绕组连同套管一起的介质损耗角 tgδ。

（4）本体及套管中绝缘油的试验。

（5）测量绕组连同套管一起的直流电阻（所有分接头位置）。

（6）套管试验。

（7）测量铁芯对地绝缘电阻。

第二节　变压器的拆装

变压器大修时，或者故障变压器经过检查和试验确定是内部缺陷或故障时，都应将变压器的器身吊出检查并检修。吊器身是变压器检修中技术性很强的一项工作，本节对变压器的拆装进行介绍。

一、变压器的拆卸

1. 吊器身前的准备工作

（1）吊器身应在空气相对湿度不大于 75% 的良好天气下进行，且无灰烟、尘土、水气，不要在雨雾天或湿度大的天气下起吊器身。如果检修任务紧迫，必须在相对湿度大于 75% 的天气起吊时，则应采取措施使变压器铁芯温度（按变压器油上层油温计算）比空气温度高 10℃ 以上，或者保持室内温度比大气温度高 10℃ 而且铁芯温度不低于室内温度，这样可以避免器身的绝缘吸潮而降低其绝缘。

（2）起吊前，应详细检查和校对起吊设备的起重能力，对起吊所用的工具、导链、钢丝绳、挂钩等必须严格检查，并具有一定的安全系数。起吊时，应严防因钢丝绳强度不够而发生重大事故。钢丝绳与铅垂线之间夹角不能大于 30°，以免钢丝绳受张力过大或将吊板（箱盖）拉弯，如图 2-2 所示。当该角度过大时，应适当加长钢丝绳或加木撑，采用如图 2-2（a）所示的起吊方法。当起吊绳套碰及器身的零件时，可采用辅助吊架。当采用图 2-2（b）所示的临时吊架时，对吊架的稳定度以及拉绳的质量要进行详细的检查，并核对吊架的高度是否能满足起吊要求。采用汽车起重

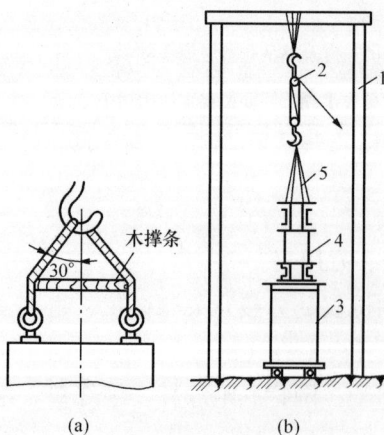

图 2-2　吊器身示意图

（a）撑条吊器身；（b）吊架吊器身

1—吊架；2—滑轮；3—变压器油箱；
4—器身；5—钢丝绳

时，应注意起重臂伸长的角度，以及起重过程中回转角度与附近带电设备间的安全距离。

（3）吊器身过程中应监视空气的相对湿度，控制变压器器身暴露在空气中的时间，器身暴露在空气中的时间根据 DL/T 573—2010《电力变压器检修导则》的规定不应超过以下值：空气相对湿度小于或等于 65％时为 16h；空气相对湿度小于或等于 75％时为 12h。

（4）起吊时一定要安排专人指挥，油箱四角要有人监视和扶护，使器身（或钟罩）保持平稳。防止铁芯和绕组及绝缘部件与油箱碰撞损坏。

钟罩式变压器在起吊钟罩时，要严格防止钟罩在空中摆动，否则会撞坏器身，为此可以在油箱底座上临时安装几根定位棒，控制钟罩在吊起高度的范围内垂直升降。此外，还必须注意制造厂家的一些特殊要求。

（5）发电厂、变电站在现场检修前应办理工作票手续。

2. 吊器身的工艺程序

完成起吊的准备工作之后，可按以下程序起吊器身。

（1）变压器停电后，拆去变压器的高低压套管引线；断开风扇、温度计、气体继电器等的电源，并把线头用胶布包好，做好记号以便检修后组装。拆掉变压器接地线及变压器轮下垫铁，在变压器轨道上做定位标记，以使检修后变压器容易就位。

（2）由专人统一指挥，将变压器运至检修现场。对就地检修的变压器，应在吊器身前搭好工棚、吊架和工作架。

（3）根据现场设备条件，按照试验规程规定：对变压器进行检修前的各项试验，并做好试验记录。若试验结果按 DL/T 596-1996《电力设备预防性试验规程》要求不合格，或显著地劣于前次试验的结果，应将不合格项目列为检修计划。

（4）放出变压器油，对固定散热管的油箱式变压器，将其油面放至略低于箱沿便可。对可拆卸散热器的变压器，需要拆卸散热器时，要将散热器两端蝶阀关闭，再从散热器下端的放油塞将散热器内的油先放尽。如散热器内的油放不完，说明蝶阀关不严，此时还要将变压器油放至散热器下端的连接管以下。对钟罩式变压器，要将油全部放尽。

（5）拆卸有碍起吊的部件，如套管、油枕、防爆管、风扇电动机、散热器、分接开关操作机构、净油器、温度计和箱盖螺栓。冷却器、防爆管、净油器及油枕等部件拆下后，应用盖板密封。拆卸的螺栓、零件应用去污剂清洗，如有损坏的应修理或更换，然后分类妥善保管，以防止丢失或损坏。

拆吊 60kV 及以上电压等级的套管时，应先拆掉套管与绕组的连接线。开启型套管可拨出圆销子，密闭型套管可旋掉螺帽，然后拆掉升高法兰与器身间的固定螺钉，拆下套管下部外层的绝缘筒（有的套管下部没有绝缘筒），绑扎和调整好绳索，如图 2-3（a）所示。起吊时要将瓷套与玻璃油

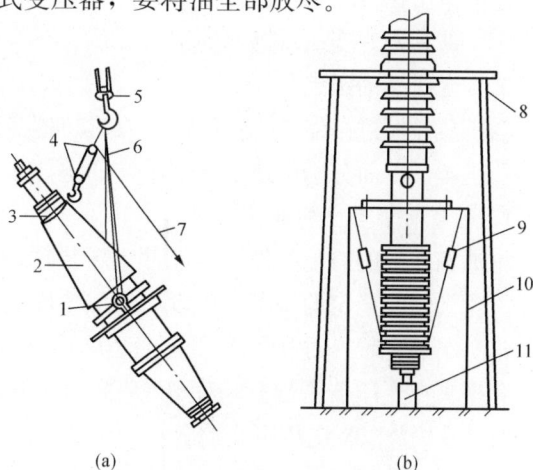

图 2-3　套管拆吊和检修作业示意图

（a）套管拆吊；（b）套管检修作业架
1—吊环；2—套管；3—绳扣；4—滑轮组；5—起吊机械的吊钩；6—固定吊绳；7—调节吊绳；8—工作台；9—双头螺栓；10—套管架；11—千斤顶

虫用麻布包裹好，以防被钢丝绳磨损或碰伤，起吊时应注意导电管两端不受外力和防止碰撞。套管从箱盖上吊出后，充油套管要拆去升高法兰，然后将其倒置平放在架子车上，运到检修现场后，需垂直稳妥地放盖在管架上，以防损坏，如图 2-3（b）所示。

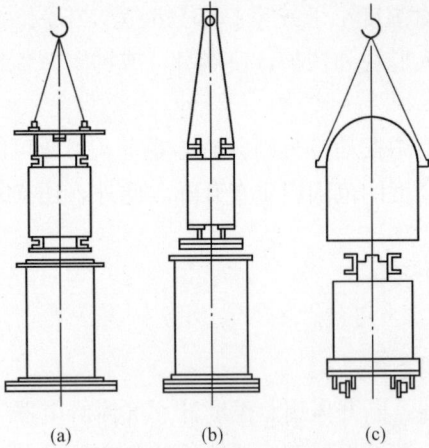

图 2-4　变压器吊器身
(a)、(b) 箱式变压器；(c) 钟罩式变压器

拆卸无载分接开关操作杆时，应记住分接开关的位置并做好标记，对有载分接开关拆卸时，必须置于中间位置或按厂家规定执行。

（6）吊器身时，对容量为 3200kVA 及以下的配电变压器，可将箱盖连同器身一起吊出，如图 2-4（a)所示。对变压器容量大于 4000kVA 的变压器，由于器身较重较长，箱盖也长，为了避免箱盖起吊后变形，应先拆掉器身与顶盖之间的连接物，先将箱盖吊出，再吊器身，如图 2-4（b）所示。起吊时钢丝绳应挂在变压器顶盖上的专用起吊环上，刚分离时，应再次检查悬挂及捆绑情况，确认可靠后继续起吊。起吊过程中速度不宜过快，并掌握重心防止倾斜。

器身起吊后，用枕木将其垫稳在油箱沿上，并使吊索在略受力的状态之下，严禁将器身悬吊空中检修。如果尚需在油箱内作业，则应将器身吊置于干净的塑料布上，用枕木垫稳。重量大的器身可移动起吊设备，把器身吊至指定的地点进行检修。如果起吊设备不能移动，则在吊起器身以后将油箱拉走，然后落下器身。当器身下落至地面 200～300mm 时，停止一段时间，在器身下面放集油盘接残油，以减少变压器油的损耗场，且亦可保持现清洁。待残油滴净后，移走集油盘，垫上枕木，把器身放在枕木上进行检修。

对钟罩式变压器，只需吊起钟形箱罩，如图 2-4（c）所示。钟罩吊起后，应移至近旁，严禁把钟罩吊在器身上空进行器身检修。

（7）认真做好变压器拆卸的记录工作。

二、变压器的组装

变压器在经过吊器身检修后，应及时将器身装回油箱，装上箱盖和其他附件，这称为变压器的组装。下面分别讲述变压器组装的主要步骤、工艺要求和注意事项。

1. 组装油箱盖上的部件

将油箱盖上的修复部件或换部件重新装复，装复时原来的密封垫圈一律换上质量优良、耐油、化学性能稳定的垫圈。压紧后一般垫圈应压缩原来厚度的 1/3 左右。

（1）组装套管。对 0.4kV 低压套管，利用导电杆下端焊上的定位钉和上端的螺母将上下瓷套串夹在变压器箱盖上。对 10kV 高压套管，中部有固定台，用压钉卡装在变压器箱盖上。对 60kV 及以上电压级充油套管，组装时，应按解体的相反顺序进行组装，注入合格的绝缘油，进行绝缘试验。组装时要求导电杆应处于瓷套中间位置，不得偏斜。拧紧法兰螺钉时，瓷套缝隙要保持均匀，防止局部受力使瓷套裂纹。紧固油面计压盖螺钉时，防止玻璃破损。为防止油氧化，玻璃油面计外表应涂刷银粉，套管与箱盖的接合处有橡胶密封垫圈，应组装严密防止渗漏油。套管顶部的放气螺孔，注油时应打开，将套管内空气排净，待油溢出后，再拧紧堵塞螺钉，以防套管内存有的空气在强电场作用下而被击穿。

对 110~220kV 的油浸纸质电容式套管，组装前应先将瓷套中部法兰预热加温至 80~90℃，并保持 3~4h 以排除潮气，再按拆卸时相反顺序进行组装。组装时要求电容芯子温度应高出气温 10~15℃。所有零部件应洁净完整无缺。套管密封要求良好，无渗油，油位符合标准。

（2）组装分接开关。对无载分接开关，把开关操动机构罩和安装圆螺母拆去后，连带密封垫圈伸入箱盖开孔中，使定位钉与箱盖上卡板相碰，再拧紧固定螺母，调整定位后即可。组装后要求机械转动灵活，转轴密封严密，固定可靠，无卡滞。转动处应加适量的润滑油。开关所有固件均应拧紧，无松动。开关的上部指示位置与下部实际接触位置一致，并通过电气试验加以验证。

对有载分接开关，我国自产和国外引进的类型较多，组装时，应按厂家说明书的要求进行。

（3）组装储油柜（油枕）和气体继电器。对普通式储油柜（油枕），将储油柜（油枕）吊装在支架柜脚上，插上螺栓，带上螺母，先不要拧紧，待到联管法兰与箱盖连接好后再调整且拧紧。

对胶囊式等其他类型的储油柜（油枕），对照厂家说明书，按拆卸时相反顺序进行组装。凡组装好的储油柜（油枕），要求密封良好无渗漏，油箱和储油柜（油枕）间的连接管的升高坡度和顶盖沿气体继电器方向的升高坡度均应符合要求。

（4）组装呼吸器。对新装呼吸器，将其端部罩子拧下，拆去密封垫后再回装罩子。对检修的呼吸器，应检查罩内油面是否达到油面标记；装入呼吸器内的硅胶或氧化钙在顶盖下面应留有 10~15mm 的空隙，硅胶应显蓝色，再将呼吸器安装在储油柜（油枕）与呼吸器连接的法兰下，要求拧紧，使呼吸器不能摇晃。

（5）组装温度计。变压器温度计结构如图 2-5 所示。对插入式水银温度计，常装于油箱顶盖的低压侧。应先将箱顶的温度计座清理干净，注入变压器油，然后把温度计插入旋紧，如图 2-5（a）所示。

（6）装复变压器绕组引线与套管的连接，以及与分接开关的连接。接线时一定要对准原记号，置于原来拆卸时的挡位。要求接线无误，各引线应保持绝缘距离。

2. 器身下箱

器身下箱之前应对器身进行全面检查。器身应清洁，无粉尘、油垢、污秽、纸条及布带等杂物，铁芯各部位绝缘，如夹件绝缘、垫脚绝缘和旁螺杆绝缘等应良好。所有紧固件尤其是引线支架的紧固件要再次拧紧，绕组垫块无松动。再次检查引线与绕组、油箱、夹件间及

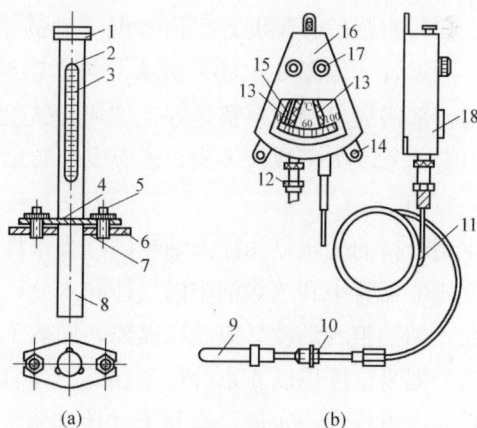

图 2-5　温度计组装图

（a）水银温度计组装；（b）信号温度计

1—上盖；2—外罩；3—温度计刻度；4—钢法兰；
5—螺杆；6、7—油箱盖；8—测温筒；9—测温管；
10—管接头；11—金属软管；12—接线端子；13—指
位指针；14—固定孔；15—指针；16—外壳；
17—调节螺钉；18—表盘

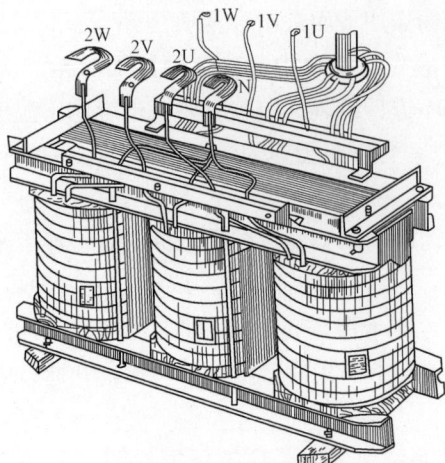

图 2-6　配电变压器器身组装

引线间绝缘距离，如图 2-6 所示。

检查油箱应干净，无杂物。全面检查完毕后，再用合格的变压器油对器身进行全面的冲洗。

起吊器身下箱时，器身要保持平稳，四周要有人员扶护，不得碰坏引线。定位钉应准确地插入铁芯垫脚的中心孔。拧紧箱沿螺栓，使箱盖略有凸起。如果箱盖出现下陷现象，则应调整下吊螺杆，以满足略有凸起的要求。

3. 组装散热器、净油器和信号温度计

(1) 对可拆卸式风冷散热器和强迫油循环风冷却器，先将蝶阀全部关闭，然后将连接法兰上的临时封闭板拆去。由起重机把散热器吊起垫上橡胶皮圈，分别将上下联管的法兰调整定位，拧紧其螺栓。

将检修好的风扇全部装上。连接电缆要用有耐油性能好的塑料电缆，并穿于金属蛇皮软管内。电缆用卡子固定于焊接在油箱上的小支架上。接线完毕后，用 500V 绝缘电阻表测量绝缘电阻，其数值不能低于 0.5MΩ。将电扇通电试运转 1h，运行中检查若有噪声、振动和摩擦现象，必须加以调整。

强迫油循环风冷却器还要装上潜油泵、冷却器和控制箱，各冷却器组都应用油漆标出显著的编号。

(2) 组装净油器。组装前，要把干燥的吸附剂硅胶装入罐内，硅胶装罐前筛去杂质、灰土和碎屑。安装好以后，打开连接蝶阀将油放入，同时旋开上部放气塞排放空气，至油流出即将空气排尽便旋紧放气塞，将连接阀关闭。

(3) 组装信号温度计。信号温度计的指示表头装于变压器油箱侧面，便于运行人员观察。测温管〔如图 2-5 (b) 所示〕与水银温度计一起装于油箱顶盖上。表头的指针按设计或运行部门提出的定值整定好，如风冷式变压器在 45℃ 风扇停转，55℃ 风扇启动，85℃ 发出报警信号。为了保护表头，还应安装防雨罩。

4. 注油

用合格的变压器油注入油箱内。当条件具备时，可采用真空注油。真空注油能有效地除去变压器器身中和绝缘油中的气体和水分，对于提高变压器的绝缘水平有重要意义。真空注油时，储油柜 (油枕) 应予以隔离，即取下安全气道隔膜，临时用铁板封闭。注油时，油温应高于器身温度以防止水分的凝结。真空注油时间一般不少于 6h，因为适当控制流量，可使真空度维持在一定值，有利于气体和水分抽出，变压器真空度一般不低于 4.65×10^{-4}Pa (相当于 350mmHg)。不同型号的变压器抽真空的极限允许值：35kV 变压器容量在 4 000～31 500kVA 不超过 0.051MPa；110kV 变压器容量在 16 000kVA 时不超过 0.051MPa；220～330kV 变压器不超过 0.101MPa。在抽真空时要监视油箱的弹性变形程度，其最大值不得超过壁厚的 2 倍。其方法可在变压器基础上固定一测杆，杆上装一测针，抽真空前测针与油箱刚刚接触，抽真空过程中可以通过测量测针与油箱的间隙来判断油箱变形程度。注油后变压器应继续维持 2h 真空。注油时应从变压器油箱下部油阀进油，这样便于气体排出，而加注补充油时应通过油枕注入，防止气体积存于器身某一位置或气体继电器中，引起局部绝缘降低或误动作。油应加到稍高于规定油位处，因为要考虑到油的充填空隙，还要观察油表指示是否正确，与实际油位是否相符。

注油即将完毕时，应对油箱、套管、升高座、气体继电器、散热器、净油器及安全气道等处的放气孔多次排气，直至无气溢出为止，并重新密封好气孔。

5. 电气试验

注油后将变压器静置24h，做检修后的各项电气试验。

6. 安装

把变压器运回原安装位置，对准检修前的定位记号，变压器安装就位后，应使变压器顶盖沿气体继电器的气流方向有1%～1.5%的升高坡度，如图2-7所示。其目的是使油箱内产生的气体易于流入气体继电器。

变压器就位后，用如图2-8所示止轮器和螺钉将变压器固定牢固。

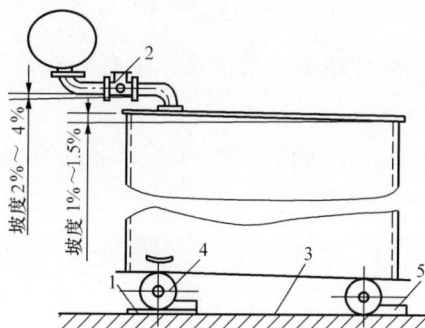

图 2-7　箱盖和气体继电器的安装坡度

1—垫铁；2—气体继电器；3—轨道；

4—底架上的轮子；5—制动铁

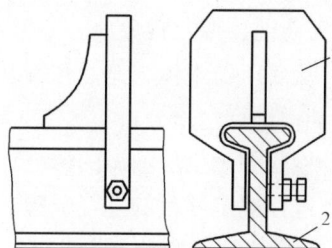

图 2-8　止轮器安装示意图

1—止轮器；2—铁轨

7. 接好套管引线

连接风扇电动机电源，并再次校对转向。连接气体继电器和信号温度计电源，连接好接地线。

8. 做好组装记录

记录变压器每个部件安装的时间、顺序，试验的数据，油位的高度，以及绝缘电阻。

第三节　变压器小修

一、变压器小修周期和项目

1. 变压器小修的周期

（1）发电厂的主变压器和厂用变压器每年至少一次。

（2）配电变压器每年一次。

（3）安装在特别污秽地区的变压器，其小修周期应在现场规程中予以规定。

2. 变压器小修的项目

（1）检查并清除已发现的缺陷。

（2）检查套管引线的接线螺栓是否松动，接头处是否过热。

（3）检查储油柜油位是否正常，油位计（油位表）是否完好、明净，并排出集污盆内的油污。

（4）检修变压器油保护装置及放油阀门。

（5）检修冷却器、储油柜、安全气道及其保护膜。检查安全气道防爆膜是否完好，清除压力释放阀阀盖内沉积的灰尘、积雪等杂物。

（6）检查套管密封、顶部连接帽密封衬垫，检查瓷绝缘并清扫。

（7）检修、试验各种保护装置、测量装置及操作控制箱。

（8）检查有载分接开关操作控制线路、传动部分及其接点动作情况，并清扫操作箱内部。

（9）充油套管及本体补充变压器油。

（10）油漆及附件的检修、涂漆。

（11）检查呼吸器，更换失效变色的干燥剂。

（12）清扫冷却系统，检查散热器有无渗油，冷却风扇、潜油泵、水泵工作是否正常，冷油器有无渗油、漏水现象。

（13）从变压器本体、充油套管及净油器内取油样做简化试验，自变压器本体及电容式套管内取油样进行色谱分析。

（14）检验测量上层油温的温度计。

（15）进行规定项目的电气试验。

3．现场检修时，重点检修内容

（1）检查导电排的紧固螺栓是否有松动现象；导电排的接头有无过热现象；如贴有示温蜡片时，应检查是否有熔化或即将熔化的现象。

（2）清扫套管的瓷裙，检查瓷裙外表有无放电痕迹，表面有无碎裂破损现象。

（3）清扫变压器的箱壳，并检查有无渗漏油的地方，如有，应尽量设法予以消除。

（4）检查防爆管的薄膜是否完好。

（5）检查全部冷却系统的设备是否完好。例如，对自冷式变压器应清扫散热器表面的积灰，检查焊缝处有无渗漏油的地方；对风冷式变压器除与自冷式变压器相同的检查项目外，还应检查冷却风扇的工作情况是否正常；而对强迫油循环风冷式变压器，还应检查潜油泵的工作情况是否正常；对强迫油循环水冷式变压器，则应检查潜油泵及冷却水泵的工作情况是否都正常，冷却器的外表有无渗漏油和渗漏水的现象。

（6）检查气体继电器有无渗漏油的现象，阀门的开闭是否灵活，动作是否正确、可靠，控制电缆和继电器触头的绝缘电阻是否良好。

（7）检查储油柜的油面是否正常，油位计的表面应擦得清晰、透明，以便观察。应放掉储油柜底部集污盆内的污油，同时要检查吸湿器的吸湿剂是否失效。

（8）对变压器各部位，例如本体、净油器、充油套管等处，均应取油样做电气绝缘强度试验和化学简化试验。

（9）测量上层油温的温度计时，应拆下进行校验，并检查测温管内是否充满变压器油。

（10）做变压器绝缘预防性试验。

二、采集油样和更换硅胶

1. 采集油样

采集油样做变压器油试验，需要事先采集油样，采集油样正确与否直接影响油试验的真实性、准确性，因此，对采集油样的容器、采集油样方法、油样保存和运输等提出下列要求

（1）采集油样的容器选用带磨砂玻璃塞的无色玻璃瓶，或用 100mL 全玻璃注射器以及小口瓶，油介质因数测量要用遮光瓶。

（2）油样容器的清洗工作。主要包括以下两个方面。

1）取油样瓶在取样之前要用溶剂清洗干净，防止灰尘和潮气侵入，溶剂可选用汽油、磷酸三钠等。清洗后，再用清水和蒸馏水洗涤数次，并置于 105℃ 烘箱内烘干，使油样瓶清洁、干燥，烘完待冷却后将瓶塞塞紧。

2）采油样后，要贴上标签，注明油样名称、来源、日期、天气情况、取样者。

（3）采集油样方法。主要包括以下三个方面。

1）对运行中的变压器，应从下部放油阀取样。先将放油阀外表面油污、粉尘擦净，再放出 2mL 左右油冲洗阀门，同时用放出的油将采集油样的容器冲洗两次，最后再正式取样；取样时油流的油柱应沿瓶子内壁而下，以防把空气带入油中；将取得的油样轻轻摇动，使油中杂物均匀分布，而又不形成气泡。然后用油样冲洗油杯（油杯本身应是干净的）至少 2次，最后把油样沿杯壁注入至油面高出电极不小于 10mm 处；如果油的试验不在现场进行，应将取样瓶塞紧，用石蜡或火漆密封，贴上标签。

2）对于无放油阀门的小型变压器，可在变压器断电时，事先清洗干净并经干燥的玻璃管插入变压器内底部，抽取油样。取油样方法是先用拇指压住玻璃管一端，插入油箱底后，松开拇指，靠箱内油压将油压入玻璃管内，再用拇指压住玻璃管一端，即可取出油样。

3）如用玻璃注射器取样时，由于其芯子可以自由活动（如图 2-9 所示）能补偿油样随温度变化的膨胀和收缩，还可使油样不接触空气，尤其是对少油量的设备更加适宜。

（4）油样的保存和运输。主要包括以下两个方面。

1）取出油样后应尽快做试验，一般不超过 4 天。如果远距离输送，超过 4 天时，应采用注射器取样，如图 2-9 所示。

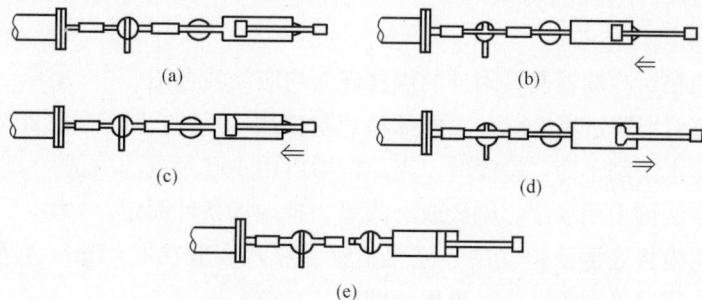

图 2-9 用注射器取样

(a) 冲洗连接；(b) 湿润和冲洗注射器；(c) 排空注射器；(d) 取油样；(e) 取下注射器

2）油样要避免光照和运输过程中剧烈振动。

2. 更换硅胶

(1) 净油器更换硅胶。变压器运行时,当油的酸值增大比较显著时,应考虑更换新硅胶。硅胶应筛选 6～8mm 粒度的颗粒。更换硅胶是否在停电下进行视情况而定。首先是关闭净油器上下两端蝶阀,确保蝶阀已经完全关闭,而后先打开下部放油堵头,再打开上部放气堵头,把油放尽,最后打开净油器的下法兰放出旧硅胶,打开上法兰并注意检查净油器进出口挡网(非金属材料)是否良好。经合格变压器油清洗后封闭下法兰,从上法兰孔倒入筛选过并经合格变压器油清洗过的 6～8mm 粒度的新硅胶颗粒(不必装太满),吸附剂放入的总重量约为变压器油总重量的 0.5%～1%。封上法兰(胶圈更换新的),经检查后可投入变压器使用。对于冷却器上的净油器,可关闭进出两端蝶阀,卸下后才能更换新硅胶,其余步骤与上述一样。更换下的大量旧硅胶,经过焙烧炉焙烧,可以还原再使用。

(2) 吸湿器更换硅胶。主要包括以下几个方面。

1) 将吸湿器从变压器上卸下,倒出内部吸附剂,检查玻璃罩应完好,并进行清扫。

2) 把干燥的吸附剂装入吸湿器内,为便于监视吸附剂的工作性能,一般可采用变色硅胶,并在顶盖下面留出 1/6～1/5 高度的空隙。新装吸附剂应经干燥,颗粒不小于 3mm。

3) 失效的吸附剂由蓝色变为粉红色,可置入烘箱干燥,干燥温度从 120℃ 升至 160℃,时间为 5h,还原后呈蓝色再用。

4) 更换胶垫,胶垫质量要符合标准规定。

5) 下部的油封罩内注入变压器油,加油至正常油位线,这样能起到呼吸作用,最后将罩拧紧(新装吸湿器,应将密封垫拆除)。

三、附件清扫、金属部件腐蚀处补漆和渗漏油处理的方法

1. 附件清扫

(1) 清扫变压器套管应自上而下进行。用于清扫的布要清洁,特别是不能粘有金属和导电物质。

(2) 清扫散热器。具体步骤如下。

1) 用浓度为 3%～5% 的氢氧化钠溶液清洗或热煮,然后冲净晾干。

2) 变压器内部要有合格的变压器油冲洗,直至流出的油合格为止。

3) 最后清洗外部并重新涂漆。

2. 金属部件腐蚀处补漆

(1) 变压器油箱、冷却器及其附件的裸露表面均应涂浅色漆。

(2) 涂漆前应对旧膜进行清除,可将油箱和附件用 10% 的苛性钠或 20% 的磷酸三钠溶液浸刷,然后用清水洗刷干净,涂漆时,表面污垢可用 100 号汽油擦拭。

(3) 涂漆的方法可采用喷漆、刷漆或淋漆等,视现场条件而定。

(4) 涂漆时,先将表面涂以底漆,漆膜不宜太厚,一般在 0.05mm 左右,要求光滑均匀,无流痕滴珠、皱纹等现象,涂一道底漆即可。

(5) 待底漆彻底干透后,可涂以中灰色醇酸漆。第一道漆膜厚为 0.05mm 左右,要求光滑均匀无流痕垂球等现象,待漆膜彻底干透后,再涂二道漆,漆膜厚度应在 0.01～0.02mm 为宜。涂漆后若有斑痕垂珠,可用竹片或小刀轻轻刮除,并用砂纸擦光,再轻涂一次。

（6）喷漆时，气压以 200～300kPa 为宜。

（7）淋漆涂漆时，只进行一道即可。

变压器油箱涂漆后，应检查漆膜弹性，具体检查方法如下：可用锐利的小刀刮下一块漆膜，若不碎裂、不粘在一起，能自然卷起，即认为弹性良好。

3. 渗漏油处理方法和工艺

（1）处理变压器渗漏之前必须找出确切的渗漏点，往往大片的油渍只是细微的一点所致。变压器渗漏分焊接渗漏和密封渗漏两类。处理焊接渗漏的方法是补焊；处理密封渗漏的方法是改善密封质量。正确的处理渗漏应避免采用原料法（如树脂、油漆、肥皂等）或绑扎法。

（2）油箱上部发现渗漏时，只须排出少量的油即可处理。油箱下部发生渗漏时，可以带油处理。但带油补焊时应在漏油不明显的情况下进行，否则应采用抽真空或排油法造成负压后焊接，负压的真空度不宜过高，内外压力相等为最佳，以免吸收铁水。在带油的变压器焊接补漏时，由于油的对流作用，电焊产生的热量可迅速散开，焊点附近温度不高，且补漏电焊时间较短，油内不含大量氧气，所以，油不易燃烧。带油补焊只要控制得当，是不会引起火灾的。

（3）补焊变压器时，一般采用较细的焊条，带油补焊时，禁止使用气焊。用电焊补焊时要注意防止穿透和着火，施焊部位必须在油面 100mm 以下。不带油补焊时，应将施焊附近的油迹擦净，每次焊接时间不超过 20min，停几分钟再焊，以免发生燃烧和爆炸。

（4）补焊漏油较严重的孔隙时，可先用铁线等堵塞或点铆后再进行补焊。

（5）在靠近密封橡胶垫或其他易损部件附近施焊时，应采取冷却和保护措施。

（6）对带电运行中的变压器进行补焊时，必须采取防止触电的措施，并将瓦斯保护调成动作为信号的保护。工作完毕后，必须排尽气体方可恢复重瓦斯保护的原工作状态。

（7）对散热器、散热管和薄壁容器最好采取不带油气焊，如必须带油电焊时，要特别注意防止穿透。

（8）不易补焊的部位，可以考虑用卡具压紧胶垫作为临时堵漏的措施。

（9）铸件上的砂眼可用环氧树脂黏合剂堵漏，堵漏时先将渗漏点擦净，铆合漏洞。环氧树脂黏合剂的配制可参考表 2-11，配制均匀调好，15min 后即可涂在铸件的砂眼上，再加热 100～105℃即可。

表 2-11 环氧树脂黏合剂配方

方 法	配 方 比 例		
第一种配方	6101 环氧树脂 100 份	乙二胺 7 份	瓷粉 10 份
第二种配方	6101 环氧树脂 100 份	间苯二胺 12 份	瓷粉 10 份

（10）密封橡胶垫的承压面积应与螺钉的力量相适应，否则将压不紧。油表胶垫、蝶阀胶圈、箱沿胶条等，均不可过宽，最好用圆形断面的胶垫和胶圈。

（11）密封处的压接平面应处理光洁，放置胶垫时最好先涂一层黏合胶液（如聚氯乙烯清漆等）。

（12）带油更换油塞的橡胶封环时，应将该部分进出口各处的阀门和通道关闭，在保持自身负压，不致大量出油的情况下，迅速进行更换。

（13）对于在变压器运行中不易处理漏油的小部件，可加装一个封油套作为临时措施。

（14）密封材料尽可能避免使用石棉盘根和软木垫等材料，建议最好用堵漏胶进行。

四、调整油面

变压器油位计（或叫油表）的作用是指示变压器油枕中的油面，它可对油面起监视作用。若油面过低，会引起瓦斯继电器动作，还会影响变压器的散热和绝缘，增加油和空气的接触面。因上层油温很高，容易吸收新进入的空气，使油迅速氧化和受潮。若油面过高，将造成溢油和呼吸器失效。有了油位计，就可以对变压器的油面进行监视，以避免上述不良后果。

根据国家标准 GB/T 1094 规定，油位计上有－30℃、＋20℃和＋40℃三个油位标志。以此指示出当油温在－30℃、＋20℃和＋40℃时的油面，这些标志是表示油温的。变压器储油柜＋40℃油位线及－30℃油位线相当于停止状态时油温为＋40℃和－30℃的油面标志。根据这两个标志可以判断变压器是否需要加油和放油。当油温在＋40℃时，油面还高于＋40℃的一条油位线，说明变压器里的油太多了。如果带上负载就有可能溢出，此时应该放掉一些；当周围气温低于－30℃，油面低于－30℃的油位线时，则应补充油。

五、补充注油

常进行的现场补油作业有储油柜（油枕）缺油和充油套管缺油两项补油工作。

1. 储油柜（油枕）缺油的处理

储油柜（油枕）缺油是由于本体或冷却器等渗漏油造成油枕油面过低或不见油面，属变压器本体缺油。通常要求变压器停电后进行。方法为：打开储油柜（油枕）注油孔，用滤油机补给油号一样、电气及理化性能合格的油到合适油面为止。本体补油最好不从变压器油箱下节口进油，主要是防止箱底存在有杂质和水，引起绝缘下降。下面介绍几种常见形式的储油柜（油枕）补油的方法。

（1）胶囊式储油柜（油枕）的补油。主要步骤如下。

1）进行胶囊排气。打开油枕上部排气孔，由注油管将油注满油枕，直至排气孔出油，关闭注油管和排气孔。

2）从变压器下部油门放油，此时空气经吸湿器自然进入油枕胶囊内部，至油位计指示正常油位为止。

（2）隔膜式储油柜（油枕）的补油。主要步骤如下。

1）补油前，应首先将磁力油位计调整至零位，然后打开隔膜上的放气塞，将隔膜内的气体排除，再关闭放气塞。

2）由集气盒下部注油管向隔膜内注油达到比指定油位稍高，再次打开放气塞，充分排除隔膜内的气体，直到向外溢油为止，经反复调整达到指定油位。

3）发现储油柜下部集气盒油标指示有空气时，应用排气阀进行排气。

4）正常油位低时的补油。利用集气盒下部的注油管接至滤油机，向储油柜（油枕）内注油，注油过程中发现集气盒中有空气时，应停止注油，打开排气管的阀门，向外排气，如此反复进行，直至储油柜（油枕）油位达到要求为止。

（3）油位计带有小胶囊时储油柜（油枕）的注油。主要步骤如下。

1）变压器大修后油枕未加油前，先对油位计加油。此时需将油表呼吸塞及小胶囊室的塞子打开，用漏斗从油表呼吸塞座处徐徐加油，同时用手按动小胶囊，使囊中空气全部排出。

2）打开油表放油螺栓，放出油表内多余油量，看到油表内油位即可，然后拧上小胶囊室的塞子。注意油表呼吸塞不必拧得太紧，以保证油表内空气自由呼吸。

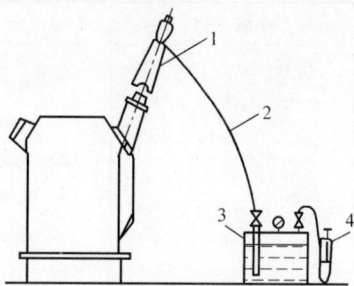

图 2-10　充油式高压套管补油示意图
1—充油套管；2—油管；3—储油罐；4—打气筒

2. 充油套管缺油的处理

对于充油式高压套管，当油面低于油标底面时，在变压器停电情况下，按图 2-10 所示，利用简便补油专用工具，以同油号耐压高于 20kV 的合格油从套管注油孔补油。如果套管漏油严重，已无法判断油面下降情况应更换新套管。

六、小修工艺质量标准

变压器小修工艺质量标准见表 2-12。

表 2-12　　　　　　　　变压器小修工艺质量标准

序号	小修项目	质量标准
1	储油柜（油枕）	（1）储油柜（油枕）底部的污油和积水已清除。 （2）油位过低的已添加油，油位指示正确。 （3）带密封胶囊或隔膜的已驱除柜内空气。 （4）无渗漏油
2	气体继电器	（1）控制回路的绝缘电阻不小于 0.5MΩ。 （2）气室内气体已放净，触头动作正确。 （3）与油枕相连的蝶阀已打开（防雨罩安放牢固、良好）。 （4）无渗漏油
3	压力释放装置	（1）安全气道防爆膜完好。 （2）带有压力释放阀的，已清除阀盖内积存的灰尘和杂物，开关触头动作正确，控制回路的绝缘良好。 （3）底部法兰的螺栓已拧紧。 （4）无渗漏油
4	测温装置	（1）测温装置温度指示正常。 （2）控制回路的绝缘良好。 （3）信号和冷却装置启动回路校验正常。 （4）测温插管内无积水，且已注满变压器油
5	自然冷却及风冷装置	（1）油垢、积尘、杂物已清扫干净。 （2）风扇冷却的，检查风扇叶轮转动灵活，无碰擦，电动机及电源线绝缘良好，接线盒及熔断器完好，控制装置良好。 （3）无渗漏油

续表

序号	小修项目	质量标准
6	强油冷却装置及风控箱	(1) 强油冷却装置散热片上的积尘已冲洗干净。 (2) 风机运转正常，无碰擦。 (3) 流动继电器动作正常。 (4) 潜油泵运转正常。 (5) 各分控制箱和总控制箱电气器件完好，接线无松动，绝缘良好。 (6) 风控箱自动控制动作正常，发出的信号正确。 (7) 如有缺陷应按说明书进行检修或更换备件。 (8) 无渗漏油
7	铁芯接地套管	(1) 测试后恢复接地引下线。 (2) 无渗漏油
8	套管	(1) 已清扫，无裂纹与放电痕迹。 (2) 密封衬垫完好。 (3) 加、放油塞等老化的衬垫已更换，油位正常。 (4) 引出线接头及其与母线连接螺栓已紧固。 (5) 电容式套管测试后，末屏小套管的引线接地良好。 (6) 无渗漏油
9	净油器（热虹吸器）	(1) 更换硅胶或活性氧化铝后，已排气，进出油的蝶阀已打开，放气塞已拧紧。 (2) 无渗漏油
10	吸湿器	(1) 油封的油已更换，呼吸道畅通。 (2) 吸湿剂符合要求
11	无励磁分接开关	(1) 已按规定完成转动手柄的圈数，直流电阻测试合格，有疑问的已测变比证实。 (2) 位置已锁紧，指示正确。 (3) 无渗漏油
12	有载分接开关	(1) 切换开关吊芯检修合格。 (2) 操动机构、控制装置经检修调试合格。 (3) 防爆膜完好。 (4) 变压器各分接位置测试直流电阻合格。 (5) 油位指示正确。 (6) 过渡电阻测试符合标准。 (7) 无渗漏油
13	预防性试验	按 DL/T 596—1996 和现场试验规程中规定和各项电气试验均合格

第四节　变压器大修

一、变压器大修周期及项目

1. 变压器大修周期

(1) 一般在投入运行后的 5 年内和以后每间隔 10 年大修一次。

26

（2）箱沿焊接的全密封变压器或制造厂另有规定者，若经过试验与检查并结合运行情况，判定有内部故障或本体严重渗漏油时，才进行大修。

（3）在电力系统中运行的主变压器当承受出口短路后，经综合诊断分析，可考虑提前大修。

（4）运行中的变压器，当发现异常状况或经试验判明有内部故障时，应提前进行大修；运行正常的变压器经综合诊断分析良好，总工程师批准，可适当延长大修周期。

2. 变压器大修项目

（1）吊开钟罩检修器身，或吊出器身检修。

（2）绕组、引线及磁（电）屏蔽装置的检修。

（3）铁芯、铁芯紧固件（穿心螺杆、夹件、拉带、绑带等）、压钉、压板及接地片的检修。

（4）油箱及附件的检修，包括套管、吸湿器等。

（5）冷却器、油泵、水泵、风扇、阀门及管道等附属设备的检修。

（6）安全保护装置的检修。

（7）油保护装置的检修。

（8）测温装置的校验。

（9）操作控制箱的检修和试验。

（10）无励磁分接开关和有载分接开关的检修。

（11）全部密封胶垫的更换和组件试漏。

（12）必要时对器身绝缘进行干燥处理。

（13）变压器油的处理或换油。

（14）清扫油箱并进行喷涂油漆。

（15）大修的试验和试运行。

二、变压器的解体检修与组装顺序

1. 变压器的解体检修

（1）办理工作票、停电，拆除变压器的外部电气连接引线和二次接线，进行检修前的检查和试验。

（2）部分排油后拆卸套管、升高座、储油柜、冷却器、气体继电器、净油器、压力释放阀（或安全气道）、联管、温度计等附属装置，并分别进行校验和检修，在储油柜放油时应检查油位计指示是否正确。

（3）排出全部油并进行处理。

（4）拆除无励磁分接开关操作杆；各类有载分接开关的拆卸方法参见 DL/T 574—2010《变压器分接开关运行维修导则》；拆卸中腰法兰或大盖连接螺栓后吊钟罩（或器身）。

（5）检查器身状况，进行各部件的紧固并测试绝缘。

（6）更换密封胶垫、检修全部阀门，清洗、检修铁芯、绕组及油箱。

2. 变压器的组装

（1）装回钟罩（或器身），紧固螺栓后按规定注油。

（2）适量排油后安装套管，装好内部引线，进行二次注油。

（3）安装冷却器等附属装置。

（4）整体密封试验。

（5）注油至规定的油位线。

（6）大修后进行电气和油的试验。

3. 变压器解体检修和组装时的注意事项

（1）拆卸的螺栓等零件应清洗干净分类并妥善保管，如有损坏应进行检修或更换。

（2）拆卸时，首先拆小型仪表和套管，后拆大型组件，组装时顺序相反。

（3）冷却器、压力释放阀（或安全气道）、净油器及储油柜等部件拆下后，应用盖板密封，对带有电流互感器的升高座应注入合格的变压器油（或采取其他防潮密封措施）。

（4）套管、油位计、温度计等易损部件拆下后应妥善保管，防止损坏和受潮，电容式套管应垂直放置。

（5）组装后要检查冷却器、净油器和气体继电器阀门，按照规定开启或关闭。

（6）对套管升高座、上部管道孔盖、冷却器和净油器等上部的放气孔应进行多次排气，直至排尽为止，再重新密封好并擦净油迹。

（7）拆卸无励磁分接开关操作杆时，应记录分接开关的位置，并做好标记；拆卸有载分接开关时，分接头应置于中间位置（或按制造厂的规定执行）。

（8）组装后的变压器各零部件应完整无损。

（9）认真做好现场记录工作。

三、变压器油处理

1. 压力过滤法

利用油泵压力使油通过具有过滤作用的过滤纸，将固体杂质阻滞下来，同时过滤纸还能吸收一小部分水分，使油达到净化的目的。压力滤油法具有设备简单、操作维修方便等优点。压力滤油机无论是单独工作，还是与真空干燥组合使用，性能均很好。因此压力过滤法在工作中得到广泛应用。

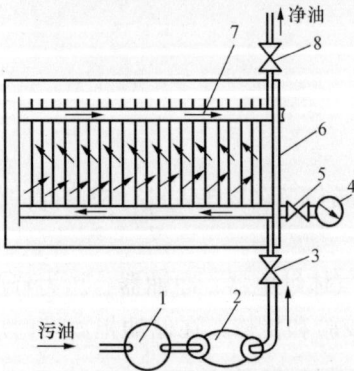

图 2-11　压力滤油机工作简图
1—过滤网；2—油泵；3、5、8—阀门；
4—压力表；6—油箱；7—滤油器

（1）压力滤油机的结构。压力滤油机有多种型号，常用的有国产 LY-50～150 型，主要由进油管、滤板、滤纸、框架、摇柄、丝杠、电动机、油泵、网状过滤器、压力表等组成。

（2）压力滤油机的工作简图如图 2-11 所示。图 2-11 中，进来的污油经过过滤网 1 除去杂质，由油泵 2 送入滤油器 7，通过滤油纸的净油经阀门 8 排出，压力表 4 是用来测试压力滤油机内部工作压力的。

（3）滤油过程。油在滤油器内流动情况如图 2-12 所示。滤油纸夹在滤板和滤框之间，滤板和滤框下面的两角上都有流油孔，污油通过滤框上的进油小孔充满整个滤框。在压力作用下，油通过滤油纸，由滤板上的出油小孔流出。滤板和滤框的组合可以多达 20～30 个，所以过滤效果较好。为了增强油的渗透能力，必须减小油的黏度，因此应使进入压力滤油机的油保持在 50～60℃ 的温度，从而提高处理油的效率。

（4）使用压力滤油机的注意事项。主要包括以下几个方面。

1）使用的滤油纸应该是洁净和干燥的。一般在压力滤油机的一组滤框中放 2～3 张滤纸，滤油纸的粗面应对着进油方向。油越脏，放的滤油纸应越多，但放的过多又会增加油通过的阻力。

2）处理质量较好的油，可 2h 左右换纸一次，对污油要勤换纸。

3）滤油机使用前应先检查电源情况、滤油机及滤网是否清洁、极板内是否装有经干燥的滤油纸、转动方向是否正确、外壳有无接地、压力表指示是否正确。

4）启动滤油机应先开出油阀门，后开进油阀门，停止时操作顺序相反；当装有加热器时，应先启动滤油机，当油流通过后，再投入加热器，停止时操作顺序相反。滤油机压力一般为 0.25～0.4MPa，最大不超过 0.5MPa。

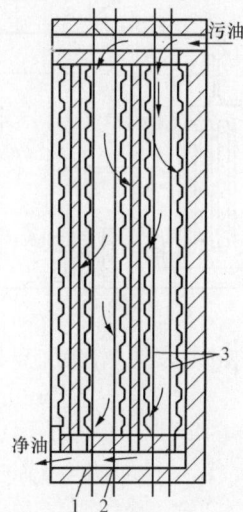

图 2-12　油在压滤器内流动情况
1—滤板；2—滤框；3—滤纸

2. 真空滤油法

真空滤油法亦称真空喷雾滤油法，它是除去油中水分比较好的方法之一。油经加热后，油中水分的温度也随之提高，在雾罐内真空度很高，当油和水分同时喷入时，油和水均形成雾状微粒。由于微粒本身带有一定的热量，油的饱和蒸汽压力低而水的饱和蒸汽压力高，水微粒很快形成汽化状态，被真空泵吸走。油的热容量较高，故其微粒仍能再合成油粒滴入罐内。

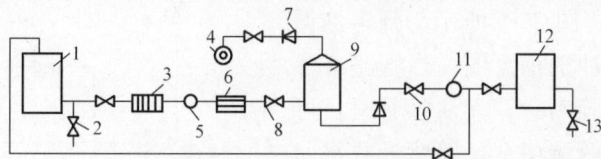

图 2-13　变压器油的真空喷雾处理系统

1—污油罐；2、13—取油样阀门；3—板式滤油机；4—真空泵；

5、11—油泵；6—加热器；7、10—止回阀；8—控制阀门；

9—真空雾化罐；12—净油罐

图 2-13 所示为在检修现场用设备装配组成的变压器油真空喷雾处理系统。工作时，用压力滤油机滤去油中固体杂物和污垢，经加热器把热油送入真空雾化罐，进行雾化蒸发水分，真空雾化罐经常维持在真空度（95kPa）的要求，由真空泵（2X-30 型）迅速把水汽抽走并排出。该系统能够较好地处理 35kV 及以上变压器用油。

也可利用储油罐的箱壁缠绕涡流线圈进行加热，但处理过程中箱壁温度一般不超过 95℃，油温不超过 85℃。

油泵可选用流量为 100～150L/min、压力为 0.5MPa 的齿轮油泵，亦可用压力式滤油机替代。真空罐的真空度可根据罐的情况决定，一般残压为 0.21MPa 为宜。

四、变压器附属部件解体检修

（一）变压器冷却装置检修方法

冷却装置本身常见的故障主要是渗漏和运行中的堵塞，在平时维护和分解检修时应进行

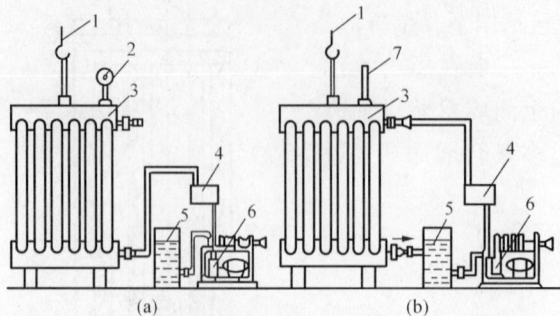

图 2-14　散热器的油密封检查和冲洗连接示意图

(a) 加压；(b) 冲洗

1—吊钩；2—压力计；3—散热器；4—油加热器；5—容器；

6—压力滤油机；7—出气漏斗

处理。

（1）散热器的检修主要是对渗漏油点进行焊补处理。检修时，打开上、下集油室盖板，清除油室内油垢、杂物，然后更换胶垫；清扫散热器表面，油垢严重者可用去污剂清洗，用清水冲刷晾干，防止进水，必要时喷涂油漆。图 2-14 所示为散热器的油密封检查和冲洗连接示意图。

图 2-14 中，散热器经油管路与压力滤油机连接，用盖板将不用的接头法兰密封，用合格绝缘油进行内部循环冲洗，加压试漏。所加压力为：片式散热器为 0.05～0.1MPa，管状散热器为 0.1～0.15MPa。

安装后，散热器阀门安装方向应统一，有明显开、闭标志，且应在开的位置；拉紧钢带及其他附属零件。另外，风冷散热器的风机等附属设备应按规定检修。

（2）强迫油循环风冷却器的检修。强迫油循环风冷却器主要检查渗漏油点，并进行焊补处理。检修时，打开上、下端盖，检查冷却管有无堵塞现象。必要时更换密封胶垫，更换放气、放油塞的密封垫。图 2-15 所示为强迫油循环冷却器试漏和内部冲洗示意图。当管路有渗漏时，可用胀管法更换新管；无法换管时，可用锥形黄铜棒将漏管两端堵塞，但堵管数每回路不得超过两根，否则应将冷却器降容使用。

试漏标准是加 0.25～0.275MPa 压力 30min，冷却器无渗漏。

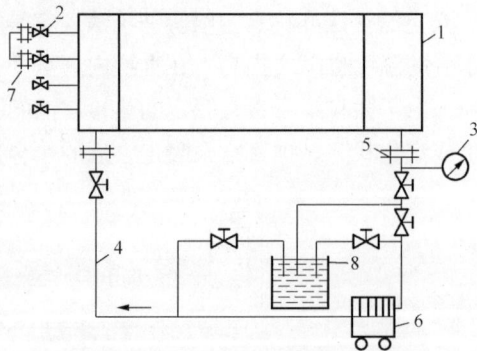

图 2-15　强迫油循环冷却器试漏和内部冲洗示意图

1—冷却器；2—阀门；3—压力表；4—耐油胶管；5—法兰；6—压力式滤油机；7—耐油胶管及法兰；8—油桶（放置洁净合格的变压器油）

检修后，清扫冷却器外表面，用 0.1MPa 的压缩空气或水吹净管束间堵塞的灰尘、昆虫、草屑等杂物。若油垢严重，可用金属洗净剂擦洗干净。

（3）强迫油循环水冷却器的检修。检修时，关闭进水、出水阀，放出存水；再关闭进油、出油阀放出本体存油；拆下上盖、松开本体和水室间的连接螺栓，吊出本体进行全面检查，清除水垢和油垢。检查钢管和端部胀口是否有渗漏。如有渗漏，则应更换或堵塞渗漏管。堵塞时每回路不得超过两根，否则冷却器应降容使用。当冷却器本体（未装油泵）在直立位置下进行检漏时，由冷却器顶部注满合格的变压器油，在水室入口注入清洁水，使水从出水口缓缓流出，观察并化验，应无油花出现，再取油样试验，耐压值不应低于注入前的值。

检查后更换密封垫，进行复装。试漏标准为 0.4MPa、压力 30min，应无渗漏。

启用冷却器应先启动潜油泵，后启动水泵。停用冷却器时应先停水泵，后停油泵，以使油压始终大于水压，防止冷却水进入油中。水冷却器停用后，须打开放水阀将水放净，并防止进水阀不严，继续进水。

（二）调压装置的检修

1. 无励磁分接开关的检修项目和质量标准

无励磁分接开关的检修项目及质量标准见表 2-13。

表 2-13　　　　　　　　　　　无励磁分接开关的检修项目及质量标准

序号	检 修 项 目	质 量 标 准
1	检查开关各部件是否齐全完整	完整无缺损
2	松开上方头部定位螺栓，转动操作手柄，检查动触头转动是否灵活，若转动不灵活，应进一步检查卡滞的原因；检查绕组实际分接是否与上部指示位置一致，否则应进行调整	机械转动灵活，转轴密封良好，无卡滞，上部指示位置与下部动、定触头实际接触位置应一致
3	检查动、定触头接触是否良好，触头表面是否清洁，有无氧化变色、镀层脱落及碰伤痕迹。弹簧有无松动，发现触头表面有氧化膜时，应用白布带擦拭清除；轻微烧损时，应用砂纸磨光；烧蚀严重时，应予以更换	触头接触电阻应小于 $500\mu\Omega$，触头表面应保持光洁，无氧化变色、碰伤及镀层脱落。触头接触压强应为 $0.25\sim0.5$MPa，或用 0.02mm 塞片检查应无间隙，接触严密
4	检查触头分接线是否紧固，发现松动应拧紧、锁住	所有紧固件均应拧紧，无松动
5	检查分接开关绝缘件有无受潮、剥裂或变形，表面是否清洁，发现表面污秽时，应用无绒毛的白布擦拭干净，绝缘筒如有严重剥裂变形，应予更换。操动杆拆下后，应放入油中或用垫料布包封保存	绝缘筒应完好，无破损、剥裂、变形，表面清洁无油垢。操动杆绝缘良好，无弯曲变形
6	检查单相开关操动杆下端槽形插口与开关转轴上端圆柱销的接触是否良好，如有接触不良或放电痕迹应加装弹簧片	操动杆下端槽形插口应与开关转轴上端圆柱销保持良好接触
7	检修的分接开关拆卸前，应做好明显标记	拆装前后指示位置必须一致，各相手柄及操动机构不得互换

2. 有载分接开关的检修

有载分接开关的型号因各制造厂家而不尽相同，但从宏观上看，同类型开关大部分功能相同，其各组部件的类型大致相似。因此在了解和掌握了前述基本结构状况后，可以在检查和检修时灵活运用，检查和检修的主要内容如下。

（1）将切换开关吊出后，用手缓慢地转动传动轴，以便检查其触头的动作顺序是否符合调压电路中的要求。

（2）检查定触头的行程，即检查每一对定、动触头在对顶位置时（接触）定触头的压缩行程值是否足够。图 2-16 所示为国产有载分接开关的缓冲结构。图 2-16（a）所示为定、动触头对顶时，触头在新的位置时，Δ_1 约为 5mm。当切换多次后，由于电弧的作用使触头

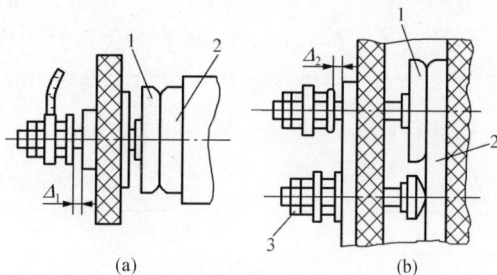

图 2-16　有载分接开关的缓冲结构
(a) 定、动触头对顶时；(b) 主触头与动触头的配合行程
1—定触头；2—动触头；3—主触头

逐步被烧蚀，于是其压缩行程将渐渐减少，但 Δ_1 的值应大于 2.5mm，当 Δ_1 不大于 2.5mm 时，应进行调整或更换新的备件。与此同时还要检查与主触头间的配合，即在切换开关缓慢转动至动触头刚离开主触头这一瞬时的压缩行程，如图 2-16（b）所示。其 Δ_2 值在开关较新时约为 2.5mm，当 Δ_2 值大于 0.6mm 时，仍可继续运行；当 Δ_2 值不大于 0.6mm 时，必须调整主触头。目前生产的 M 型和仿 M 型有载分接开关的缓冲结构在动触头后方，缓冲行程大，可以保证切换 10 万次触头仍能保证有足够的接触压力（一般不低于 40N）。

由于切换开关的触头多次操作易被电弧烧蚀，因此在大修时要着重进行检查和修理，乃至更换。

（3）检查限流电阻有无断裂、损坏或电阻有无严重变质等现象。

（4）检查各处的连接导线接触是否紧固，有无松动、折断现象，各处连接的导线绝缘有无破损和松脱现象。

（5）在绝缘筒底部大多数有炭粒沉淀，应该用清洁的变压器油进行清洗干净。另外，经用干布擦拭绝缘筒内部后，把筒置于 60～80℃ 的热油中不少于 24h，此时从筒内观察绝缘筒有无渗、漏现象。若发现有微量渗、漏，亦应取下进行处理或是更换新绝缘筒。

（6）经过检修后的开关，所有紧固件应拧紧无松动；开关上所用的绝缘件应无开裂、起泡和有漆瘤；开关表面及切换室内应无金属或其他异物，开关操作应灵活。

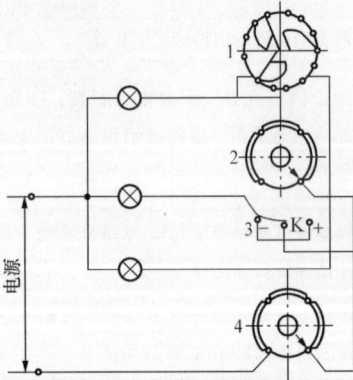

图 2-17 分接开关触头动作
顺序测量线路

1—切换开关；2—分接选择器双数层；

3—转换选择器；4—分接选择器单数层

（7）对组装后的分接开关应进行 10 次完整的操作循环试验，应动作灵活无卡涩现象；分接位置应指示正确；手动操作机构的两端机械限位应可靠；电动传动机构两端的电气限位应可靠，所有电气元件应工作正常、动作准确。

（8）测量各分接位置的过渡电阻值，其值应与铭牌规定参数相符。

（9）有载分接开关触头动作顺序的测量。分接开关各种不同功能的触头（分接选择器、转换选择器、切换开关、电位开关等触头）动作顺序可以采用信号灯法和示波图法来判断。信号灯或示波器振子接入各触头回路之中，如图 2-17 所示。触头动作顺序的测量应在整个操作循环中进行。

分接开关的各触头动作顺序通常是以程序表来表示的，见表 2-14。在表 2-14 中是以分接开关的某一特定测试部位（可以是分接开关的输入轴，也可以是电动机构手柄或操作指示盘）的转数或转角来表示时序的。

表 2-14 　　　　　　　　　　　　　　　分接开关动作程序表

动作程序		测试部位转角或转数
	开始动作	
分接选择器	动触头离开定触头	
	动触头接触相邻定触头	
	动触头合上	

续表

动作程序		测试部位转角或转数
转换选择器	动触头离开定触头	
	动触头接触相邻定触头	
	动触头合上	
切换开关动作		
完成一级变换		

当直接以时间来表示分接开关触头动作顺序时间时，如图 2-18 所示。

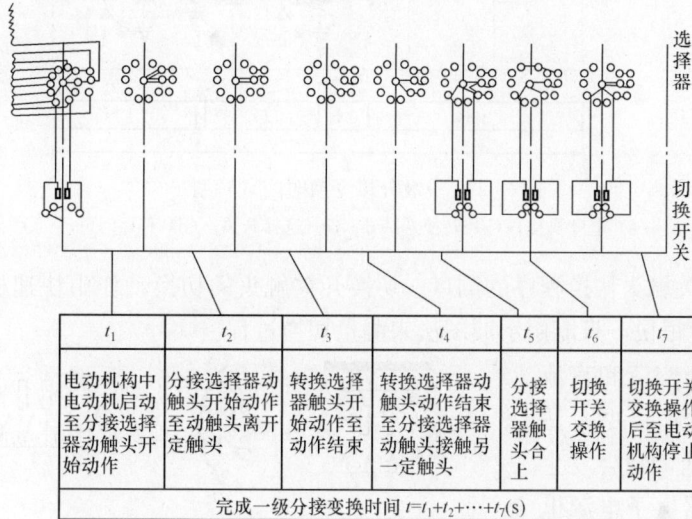

图 2-18　组合型分接开关触头动作时间顺序

完成一级分接变换时间 $t = t_1 + t_2 + \cdots + t_7$ 。对于组合型分接开关，$t = 5.3s$；对于复合型分接开关，$t = 4.4s$，并且从 t_1 到 t_5 分 5 步完成一个分接。当然，有时也可按输入轴的转数来表示时序，例如完成一级分接要变换 33 圈。

M 型和 V 型分接开关完成一级分接变换时间如图 2-19 和图 2-20 所示。

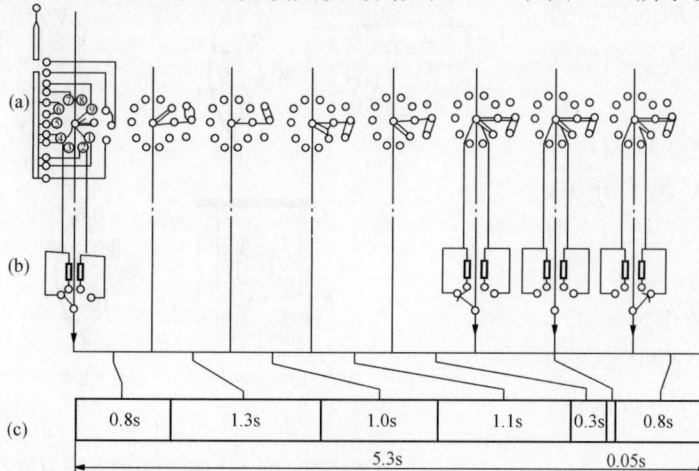

图 2-19　一级分接变换时间（M 型）

（a）选择器；（b）切换开关；（c）程序时间

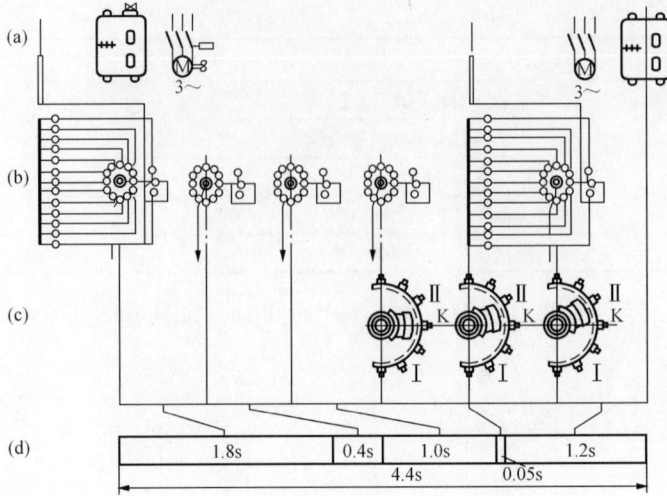

图 2-20　一级分接变换时间（V型）

(a) 电动机构；(b) 转换选择器；(c) 选择开关；(d) 程序时间

（10）切换开关触头切换程序的测量。切换开关触头的切换动作由快速机构来完成。通常触头的动作速度很快，只能用示波图法来测量切换过程。

示波图法分为交流和直流两种。在采用直流示波图法时，电源电压较低，常会发生波形抖动。示波器振子电源电压 DC24V，AC220V。示波器振子固有频率应为 1500～5000Hz，示波器的走纸速度应为 0.5～1.0m/s。

切换开关（包括选择开关）触头闭合振动时间应符合有关标准要求，且不影响切换程序。

不管是组合型（M型）开关还是复合型（V型）开关，切换时间均为 50ms。以组合型（M型）开关为例，切换动作过程如图 2-21 和图 2-22 所示。

切换开关的切换程序：切换开关采用双电阻过渡电路，触头的变换程序为 1—2—1。

在图 2-21 中：① 主触头 A 和主通断触 a 闭合，负荷电

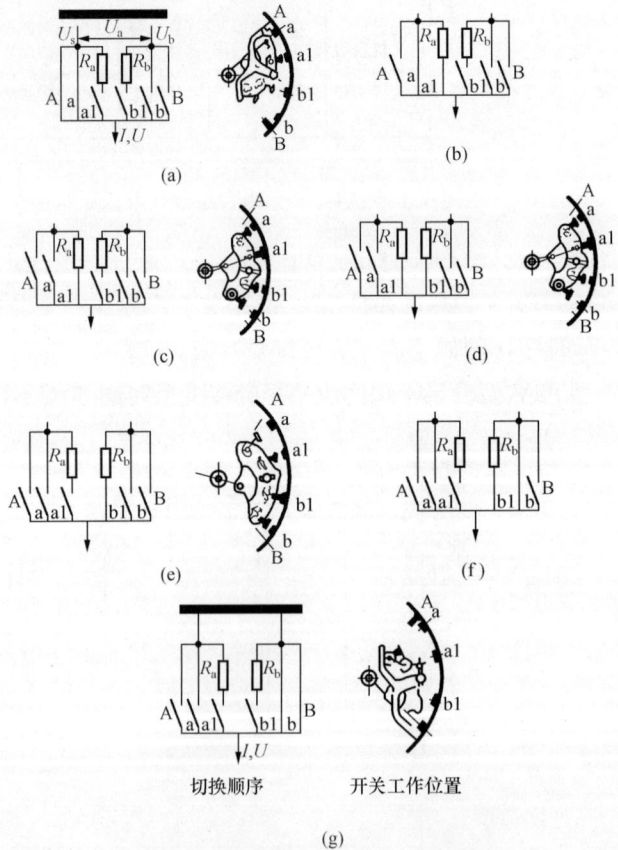

图 2-21　M型切换开关的工作原理图

A—主触头；a、b—主通断触头；a1、b1—过渡触头；

B—并联主触头；R—过渡电阻

流 I 主要通过主触头 A 输出，如图 2-21（a）所示；②主触头 A 断开，主通断触头 a 和过渡触头 a1 闭合，负荷电流 I 经 a 输出，如图 2-21（b）所示；③主触头 A 断开产生电弧，该电弧在电流第一个过零时熄灭。负荷电流 I 通过 a1 输出，如图 2-21（c）所示；④过渡触头 a1、b1 桥接，产生循环电流 $I_c = U_s/(R_a + R_b)$，循环电流的大小受过渡电阻 R 的限

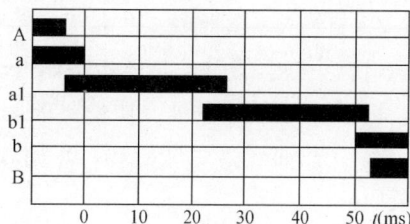

图 2-22 切换时间

制，如图 2-21（d）所示；⑤过渡触头 a1 断开，产生电弧，此电弧在电流第一个过零时熄灭，如图 2-21（e）所示；⑥主通断触头 b 闭合，并通过负荷电流 I，如图 2-21（f）所示；⑦过渡触头 b1 断开，并联主触头 B 闭合，并通过负荷电流 I，输出电压从 U_a 降到 U_b，分接切换结束，如图 2-21（g）所示。

复合型（V 型）开关的切换程序与 M 型开关的切换程序类似不再重复说明。

（三）变压器套管检修

1. 危险点分析和控制措施

危险点分析和控制措施见表 2-15。

表 2-15　　　　　套管检修中危险点分析和控制措施

序号	危险点	控 制 措 施
1	人身触电	（1）作业人员必须明确当日工作任务、现场安全措施、停电范围 （2）现场使用的工具，长大物件必须保持与带电设备安全距离并设专人监护 （3）加电压时操作人应站在绝缘垫上，要征得试验负责人的许可后方可加电压，加电压过程中应有人监护并准确发令 （4）现场要使用专用试验电源，不得使用绝缘老化的电线，安全开关要完好，熔丝的规格应合适
2	发生火灾	（1）作业现场严禁吸烟和明火，必须用明火时应办理动火手续，并在现场备足消防器材 （2）作业现场不得存放易燃易爆品
3	使用梯子不当造成摔伤	（1）梯子必须放置稳固，由专人扶持或专梯专用，将梯子与器身等固定物牢固地捆绑在一起 （2）上下梯子和设备时须清除鞋底油污
4	高空坠落摔伤	（1）高处作业人员必须使用安全带，穿防滑性能好的软底鞋 （2）器身顶部的油污需清擦干净

2. 人员组织和主要工器具准备

（1）人员组织：工作负责人；工作人员；工器具及材料保管员。

（2）主要工器具：电动扳手；18、15、12 寸活动扳手；绝缘电阻表、万用表；管钳；气泵；氧气、乙炔及气焊工具（需要时）；电焊机；各型配套密封垫适量；其他常用工器具。

3. 充油式套管检修操作程序

(1) 更换套管油。具体步骤如下。

1) 放出套管中的油。质量要求：放尽残油。

2) 用热油（温度 60~70℃）循环冲洗后放出。质量要求：至少循环三次，将残油及其他杂质冲出。

3) 注入合格的变压器油。质量要求：油的质量应符合国标的规定。

(2) 套管解体（有必要时）。具体步骤如下。

1) 放出内部的油。质量要求：放尽残油。

2) 拆卸上部接线端子。质量要求：妥善保管，防止丢失。

3) 拆卸油位计上部压盖螺栓，取下油位计。质量要求：拆卸时，防止玻璃油位计破损。

4) 拆卸上瓷套与法兰连接螺栓，轻轻晃动后，取下上瓷套。质量要求：注意不要碰坏瓷套。

5) 取出内部绝缘筒。质量要求：垂直放置，不得压坏或变形。

6) 拆卸下瓷套与导电杆连接螺栓，取下导电杆和下瓷套。质量要求：分解导电杆底部法兰螺栓时，防止导电杆晃动，损坏瓷套。

(3) 检修与清扫。具体步骤如下。

1) 所有卸下的零部件应妥善保管，组装前应擦拭干净。质量要求：妥善保管，防止受潮。

2) 绝缘筒应擦拭干净，如绝缘不良，可在的温度 70~80℃下干燥 24~48h。质量要求：绝缘筒应洁净无起层、漆膜脱落和放电痕迹，绝缘良好。

3) 检查瓷套内、外表面并清扫干净，检查铁瓷结合处水泥填料有无脱落。质量要求：瓷套内外表面应清洁、无油垢、杂质、瓷质无裂纹，水泥填料无脱落。

4) 为防止油劣化，在玻璃油位计外表涂刷银粉。质量要求：银粉涂刷应均匀，并沿纵向留一条 30mm 宽的透明带，以监视油位。

5) 更换各部法兰胶垫。质量要求：胶垫压缩均匀，各部密封良好。

(4) 套管组装。具体步骤如下。

1) 组装与解体顺序相反。质量要求：导电杆应处于瓷套中心位置，瓷套缝隙均匀，防止局部受力使瓷套裂纹。

2) 组装后注入合格的变压器油。质量要求：油质应符合国标 GB 2536—2011 的规定。

3) 进行绝缘试验。质量要求：按电力设备预防性试验标准进行。

4. 油纸电容型套管的检修

(1) 电容芯轻度受潮检修操作程序。真空热油循环，将送油管接到套管顶部的油塞孔上，回油管接到套管尾端的放油孔上，经过真空处理热油循环，使套管的 tanδ 值达到正常数值为止。

(2) 油纸电容型套管解体检修操作程序。变压器在大修过程中，油纸电容型套管一般不作解体检修，只有在套管的 tanδ 不合格，需要进行干燥或套管本身存在严重缺陷，不解体无法消除时，才分解检修，其主要检修操作程序如下。

1) 准备工作。主要包括：① 检修前先进行套管本体及油的绝缘试验，以判断绝缘状态

（质量要求：根据试验结果判定套管是否需解体检修）；② 套管应垂直置于专用的作业架上，中部法兰与作业架用螺栓固定点，使之成为整体（质量要求：使套管处于平稳状态）；③ 放出套管内的油（质量要求：放尽残油）；④ 如图 2-23 所示，将下瓷套用双头螺栓或紧线钩 2 固定在工作台上（三等分），以防解体时下瓷套脱落（质量要求：套管处于平稳状态）；⑤ 拆下尾端均压罩，用千斤顶将导管顶上，使之成为一体（质量要求：千斤顶上部应垫木板，防止损坏导管螺纹）；⑥ 套管由上至下各接合处做好标志（质量要求：防止各接合处错位）。

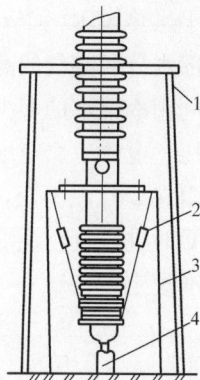

图 2-23 套管检修作业架
1—工作台；2—双头螺栓或紧线钩；3—套管架；4—千斤顶

2）解体过程。主要包括：① 拆下中部法兰处的接地和测压小套管，并将引线头推入套管孔内（质量要求：防止引线断裂）；② 测量套管下部导管的端部至放松螺母间的尺寸，作为组装时参考（质量要求：拆下的螺栓、弹簧等零件应有标记并妥善保管）；③ 用专用工具卸掉上部将军帽，拆下储油柜（质量要求：注意勿碰坏瓷套）；④ 将上部四根压紧弹簧螺母拧紧后，再松导管弹簧上面的大螺母，拆下弹簧架（质量要求：测量压缩弹簧的距离，作为组装依据）；⑤ 吊出上瓷套（质量要求：瓷套保持完好）；⑥ 吊住导管后，拆下底部千斤顶，拆下下部套管底座、橡胶封环及大螺母（质量要求：吊住套管不准转动并使电容芯处于法兰套内的中心位置，勿碰伤电容芯）；⑦ 拆下下瓷套（质量要求：瓷套保持完好）；⑧ 吊出电容芯（质量要求：导管及电容芯应用塑料布包好置于清洁的容器内）。

3）清扫和检查。主要包括：① 用干净毛刷刷洗电容芯表面的油垢和杂质，再用合格的变压器油冲洗干净后，用皱纹纸或塑料布包好（质量要求：电容芯应完整无损，无放电痕迹，测压和接地引外线连接良好，无断线或脱焊现象）；② 擦拭上、下瓷套的内外表面（质量要求：瓷套清洁，无油垢、裂纹和破损）；③ 拆下油位计的玻璃油标，更换内外胶垫，油位计除垢后进行加热干燥，然后在内部刷绝缘漆，外部刷红漆，同时应更换放气塞胶垫（质量要求：更换的新胶垫，尺寸和质量应符合要求）；④ 清扫中部法兰套筒的内部和外部，并涂刷油漆，更换放油塞、测压和接地小套管的胶垫（质量要求：清扫中部法兰套筒内部时，要把放油塑料管拆下并妥善保管；各零部件要清洗干净，并保持干燥）；⑤ 测量各法兰处的胶垫尺寸，以便配制（质量要求：胶垫质量应符合规定）。

4）套管的干燥（轻微受潮处理与充油套管相同）。只有套管的 $\tan\delta$ 值超标时才进行干燥处理。主要包括：① 将干燥罐内部清扫干净，放入电容芯，使芯子与罐壁距离大于或等于 200mm，并设置测温装置（质量要求：干燥罐应有足够的机械强度，并能调节温度，温度计应事先校验准确）；② 测量绝缘电阻的引线，应防止触碰金属部件（质量要求：干燥罐上应有测量绝缘电阻的小瓷套）；③ 干燥罐密封后，先试抽真空，检查有无渗漏（质量要求：真空度要求残压不大于 133.3Pa）；④ 当电容芯装入干燥罐后，进行密封加温，使电容芯保持 75～80℃（质量要求：温度上升速度为 5～10℃/h）；⑤ 当电容芯温度达到要求后保持 6h，再关闭各部阀门，进行抽真空（质量要求：开始抽真空 13kPa/h，之后以 6.7kPa/h 的速度抽空，直至残压不大于 133.3Pa 为止，并保持这一数值）；⑥ 每 6h 解除真空一次，并通入干燥热风 10～15min 后重新建立真空度（质量要求：尽量利用热扩散原理以加速电容芯内部水分和潮气的蒸发）；⑦ 每 6h 放一次冷凝水，干燥后期可改为 12h 放一次（质量要求：利用冷凝水的多少以判断干燥效果）；⑧ 每 2h 做一次测量记录，包括绝缘电阻、温度、电压、电流、真空度、凝结水等记录（质量要求：在温度和真空度保持不变的情况下，绝缘电阻在 24h 内不变，且无凝结水析出，则认为干燥终结）；⑨ 干燥终结后降温至内部为 40～50℃ 时进行真空注油（质量要求：注入油的温度略低于电容芯温度 5～10℃，油质符合国家标准规定）。

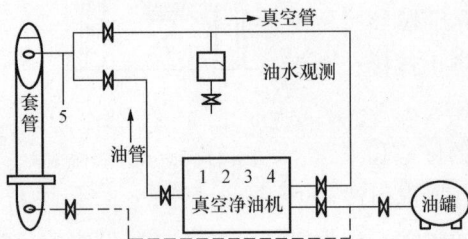

图 2-24　真空注油示意图
1—温度表；2—真空表；3—压力表；
4—电压表；5—接口阀门

5）组装。主要包括：① 组装前应先将上、下瓷套及中部法兰预热至 80～90℃，并保持 3～4h 以排除潮气（质量要求：组装时电容芯温度高出环境温度 10～15℃ 为宜）；② 按解体相反顺序组装（质量要求：零部件洁净齐全）；③ 按图 2-24 所示方法进行真空注油，首先建立真空，检查套管密封情况，注油后破空期间油位下降至油位计下限时需及时加油，破空完毕后加油至油位计相应位置，考虑取油样应略高于正常油面（质量要求：套管密封良好，无渗漏，油质符合国标标准，套管瓷件无破损、无裂纹，外观洁净、无油迹，中部接地和测压小瓷套接地良好）。

（四）变压器测温装置检修

1. 危险点分析和控制措施（见表 2-15）

2. 人员组织和主要工器具准备

（1）人员组织：工作负责人；工作人员；工器具及材料保管员。

（2）主要工器具：活动扳手、绝缘电阻表、万用表、管钳、仪表专用工具、各型配套密封垫适量、其他常用工器具。

3. 测温装置检修操作程序

（1）压力式（信号）温度计。操作程序：① 拆卸时拧下密封螺母连同温包一并取出；② 将温度表从油箱上拆下，并将金属细管盘好，其弯曲半径不小于 75mm，不得扭曲、损伤和变形；③ 包装好后进行校验，并进行警报信号的整定；④ 经校验合格，并将玻璃外罩密封好，安装于变压器箱盖上的测温座中。座中预先注入适量变压器油，将座拧紧、不渗油；⑤ 将温度计固定在油箱座板上，其出气孔不得堵塞，并防止雨水侵入，金属细管应盘好并妥善固定。

（2）电阻温度计（绕组温度计）。在大修中对其进行校验（包括温度计、埋入元件及二次回路）。

（3）棒式玻璃温度计。在变压器大修中应对棒式温度计进行检验。

（4）注意事项。温度计应定期进行校验，以保证温度指示正确，具体标准如下：

压力式温度计：全刻度±15℃（1.5 级）；全刻度±25℃（2.5 级）。

电阻温度计：全刻度±1℃。

棒式温度计：全刻度±1℃。

五、变压器铁芯检修

1. 危险点分析和控制措施（见表 2-15）

2. 人员组织和主要工器具准备

（1）人员组织：工作负责人；技术专责；工作人员；工器具及材料保管员。

（2）主要工器具：电动扳手；18、15、12 寸活动扳手；木榔头；绝缘电阻表、万用表；管钳；其他常用工器具。

3. 操作程序

（1）检查铁芯外表是否平整，有无片间短路或变色、放电烧伤痕迹，绝缘漆膜有无脱落，上铁轭的顶部和下铁轭的底部是否有油垢杂物，可用洁净的白布或泡沫塑料擦拭，若叠片有翘起或不规整之处，可用木锤或铜锤敲打平整。

质量要求：铁芯应平整，绝缘漆膜无脱落，叠片紧密，边侧的硅钢片不应翘起或成波浪状，铁芯各部表面应无油垢和杂质，片间应无短路、搭接现象，接缝间隙符合要求。

（2）检查铁芯上下夹件、方铁、绕组压板的紧固程度和绝缘状况，绝缘压板有无爬电烧伤和放电痕迹。为便于监测运行中铁芯的绝缘状况，可在大修时在变压器箱盖上加装一小套管，将铁芯接地线（片）引出接地。

质量要求：①铁芯与上下夹件、方铁、压板、底脚板间均应保持良好绝缘；②钢压板与铁芯间要有明显的均匀间隙，绝缘压板应保持完整、无破损和裂纹，并有适当紧固度；③钢压板不得构成闭合回路，同时应有一点接地；④打开上夹件与铁芯间的连接片和钢压板与上夹件的连接片后，测量铁芯与上下夹件间和钢压板与铁芯间的绝缘电阻，与历次试验相比较应无明显变化。

（3）检查压钉、绝缘垫圈的接触情况，用专用扳手逐个紧固上下夹件、方铁、压钉等各部位紧固螺栓。

质量要求：螺栓紧固，夹件上的正、反压钉和锁紧螺帽无松动，与绝缘垫圈接触良好，无放电烧伤痕迹，反压钉与上夹件有足够距离。

（4）用专用扳手紧固上下铁芯的穿心螺栓，检查与测量绝缘情况。

质量要求：穿心螺栓紧固，其绝缘电阻与历次试验比较无明显变化。

（5）检查铁芯间和铁芯与夹件间的油路。

质量要求：油路应畅通，油道垫块无脱落和堵塞，且应排列整齐。

（6）检查铁芯接地片的连接及绝缘状况。

质量要求：铁芯只允许一点接地，接地片用厚度 0.5mm、宽度不小于 30mm 的紫铜片，插入 3～4 级铁芯间，对大型变压器插入深度不小于 80mm，其外露部分应包扎绝缘，防止铁芯短路。

（7）检查无孔结构铁芯的拉板和钢带。

质量要求：应紧固并有足够的机械强度，绝缘良好，不构成环路，不与铁芯相接触。

（8）检查铁芯电场屏蔽绝缘及接地情况。

质量要求：绝缘良好，接地可靠。

4. 注意事项

（1）检修时应严格按照检修工艺标准执行。

（2）器身暴露在空气中的时间应不超过如下规定：空气相对湿度小于或等于 65％ 为 16h，空气相对湿度小于或等于 75％ 为 12h。

（3）器身暴露时间是从变压器放油时起至开始抽真空或注油时为止。

（4）如暴露时间需超过上述规定，宜接入干燥空气或采用其他方式防止器身受潮。

（5）器身温度应不低于周围环境温度，否则应用真空滤油机循环加热油，将变压器加热，使器身温度高于环境温度 5℃ 以上。

（6）进行器身检查所使用的工具应由专人保管并应编号登记，防止遗留在油箱内或器身上。

六、变压器绕组检修

1. 危险点分析和控制措施（见表 2-15）

2. 人员组织和主要工器具准备

（1）人员组织：工作负责人；技术专责；工作人员；工器具及材料保管员。

（2）主要工器具：活动扳手；木榔头；绝缘电阻表、万用表；管钳；其他常用工器具。

3. 操作程序

（1）检查相间隔板和围屏（宜解开一相）有无破损、变色、变形、放电痕迹，如发现异常应打开其他两相围屏进行检查。

质量要求：①围屏清洁无破损，绑扎紧固完整，分接引线出口处封闭良好，围屏无变形、发热和树枝状放电痕迹；②围屏的起头应放在绕组的垫块上，接头处一定要错开搭接，并防上油道堵塞；③检查支撑围屏的长垫块应无爬电痕迹，若长垫块在中部高场强区时，应尽可能割短相间距离最小处的辐向垫块 2～4 个；④相间隔板完整并固定牢固。

（2）检查绕组表面是否清洁，匝绝缘有无破损。

质量要求：①绕组应清洁，表面无油垢，无变形；②整个绕组无倾斜、位移，导线辐向无明显弹出现象。

（3）检查绕组各部垫块有无位移和松动情况。

质量要求：各部垫块应排列整齐，幅向间距相等，轴向成一垂直线，支撑牢固有适当压紧力，垫块外露出绕组的长度至少应超过绕组导线的厚度。

（4）检查绕组绝缘有无破损、油道有无被绝缘、油垢或杂物（如硅胶粉末）堵塞现象，必要时可用软毛刷（或用绸布、泡沫塑料）轻轻擦拭，绕组线匝表面如有破损裸露导线处，应进行包扎处理。

质量要求：①油道保持畅通，无油垢及其他杂物积存；②外观整齐清洁，绝缘及导线无破损；③特别注意导线的统包绝缘，不可将油道堵塞，以防局部发热、老化。

（5）用手指按压绕组表面检查其绝缘状态。绝缘状态分为四级，其质量要求如下。

一级绝缘：绝缘有弹性，用手指按压后无残留变形，属良好状态。

二级绝缘：绝缘仍有弹性，用手指按压时无裂纹、脆化，属合格状态。

三级绝缘：绝缘脆化，呈深褐色，用手指按压时有少量裂纹和变形，属勉强可用状态。

四级绝缘：绝缘已严重脆化，呈黑褐色，用手指按压时即酥脆、变形、脱落，甚至可见裸露导线，属不合格状态。

4. 注意事项

（1）检修时应严格按照检修工艺标准执行。

（2）进行器身检查所使用的工具应由专人保管并应编号登记，防止遗留在油箱内或器身上。

七、变压器大修的检修工艺和质量标准

1. 变压器身的检修工艺和质量要求

变压器身的检修包括变压器绕组、引线及绝缘支架、铁芯及油箱的检修。其检修工艺和质量要求分别见表 2-16～表 2-22。

表 2-16　　　　　　　变压器绕组的检修（检查）工艺要求和质量要求

检 修 工 艺	质 量 要 求
检查相间隔板和围屏（宜先解开一相），检查有无破损、变色、变形、放电痕迹。如发现异常时，应打开其他两相围屏进行检查	（1）围屏清洁无破损，绑扎紧固完整，分接引线出口处封闭良好，围屏无变形、发热和树枝状放电痕迹。 （2）围屏的起头应放在绕组的垫块上，接头处一定要错开搭接，并防止油道堵塞。 （3）检查支撑围屏的长垫块应无爬电痕迹，若长垫块在中部高场强区时，应尽可能割短相间距离最小处的辐向垫块 2～4 个。 （4）相间隔板完整并固定牢固
检查绕组表面是否清洁，有无机械变形、匝绝缘有无破损	（1）绕组应清洁，表面无油垢，无变形。 （2）整个绕组导线应无倾斜、位移，导线辐向无明显弹出现象
检查绕组各部垫块有无位移和松动情况	各部垫块应排列整齐，辐向间距相等，轴向成一垂直线，支撑牢固有适当压紧力，垫块外露出绕组的长度至少应超过绕组 1 根导线的厚度
检查绕组线匝绝缘有无破损，油道有无被绝缘、油垢或杂物（如硅胶粉末）堵塞现象，必要时可用软毛刷（或用绸布、泡沫塑料）轻轻擦拭，绕组线匝绝缘如有破损裸露导线处，应进行包扎处理	（1）油道保持畅通，无油垢及其他杂物积存。 （2）外观整齐清洁，导线绝缘无破损。 （3）特别注意导线的统包绝缘，不可将油道堵塞，以防局部发热、老化
用手指按压绕组表面检查其绝缘状态	（1）一级绝缘：绝缘有弹性，用手指按压后无残留变形，属良好状态。 （2）二级绝缘：绝缘仍有弹性，用手指按压时无裂纹、脆化，属合格状态。 （3）三级绝缘：绝缘脆化，呈深褐色，用手指按压时有少量裂纹和变形，属勉强可用状态。 （4）四级绝缘：绝缘已严重脆化，呈黑褐色，用手指按压时即酥脆、变形、脱落，甚至可见裸露导线，属不合格状态

表 2-17　　　　　　　引线及绝缘支架的检修工艺和质量要求

检 修 工 艺	质 量 要 求
检查引线及引线锥的绝缘包扎有无变形、变脆、破损，引线有无断股，引线与引线接头处焊接情况是否良好，有无过热现象	（1）引线绝缘包扎应完好，无变形、变脆，引线无断股卡伤情况。 （2）对穿缆引线，为防止引线与套管的导管接触处产生分流烧伤，应将引线用白布带半迭包绕一层，引线接头焊接处，去毛刺，表面光洁，包金属屏蔽层后再加包绝缘。 （3）早期采用锡焊的引线接头应尽可能改为磷铜或银焊接。 （4）接头表面应平整、清洁、光滑无毛刺，并不得有其他杂质。 （5）引线长短适宜，不应有扭曲现象。 （6）引线绝缘的厚度，应符合表 2-18 的规定

检 修 工 艺	质 量 要 求
检查绕组至分接开关的引线，其长度、绝缘包扎的厚度、引线接头的焊接（或连接）、引线对各部位的绝缘距离、引线的固定情况是否符合要求	引线绝缘包扎应完好，无变形、变脆，引线无断股卡伤情况，分接引线对各部绝缘距离应满足表 2-18 要求
检查绝缘支架有无松动和损坏、位移，检查引线在绝缘支架内的固定情况	（1）绝缘支架应无破损、裂纹、弯曲变形及烧伤现象。 （2）绝缘支架与铁夹件的固定可用钢螺栓，绝缘件与绝缘支架的固定应用绝缘螺栓；两种固定螺栓均需有防松措施（220kV 级变压器不得应用环氧螺栓）。 （3）绝缘夹件固定引线处应垫以附加绝缘，以防卡伤引线绝缘。 （4）引线固定用绝缘夹件的间距，应考虑在电动力的作用下，不致发生引线短路
检查引线与各部位之间的绝缘距离	（1）引线与各部位之间的绝缘距离，根据引线包扎绝缘的厚度不同而不同，但应不小于表 2-18 的规定。 （2）对大电流引线（铜排或铝排）与箱壁间距，宽面应大于 1.5 倍宽，窄面应大于 1.0 倍宽，以防漏磁发热。铜（铝）排表面应包扎一层绝缘，以防杂物形成短路或接地

表 2-18　　　　　圆引线间及其与其他部分的油中绝缘距离　　　　　单位：mm

电压等级(kV)	工试电压(kV)	引线最小直径 d	引线海边绝缘 δ	S1 引线到平面	S2 引线到尖角	S3 引线到引线	S4 木件爬距 L=25	S4 木件爬距 L=S2+10	S4 纸板爬距 L=2.5	S4 纸板爬距 L=S2+2.5	S5 木件爬距	S5 纸板爬距	S6 木件爬距	S6 纸板爬距	S7 引线到绕组	围屏	δ为其他值时的S7 δ	δ为其他值时的S7 S7
0.5	5		0	10	10	10	20	20	20	20	20	20	20	20	10			
			2	0	0	0	0	0	0	0	0	0	0	0	0			
3 和 6	18 和 25		0	12	12	12	25	25	25	25	30	25	25	25	12			
			2	10	10	20	20	20	20	20	20	20	20	20	11			
			3	10	10	20	20	20							10			
10	35	2.36	0	12	12	12	35				50	35	50	30	23			
			2	10	10	25			5		30	20	30	20	15		0	绕组
			3	10	10	25					20				15			
15	45		0	30	30	20	50		35		65	45	50	50	30			
			2	15	15	10	35		23	25	40	20	30	20	20			
			3/4	15	15	10/0	25		25		30	30	20/0	20/0	20			
20	55		0	35	40	35	70		45		90	60	80	50	40			
			2	20	20	15	40		30	25	60	40	50	30	20			
			3/4	20	20	15/0	30		20		50	30	30/0	20/0	20			

续表

电压等级 (kV)	工试电压 (kV)	引线最小直径 d	引线海边绝缘 δ	S₁ 引线到平面	S₂ 引线到尖角	S₃ 引线到引线	S₄ 木件爬距 L=25	S₄ 木件爬距 L=S₂+10	S₄ 纸板爬距 L=2.5	S₄ 纸板爬距 L=S₂+2.5	S₅ 木件爬距	S₅ 纸板爬距	S₆ 木件爬距	S₆ 纸板爬距	S₇ 引线到绕组	S₇ 围屏	S₇ δ为其他值时 δ	S₇ δ为其他值时 S₇
35	85	4.0	0	50	55	50	120		70		140	80	140	80	60	绕组		
			3	30	35	25	60	25	40	25	90	60	70	40	35			
			6/10	20	25	20/0	50		30		75	50	40/0	30/0	25			
(40)	(95)		0	60	65	50	140		80		160	80	80	40	70	绕组		
			3	35	40	25	90	30	45	25	100	65	80	40	35			
			6/10	25	30	20/0	60		35		85	55	45/0	30/	25			
66	140	8	6	60	90	40					230	150	120	75	60		0	140
			10	45	75	35					180	1201	90	60	60		3	70
110	200	10	10	70	120	60					300	200	150	75	60		3	110
	230		20	55	100	40					250	165	120	70			6	90
	240		10	80	150	90					350	240	180	120	80		3	125
			20	70	125	50					300	200	120	80	80		6	105
			20	70	130	50					310	210	120	80	85			

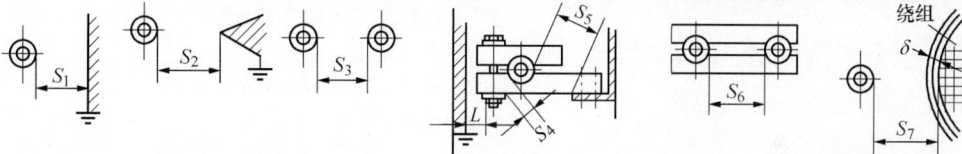

注 1. 引线对油箱和夹件的绝缘距离，表中 S_1、S_2、S_3 和 S_5 均适用。若有隔板（≥3mm 厚），可取其值的 75%。

2. 表中 S_1、S_2、S_3 和 S_7 没有包括制造公差，应加公差见表 2-19。

表 2-19　制造公差表

项目	数 值				
容量 (kVA)	≤100	125～630	800～6300	8000～20 000	>25 000
S_1 和 S_2 (mm)	10	15	20	20	25
S_3 和 S_7 (mm)	10	15	20	25	30

无夹持部分时，引线的 S_1、S_2、S_3 公差比上述数值大 1 倍，到压钉和夹件公差为 120mm，距油箱拱顶和梯形顶为 100mm；两端夹持平行绕组的用 $\phi14$ 棒材引线，在容量大于或等于 8000kVA 时，S_7 公差上述数值可减小 1/3。

3. 引线至尖角（如夹件），尖角表面有护板（≥3mm），其距离按 $S_2' = \dfrac{S_2}{1.5}$ 制造公差，但尖角绕护板边缘至引线的距离大于 S_2+制造公差。尖角表面有隔板（隔板在距尖角 1/3～1/2 距离处），其绝缘距离按 $S_2'' \geq 0.75S_2$ +制造公差（无护板时），$S_2'' \geq 0.9S_2'$ +制造公差（有护板时）计算。

4. 引线对地不为纯油距时，$S' = 0.4$ +沿木件爬距 +0.6×沿纸板爬距 +纯油距，并且 S' 不小于 S_1、S_2、S_3 或 S_7。

5. 引线通过木件需附加绝缘值见表 2-20。

表 2-20　引线通过木件需附加绝缘值表

电压等级 (kV)	≤40	66	≥110	其中小于或等于 40kV 时材料为 0.12 电缆纸；其余为 0.5 纸板
每边绝缘厚 (mm)	2	4	6	
伸出木件长 (mm)	15	15	40	

6. 不小于 66kV 级的引线及不小于 66kV 绕组区域（铁窗高度部分）不允许采用不接地的金属螺栓。

7. 高压分接线海边绝缘厚度 δ_2：10kV，$\delta_2=2$mm；35kV，$\delta_2=3$mm；110kV，$\delta_2=6$mm。

8. 引线至小圆角（圆角 $R=15\sim40$mm，如引线至护管）的绝缘距离 $S_2''' \geq 0.75S_2$ +制造公差，但 S_2''' 之值不应小于 S_1 +制造公差。

表 2-21　　　　　　　　　　　　　铁芯的检修工艺和质量要求

检 修 工 艺	质 量 要 求
检查铁芯外表是否平整，有无片间短路或变色、放电烧伤痕迹，绝缘漆膜有无脱落，上铁轭的顶部和下铁轭的底部有无油垢杂物，可用洁净的白布或泡沫塑料擦拭并用面粉团粘净，若叠片有翘起或不规整之处，如需处理应先松开上铁轭全部夹紧装置，然后可用木锤或铜锤敲打平整	铁芯应平整，绝缘漆膜无脱落，叠片紧密。两侧的硅钢片不应翘起或成波浪状，铁芯各部表面应无油垢和杂质，片间应无短路、搭接现象，接缝间隙符合要求
检查铁芯上下夹件、方铁、绕组压板的紧固程度和绝缘状况，绝缘压板有无爬电烧伤和放电痕迹；对老结构变压器，为便于监测运行中铁芯的绝缘状况，可在大修时，在变压器箱盖上加装一小套管，将铁芯接地线（片）引出接地	（1）铁芯与上下夹件、方铁、压板、底脚板间均应保持良好绝缘。 （2）钢压板与铁芯间要有明显的均匀间隙；绝缘压板应保持完整、无破损和裂纹，并有适当紧固度。 （3）钢压板不得构成闭合回路，同时应有一点接地。 （4）打开上下夹件与铁芯间的连接片和钢压板与上夹件的连接片后，测量铁芯与上下夹件间和钢压板与铁芯间的绝缘电阻，与历次试验相比较应无明显变化
检查压钉与压钉碗的接触情况，用专用扳手逐个紧固上下夹件、方铁、压钉等各部位紧固螺栓	螺栓紧固，夹件上的正、反压钉和锁紧螺母无松动，与压钉碗接触良好，无放电烧伤痕迹，反压钉与上夹件有足够距离
用专用扳手紧固上下铁轭的穿芯螺栓，检查与测量绝缘情况	穿芯螺栓紧固，其绝缘电阻与历次试验比较无明显变化
检查铁芯油道和铁芯与夹件间的油路	油路应畅通，油道垫块无脱落和堵塞，且应排列整齐；铁芯绝缘油两侧硅钢片间绝缘应良好
检查铁芯接地片的连接及绝缘状况	铁芯只允许一点接地，接地片用厚度 0.5mm，宽度不小于 30mm 的紫铜片，插入 3～4 级铁芯间，插入深度不小于 80mm（对大型变压器），其外露部分应包扎绝缘，防止短路铁芯片
检查无孔结构铁芯的拉板和钢带	应紧固并有足够的机械强度，绝缘良好不构成环路，不与铁芯相接触
检查铁芯电场屏蔽（接地屏）绝缘及接地情况	绝缘良好，接地可靠

表 2-22　　　　　　　　　　　油箱的检修工艺和质量要求

检 修 工 艺	质 量 要 求
对油箱上焊点、焊缝中存在的砂眼等渗漏点进行补焊	根除渗漏点
清扫油箱内部，清除积存在箱底的油污杂质	油箱内部洁净，无锈蚀，漆膜完整
清扫强油循环管路，检查固定于下夹件上的导向绝缘管，连接是否牢固，表面有无放电痕迹打开检查孔，清扫联箱和集油盒内杂质	强油循环管路内部清洁，导向管连接牢固，绝缘管表面光滑，漆膜完整、无破损、无放电痕迹
检查钟罩（或油箱）法兰结合面是否平整，发现沟痕应补焊磨平	法兰结合面清洁平整
检查器身定位钉。	防止定位钉造成铁芯多点接地；定位钉无影响可不退出
检查磁（电）屏蔽装置，有无松脱放电现象，固定是否牢固	磁（电）屏蔽装置固定牢固，无放电痕迹，必须有一点可靠接地

续表

检 修 工 艺	质 量 要 求
检查钟罩（或油箱）的密封胶垫，接头是否良好，接头处是否放在油箱法兰的直线部位	胶垫接头黏合牢固，并放置在油箱法兰直线部位的两螺栓的中间，搭接面平放，搭接面长度不少于胶垫宽度的 2～3 倍，胶垫压缩量为其厚度的 1/3 左右（胶棒压缩量为 1/2 左右）
检查内部油漆情况，对局部脱漆和锈蚀部位进行处理，重新补漆	内部漆膜完整，附着牢固

2. 变压器附属装置的大修

（1）变压器散热器、变压器强迫油循环风冷却器及变压器强迫油循环水冷却器的检修工艺及质量要求，分别见表 2-23～表 2-25。

表 2-23　　　　　变压器散热器的检修工艺和质量要求

检 修 工 艺	质 量 要 求
采用气焊或电焊，对渗漏点进行补焊处理	焊点准确，焊接牢固，严禁将焊渣掉入散热器内
对带法兰盖板的上、下油室应打开法兰盖板，清除油室内的焊渣、油垢，然后更换胶垫	上、下油室内部洁净，法兰盖板密封良好
清扫散热器表面，油垢严重时可用金属洗净剂（去污剂）清洗，然后用清水冲净晾干，清洗时管接头应可靠密封，防止进水	表面保持洁净
用盖板将接头法兰密封，加油压进行试漏	试漏标准：片状散热器 0.05～0.1MPa；管状散热器 0.1～0.15MPa
用合格的变压器油对内部进行循环冲洗	内部清洁
重新安装散热器	（1）注意阀门的开闭位置，阀门的安装方向应统一；指示开闭的标志应明显、清晰。 （2）安装好散热器的拉紧钢带

表 2-24　　　　变压器强迫油循环风冷却器的检修工艺和质量要求

检 修 工 艺	质 量 要 求
打开上、下油室端盖，检查冷却管有无堵塞现象，更换密封胶垫	油室内部清洁，冷却管无堵塞，密封良好
更换放气塞、放油塞的密封胶垫	放气塞、放油塞应密封良好，不渗漏
按图 2-25 所示，进行冷却器的试漏和内部冲洗。管路有渗漏时，可用锥形黄铜棒将渗漏管的两端堵塞（如有条件也可用胀管法更换新管），但所堵塞的管子数量每回路不得超过两根，否则应降容使用	试漏标准应在 0.25～0.275MPa 下，30min 无渗漏
清扫冷却器表面，并用 0.1MPa 压力的压缩空气（或水压）吹净管束间堵塞的灰尘、昆虫、草屑等杂物，若油垢严重可用金属洗净剂擦洗干净	冷却器管束间洁净，无堆积灰尘、昆虫、草屑等杂物

续表

检 修 工 艺	质 量 要 求

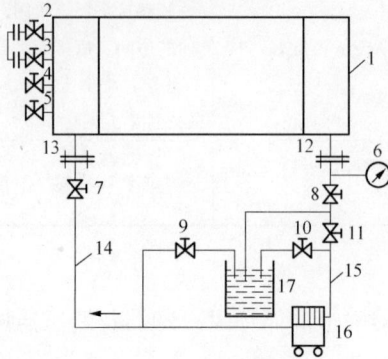

图 2-25　冷却器示意图

1—冷却器；2、3、4、5—阀门；6—压力表；7、8、9、10、11—
阀门；12、13—法兰；14、15—耐油胶管；16—压力式滤油机；
17—油桶（放置洁净合格的变压器油）

表 2-25　　　　　　　变压器强迫油循环水冷却器的检修工艺和质量要求

检 修 工 艺	质 量 要 求
拆下并检查差压继电器、油流继电器，进行修理和调试	消除缺陷，调试合格
关闭进水阀，打开出水阀，放出存水，再关闭进油阀打开出油阀，放出本体油	排尽残油、残水
拆除水、油连管，拆下上盖，松开本体和水室间的连接螺栓，吊出本体进行全面检查，清除油垢和水垢	冷却器本体内部洁净，无水垢、油垢，无堵塞现象
检查铜管和端部胀口有无渗漏，发现渗漏应进行更换或堵塞，但每回路堵塞不得超过两根，否则应降容使用	试漏标准应在 0.4MPa 下，30min 无渗漏
在本体直立位置下进行检漏（油泵未装）；由冷却器顶部注满合格的变压器油；在水室入口处注入清洁水，由出水口缓缓流出，观察并化验，应无油花出现；再取油样试验，耐压值不应低于注入前值	油管密封良好，无渗漏现象，油样和水样化验合格
更换密封胶垫，进行复装	整体密封良好

（2）变压器高压套管的检修。主要包括以下内容。

1）单瓷体和带附加绝缘的导杆式套管（与本体油连通的瓷套管）的检修工艺和质量要求见表 2-26。

表 2-26　　　　　　　单瓷体和带附加绝缘的导杆式套管的检修工艺和质量要求

检 修 工 艺	质 量 要 求
检查瓷套有无损坏	瓷套应保持清洁，无放电痕迹，无裂纹、裙边无破损
套管解体时，应依次对角松动法兰螺栓	注意松动法兰螺栓时，防止受力不均损坏套管

检 修 工 艺	质 量 要 求
拆卸瓷套前应先轻轻晃动,使法兰与密封胶垫间产生缝隙后再拆下瓷套	防止瓷套碎裂
拆导电杆和法兰螺栓前,应防止导电杆摇晃损坏瓷套,拆下的螺栓应进行清洗,丝扣损坏的应进行更换或修整	螺栓和垫圈的数量要补齐,不可丢失,损伤者要更新
取出绝缘筒(包括带覆盖层的导电杆),擦除油垢,绝缘筒及在导电杆表面的覆盖层应妥善保管(必要时应干燥)	妥善保管,防止受潮和损坏
检查瓷套内部,并用白布擦拭;在套管外侧根部根据情况喷涂半导体漆	瓷套内部清洁,无油垢,半导体漆喷涂均匀
应将拆下的瓷套和绝缘件送入干燥室进行轻度干燥,然后再组装	干燥温度70~80℃,时间不少于4h,升温速度不超过10℃,防止瓷套裂纹
更换新胶垫,位置要放正	胶垫压缩均匀,密封良好
将套管垂直放置于套管架上,组装时与拆卸顺序相反	注意绝缘筒与导电杆相互之间的位置,中间应有固定圈防止窜动,导电杆应处于瓷套的中心位置

2)充油式套管的检修工艺和质量要求见表2-27。

表 2-27　　　　　　　　充油式套管的检修工艺和质量要求

	检 修 工 艺	质 量 要 求
更换套管油	(1)放出套管中的油。 (2)用热油(温度70~80℃)循环冲洗后放出。 (3)注入合格的变压器油	(1)放尽残油。 (2)至少循环3次,将残油及其他杂质冲出。 (3)油的质量应符合GB 4109—2008《交流电压高于1000V的绝缘套管》的规定
套管解体	(1)放出内部的油。 (2)拆卸上部接线端子。 (3)拆卸油位计上部压盖螺栓,取下油位计。 (4)拆卸上瓷套与法兰连接螺栓,轻晃上瓷件,取下上瓷套。 (5)取出内部绝缘筒。 (6)拆卸下瓷套与导电杆连接螺栓,取下导电杆和下瓷套	(1)放尽残油。 (2)妥善保管,防止丢失。 (3)拆卸时,防止玻璃油标破损。 (4)注意不要碰坏瓷套。 (5)垂直放置,不要压坏或变形。 (6)分解导电杆底部法兰螺栓时,防止导电杆晃动,损坏瓷套
检修与清扫	(1)所有卸下的零部件均应妥善保管,组装前均应擦拭干净。 (2)绝缘筒应擦拭干净,如绝缘不良,可在70~80℃的温度下干燥24h~48h。 (3)检查瓷套内外表面并清扫干净,检查铁瓷结合处水泥填料有无脱落。 (4)为防止油劣化,在玻璃油位计外表涂刷银粉。 (5)更换各部法兰胶垫	(1)妥善保管,防止受潮。 (2)绝缘筒应洁净无起层、漆膜脱落和放电痕迹,绝缘良好。 (3)瓷套内外表面应清洁、无油垢、杂质、瓷质无裂纹,水泥填料无脱落。 (4)银粉涂刷应均匀,并沿纵向留一条30mm宽的透明带,以监视油位。 (5)胶垫压缩均匀,各部密封良好

续表

检 修 工 艺		质 量 要 求
套管 组装	(1) 组装与解体顺序相反。 (2) 组装后注入合格的变压器油。 (3) 进行绝缘试验	(1) 导电杆应处于瓷套中心位置，瓷套缝隙均匀，防止局部受力瓷套裂纹。 (2) 油质符合 GB 4109—2008 的规定。 (3) 按预防性试验标准进行

(3) 套管型电流互感器的检修。套管型电流互感器的检修工艺和质量要见表 2-28。

表 2-28　　　　　　　　套管型电流互感器的检修工艺和质量要求

检 修 工 艺	质 量 要 求
检查引出线的标志是否齐全	引出线的标志应与铭牌相符
更换引出线接线柱的密封胶垫	胶垫更换后不应有渗漏，接线柱螺栓止动帽和垫圈应齐全
必要时进行变比和伏安特性试验	变比和伏安特性应符合铭牌技术条件
用 2500V 绝缘电阻表测量绕组的绝缘电阻	绝缘电阻应大于或等于 1MΩ

(4) 无励磁分接开关的检修。无励磁分接开关检修工艺和质量要求见表 2-29。

表 2-29　　　　　　　　无励磁分接开关的检修工艺和质量要求

检 修 工 艺	质 量 要 求
检查开关各部件是否齐全完整	完整无缺损
松开上方头部定位螺栓，转动操作手柄，检查动触头转动是否灵活，若转动不灵活，应进一步检查卡滞的原因；检查绕组实际分接是否与上部指示位置一致，不一致则应进行调整	机械转动灵活，转轴密封良好，无卡滞，上部指示位置与下部实际接触位置一致
检查动静触头间接触是否良好，触头表面是否清洁，有无氧化变色、镀层脱落及碰伤痕迹，弹簧有无松动，发现氧化膜时，用碳化钼和白布带穿入触柱来回擦拭清除；触柱如有严重烧损时应更换	触头接触电阻小于 50μΩ，触头表面应保持光洁，无氧化变质、碰伤及镀层脱落，触头接触压力用弹簧秤测量应在 0.25~0.5MPa 之间，或用 0.02mm 塞尺检查应无间隙，接触严密
检查触头分接线是否紧固，发现松动应拧紧、锁住	开关所有紧固件均应拧紧，无松动
检查分接开关绝缘件有无受潮、剥裂或变形，表面是否清洁，发现表面脏污应用无绒毛的白布擦拭干净，绝缘筒如有严重剥裂变形时应更换；操作杆拆下后，应放入油中或用塑料布包好	绝缘筒应完好，无破损、剥裂、变形，表面清洁无油垢；操作杆绝缘良好，无弯曲变形
检修的分接开关，拆前做好明显标记	拆装前后指示位置必须一致，各相手柄及传动机构不得互换
检查绝缘操作杆 U 形拨叉接触是否良好，如有接触不良或放电痕迹应加装弹簧片	使其保持良好接触

(5) 油泵检修。油泵检修主要包括以下几个方面。

1) 油泵分解检修的工艺和质量要求见表 2-30。

表 2-30   油泵分解检修的工艺和质量要求

检 修 工 艺	质 量 要 求
将油泵垂直放置，拆下蜗壳检查各部分，并进行清洗，消除法兰上的密封胶	蜗壳内部干净，无扫膛，整体无损坏
打开止动垫圈，卸下圆头螺母，用三角爪取下叶轮，同时取出平键，检查叶轮有无变形和磨损	叶轮应无变形及磨损，严重变形及磨损时应更换
用专用工具（两爪扳手）从前端盖上拆下带螺纹的轴承挡圈	轴承挡圈无损坏
卸下前端盖与定子连接的螺栓，用顶丝将前端盖和转子及后轴承顶出	前端盖应清洁无损坏
用三角爪或平板爪将前端盖连同前轴承从转子上卸下，再用三角爪拆卸后轴承，测量前轴承室内径，检查轴承室的磨损情况，磨损严重时应更换前端盖	轴承室内径允许公差比前轴承外径大 0.025m
将泵倒置在工作台上，拆下视窗法兰、压盖，取出视窗玻璃及滤网，将视窗玻璃擦净，消除滤网上的污垢；清洗时用压板夹紧，用汽油从内往外冲洗	法兰、压盖、视窗玻璃及过滤网洁净且均无损坏
卸下后端盖与定子外壳连接的螺栓，用顶丝将后端盖顶出，消除法兰上的密封胶及污垢，擦拭干净，测量后轴承室尺寸，检查后轴承室有无磨损，严重磨损时应更换	后端盖应干净无损坏，轴承室内径允许公差比后轴承外径尺寸大 0.025m
检查转子短路环有无断裂，铁芯有无损坏	转子短路环无断裂，铁芯无损坏及磨损
测量转子前后轴颈尺寸，超过允许公差或严重损坏时应更换	前后轴应无损坏，直径允许公差为 0.006 5mm
检查并清扫定子外壳、绕组及铁芯有无损坏及局部过热	定子外壳清洁，绕组绝缘良好，铁芯无损坏
检查引线与绕组的焊接情况	应无脱焊及断线
检查分油路，清洗分油路内的污垢	分油路洁净，畅通
打开接线盒，检查接线柱及绝缘板，清洗接线盒内部，更换接线盒及接线柱的密封胶垫	引线与接线柱尾部应焊接牢固，无脱焊及断线，接线盒内部清洁无油垢及灰尘
用 500V 绝缘电阻表测量绝缘电阻	绝缘电阻值应大于或等于 0.5MΩ

2）油泵组装的工艺和质量要求见表 2-31。

表 2-31   油泵的组装工艺和质量要求

检 修 工 艺	质 量 要 求
大修后应更换所有密封处的胶垫和密封环，并重新进行组装，其中包括前后端盖、过滤网、压盖、法兰、各部油塞的密封胶垫及密封环	胶垫及密封环的压缩量为原厚度的 1/3
对轴承进行筛选，将 1A 铅丝放在钢球下面，反复压碾，用千分尺测量铅丝厚度，确定轴承滚动间隙（进行两次）	更换轴承应选用电动机专用轴承；轴承无损坏、锈蚀，滚动间隙：2 极泵不大于 0.07mm，4 极泵不大于 0.1mm

续表

检 修 工 艺	质 量 要 求
将轴承放入油中加温至 120～150℃时取出，安装在转子后轴上（或用特殊的套筒，顶在轴承的内环上，用手锤轻轻敲击套筒顶部，将轴承嵌入）	轴承应紧靠到轴台上，安装后转动应灵活
将后端盖放在工作台上，首先放入过滤网及两侧胶垫，再放入 O 形胶圈，安装盖板，再放入视窗玻璃及两侧胶垫，安装法兰	各部密封胶垫应放正，密封可靠，压盖及法兰螺栓紧固
将转子后轴承对准后端盖轴承室，在前轴头上垫方木，用手锤轻轻敲击方木，后轴承即可进入轴承室	转子在后端盖上应转动灵活
在后端盖安装法兰处套上主密封胶垫	主密封胶垫放置平整，防止错位确保密封
将定子放在工作台上，将转子穿入定子腔内，此时后端盖上的分油路孔要对准定子上的分油路孔，再拧紧前端盖与定子连接的螺栓	后端盖分油路孔一定要对准定子分油路孔
将定子位置对准分油路，把前端盖放入定子止口处，再拧紧前端盖与定子连接的螺栓	前端盖进油孔一定要对准定子分油路
将两个前轴承放在油中加热至 120～150℃取出，套在前轴上，或用特制的套筒顶在轴承的内环上，用手锤轻轻敲击套筒顶部，将轴承嵌入前轴承室，再用特制的两爪扳手将轴承挡圈拧紧	轴承应紧靠到轴台上，拨动转子时应转动灵活
将圆头平键装入转轴的键槽内，再将叶轮嵌入轴上	叶轮安装后应牢固平稳
带上止动垫圈，拧紧圆头螺母，将止动垫圈撬起锁紧	圆头螺母应紧固，止动垫圈应紧紧锁住圆头螺母
用磁力千分表测量叶轮跳动及转子轴向窜动间隙	2 级泵不大于 0.07mm，4 级泵不大于 0.1mm，转子轴向窜动不大于 0.15mm
在定子外壳的法兰处套上主密封胶垫，扣上蜗壳，拧紧蜗壳与定子连接的螺栓	拨动叶轮应转动灵活，叶轮无碰壳，叶轮密封环与蜗壳的配合间隙不大于 0.2mm
各部油塞，包括放气塞、测压塞，均采用橡胶封环或橡胶平垫密封	油塞螺纹无损坏

3）油泵检修后的试验及油漆处理工艺和质量要求见表 2-32。

表 2-32　　　　　　　油泵检修后的试验及油漆处理工艺和质量要求

检 修 工 艺	质 量 要 求
用 500V 绝缘电阻表测量电动机定子绕组绝缘电阻	绝缘电阻值应大于或等于 0.5MΩ
测量绕组的直流电阻	三相互差不超过 2%
将泵内注入少量合格的变压器油，接通电源试运转	运转应平稳、灵活，声音和谐，无转子扫膛、叶轮碰壳等异音，三相空载电流平衡度应在±10%以内
打油压 0.4MPa 保持 30min，各密封处涂白土观察（或打气压 0.25MPa 保持 30min，压力表无显著变化，密封处涂肥皂液观测）	不渗漏，各部密封良好

检 修 工 艺	质 量 要 求
擦净泵壳、电动机外壳上的油垢、灰尘,在视窗玻璃及铭牌上涂黄油,泵出入口封临时盖板,进行喷漆处理	漆膜均匀,无漆瘤、漆泡,喷漆后擦净视窗玻璃及铭牌上的黄油
将油泵恢复组装在冷却器的下方原位,更换密封垫圈,打开阀门(注意排气),接电源线,并试运转检查转动方向	各部密封良好,不渗油,无气泡,油泵转动方向正确,无异音,与其他油泵比较,负荷电流无明显差异

(6) 风扇检修。主要包括以下几个方面。

1) 风扇叶轮解体检修的工艺和质量要求见表 2-33。

表 2-33　　　　　　　　风扇叶轮解体检修工艺和质量要求

检 修 工 艺	质 量 要 求
将止动垫圈打开,旋下盖型螺母,退出止动垫圈,把专用工具(三角爪)放正,勾在轮壳上,均匀用力缓慢拉出,将叶轮从轴上卸下,锈蚀时可向键槽内、轴端滴入螺栓松动剂,同时将键、锥套取下保管好	拆卸时防止叶轮损伤变形
检查叶片与轮壳的铆接情况,松动时可用铁锤铆紧	铆接牢固,叶片无裂纹
将叶轮放在平台上,检查叶片安装角度	三只叶片的角度应一致,否则应调整

2) 风扇电动机解体检修工艺和质量要求见表 2-34。

表 2-34　　　　　　　　风扇电动机解体检修工艺和质量要求

检 修 工 艺	质 量 要 求
首先拆下电机罩,然后卸下后端盖固定螺栓,从丝孔用顶丝将后端盖均匀顶出,拆卸时严禁用螺丝刀或扁铲撬开	后端盖完好无损坏
检查后端盖有无破损,清除轴承室的润滑脂,用内径千分尺测量轴承室尺寸,检查轴承室的磨损情况,严重磨损时应更换新端盖	后轴承室内径允许公差比后轴承外径大 0.025mm
卸下前端盖固定螺栓,从顶丝孔用顶丝将前端盖均匀顶出,连同转子从定子中抽出	前端盖无损伤
用三角爪将前端盖从转子上卸下(前端盖尺寸较小时,可将转子直立,轴伸端朝下,下垫木方,用手将前端盖垂直用力使其退出)	退出时,不得损伤前轴头
卸下轴承挡圈,取出轴承,检查前端盖有无损伤,清除轴承室润滑脂并清洗干净,测量轴承尺寸,严重磨损时,应更换前端盖	前端盖洁净,其轴承室内径允许公差比前轴承外径大 0.025mm
将转子放在平台上,用平板爪取下前后轴承;不准用手锤敲打轴承外环卸轴承	轴承运行超过 5 年应更换
检查转子短路条及短路环有无断裂,铁芯有无损伤	短路条、短路环无断裂,铁芯无损伤

检　修　工　艺	质　量　要　求
测量转子前后轴直径,超过允许公差或严重损坏时应更换	前后轴应无损伤,直径允许公差为±0.006 5mm
清扫定子绕组,检查绝缘情况	定子绕组应表面清洁,无匝间、层间短路,中性点及引线接头均应连接牢固
打开接线盒,检查密封情况,检查引线是否牢固地接在接线柱上	绕组引线接头牢固,并外套塑料管,牢固接在接线柱上,接线盒密封良好
检查清扫定子铁芯	定子铁芯绝缘应良好,无老化、烧焦、锈蚀及扫膛现象
用500V绝缘电阻表测量定子绕组绝缘电阻	绝缘电阻值应大于或等于0.5MΩ

3) 风扇电动机组装工艺和质量要求见表 2-35。

表 2-35　　　　　　　　风扇电动机组装工艺和质量要求

组　装　工　艺	质　量　要　求
将洁净的转子放在工作台上,把轴承挡圈套在前轴上	转子洁净,轴承挡圈无破损
把在油中加热到120～150℃的轴承套在前后轴上或用特制的套筒顶在轴承内环上,垂直用手锤嵌入,注意钢球与套不要打伤	装配后新轴承应转动灵活,滚动间隙不大于0.03mm,轴承应紧套在轴台上
将转子轴伸端垂直穿入前端盖内,之后,在后轴头上垫木方,用手锤将前轴承轻轻嵌入轴承室中,再从前端盖穿入圆头螺栓,将轴承挡圈紧固牢靠,圆头螺栓处涂以密封胶	轴承嵌入轴承室内,转子转动灵活
将定子放在工作台上,定子止口处涂密封胶	定子内外整洁,密封胶涂抹均匀
将前端盖和转子对准止口,穿进定子内,拧紧前端盖与定子连接的螺栓;再将后端盖放入波形弹簧片,对准止口,用手锤轻轻敲打后端盖,使后轴承进入轴承室,拧紧后端盖与定子连接的圆头螺栓,最后将电动机后罩装上。装配端盖螺栓时,要对角均匀地紧固;用油枪向前后轴承室注入润滑脂,约占轴承室内空腔2/3;装配时注意钢球与套不要打伤	总装配后,用手拨动转子,应转动灵活,无扫膛现象
将电动机安装在风冷却器上,用螺栓固定在风筒内	螺栓紧固
更换密封垫和胶圈,将垫圈、密封胶垫、锥套、平键、好护罩、叶轮安装在电动机轴伸端,叶轮与锥套间用密封胶堵塞,拧紧圆螺母和盖型螺母,将止动垫圈锁紧撬起	叶片与导风筒之间应有不少于3mm的间隙,密封良好

4) 风扇电动机检修后的电气试验及油漆处理工艺和质量要求见表 2-36。

表 2-36　　　　　风扇电动机检修后的电气试验及油漆处理工艺和质量要求

检　修　工　艺	质　量　要　求
用500V绝缘电阻表测试定子绕组绝缘电阻	绝缘电阻值应大于或等于0.5MΩ
测量定子绕组的直流电阻	三相互差不超过2%

检 修 工 艺	质 量 要 求
拨动叶轮转动灵活后，通入 380V 交流电，运行 5min	三相电流不平衡度不大于±10%，风扇电动机运行平稳、声音和谐、转动方向正确
将风扇电动机各部擦拭干净，在铭牌上涂黄油，进行喷漆处理	漆膜均匀，无漆瘤、漆泡，喷漆后擦净铭牌上的黄油

（7）YJ 系列油流继电器的检修。解体检修工艺和质量要求见表 2-37。

表 2-37　　　　　YJ 系列油流继电器解体检修工艺和质量要求

检 修 工 艺	质 量 要 求
从冷却器联管上拆下继电器，检查挡板转动是否灵活，转动方向是否正确	挡板转动灵活，转动方向与油流方向一致
检查挡板铆接是否牢固；挡板有无裂痕	挡板铆接牢固，挡板无裂痕
检查返回弹簧安装是否牢固，弹力是否充足	返回弹簧安装牢固，弹力充足
卸下端盖、表盘玻璃及塑料圈，并清洗干净	各部件无损坏，洁净
卸下固定指针的滚花螺母，取下指针、平垫及表盘，清扫内部	内部清洁，无灰尘，无锈蚀
转动挡板，在原位转动 85°，观察主动磁铁与从动磁铁是否同步转动，有无卡滞	主动磁铁与从动磁铁同步转动，无卡滞
检查微动开关，用手转动挡板，在原位转动 85°时，用万用表测量接线座的接线端子，是否已实现动合与动断触头的转换	当挡板旋转到极限位置时，微动开关应动作，动断触头打开，动合触头闭合
装复表盘、指针等零部件	各部件连结紧固，指示正确，密封良好
用 500V 绝缘电阻表测量绝缘电阻	绝缘电阻值应大于或等于 0.5MΩ

（8）油保护装置储油柜（油枕）检修。主要包括以下几个方面。

1）开启式储油柜（油枕）的检修工艺和质量要求见表 2-38。

表 2-38　　　　　开启式储油柜（油枕）的检修工艺和质量要求

检 修 工 艺	质 量 要 求
打开储油柜（油枕）的侧盖，检查气体继电器联管是否伸入储油柜（油枕）	一般伸入部分高出底面 20～50mm
清扫内外表面锈蚀及油垢并重新刷漆	内壁刷绝缘漆，外壁刷油漆，要求平整有光泽
清扫积污器、油位计、塞子等零部件	安全气道和储油柜（油枕）间应互相连通；油位计内部无油垢，红色浮标清晰可见
更换各部密封垫	密封良好无渗漏，应耐受油压 0.05MPa，6h，无渗漏

续表

检 修 工 艺	质 量 要 求
重划油位计温度标示线	油位标示线指示清晰并符合图 2-26 规定 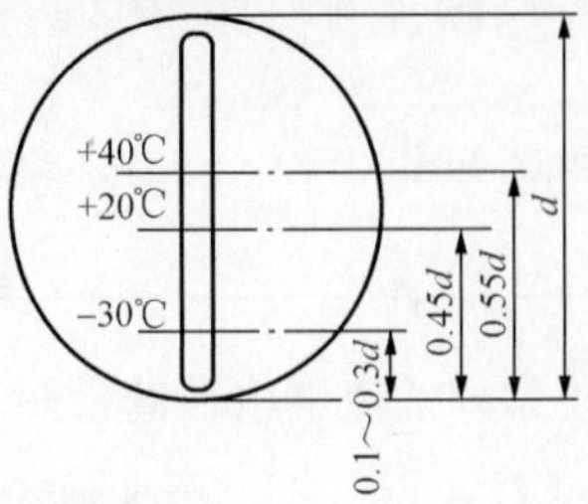 图 2-26　储油柜（油枕）油位指示线示意图

2）胶囊式储油柜（油枕）的检修工艺和质量要求见表 2-39。

表 2-39　　　　胶囊式储油柜（油枕）的检修工艺和质量要求

检 修 工 艺	质 量 要 求
放出储油柜（油枕）内的存油，取出胶囊，倒出积水，清扫储油柜（油枕）	内部洁净无水迹
检查胶囊的密封性能，进行气压试验，压力为 0.02～0.03MPa，时间 12h（或浸泡在水池中检查有无冒气泡），应无渗漏	胶囊无老化开裂现象，密封性能良好
用白布擦净胶囊，从端部将胶囊放入储油柜（油枕），防止胶囊堵塞气体继电器联管，联管口应加焊挡罩	胶囊洁净，联管口无堵塞
将胶囊挂在挂钩上，连接好引出口	为防止油进入胶囊，胶囊管出口应高于油位计与安全气道连管，且三者应相互连通
更换密封胶垫，装复端盖	密封良好，无渗漏

3）隔膜式储油柜（油枕）的检修工艺和质量要求见表 2-40。

表 2-40　　　　隔膜式储油柜（油枕）的检修工艺和质量要求

检 修 工 艺	质 量 要 求
解体检修前可先充油进行密封试验，压强 0.02～0.03MPa，时间 12h	隔膜密封良好，无渗漏
拆下各部连管（吸湿器、注油管、排气管、气体继电器连管等），清扫干净，妥善保管，管口密封	防止进入杂质
拆下指针式油位计连杆，卸下指针式油位计	拆下零部件妥善保管
分解中节法兰螺栓，卸下储油柜上节油箱，取出隔膜清扫	隔膜应保持清洁，完好
清扫上下节油箱	油枕内外壁应整洁有光泽、漆膜均匀（外壁刷油漆，内壁刷绝缘漆）
更换密封胶垫	密封良好无渗漏

4）磁力油位计的检修工艺和质量要求见表 2-41。

表 2-41 磁力油位计的检修工艺和质量要求

检 修 工 艺	质 量 要 求
打开储油柜手孔盖板，卸下开口销，拆除连杆与密封隔膜相连接的绞链，从储油柜上整体拆下磁力油位计	不得损坏连杆
检查传动机构是否灵活，有无卡轮、滑齿现象	传动齿轮无损坏，转动灵活
检查主动磁铁、从动磁铁是否耦合和同步转动，指针指示是否与表盘刻度相符，不相符则应调节限位块，调整后将紧固螺栓锁紧，以防松脱	连杆摆动 45°时，指针应旋转 270°，从"0"位置指示到"10"位置，传动灵活，指示正确
检查限位报警装置动作是否正确，否则应调节凸轮或开关位置	当指针在"0"最低油位和"10"最高油位时，分别发出信号
更换密封胶垫进行复装	密封良好无渗漏

（9）净油器的检修。净油器的检修工艺和质量要求见表 2-42。

表 2-42 净油器的检修工艺和质量要求

检 修 工 艺	质 量 要 求
关闭净油器进出口的阀门	阀门关闭严密，不渗漏
打开净油器底部的放油阀，放尽内部的变压器油（打开上部的放气塞，控制排油速度）	准备适当容器，防止变压器油溅出
拆下净油器的上盖板和下底板，倒出原有吸附剂，用合格的变压器油将净油器内部和联管清洗干净	内部洁净，无吸附剂碎沫
检查各部件应完整无损并进行清扫，检查下部滤网有无堵塞，洗净后更换胶垫，装复下盖板和滤网，密封良好	进油口的滤网应装在挡板的外侧，出油口的滤网应装在挡板内侧，以防吸附剂和破损滤网进入油箱
吸附剂的质量占变压器总油量的 1%左右，经干燥并筛去粉末后，装至距离顶面 50mm 左右，装回上盖板并加以密封	吸附剂更换应根据油质的酸价和 pH 值而定；更换的吸附剂应经干燥，填装时间不宜超过 1h
打开净油器下部阀门，使油徐徐进入净油器，同时打开上部放气塞排气，直至冒油为止	必须将气体排尽，防止残余气体进入油箱
打开净油器上部阀门，使净油器投入运行	确认阀门在"开"位
对于强油冷却的净油器，在净油器出入口阀门关闭后，即可卸下净油器，将内部的吸附剂倒出，然后进行检修和清理，并对出入口滤网进行检查，对原来采用的金属滤网，应更换为尼龙网，其他要求基本与上述相同	对早期生产的变压器应注意入口联管的连接（因只有一侧有滤网），切不可装反，以防止吸附剂进入油箱

（10）吸湿器的检修。吸湿器的检修工艺和质量要求见表 2-43。

表 2-43 　　　　　　　　　　吸湿器的检修工艺和质量要求

检 修 工 艺	质 量 要 求
将吸湿器从变压器上卸下，倒出内部吸附剂，检查玻璃罩应完好，并进行清扫	玻璃罩清洁完好
把干燥的吸附剂装入吸湿器内，为便于监视吸附剂的工作性能，一般可采用变色硅胶，并在顶盖下面留出1/5～1/6高度的空隙	新装吸附剂应经干燥，颗粒不小于3mm
失效的吸附剂由蓝色变为粉红色，可置入烘箱干燥，干燥温度由120℃升至130℃，时间5h，还原后再用	还原后应呈蓝色
更换胶垫	胶垫质量完好，无破损

吸湿器的容量可根据右侧的表进行选择

吸湿器的容量选择表

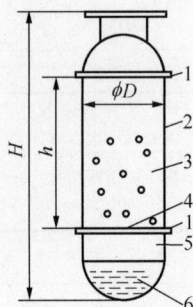

图 2-27　吸湿器示意图
1—胶垫；2—玻璃筒；3—硅胶；4—阀；5—罩；6—变压器油

硅胶重（kg）	油重（kg）	H（mm）	h（mm）	D（mm）	玻璃筒（直径×高度，mm）	配储油柜直径（mm）
0.2	0.15	216	100	105	$\phi80/100\times100$	250
0.5	0.2	216	100	145	$\phi120/140\times100$	310
1.0	0.2	266	150	145	$\phi120/140\times100$	440
1.5	0.2	336	200	145	$\phi120/140\times100$	610
3	0.7	336	220	205	$\phi180/200\times100$	800

胶囊式和隔膜式油枕用吸湿器的容量亦可参照本表，或按油枕中油量的 $\frac{1}{1000}\sim\frac{3}{1000}$ 选取硅胶量。

检 修 工 艺	质 量 要 求
下部的油封罩内注入变压器油，并将罩拧紧（新装吸湿器，应将运输密封垫拆除）	加油至正常油位线，能起到呼吸作用
为防止吸湿器摇晃，可用卡具将其固定在变压器油箱上	运行中吸湿器安装牢固，不受变压器振动影响

(11) 安全保护装置检修。主要包括以下几个方面。

1) 安全气道的检修工艺和质量要求见表2-44。

表 2-44 　　　　　　　　　安全气道的检修工艺和质量要求

检 修 工 艺	质 量 要 求
放油后将安全气道拆下进行清扫，去掉内部的锈蚀和油垢，并更换密封胶垫	检修后进行密封试验，注满合格的变压器油，并倒立静置4h不渗漏
内壁装有隔板，其下部装有小型放水阀门	隔板焊接良好，无渗漏现象
上部防爆膜片应安装良好，均匀地拧紧法兰螺栓，防止膜片破损	防爆膜片应采用玻璃片，禁止使用薄金属片，膜片玻璃厚度可参照下表 | 管径（mm）	150	200	250
---	---	---	---
玻璃厚度（mm）	2.5	3	4	

检 修 工 艺	质 量 要 求
安全气道与储油柜间应有联管（或加装吸湿器），以防止由于温度变化引起防爆膜片破裂，对胶囊密封式油枕，防止由吸湿器向外冒油	联管无堵塞，接头密封良好
安全气道内壁刷绝缘漆	内壁无锈蚀，绝缘漆涂刷均匀有光泽

2）压力释放阀的检修工艺和质量要求见表 2-45。

表 2-45　　　　　　　　　压力释放阀的检修工艺和质量要求

检 修 工 艺	质 量 要 求							
从变压器油箱上拆下压力释放阀	拆下零件妥善保管，孔洞用盖板封好							
清扫护罩和导流罩	清除积尘，保持洁净							
检查各部连接螺栓及压力弹簧	各部连接螺栓及压力弹簧应完好，无锈蚀，无松动							
在专用设备上进行动作试验	开启和关闭压力应符合下表的要求							
	喷油口径（mm）	25，50				80，130		
	开启压力（kPa）	15	25	35	55	35	55	70	80
	关闭压力（kPa）	≥8	≥13.5	≥19	≥29.5	≥19	≥29.5	≥37.5	≥45.5
	密封压力（kPa）	≥9	≥15	≥21	≥33	≥21	≥33	≥42	≥51
	注：开启压力偏差＋5kPa							
检查微动开关动作是否正确	触头接触良好，信号正确							
更换密封胶垫	密封良好，不渗油							
升高座如无放气塞应增设	防止积聚气体因温度变化发生误动							
检查信号电缆	电缆应符合耐油要求							

3）气体继电器检修工艺和质量要求见表 2-46。

表 2-46　　　　　　　　　气体继电器的检修工艺和质量要求

检 修 工 艺	质 量 要 求
将气体继电器拆下，检查容器、玻璃窗、放气阀门、放油塞、接线端子盒、小套管等是否完整，接线端子及盖板上箭头表示是否清晰，各接合处是否渗漏油	继电器内充满变压器油，在常温下加压 0.15MPa 持续 30min 无渗漏
气体继电器密封检查合格后，用合格的变压器油冲洗干净	内部清洁无杂质
气体继电器应由专业人员检验，动作可靠、绝缘、流速校验合格	对流速一般要求：自冷式变压器 0.8～1.0m/s，强油循环变压器 1.0～1.2 m/s，120MVA 以上变压器 1.2～1.3m/s

续表

检　修　工　艺	质　量　要　求
气体继电器连接管径应与继电器管径相同，其弯曲部分应大于90°	对7500kVA及以上变压器，连接管径为φ80mm，6300kVA以下变压器连接管径为φ50mm
气体继电器先装两侧联管，联管与阀门、联管与油箱顶盖间的连接螺栓暂不完全拧紧，此时将气体继电器安装于其间，用水平尺找准位置并使入出口联管和气体继电器三者处于同一中心位置，后再将螺栓拧紧	气体继电器应保持水平位置；联管朝向储油柜方向应有1‰～5‰的升高坡度；联管法兰密封胶垫的内径应大于管道的内径；气体继电器至储油柜间的阀门应安装于靠近储油柜侧，阀的口径应与管径相同，并有明显的"开"、"闭"标志
复装完毕后打开联管上的阀门，使储油柜与变压器本体油路连通，打开气体继电器的放气塞排气	安装气体继电器时，应使箭头朝向储油柜，继电器的放气塞应低于储油柜最低油面50mm，并便于气体继电器的抽芯检查
连接气体继电器二次引线，并做传动试验	二次线采用耐油电缆，并防止漏水和受潮；气体继电器的轻、重瓦斯保护动作正确

（12）阀门及塞子的检修。阀门及塞子检修工艺和质量要求见表2-47。

表 2-47　　　　　　　　　　阀门及塞子的检修工艺和质量要求

检　修　工　艺	质　量　要　求
检查阀门的转轴、挡板等部件是否完整、灵活和严密，更换密封垫圈，必要时更换零件	经0.05MPa油压试验，挡板关闭严密、无渗漏，轴杆密封良好，"开"、"闭"指示及位置的标志清晰、正确
阀门应拆下分解检修，研磨接触面，更换密封填料，缺损的零件应配齐，对有严重缺陷无法处理者应更换	阀门检修后应做0.15MPa压力试验不漏油
对变压器本体和附件各部的放油（气）塞、油样阀门等进行全面检查，并更换密封胶垫，检查丝扣是否完好，有损坏而又无法修理者应更换	各密封面无渗漏

（13）测温装置检验。主要包括以下几个方面。

1）压力式（信号）温度计。检验内容包括：①拆卸时拧下密封螺母连同温包一并取出，然后将温度表从油箱上拆下，并将金属细管盘好，其弯曲半径不小于75mm，不得扭曲、损伤和变形，包装好后进行校验，并进行警报信号的整定；②经校验合格，将玻璃外罩密封好，安装于变压器箱盖上的测温座中。座中预先注入适量变压器油，将座拧紧、不渗油；③将温度计固定在油箱座板上，其出气孔不得堵塞，并防止雨水侵入，金属细管应盘好妥善固定。

2）电阻温度计（绕组温度计）。在大修中对其进行校验（包括温度计、埋入元件及二次回路）。

3）棒式玻璃温度计。在变压器大修中应对棒式温度计进行检验。

4）温度计应定期进行校验，以保证温度指示正确，具体标准是：①压力式温度计，全刻度±1.5℃（1.5级），全刻度±2.5℃（2.5级）；②电阻温度计，全刻度±1℃；③棒式温度计，全刻度±2℃。

（14）冷却器控制箱检修。主要包括如下内容。

1）清扫分、总控箱内部灰尘及杂物。

2）检查电磁开关和热继电器触头有无烧损或接触不良，必要时进行更换。

3）检查电源开关和熔断器接触情况。

4）检查各部触头及端子板连接螺栓有无松动或丢失并进行补齐。

5）检查切换开关接触情况及其指示位置是否符合实际情况。

6）检查信号灯指示情况，如有损坏应补齐。

7）用 500V 绝缘电阻表测量各回路绝缘电阻大于或等于 $0.5M\Omega$。

8）进行联动试验，检查主、备电源是否互为备用，在故障状态下备用冷却器能否正确启动。

9）分别对油泵和风扇进行动作试验，检查油泵和风扇的运转声音是否正常；转动方向是否正确。

10）检查分控制箱的密封情况并更换密封衬垫，外壳除锈并进行油漆。

八、变压器大修一般注意事项

（1）变压器大修前应由专责人组成工作组，对待修变压器进行调查分析，包括以下内容。

1）了解变压器在上次大修以来的运行检修试验情况、统计其过负荷情况、运行温度、运行时数和缺陷异常等。

2）仔细检查并记录变压器油箱，油枕，散热器，套管，阀门，管路，油标及附件的渗漏情况。

3）进行待修变压器的大修前本体试验和油化验等试验分析。

4）进行必要的停电检查工作。

5）根据调查结果提出变压器大修时的工作范围、内容以及非标准项目以便大修进行处理。

（2）大修前应按计划准备好检修工具，材料和备品配件，组织好必要的学习和讨论动员工作。

（3）大修前应由起重班准备好必需的起重工具和运输工具并进行必要的检查鉴定，结合大修范围和进程，搭设箱壳工作架和器身工作架。

（4）做好施工现场的准备和四防工作，清理好工地，清除易燃物品，备足有效消防工具、器材。

（5）检修一般注意事项如下。

1）贯彻安全措施和现场管理，防止发生人身和设备事故。

2）做好变压器的吊运工作，对沿途尺寸、载重量、存放地点的允许荷重等做到心中有数，必要时采取适当措施，防止发生意外。

（6）变压器检修工作人员应遵守下列各项内容。

1）不带无关物品进入检修工地，尤其是应注意发卡、纽扣、别针等零星金属物品，不得穿带钉鞋进入变压器上部和内部，在器身部分工作时，严禁掉入铁磁物质和导电物件、防止损坏绝缘，工具材料应登记管理。

2）对解体的变压器进行工作或进入变压器内部工作，应穿戴白色衣帽或采用干净防油服、擦净鞋衣，器身一般应用塑料布等衬垫，以防污染绝缘件，非工作部位最好加以遮盖。

3）保持工地清洁。

第五节　干式变压器的检修

一、检修周期与检修项目

1. 检修周期

（1）大修周期。一般在投入运行后的5年和以后每间隔10年进行一次大A级检修。预防性试验中发现异常或在承受出口短路后应进行大A级检修。

（2）小修周期。一般每年一次。

2. 检修项目

（1）干式变压器的大修项目如下。

1）绝缘性能测定。

2）检查绕组、引线、支持绝缘子、分接板及外箱等是否清洁，有无损伤及局部变形，特别是各铜焊点有无裂开现象，并吹灰。

3）外观检查，检查铁芯、铁芯紧固件（穿芯螺杆、夹件、拉带、绑带等）、压钉、压板、接地片。

4）附件的检修，包括测温显示及温度控制报警装置等。

5）检修已损伤的零部件，必要时更换。

6）各紧固处是否紧固并锁牢，如铁芯、铁芯紧固件（穿芯螺杆、夹件、拉带、绑带等）、压钉、压板、接地片的连接，器身压紧机构及压钉的松紧程度，高压侧调压连接板，高、低压接线片与电缆或母线板的连接。

7）运行过程中有无局部过热现象，各部位温度是否正常，并校验测温装置。

8）变压器接地是否可靠，引线位置是否正常，绝缘距离有无改变。

9）变压器高、低压绕组直流电阻、绝缘电阻测量。

10）变压器空载试验。

11）根据DL/T 596—1996的要求进行其他电气试验。

（2）干式变压器的小修项目如下。

1）处理已发现的缺陷。

2）检修已损伤的零部件，必要时更换。

3）测量三相高、低压绕组的绝缘电阻、直流电阻，判断三相绕组的直流电阻是否平衡。

4）检修测温装置，包括电阻温度计（绕组温度计）、棒形温度计巡测仪、温控箱等。

5）外观检查，仔细检查铁芯、绕组、引线、支持绝缘子、分接板及外箱等是否清洁，有无损伤及局部变形，调压连片连接三相是否一致并吹灰。

6）检查接地系统并测试接地电阻值小于70Ω。

7）检查各紧固件是否紧固并锁牢。

8）清扫外绝缘和检查导电接头（包括套管）。

9）按 DL/T 596—1996 规定进行测量和试验。

二、检修工艺及质量要求

1. 检修前的准备工作

（1）查阅档案了解变压器的运行情况。主要内容如下。

1）运行中所发现的缺陷和异常（事故）情况，出口短路的次数和情况。

2）负载、温度和附属装置的运行情况。

3）查阅上次大修总结报告和技术档案。

4）查阅试验记录，了解绝缘状况。

5）进行大修前的试验，确定附加检修项目。

（2）编制大修、小修工程技术、组织措施计划。主要内容如下。

1）人员组织及分工。

2）施工项目及进度表。

3）特殊项目的施工方案。

4）确保施工安全、质量的技术措施和现场防火措施。

5）主要施工工具、设备明细表，主要材料明细表。

6）绘制必要的施工图。

2. 检修项目及工艺步骤

（1）铁芯检查。主要包括以下几个方面。

1）检修项目包括：①检查铁芯是否平整，绝缘漆膜是否脱落，叠片紧密程度；②检查铁芯上下夹件、方铁、压板的紧固程度，并用扳手逐个紧固上下夹件、方铁、压板等各部位紧固螺栓；③测量铁芯对夹件，穿心螺栓对铁芯及地的绝缘电阻。④用专用扳手紧固上下铁芯的穿心螺栓并测量穿心螺杆对铁芯及地的绝缘电阻。

2）质量标准如下：①铁芯应平整，绝缘漆膜无脱落，叠片紧密，边侧的硅钢片不应翘起或成波浪状，铁芯各部表面应无灰尘和杂质，无生锈、腐蚀痕迹；片间应无短路、搭接现象，接缝间隙符合要求；②螺栓紧固，夹件上的正、反压钉和锁紧螺帽无松动，与绝缘垫圈接触良好，无放电烧伤痕迹；③采用 2500V 绝缘电阻表测试，绝缘电阻不低于 2MΩ，穿心螺栓紧固。

（2）绕组检查。主要包括以下几个方面。

1）绕组清洁，表面无灰尘杂质；绕组无变形、倾斜、位移，绝缘无破损、变色及放电痕迹，表面凝露后干燥处理试验合格。

2）高、低压绕组间风道无被杂物堵塞现象，高、低压绕组风道畅通，无杂物积存。

3）检查引线绝缘完好，无变形、变脆，引线无断股情况，接头表面平整、清洁、光滑无毛刺，并不得有其他杂质；引线及接头处无过热现象，引线固定牢靠。

4）高、低压绕组三相直流电阻平衡，绝缘阻值与出厂说明书或上次测试值相比无显著增大或降低。

（3）支持绝缘子。检查绝缘子固定应牢靠，表面清洁，无爬电和碳化现象。

（4）检查进出引线。引线相序正确，导电接触面无过热、灼伤痕迹，薄涂一层电力复合脂，连接紧固。

（5）检查各绝缘件，检查紧固件、连接件。表面有无爬电痕迹和炭化现象，绝缘无损坏。紧固件、连接件不松动，螺栓齐全紧固，对松动螺栓进行紧固。

（6）线圈绝缘良好。其判别方法如下。

1）绝缘处于良好状态：色泽新鲜均一，无裂纹损伤。

2）绝缘处于可使用状态：色泽略暗、绝缘较硬，不开裂、不脱落。

3）绝缘处于勉强使用状态：色泽较暗、绝缘发脆，有轻微裂纹，但变形不大，不脱落。

4）绝缘处于不能使用状态，绝缘裂化并脱落。

（7）冷却系统。主要包括以下内容。

1）干式变压器的温度控制系统回路接线良好，器件完好。

2）冷却系统完好、运转正常。

三、干式变压器预防性试验

1. 试验内容

（1）绕组在所有分接位置下的直流电阻测试。

（2）绕组绝缘电阻测试。

（3）铁芯绝缘电阻测试。

（4）工频耐压试验。

2. 质量标准

（1）绕组在所有分接位置下的直流电阻测试与原始值相比不超过2%，相间相差不超过2%。

（2）用2500V绝缘电阻表测试：高压对低压及地大于或等于250MΩ；低压对地大于或等于50MΩ。

（3）用2500V绝缘电阻表测试：铁芯对夹件及地大于或等于2MΩ；穿心螺杆对铁芯及地大于或等于2MΩ。

（4）工频耐压试验电压为出厂试验电压的85%。

四、干式变压器检修结尾工作

检修人员在每项工作完毕，要按照质量标准检查核对记录确无差错后方可完工，将现场打扫干净，整理工具，不得缺少或遗漏，撤出全部检修人员，由工作负责人进行验收，会同运行工作许可人进行交代检查。一切正常后，验收结束。交回工作票，检修结束。

五、干式变压器检修工作程序

干式变压器检修工作程序见表2-48。

表 2-48　　　　　　　　　　　干式变检修工作程序

检修流程	质量标准
卸下外壳及上端盖	拆外壳时不允许撞击线圈
线圈清扫检查	线圈应清洁、无过热，线圈绝缘无脱落、脆裂、损坏现象，分线夹压板坚固无过热现象
铁芯检查	表面清洁、无油垢、无过热变形，绝缘良好，检查铁芯上下轭铁及下部支架应完好，无开焊现象，检查螺栓无松动现象，用2500V绝缘电阻表测量轭铁与夹件之间的绝缘，应不小于2MΩ，铁芯接地良好

检修流程	质量标准
检查各导线及焊接头检查	检查螺栓紧固及焊接引线无过热开焊现象
检查变压器紧固件	检查绝缘子表面清洁、无裂纹、损伤垫块、压块等。紧固件牢固，无松动、无过热、碳化，地脚螺钉无松动现象
温控器检查	温度测点位置正确，温控器温度显示正常，温控器电源线无过热现象，接线紧固，校准温控器
清扫检查外壳	清扫检查外壳、框架无松动的紧固零件，油漆层无脱落
二次保护回路检查	检查二次回路接线正确紧固，保护动作正常
电气试验	执行测试规程，满足 DL/T 596—1996 的要求
回装	螺钉紧固、齐全，必要时喷漆
清理现场	现场清洁，不得遗留工具及杂物，全体工作人员撤离现场，办理工作票结束手续

第六节　变压器的试验与验收

一、变压器试验内容和要求

变压器试验一般分为厂家试验和交接预防性试验两类。交接预防性试验主要包括交接验收、大修、小修和故障检修试验等，其目的是鉴定变压器本身及其安装和检修质量。

（一）试验内容

变压器交接预防性试验可分为绝缘试验和特性试验两部分。

1. 绝缘试验

绝缘试验主要是检测变压器绝缘缺陷。这种缺陷一种是制造时潜伏下来的；另一种是在工作电压、过电压、潮湿、机械力、热作用、化学作用下产生的。绝缘试验包括如下内容。

（1）测量绕组的绝缘电阻和吸收比。

（2）测量绕组连同套管的泄漏电流。

（3）测量绕组连同套管一起的介质损失因数 $\tan\delta$。

（4）绕组连同套管一起的交流耐压试验。

（5）油箱和套管中的绝缘油试验。

（6）油中溶解气体色谱分析。

（7）测量铁铁梁和穿芯螺栓的绝缘电阻。

2. 特性试验

变压器的特性试验主要是对变压器的电气或机械方面的某些特性进行试验。特性试验包括如下内容。

（1）测量绕组连同套管的直流电阻。

（2）检查绕组所有分接头的电压比。

（3）检查三相变压器的连接组别和单相变压器引出线的极性。

（4）测量容量为 3150kVA 及以上的变压器在额定电压下的空载电流和空载损耗。

（5）进行短路特性和温升试验。

（二）试验要求

（1）如果变压器各项预防性试验结果能全部符合 DL/T 596—1996 的规定，则认为变压器绝缘状况良好，可以投入运行。有些试验项目在 DL/T 596—1996 中往往不作具体规定。有的虽有规定，测量结果合格，但增长率很快。对这些情况，要求试验人员应根据试验结果，结合出厂及历次试验数据进行纵向比较，并与同类型变压器的试验数据及标准进行横向比较（亦称比较法），经过综合分析来判断变压器缺陷或薄弱环节，为检修和运行提供依据。

（2）试验中要求做好试验记录，包括试验项目、测量数据、变压器型号、编号、仪器仪表的编号、气象条件和试验时间等。记录应详细准确，为分析判断变压器状态提供依据，并要将记录整理成试验报告存档。

（3）试验时必须做好完善的安全措施，严格按照 DL 408—1991《电业安全工作规程（发电厂和变电所电气部分）》进行。试验结束时，应首先降下电压、断开电源、对地放电、并将升压装置的高压部分短路接地。试验人员应拆除自装的接地短路线，并对被试变压器进行检查和清理现场。

二、变压器基本试验

（一）测量变压器绝缘电阻和吸收比

1. 测量目的

（1）初步判断变压器绝缘性能的好坏。

（2）鉴别变压器绝缘的整体或局部是否受潮。

（3）检查绝缘表面是否脏污，有无放电或击穿痕迹所形成的贯通性局部缺陷。

（4）检查有无绝缘子管开裂、引线碰地、器身内有铜线搭桥等所造成的导通性或金属性短路的缺陷。

（5）吸收比在一定程度上可以抵消被测部件的几何尺寸、材料等因素的影响，有利于用相同的判断标准值 1.2 或 1.3 来衡量变压器的绝缘性能。

（6）测量穿芯螺栓和轭铁梁的绝缘电阻是为了检查螺栓或轭铁梁对铁芯的绝缘情况，以防止产生多点接地损坏铁芯。

当绝缘开裂、脏污，特别是受潮后，其绝缘电阻和吸收比明显下降。

2. 测量内容和要求

变压器绝缘电阻和吸收比测量内容是用绝缘电阻表测量一、二次绕组对地及一、二次绕组间的绝缘电阻值，在吊器身检修时，还应测量穿芯螺栓和轭铁梁对铁芯的绝缘电阻值。油浸式变压器交接时绕组绝缘电阻应满足表 2-49 的要求。

表 2-49	油浸式变压器绕组绝缘电阻允许值						单位：MΩ

高压绕组电压 等级（kV）	温度（℃）							
	10	20	30	40	50	60	70	80
2～10	450	300	200	130	90	60	40	25
20～35	600	400	270	180	120	80	50	35
60～220	1200	800	540	360	240	160	100	70

3. 测试方法

（1）测试接线。测量变压器绕组绝缘电阻和吸收比时，按 DL/T 596—1996 规定使用绝缘电阻表，并按表 2-50 接线。

表 2-50 测量变压器绕组绝缘电阻的接线

测量序号	双绕组变压器		三绕组变压器	
	被测绕组	应接地部位	被测绕组	应接地部位
1	低压	外壳及高压	低压	中压、高压及外壳
2	高压	外壳及低压	中压	低压、高压及外壳
3	—	—	高压	低压、高压及外壳
4	低压及高压	外壳	中压及高压	低压及外壳
5	—	—	低压、中压及高压	外壳

接线时，被测绕组各相引出线端应短接后接入绝缘电阻表，接地的各相绕组也应短接后再接地。测量穿芯螺栓和轭铁梁的绝缘电阻时，应将与铁芯连接片的一端拆开后再进行测量。

（2）测量步骤。测量时应按表 2-50 的接线依次分别进行测量，并记录时间、指标值及测量温度等。

4. 注意事项

（1）测量接线时应注意将同一侧绕组的各相短接，有中性点引出的也与各相一同短接，否则会影响测量的准确度。

（2）在测定 R_{60}/R_{15} 吸收比之前，须将被测量绕组接地不少于 2min。测量时应用秒表在施加电压的瞬间开始计时，读取 15s 和 60s 时指示值，然后计算出吸收比。读取 15s 的绝缘电阻值，其时间偏差不应大于 1s。

（3）当周围空气湿度较大或对套管绝缘有怀疑时，可用金属导线在套管下部缠绕几圈，然后接入绝缘电阻表的屏蔽端子，以清除套管表面泄漏的影响。

（4）测量时应做好记录，并保存测量结果的各种数据。

5. 对测试结果的分析判断

（1）分析判断时主要采用比较法（见本节"试验要求"中所述），并与国家标准及有关规程规定要求进行比较。通过纵向横向的分析，做出正确判断。

（2）由于绝缘电阻与温度有关，所以比较分析时，必须将对比数据换算到相同温度下进行比较。变压器绝缘电阻的温度换算系数见表 2-51。

表 2-51 油浸式变压器绝缘电阻温度换算系数表

温度差（℃）	5	10	15	20	25	30	35	40	45	50	55	60
换算系数	1.2	1.5	1.8	2.3	2.8	3.4	4.1	5.1	6.2	7.5	9.5	11.2

温度换算时，一般将制造厂试验的原始数据，换算到实际试验时的温度下再进行比较。当由较高温度向较低温度换算时，绝缘电阻应乘以表 2-51 中的系数。如果制造厂试验时的温度较本次试验的温度低，则由较低温度向较高温度换算时，绝缘电阻应除以表 2-51 中的

系数。但这时换算的误差较大，因为绝缘电阻随温度升高的变化规律，不一定仍旧符合表2-51的原则，分析时应予考虑。

（3）变压器绝缘的吸收比也随温度而变化，一般当温度升高时，受潮绝缘的吸收比有不同程度的降低。但对绝缘干燥的变压器，在10～30℃的范围内一般变化很小，所以交接和预防性试验中一般不再进行温度换算。

（4）变压器交接试验时，绝缘电阻不应低于制造厂试验值的70%。吸收比在10～30℃时，电压为35～60kV级的变压器的吸收比不低于1.2，电压为110～220kV级的变压器不低于1.3。如果没有制造厂提供的绝缘电阻数据时，可按表2-49数据进行分析判断。

（5）轭铁梁和穿芯螺栓的绝缘电阻一般不应低于原始值的50%。

（二）测量变压器泄漏电流

1. 测量目的

测量变压器绕组连同套管的泄漏电流的目的与原理，与测量绝缘电阻相似，但其灵敏度和准确度都较测量绝缘电阻高，更能有效地检出瓷质绝缘的裂纹、夹层绝缘的内部受潮及局部松散断裂、绝缘的沿面炭化等缺陷。当上述缺陷不断恶化时，泄漏电流会随试验电压的增加而上升很大，或出现泄漏。

2. 测量内容和要求

电压在35kV及以上且容量为10 000kVA及以上的变压器，必须在交接大修后及预防性试验时测量绕组连同套管的泄漏电流，读取高压端1min的泄漏电流值。测试电压标准见表2-52。

表2-52 油浸式变压器绕组泄漏电流试验电压标准表

额定电压（kV）	3	6～15	20～35	35 以上
直流试验电压（kV）	5	10	20	40

所测得的泄漏电流值不作规定，但与历年测试数值相比较不应有显著变化。油浸式变压器绕组泄漏电流允许值见表2-53所示。

表2-53 油浸式变压器绕组泄漏电流允许值

额定电压（kV）	试验电压（kV）	温度（℃）							
		10	20	30	40	50	60	70	80
2～3	5	11	17	25	39	55	83	125	170
6～5	10	22	33	50	77	112	166	250	240
20～35	20	33	50	74	111	167	250	400	570
60～110	40	33	50	74	111	167	250	400	570

3. 测试方法

测量变压器直流泄漏电流时，被试变压器加压部位与测量绝缘电阻时完全相同，可参见表2-50。试验电压标准见表2-52。测试时，一般可以将电压一次升到试验电压值，读取

1min 通过被试绕组的直流电流，即为所测得的泄漏电流值。

测试时要做好记录工作，并保存好测试结果的各项数据。

4. 测试后的分析判断

（1）变压器的泄漏电流与绝缘电阻一样，其数值随变压器绝缘结构的不同常有很大差别。当采用比较法比较时，不应有显著变化。当其所测数值逐年增大时，则应引起注意，这往往是绝缘逐渐劣化所致。如数值与历年比较突然增大时，则可能有严重缺陷，应查明原因。如果变压器没有泄漏电流对比标准时，可参见表 2-53 所列允许值进行分析判断。

（2）泄漏电流也随温度而变化，在分析比较时应换算到相同的温度下，一般可用式（2-1）换算到同一温度下进行比较

$$I_{t_2} = \frac{I_{t_1}}{e^a(t_1 - t_2)} \tag{2-1}$$

式中　I_{t_2}——换算到温度 t_2 时的泄漏电流，μA；

　　　I_{t_1}——在温度 t_1 时所测得的泄漏电流，μA；

　　　α——温度换算系数，取（$0.05 \sim 0.06$）/℃。

（三）测量变压器介质损失角正切值 $\tan\delta$

1. 测量目的

测量介质损失正切值的目的是判断变压器绝缘性能的有效方法，它的灵敏度高，特别是对绝缘老化、受潮等普通性缺陷，检出效果尤其显著，对油质劣化、绕组上附着油泥及较严重的局部缺陷等，也有很好的检出效果。

当绝缘受潮、脏污或老化以及绝缘中有气隙发生局部放电时，$\tan\delta$ 会增大。

2. 测量内容和要求

DL/T 596—1996 规定，容量为 3150kVA 及以上的变压器在安装完毕、大修后及预防性试验时，每隔 1～2 年都均应进行测量绕组连同套管的介质损失角正切值 $\tan\delta$ 的试验。试验时非测绕组应接地，采用 M 型试验器时应加屏蔽。测试结果的要求标准以表 2-54 中允许值为依据。

表 2-54　　　　　　　　　　油浸式变压器线圈 $\tan\delta$ 的允许值

高压绕组 电压等级	温度（℃）						
	10	20	30	40	50	60	70
35kV 以上	1	1.5	20	3	4	6	8
35kV 及以下	1.5	2	3	4	6	8	11

同一变压器的中压和低压绕组的 $\tan\delta$ 的标准与高压绕组相同。

3. 测量接线

因变压器的外壳是直接接地，所以只能采用 QSI 型（或同类型）交流电桥反接线，或用 M 型介质试验器进行测量。测量部位与测量绝缘电阻完全相同，即可按表 2-51 进行接线。

4. 测量数值的计算

对双绕组变压器的计算可按式（2-2）进行

$$C_1 = \frac{C_d - C_g + C_{g+d}}{2}$$

$$C_2 = C_d - C_1$$

$$C_3 = C_g - C_2$$

$$\tan\delta_1(\%) = \frac{C_d\tan\delta_d(\%) - C_g\tan\delta_g(\%) + C_{g+d}\tan\delta_{g+d}(\%)}{2C_1}$$ (2-2)

$$\tan\delta_2(\%) = \frac{C_d\tan\delta_d(\%) - C_1\tan\delta_1(\%)}{C_2}$$

$$\tan\delta_3(\%) = \frac{C_g\tan\delta_g(\%) - C_2\tan\delta_2(\%)}{C_3}$$

式中　　C_1、$\tan\delta_1(\%)$——低压对地的电容、介质损失角正切值的计算值；

C_2、$\tan\delta_2(\%)$——高压对低压电容、介质损失角正切值的计算值；

C_3、$\tan\delta_3(\%)$——高压对地电容、介质损失角正切的计算值；

C_d、$\tan\delta_d(\%)$——低压对高压及地的电容、损失角正切值的测量值；

C_g、$\tan\delta_g(\%)$——高压对低压及地的电容、损失角正切值的测量值；

C_{g+d}、$\tan\delta_{g+d}(\%)$——高压加低压对地的电容、损失角正切值的测量值。

5. 试验电压

测量变压器介质损失角正切值所施加的试验电压规定如下：对于额定电压为 10kV 及以上的变压器，无论是已注油或未注油的都均为 10kV，对于额定电压为 6kV 及以下的变压器，其试验电压不超过绕组的额定电压。

6. 试验方法

一般在测量绝缘电阻和泄漏电流之后进行。测量时，被试变压器可按表 2-50 中的顺序进行，所施加的电压一次升到规定值。如果需要观察不同电压下的介质损失角正切值的变化，也可分段升高电压。

测量时要做好记录，并保存各项测试记录。

7. 测试后的分析判断

主要采用相互比较的分析方法。新安装变压器在交接验收时，所测得的介质损失角正切值应不大于出厂试验值的 130%，同时也不应大于表 2-54 所列的数值。

变压器大修及运行中所测得的介质损失角正切值与历年测量值进行比较，不应有显著变化，同时也不应大于表 2-55 所列数值。

表 2-55　　　　　　大修及运行中油浸变压器绕组的 $\tan\delta$ 允许位（%）

温度（℃）\电压	10	20	30	40	50	60	70
35kV 及以上	1	1.5	2	3	4	6	8
35kV 以下	1.5	2	3	4	6	8	11

测试一般应在油温 10～40℃下进行。同时，为了正确分析判断，应将不同温度下的测量结果换算到同一温度下的数值。变压器介质损失角正切值的温度换算系数见表 2-56。

表 2-56　　　　　　　油浸式变压器绕组 tanδ（%）的温度换算系数

温度差（℃）	5	10	15	20	25	30	35	40	45	50	55	60
换算系数	1.15	1.3	1.5	1.7	1.9	2.2	2.5	3.0	3.5	4.0	4.6	5.3

当被测试变压器的温度与制造厂试验时的温度不同时，应将制造厂所测数据换算到实际测量温度下的数据后，再进行比较。当由高温度向低温度换算时，实测值应除以表 2-56 中所列系数；当由低温向高温换算时，则应乘以表 2-56 中所列系数。

（四）变压器交流耐压试验

1. 试验目的

交流耐压试验在绝缘试验中属于破坏性试验，必须在非破坏性试验合格后才进行，以免引起不必要的绝缘击穿和损坏事故，造成检修工作的困难。

交流耐压试验的目的是有效地发现绕组主绝缘是否受潮、开裂；或在运输过程中，由于振动引起绕组松动，移位造成引线距离不够及绝缘上附着污物等缺陷。试验中，如果变压器耐压试验合格，就可以投入运行。

2. 试验内容和要求

按照 DL/T 596—1996 的规定，额定电压为 110kV 以下，容量为 8000kVA 及以下的变压器，在绕组大修后，或者更换绕组后，应进行绕组连同套管的交流附压试验。试验电压的标准列于表 2-57 中。

表 2-57　　　　　　　电力变压器交流耐压试验电压标准表　　　　　　　单位：kV

额定电压	3	6	10	15	20	35	60	110
最高工作	3.5	6.5	11.5	17.5	23.0	40.5	69	125
出厂试验	18	25	35	45	55	85	140	200
交接大修	15	21	30	38	41	72	120	170
非标准试验	13	19	26	34	41	64	105	—

全部更换绕组绝缘后，一般按表 2-57 中出厂标准进行；局部更换绕组后，按表 2-57 中交接及大修标准进行。

非标准系列产品，标准不明且未全部更换绕组的变压器，交流耐压试验的试验电压标准应按过去的试验电压，但不得低于表 2-57 中非标准系列的数值。

出厂试验电压与表 2-57 中的标准不同的变压器的试验电压，应为出厂试验电压的 85%，但除干式变压器外，均不得低于上表中的相应值。

3. 试验方法

（1）试验接线。交流耐压试验接线如图 2-28 所示，试验时绕组的各相引出线端均应短接在一起。有中性点引出线的也应与三相一起短接，然后按试验接线图进行接线试验。

（2）试验步骤。由于交流耐压试验对每个绕组都要进行，试验电压应根据被试绕组的额定电压值决定。试验时要做好记录，并保存好各项试验数据。

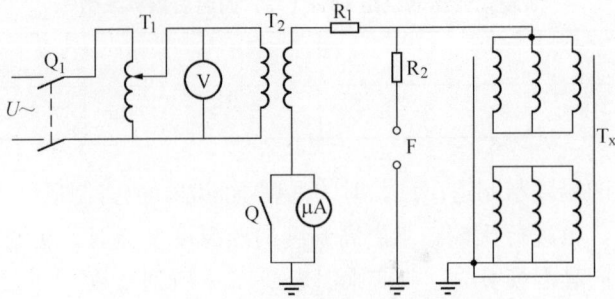

图 2-28　变压器交流耐压试验接线图

T_1—调压器；T_2—试验变压器；Q—短路刀闸；R_1、R_2—限流电阻；

F—保护球隙；T_x—被试变压器

4．注意事项

（1）三相变压器的交流耐压试验不必分相进行。同一绕组的三相所有引出线端均应短接后再进行试验，以免影响试验电压的准确性，或危害被试变压器的绝缘。

（2）中性点绝缘较其他部位弱的变压器或者是分级绝缘的变压器，不能用上述外施高压做交流耐压试验，而应进行 1.3 倍额定电压的感应耐压试验。

（3）额定电压不超过 35kV 的中、小容量的变压器试验时，允许试验变压器低压侧用电压表测量试验电压。对于容量较大的变压器，应在高压侧直接测量试验电压，例如可用电压互感器、静电电压表或标准球隙等。

（4）试验中如有放电或击穿现象时，应立即降低电压并切断电源，以免产生过电压使故障扩大。

（5）试验后，一定要对地进行充分放电后才能去拆线。

5．分析判断

对试验结果的分析判断主要是根据仪表的指示，监听放电声音，观察有无冒烟、冒气等异常现象进行。

（1）耐压中如果仪表指示不跳动，被试变压器无放电声，则认为试验正常。

（2）耐压中如果电流表指示突然上升或下降，且有放电声，同时保护球间隙有可能放电，说明被试变压器内部击穿。

（3）对 35kV 及以上的变压器进行交流耐压试验时，当电压升到规定值后，如果发现有个别轻微的局部放电声，而仪表指示没有摆动，保护球隙又未发生放电，这属于油中气体间隙放电，这时应将试验电压降下，然后再次升压复试。如不再有放电声，则试验为正常。如仍旧有放电声，则停止试验，再对变压器实施加热、滤油或真空处理后再进行试验。

（4）被试变压器在加压过程中，如出现连续的放电声，而电流表指示无突变，这可能是由于悬浮的金属部件对地放电（如铁芯接地不良等）所致。

（五）测量绕组的直流电阻

1．测量目的和内容

（1）检查绕组内部导线和引线的焊接质量。

（2）检查绕组并联支路连接是否正确，有无层间短路或内部断线。

（3）检查分接开关、引线与套管的接触是否完好。

凡交接验收、大修、小修、故障检修以及变更接头位置等，都必须进行测量直流电阻试验。

2．测量标准

测量绕组连同套管的直流电阻，应符合下列标准。

（1）1600kVA 以上的变压器，各相绕组的直流电阻相互间的差别不应大于三相平均值的 2%。

（2）无中性点引出线时的线间差别不应大于三相平均值的 1%。

（3）1600kVA 以下的变压器，相间差别一般应不大于三相平均值的 4%。线间差别一般不大于三相平均值的 2%。

（4）将所测量的相间差与出厂或交接时相应部位测得的相间差进行比较，其变化不应大于 2%。

3．测试方法

变压器绕组直流电阻测量，一般使用电压降法或电桥法。

（1）电压降法。这种测量方法的接线较麻烦，影响测量误差的因素也很多，现场一般很少用。

（2）电桥法。当被测绕组电阻为 10Ω 以上时，用单臂电桥。当绕组电阻在 10Ω 以下时采用双臂电桥。当准确度要求很高时，可用试验专用的 QJ-5 型单双级电桥，由于该电桥使用简便，可以直接读数，准确度高，反应灵敏，因此现场使用较多。

4．注意事项

（1）测量必须在绕组温度稳定的情况下进行，一般用上层油温作为绕组温度，上、下层油温不超过 3℃。

（2）带有分接开关的变压器，应在所有分接头位置上测量。

（3）三相变压器有中性点引出线时，应对各相绕组进行测量，无中性点引出线时，可只测量线间电阻。

（4）测量时非被试绕组均应短接，不可开路。操作时应先接通电流后接通检流计，测量完毕时，应先断开检流计再切断电源，以免反电势损坏仪表。

（5）应尽量减少连接线的长度，同时由于变压器的电感较大，测量时，须待电流稳定后再读数。

（6）变压器三相直流电阻不合格的原因有：绕组或引线焊接不良、断裂；分接开关接触不良；套管导电杆与引线连接不良；绕组匝间短路或层间短路。

（7）测量结果的分析判断主要是采用比较本次测量的相与相或线与线间测量值。

三、油浸式变压器试验项目

油浸式变压器大修时的试验，可分大修前、大修中、大修后三个阶段进行，其试验项目如下。

1．大修前的试验

（1）测量绕组的绝缘电阻和吸收比或极化指数。

(2) 测量绕组连同套管一起的泄漏电流。

(3) 测量绕组连同套管一起的 $\tan\delta$。

(4) 本体及套管中绝缘油的试验。

(5) 测量绕组连同套管一起的直流电阻（所有分接头位置）。

(6) 套管试验。

(7) 测量铁芯对地绝缘电阻。

(8) 必要时可增加其他试验项目（如特性试验、局部放电试验等）以供大修后进行比较。

2. 大修中的试验

大修过程中应配合吊罩（或器身）检查，进行有关的试验项目。

(1) 测量变压器铁芯对夹件、穿心螺栓（或拉带），钢压板及铁芯电场屏蔽对铁芯，铁芯下夹件对下油箱的绝缘电阻。

(2) 必要时测量无励磁分接开关的接触电阻及其传动杆的绝缘电阻。

(3) 必要时作套管电流互感器的特性试验。

(4) 有载分接开关的测量与试验。

(5) 必要时单独对套管进行额定电压下的 $\tan\delta$、局部放电和耐压试验（包括套管油）。

3. 大修后的试验

(1) 测量绕组的绝缘电阻和吸收比或极化指数。

(2) 测量绕组连同套管的泄漏电流。

(3) 测量绕组连同套管的 $\tan\delta$。

(4) 冷却装置的检查和试验。

(5) 本体、有载分接开关和套管中的变压器油试验。

(6) 测量绕组连同套管一起的直流电阻（所有分接位置上），对多支路引出的低压绕组应测量各支路的直流电阻。

(7) 检查有载调压装置的动作情况及顺序。

(8) 测量铁芯（夹件）引外对地绝缘电阻。

(9) 总装后对变压器油箱和冷却器做整体密封油压试验。

(10) 绕组连同套管一起的交流耐压试验（有条件时）。

(11) 测量绕组所有分接头的变压比及连接组别。

(12) 检查相位。

(13) 必要时进行变压器的空载特性试验。

(14) 必要时进行变压器的短路特性试验。

(15) 必要时测量变压器的局部放电量。

(16) 额定电压下的冲击合闸。

(17) 空载试运行前后变压器油的色谱分析。

4. 油浸式电力变压器的试验周期、项目及标准

试验周期、项目及标准见表 2-58。

表 2-58　　　　　　　　　油浸式电力变压器的试验周期、项目及标准

序号	项目	周期	标准	说明
1	测量线圈的绝缘电阻和吸收比	(1) 小修后。 (2) 35kV 及以上的主变压器每年 1 次；35kV 以下变压器 1～2 年 1 次。 (3) 大修前后	(1) 绝缘电阻换算至同一温度下，与前一次测试结果相比应无明显变化。 (2) 吸收比（10～30℃范围）不低于 1.3 或极化指数不低于 1.5	(1) 额定电压 1000V 以上线圈用 2500V 绝缘电阻表，其量程一般不低于 10 000MΩ，1000V 以下者用 1000V 绝缘电阻表。 (2) 测试时，非被试线圈应接地
2	测量非纯瓷套管的介质损耗因数 $\tan\delta$ 和电容值	(1) 大修时。 (2) 对不需拆卸套管即能试验者 1～2 年 1 次	(1) 20℃时的 $\tan\delta$ 值（%）不应大于下表中数值。 （见下表） (2) 电容式套管的电容值与出厂实测值或初始值比较，一般不大于±10%。 (3) $\tan\delta$ 值（%）与出厂实测值或初始值比较不应有显著变化	(1) 测量时同一线圈的套管均应全部短接。 (2) 与变压器本体油连通的油压式套管可不测 $\tan\delta$。 (3) 电容型套管的电容值超过±5%时应引起注意
3	测量线圈连同套管的泄漏电流	(1) 大修时。 (2) 35kV 及以上变压器每年 1 次	(1) 试验电压标准如下。 （见下表） (2) 在高压端读取 1min 时泄漏电流值。 (3) 泄漏电流自行规定，但与历年数据相比较应无显著变化	

序号2标准栏内表格：

时间		套管形式		$\tan\delta$ 值/%	
		额定电压（kV）		35	63～220
大修后		充油式		3	2
		油浸纸电容式		—	1
		胶纸式		3	2
		充胶式		2	2
		胶纸充胶或充油式		2.5	1.5
运行中		充油式		4	3
		油浸纸电容式		—	1.5
		胶纸式		4	3
		充胶式		3	3
		胶纸充胶或充油式		4	2.5

序号3标准栏内表格：

定额电压（kV）	3	6～15	20～35	35 以上
直流试验电压（kV）	5	10	20	40

73

序号	项目	周期	标　　准	说　　明
4	测量铁芯（带引外接地）对地绝缘电阻	（1）大修时。 （2）35kV 及以上变压器每年 1 次，35kV 以下变压器 1～2 年 1 次	绝缘电阻自行规定	（1）用 1000V 绝缘电阻表。 （2）运行中发生异常时可测量接地回路电流
5	测量线圈连同套管的直流电阻	（1）大修时。 （2）变换无励磁分接头位置后。 （3）35kV 及以上变压器每年 1 次，35kV 以下变压器 1～2 年 1 次。 （4）出口短路后	（1）1600kVA 以上变压器各相线圈电阻相互差别不应大于三相平均值的 2%，无中性点引出的绕组，线间差别不应大于三相平均值的 1%。 （2）1600kVA 及以下的变压器，相间差别一般不大于三相平均值的 4%，线间差别一般不大于三相平均值的 2%。 （3）测得的相间差与以前（出厂或交接）相应部位相间差比较，其变化也不应大于 2%	（1）大修后，各侧线圈的所有分接头位置均应测量。 （2）对无励磁调压 1～2 年 1 次的测量和运行中变换分接头位置后只在使用的分接头位置进行测量。 （3）对有载调压在所有分接头位置进行测量。 （4）所规定的标准系数系参考引线影响校正后的数值
6	油中溶解气体的色谱分析	220kV 和 12 万 kVA 及以上主变压器 6 个月 1 次，35kV 及以上或 8000kVA 及以上变压器每年 1 次，其他变压器自行规定	（1）油内含氢和烃类气体超过下列任一值时应引起注意。 （见下表） 当一种或几种溶解气体的含量超过上表中数值时，可根据下表判断故障性质。 （见下表） （2）总烃的产气速率在 0.25mL/h（开放式）和 0.5mL/h（密闭式）或相对产气速率大于 10%/月时可判定为设备内部故障	（1）总烃是指甲烷、乙烷、乙烯和乙炔四种气体总和。 （2）气体含量达到引起注意值时，可结合产气速率来判断有无内部故障，并加强监视。 （3）新设备及大修后的设备投运前应做一次检测，投运后在短期内应多次检测，以判断设备是否正常

气体种类	总烃	乙炔	氢气
含量（μL/L）	150	5	150

故障类型	主要气体成分	次要气体成分
油过热	CH_4，C_2H_4	H_2，C_2H_6
油和纸过热	CH_4，C_2H_4，CO，CO_2	H_2，C_2H_6
油纸绝缘油中局部放电	H_2，CH_4，C_2H_2，CO	C_2H_6，CO_2，CO_2
油中火花放电	C_2H_2，H_2	
油中电弧	C_2H_2，H_2	CH_4，C_2H_4，C_2H_6
油和纸中电弧	CH_4，C_2H_4，CO，CO_2	CH_4，C_2H_4，C_2H_6
进水受潮或油中气泡	H_2	

序号	项目	周期	标　准	说　明
7	线圈连同套管一起的交流耐压试验	(1) 大修后。 (2) 更换线圈后。 (3) 必要时	(1) 全部更换线圈后，一般应按表 2-57 中出厂标准进行，局部更换线圈后按表 2-57 中大修标准进行。 (2) 非标准系列产品，标准不明的未全部更换线圈的变压器，交流耐压试验电压应按过去的试验电压，但不得低于下表 2-57 中的值。 (3) 出厂试验电压与表 2-57 中的标准不同的变压器的试验电压，应为表 2-57 中标准试验电压的 85%。	(1) 大修后线圈额定电压为 110kV 以下且容量为 8000kVA 及以上者应进行，其他自行规定。 (2) 110kV 及以上变压器更换线圈后可采用倍频感应法或操作波进行耐压试验
8	校定三相变压器的连接组别和单相变压器引出线的极性	(1) 更换线圈后。 (2) 内部接线变动后	必须与变压器的标志（铭牌和顶盖上的符合）相符	
9	测量线圈连同套管一起的介质损耗因数 tanδ	(1) 大修后。 (2) 必要时	(1) tanδ（%）应不大于下列值。 温度(℃)／电压(kV): 10 20 30 40 50 60 70 35kV 及以上: 1 1.5 2 3 4 6 8 35kV 以下: 1.5 2 3 4 6 8 11 同一变压器低压和中压线圈的 tanδ 标准与高压线圈相同。 (2) tanδ 值（%）与历年的数值比较不应有显著变化	(1) 容量为 3150kVA 及以上的变压器应进行测量。 (2) 非被试线圈应接地（采用 M 型试验器时应屏蔽）
10	散热器和油箱密封油压试验	大修回装后	对管状和平面油箱采用 0.6m 的油柱压力，对波状油箱和有散热器油箱采用 0.3m 的油柱压力，试验持续时间为 15min 无渗漏	
11	测量变压器额定电流下的阻抗电压和负载损耗	更换线圈后	应符合出厂试验值，无明显变化	无条件时可在不小于 1/4 额定电流下进行测量
12	测定轭铁梁和穿芯螺栓间（可接触到的）的绝缘电阻	大修时	绝缘电阻自行规定	(1) 用 1000V 或 2500V 绝缘电阻表。 (2) 轭铁梁和穿芯螺栓一端与铁芯相连者，测量时应将连片断开

序号	项目	周期	标　准	说　明
13	检查线圈所有分接头的电压比	(1) 大修后。 (2) 更换线圈后。 (3) 内部接线变动后	(1) 大修后各相相应分接头的电压比与铭牌值相比不应有显著差别，且应符合规律。 (2) 电压 35kV 以下，电压比小于 3 的变压器，电压比允许偏差为±1%。 (3) 其他所有变压器（额定分接头）电压比允许偏差为±0.5%	(1) 更换线圈后，应按制造厂标准测量电压比。 (2) 更换线圈和变动内部接线后每个分接头均应测量电压比。 (3) 其他分接头的电压比在超过标准的允许偏差时，应在变压器阻抗电压值（%）的 1/10 以内，但不得超过±1%
14	测量 3150kVA 及以上变压器在 U_e 时的空载电流和空载损耗	(1) 更换线圈后。 (2) 必要时	与出厂试验值相比无明显变化	(1) 三相试验无条件时，可作单相全电压试验。 (2) 试验电源波形畸变率应不超过 5%
15	检查接缝衬垫和法兰连接	(1) 大修时。 (2) 小修时	应不漏油，对强迫油循环变压器应不漏气、漏水	
16	额定电压下的冲击合闸试验	(1) 更换线圈后。 (2) 大修后	进行 3 次，应无异常现象	(1) 在使用分接头上进行。 (2) 在变压器高压侧加电压试验。 (3) 110kV 及以上变压器在中性点接地后方可试验
17	检查相位	(1) 更换线圈后。 (2) 更换接线后	必须与电网相位一致	

　　注　1. 油浸电力变压器的绝缘试验，应在充满合格油静置一定时间，待气泡消除后方可进行，一般大容量变压器应静置 20h 以上（真空注油时可适当缩短），3～10kV 者需静置 5h 以上。

　　　　2. 油浸变压器进行 tanδ 试验时，其允许最高试验电压如下：不论注油或未注油的 10kV 及以上变压器，试验电压为 10kV；10kV 以下变压器试验电压不超过额定电压。进行泄漏电流测试时，对于未注油的变压器外施电压可降低为规定试验电压的 50%。

四、干式变压器的试验项目及标准

（1）测量高低压绕组的绝缘电阻和吸收比。绝缘电阻值与出厂说明书要求或上次测试数值相比无明显降低，且不小于表 2-59 数值，吸收比不低于 1.3。

表 2-59　　　　　　　　　　干式变压器的绝缘电阻值要求

额定电压（kV）	1.1 以下	3.3	6.6	11	22
绝缘电阻（MΩ，25℃）	5	10	20	30	50

（2）测量绝缘电阻时使用 2500V 或 5000V 的绝缘电阻表；非被测量线圈接地。

（3）测量高、低绕组的直流电阻。1.6MVA 以上（以下）变压器，各相绕组电阻相互间的差别不应大于三相平均值的 2%（4%），无中性点引出的绕组，线间差别不应大于三相平均值的 1%（2%），阻值与以前（出厂或交接时）测试值比变化不大于 2%。

（4）绕组连同套管的交流耐压试验。大修时 1min 工频耐压试验电压为出厂试验电压的 85%，更换绕组时试验电压为出厂试验电压。干式变压器出厂试验电压标准见表 2-60。

表 2-60　　　　　　　　　　　干式变压器的试验电压标准

电压等级 (kV)	设备的最高电压 U_m （有效值，kV）	额定短时工频耐受电压（有效值，kV）	额定雷电冲击耐受电压（峰值，kV）	
			I	II
≤1	≤1.1	3	—	—
3	3.5	10	20	40
6	6.9	20	40	60
10	11.5	28	60	75
15	17.5	38	75	95
20	23	50	95	125
35	40.5	70	145	170

（5）测量铁芯（带引外接地）对地绝缘电阻。用 1000V 或 2500V 绝缘电阻表测量，绝缘电阻标准自定且与以前测试结果相比无显著差别。

（6）测量穿心螺栓、铁轭夹件、绑扎钢带、铁芯、线圈压环及屏蔽等的绝缘电阻。用 1000V 或 2500V 绝缘电阻表测量轭铁梁和穿芯螺栓间（不可接触的）等绝缘电阻，绝缘电阻标准自定且与以前测试结果相比无显著差别，测量时应将连接片断开（不能断开者可不进行）。

（7）检查绕组所有分接头的电压比，比值与铭牌值不应有显著差别且符合规律。电压 35kV 以下，电压比小于 3 的变压器电压比允许偏差为 ±1%；其他所有变压器额定分接电压比允许偏差为 ±0.5%；其他电压等级的分接电压比应在变压器阻抗电压值（%）的 1/10 以内，但不超过 ±1%。

（8）测温装置（PT-100）及其二次回路试验。测温电阻值应和出厂值相符，用 2500V 绝缘电阻表测量回路绝缘电阻一般不低于 1MΩ。

（9）校定三相变压器连接组别和单相变压器引出线的极性，且必须与变压器的标志（铭牌和顶盖上的符合）相符。

（10）测量变压器额定电流下的阻抗（无条件时可在不小于 1/4 额定电流下测量），其值与出厂试验值相比应无明显变化。

（11）测量绕组连同套管的介质损耗因数 tanδ。容量在 3150kVA 及以上变压器大修后 tanδ 值与历年测试的数值相比不应有显著的变化，且不大于表 2-61 数值；电压为 35kV 且容量为 10 000kVA 及以上变压器大修后，被测绕组的 tanδ 值不应大于产品出厂试验值的 130%。

表 2-61 干式变压器的介质损耗因数 tanδ 要求

绕组温度（℃）	10	20	30	40	50	60	70
35kV 及以下 tanδ	1.5	2	3	4	6	8	11

（12）额定电压下的空载合闸试验，冲击 3 次无异常。

（13）测量额定电压下的空载电流和空载损耗，与出厂试验相比应无明显变化。

（14）持续空载试验：空载持续时间为 4h 以上，在试验过程中，如发现空载电流及空载损耗过大，噪声异常等，应针对具体情况予以解决。

五、变压器大修后的交接验收

变压器在大修竣工后应及时清理现场，整理记录、资料、图纸、清退材料、进行核算，提交竣工、验收报告，并按照验收规定组织现场验收。

1. 运行部门移交的资料

（1）变压器大修总结报告。

（2）附件检修工艺卡。

（3）现场干燥、检修记录。

（4）全部试验报告（包括高压绝缘、油简化及色谱分析、有载分接开关动作特性及保护、测温元件校验报告等）。

2. 检修后的验收工作内容

由厂部组织有关部门，对变压器检修后进行验收。验收内容主要有如下两大部分。

（1）对检修计划中所列各项检修工作的完成情况，大修前、后所做各项试验的质量给予评定。

（2）对大修后的变压器，应重点检查以下项目。

1）变压器本体、冷却装置及所有附件均完整无缺不渗油，油漆完整。

2）滚轮的固定装置应完整。

3）接地可靠（变压器油箱、铁芯和夹件引出与外壳接地）。

4）变压器顶盖上无遗留杂物。

5）储油柜、冷却装置、净油器等油系统上的阀门均在"开"的位置，储油柜油温标示线清晰可见。

6）高压套管的接地小套管应接地，套管顶部将军帽应密封良好，与外部引线的连接接触良好并涂有电力脂。

7）变压器的储油柜和充油套管的油位正常，隔膜式储油柜的集气盒内应无气体。

8）有载分接开关的油位需略低于变压器储油柜的油位。

9）进行各升高座的放气，使其完全充满变压器油，气体继电器内应无残余气体。

10）吸湿器内的吸附剂数量充足、无变色受潮现象，油封良好，能起到正常呼吸作用。

11）无励磁分接开关的位置应符合运行要求，有载分接开关动作灵活、正确，闭锁装置动作正确，控制盘、操作机构箱和顶盖上三者分接位置的指示应一致。

12）温度计指示正确，整定值符合要求。

13）冷却装置试运行正常，水冷装置的油压应大于水压，强油冷却的变压器应启动全部油泵（并测量油泵的负荷电流），进行较长时间的循环后，多次排除残余气体。

14）进行冷却装置电源的自动投切和冷却装置的故障停运试验。

15）继电保护装置应经调试整定，动作正确。

16）防雷保护和事故排油措施齐全。

六、变压器的试运

新装变压器或大修后，必须经过试运。

1. 试运行前的检查

（1）每个散热器的上下联管阀门，净油器的上下联管阀门，储油柜与油箱联管上的阀门都在开启位置。

（2）各分接开关，切换到指定的位置，同一电压侧的三个相的分接开关在相同的分接位置。

（3）检查瓦斯继电器的工作。在瓦斯继电器的放气阀出口处套上胶皮管压进空气，检查视察窗的分度上读出空气体积并与制造厂的规定值相比较，误差不超过10%（制造厂家规定，继电器内的空气体积达 $150\sim300\,cm^3$ 时，信号接通），检查后，排尽瓦斯继电器的空气。

（4）变压器油箱的接地要良好，滚轮与混凝土基础上的轨道完全接触，制动可靠。

（5）油箱顶盖上面无杂物，瓷套管表面清洁完整。

（6）变压器各侧高压引线正确，导线连接处或导线与高压套管接线端子（卡子）连接处接触良好。

（7）变压器在试运行前所有检修工作均已进行完毕并办理工作票终结，现场临时接地线和试验接线均已拆除。

（8）试运的电源可以从变压器的高压或低压的任一侧引接；在电源侧要有完善的保护措施，以便在试运中发生故障时，能够把变压器从电源迅速断开。

2. 变压器试运行时应检查的项目

（1）变压器并列前应先核对相位，相位应正确。

（2）变压器第一次投入时，可全电压冲击合闸；110kV 及以上变压器如有条件应从低压侧零起升压；冲击合闸时，应从高压侧投入。

（3）第一次受电后，持续时间不小于 10min，变压器应无异常情况。变压器应进行 3 次全电压冲击合闸，应无异常情况；在冲击时应检查励磁涌流对差动保护的影响；励磁涌流不应引起保护装置的误动，并记录空载电流。

（4）带电后，检查变压器及冷却装置所有焊缝和连接面，不应有渗油现象。

第 三 章

高压断路器检修

本章讲述少油断路器和 SF$_6$ 断路器、真空断路器、CDIO 系列和 CY3 系列操动机构的检修以及断路器试验。

第一节 少油断路器检修

少油断路器按安装地点的不同，可分为户内式与户外式两种。我国生产的 20kV 及以下的少油断路器为户内式，35kV 及以上的则多为户外式，35kV 的少油断路器有时也采用户内式。

一、SN10-10 型断路器

（一）检修周期和检修项目

按检修规模、内容、目的不同，可分为大修（解体）、小修（不解体）和临时检修。

1. 大修周期和大修项目

（1）大修周期。新安装断路器投入运行 1 年后应进行 1 次大修；正常运行的断路器每 2～3 年进行 1 次大修。

（2）大修项目。包括：①断路器单极分解检修，框架的检修，传动连杆的检修，操动机构的分解和检修；②组装调整和行程测量，机械特性和电气试验，整组操作试验；③整体清扫、除锈刷漆；清理检修现场，交接验收。

2. 小修周期和小修项目

（1）小修周期。每年至少进行 1 次小修。大修后未超过半年者，可不进行小修。

（2）小修项目。包括：①操动机构连板系统检查、清扫、加油；②电气控制回路端子检查和紧固；③传动部分轴销检查、加油及螺栓紧固；④绝缘子及绝缘筒外壳清扫、检查，接线端子螺栓紧固；⑤根据存在缺陷进行针对性处理；⑥传动检查和操作试验。测定最低分闸电压。

表 3-1　　　　　　　　SN10-10 型断路器允许短路开断次数表

断路器型号	短路容量与断路器开断容量之比		
	0.8～1.0	0.5～0.8	0.5 及以下
SN10-10 I II	6	9	12
SN10-10 III	3	6	6

80

3. 临时性检修

（1）临时性检修周期。临时性检修情况如下。

1）开断短路的次数达表 3-1 中的规定时，应进行临时性检修。检修单位也可根据运行经验自行确定临时检修周期。

2）开断正常负荷达 200～300 次时，应进行临时性检修。

3）当存在严重缺陷，影响断路器继续安全运行时，应进行临时性检修。

（2）临时性检修项目。包括：①对于超过允许的短路次数和正常开断次数的临时性检修的内容，应放在本体分解检修上，包括动、静触头检修，灭弧室检修，机械传动检修和换油等；②对于存在严重缺陷情况的临时性检修项目，应根据需要确定。

（二）检修前的准备工作

（1）根据运行和试验所发现的问题，明确设备缺陷和检修内容，确定检修重点项目和所采用的技术措施。

（2）准备好检修工具。包括：①通用工具，即平扳手、套筒扳手、内六角扳手、手锤、虎钳、锉刀、刮刀、毛刷、冲子、直尺及电工工具等；②专用工具，一般由断路器制造厂随产品提供，或按厂家提供的图纸自行加工制作。

（3）准备检修所需要主要材料和配件。具体如下。

1）检修用的主要材料见表 3-2。

表 3-2　　　　　　　　　　SN10-10 型断路大修主要材料表

序号	名称	规格	单位	数量	序号	名称	规格	单位	数量
1	汽油	97 号	kg	2	10	开口销	1.5×20	只	5
2	黄甘油		kg	1	11	开口销	2×20	只	5
3	砂布	0 号	张	2	12	开口销	3×20	只	5
4	塑料带		卷	5	13	开口销	4×35	只	5
5	润滑油		kg	酌量	14	泡沫塑料		kg	1
6	绝缘油	45 号	kg	15～20	15	黑胶布		卷	2
7	调和漆	中灰	kg	1	16	包皮布		kg	1
8	磁漆	红色	kg	1	17	清洁布		kg	1
9	铁锯条	12"	条	5	18				

2）配件。SN10-10 型少油断路器的配件共有 80 多种。检修时所需准备的配件要根据检修项目中的安装部位，查阅厂家制造图纸，确定所需准备的配件的名称、规格和数量。

（4）做好检修任务、检修人员和检修进度的安排。

（5）准备好施工用的交、直流电源，检修记录等。

（6）办理工作票手续，做好检修现场的安全措施、防火措施等。

（7）停电后根据设备缺陷检查有关部位。检查各部密封情况，查看渗漏油部位，做好记录。

（8）检查断路器外观，并进行手动合、分闸操作，检查各传动部件的动作是否正常。

（9）测量行程、超行程、分合闸速度。按检修计划和规程规定做好测量回路电阻、直流泄漏电流等项的检修前试验。

（三）断路器的单极分解

拆卸断路器时应做好装复的标记，记录好各部件卸下的次序，解体的零件要按卸下的顺序放好。SN10-10Ⅰ型断路器的外形和单极结构，如图3-1、图3-2所示，其分解步骤如下。

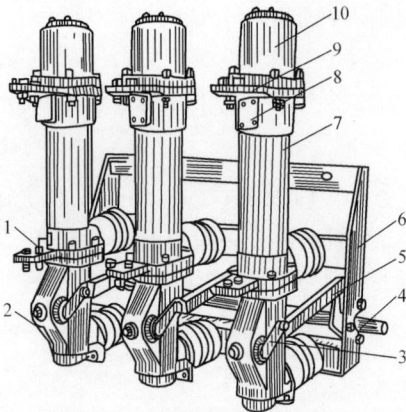

图 3-1　SN10-10Ⅰ型外形图

1—下接线座；2—基座；3—外拐臂；4—主轴；
5—绝缘拉杆；6—框架；7—绝缘筒；8—油标；
9—上接线座；10—上帽

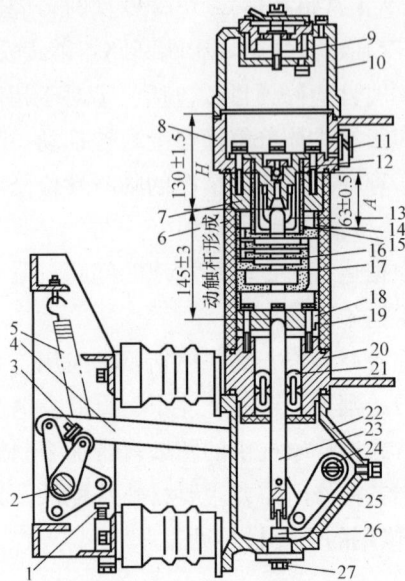

图 3-2　SN10-10Ⅰ型单极结构图

1—合闸缓冲器；2—大轴；3—分闸定位器；4—绝缘拉杆；5—分闸弹簧；6—大绝缘筒；7—黄铜螺纹压圈；8—上接线座；9—油气分离器；10—上帽；11—油标；12—静触头座；13—静触指；14—衬环；15—小绝缘；16—灭弧室；17—衬垫；18—下压圈；19—紧固弹簧；20—下接线座；21—中间触头；22—基座；23—导电杆；24—转轴；25—内拐臂；26—分闸油缓冲器；27—放油螺栓

（1）停电。切断断路器回路的电源，拆掉上下接线板的电源引线。

（2）卸下绝缘拉杆，如图3-1中5所示。手动断路器分闸，拆开绝缘拉杆与基座、外拐臂的连接。

（3）放油，如图3-2所示。拧下基座底部的放油螺栓27，将油放出，保存好。断路器放油后，不许再进行快速分闸，因基座内油缓冲器中已无油，不能起缓冲作用。

（4）卸上帽，如图3-1中10所示。用内六角扳子，拧下上帽与上接线座法兰间的外四只内六角螺栓，取下上帽。

（5）卸上接线座，如图3-2所示。上接线座里面，有4根内六角螺栓，将上接线座8、静触头座12和黄铜螺纹压圈7三部件紧固在一起。用内六角扳子卸下这4根螺栓，取出静触头座和小绝缘筒15，取下上接线座。

（6）卸灭弧室，如图3-2所示。黄铜螺纹压圈7与灭弧室大绝缘筒6内上端以螺纹紧固，并压紧灭弧片。用专用工具拧下黄铜螺纹压圈，取出灭弧片和衬垫。

（7）卸大绝缘筒，如图3-2所示。在下压圈18的上面有4根螺栓，将下压圈、大绝缘筒的下端及下接线座紧固在一起。拧下这四根螺栓，取出下压圈 18 和紧固弹簧 19，取下大绝缘筒 6。

（8）卸下接线座，如图 3-2 所示。下接线座中有滚动中间触头 21 和导电杆 23。用专用工具卸出滚动中间触头。提起导电杆 23，卸下与基座内部连接的连接销，抽出导电杆。下接线座法兰外部与基座外部之间有 4 根内六角螺栓，如图 3-1 所示。拧下这 4 根螺栓，取下下接线座。

（9）卸基座。一般不卸，只有当转轴 24 的油封渗油、连板扭曲，才检修基座。检查方法：用手转动基座外拐臂（如图 3-1 中 3 所示），检查其运动有无卡滞现象，如转动灵活，则不需检修。

上述卸下的零部件应放置在清洁干燥的场所，并按卸下的顺序依次放置好，以防丢失。绝缘件、高质金属部件切勿碰坏。

（四）断路器的本体检修

1. 上帽检修

SN10-10Ⅰ型断路器的上帽结构如图 3-3 所示。

拧下螺钉 8，取下帽盖 9，拧下螺栓 7，取下惯性膨胀式油气分离器 4，拧下回油阀 1。用绝缘油清洗各部件，检查各部件。要求上帽无砂眼，各排气孔道畅通。回油阀如密封不严，可用小锤轻敲一下，要求使其有可靠的密封线。回抽动作要灵活。检修后，按拆卸的相反顺序装复。当三相组装时，要求两边相（即 U 相和 W 相）上盖的定向排气孔与中间相（即 V 相）的定向排气孔之间纵向的夹角应为 45°，如图 3-4 所示。

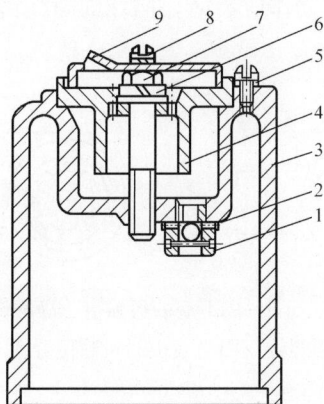

图 3-3 SN10-10Ⅰ型上帽结构图

1—回油阀；2、5—密封垫圈；3—帽；4—分离器；
6—垫圈；7—螺栓；8—螺钉；9—帽盖

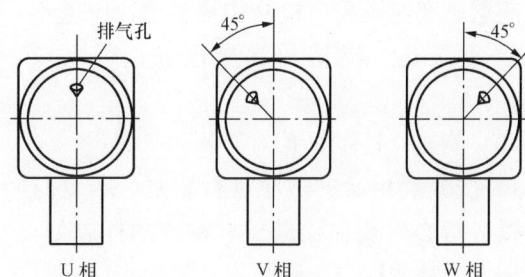

图 3-4 顶盖排气孔方位图

2. 静触座检修

静触座结构如图 3-5 所示。

（1）分解。包括：①用专用工具将触指 1 和弧触指 2 从触座 8 上卸下，并取出弹簧片；②旋下止回阀 4。

（2）清洗、检查和检修。主要包括以下内容。

1）用绝缘油清洗各触指和弹簧片。

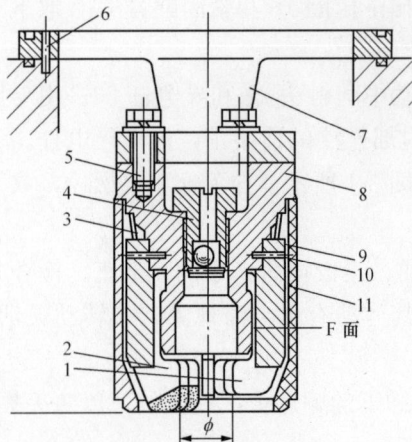

图 3-5　静触座结构图

1—触指；2—弧触指；3—弹簧片；4—止回阀；
5—螺栓；6—定位销；7—触头架；8—触座；
9—隔栅；10—铆钉；11—绝缘套筒

2）检查触指和弧触指的导电接触面。如有轻微烧伤可用细锉或 0 号砂布修整。烧伤严重的要更换。

检修质量要求：导电接触面应光滑平整，烧伤面积达 30％且深度大于 1mm 时应更换。铜钨合金部分烧伤的深度大于 2mm 时应更换。

3）检查触头架与触座的接触面及触座与触指的接触面有无烧伤痕迹。如轻微烧伤可用 0 号砂布打磨处理，触指腰部 F 面（如图 3-5 所示）的修整量不允许大于 0.5mm。

检修质量要求：触头架与触座间接触应紧密，触座与触指接触面不应有烧伤痕迹。

4）检查触座的触指尾槽内积垢是否清除干净，并清洗。检查隔栅是否完整。

检修质量要求：触座的隔栅应无裂纹、缺齿现象。固定隔栅的圆柱销无脱落及退出现象。

5）检查弹簧片有无变形或损坏。检修质量要求：弹簧片弯曲度不超过 0.2mm，与触指、触座及隔栅接触处不应有烧伤。

6）用嘴吹一下止回阀，检查其密封情况。如密封不严，可按上帽回油阀处理方法进行处理。

检修质量要求：止回阀内不应有铜熔粒及杂物，铜球动作应灵活，挡球的圆柱销两端应铆好、修平，不得凸出。

7）检查绝缘筒的漆膜是否完整，有无剥落、起层、起泡现象。检修质量要求：内壁不应有严重炭化、烧伤及起层现象，否则应更换。

（3）装复。具体如下。

1）按分解相反的顺序进行装复。装复时要求弧触指必须装在隔栅压有特殊的标志处，如隔栅上无特殊标志，则必须将弧触指装于对准横吹弧道的方向，如图 3-6 所示。

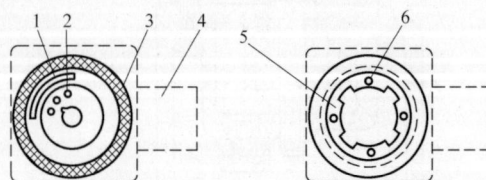

图 3-6　SN10-10Ⅰ型的灭弧室、静触头、
黄铜螺纹压圈出线板的正确位置图

1—第一块弧片喷口；2—引弧触指位置；3—大绝缘筒；
4—出线板；5—黄铜螺纹压圈；6—黄铜螺纹压圈螺孔

2）测量静触指闭合圆的直径，要求 $\phi=18.5\sim20$mm（如图 3-5 所示）。

3. 灭弧室检修

灭弧室装配如图 3-7 所示。先用绝缘油清洗灭弧片、绝缘环、绝缘衬垫、调整垫，再检查灭弧片及绝缘件的烧伤情况。如烧伤轻微时，可用 0 号砂布轻轻擦拭弧痕，烧伤严重的要更换。

检修质量要求：灭弧片表面应光滑平整，无炭化颗粒，无裂纹及损坏。检修后的灭弧片，第一片长孔径不得超过 28mm，其他灭弧片孔径不得超过 ϕ26mm。绝缘环、绝缘衬垫、绝缘衬圈要求均无烧伤与损坏。

4. 上接线座和绝缘筒检修

（1）拧下上接线座油标上的 4 只螺钉，取下油位指示计的玻璃罩。

（2）清洗、检查上接线座内外壁，并用清洁布擦拭干净。要求上接线座不应有砂眼、裂纹及渗油等现象。

（3）清擦油位指示计玻璃及油位指示计座的上下油孔。要求油位指示座上下油孔畅通。

（4）检查上接线座的接线端子，要求接触面平整。

（5）用清洁布擦拭绝缘筒内外壁。如有漆膜损坏，应重涂绝缘漆。要求绝缘筒表面漆膜光滑完整、无掉漆、内壁无放电痕迹，装下压圈弹簧的半圆槽（如图3-2 中的 18 所示）应无变形或损坏。

（6）检查图 3-2 中的紧固弹簧 19 是否变形，要求弹簧无压扁变形。

（7）检查图 3-2 中的下压圈 18 应完整无损。

（8）装复油位指示计。

5. 检修下接线座

（1）清洗、检查下接线座。其内壁应光滑、完整无损；座外的接线端子，要求接触面平整。

（2）检查滚动触头的滚轮动作情况：滚轮压紧弹簧的弹性是否良好；检查轴杆两端铆面情况及弹簧、连板、垫圈等是否完整。清洗滚轮与导电杆、导电座（在下接线座内壁铸为一体）的接触面，应光滑无毛刺。要求滚动触头的滚轮转动灵轴杆不应弯曲、两端应铆固，各零件齐全，如图 3-8 所示。

6. 检修导电杆

导电杆结构如图 3-9 所示。

（1）检查动触头 1 与导电杆 3 的连接是否松动，如有松动应予拧紧。拧紧时不要用力过猛，以防基座内导电杆连接的连板弯曲变形。

质量要求：动触头与导电杆的连接应紧密牢固，导电杆各连接处应光滑无凸台。

（2）检查动触头的铜钨部位是否有轻微烧损，如有可用纽锉或 0 号抹砂布整修。如烧损

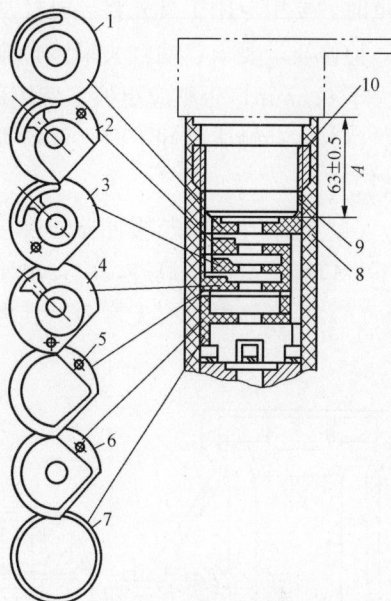

图 3-7　灭弧室装配图

1、2、3、4、6—灭弧片；5—调整垫片；7—绝缘衬圈；8—绝缘衬垫；9—绝缘环；10—螺纹压圈

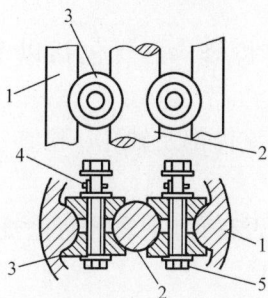

图 3-8　SN10-10Ⅰ型滚动式中间触头装配图

1—导电座；2—导电杆；3—滚轮；4—弹簧；5—螺杆

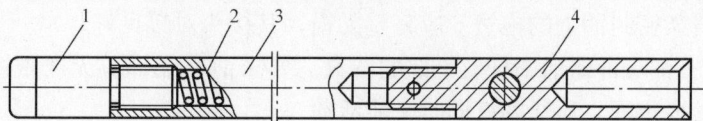

图 3-9　导电杆结构图

1—动触头；2—弹簧；3—导电杆；4—缓冲器

85

严重时，要用专用工具先将导电杆从基座内卸出，再旋下动触头，进行更换。

检修质量要求：动触头铜钨合金部分烧伤深度不应大于 2mm。导电接触面烧伤深度不应大于 0.5mm，否则应更换。紫铜部分也不应有烧损。

（3）在动触头被卸下时，要检查连接螺纹应无乱扣现象。内部弹簧 2 应无锈蚀、变形和断裂。

（4）检查导电杆与缓冲器的铆接是否牢固，应将其铆接牢固，铆钉两端要修平。如缓冲器下端口有严重撞击痕迹，应查出原因并消除。

（5）检查导电杆有无弯曲，其弯曲度不能大于 0.15mm。经修整如不合格时，要更换。

（6）按拆卸的相反顺序将导电杆装复。

7. 检修基座

改进后的 SN10-10Ⅰ型的基座结构如图 3-10 所示。

（1）基座分解。主要包括以下内容。

1）拧下基座正面突起部位的特殊螺栓 7，再用专用卸弹簧销的工具冲下转轴上的弹性销 9，缓慢旋出转轴 10，再取出基座内拐臂 6、连板 14，拆开轴销 13，使内拐臂 6 及连板 14 分离。

2）用专用工具拧开转轴密封的螺纹套 3，取出铜垫圈 4 及骨架密封圈 5。

3）拧下 3 只螺栓 16，取下油缓冲器活塞杆 12。

（2）清洗、检查和检修。主要包括以下内容。

1）用绝缘油清洗基座内部及轴孔，检查基座内部和外部有无损坏。检查轴孔内如有毛刺应磨光。

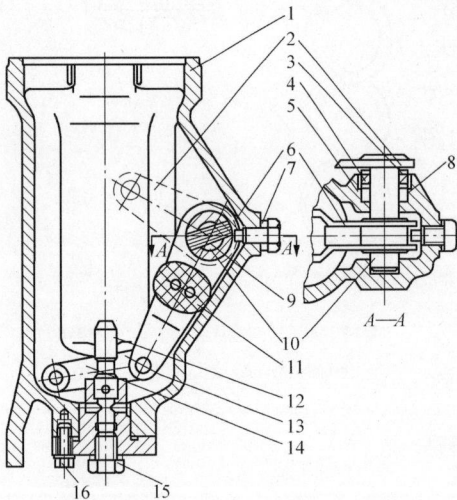

图 3-10　SN10-10Ⅰ型的基座结构

1—基座；2—外摇臂；3—螺纹套；4—黄铜垫圈；5—骨架密封圈；6—内拐臂；7—螺栓；8—抱簧；9—弹性销；10—转轴；11—制动块；12—油缓冲活塞杆；13—轴销；14—连板；15—放油螺栓；16—螺栓

2）清洗检查各部轴销、开口销是否齐全完整，内拐臂、连板是否有变形，并进行修整。再检查铆钉是否牢固，橡胶制动块是否完整。

检修质量要求：连板、内拐臂应无变形和损坏。橡胶制动块不应有裂纹、损坏，铆钉应牢固。

3）清洗转轴及外摇臂 2，检查各部焊口情况，要求转轴与外摇臂上的销轴不平行度小于 0.3mm，各焊接口应牢固。

4）更换骨架密封圈时，要将内唇翻过来严格检查有无破损。密封面应无毛刺、麻纹、气孔、缺损等。骨架密封圈上的抱簧 8 应完整无损，其接头对接良好。

5）清洗、检查油缓冲器活塞杆及下部的圆盘。要求活塞端部应无严重撞击现象。活塞杆与圈盘间的铆接应牢固，而活塞杆同时又能活动。

（3）装复基座。按分解相反的顺序将基座装复。在装转轴时，先在骨架密封圈外表面涂以小量钙基润滑脂，其唇应向内，然后均匀用力将骨架密封圈压入孔内，如图 3-10 中的A-A

断面图所示。再将螺纹套、垫圈套在转轴上，把转轴对准内拐臂的轴套孔慢慢旋入，用专用工具将螺纹套适当拧紧，最后将转轴及拐臂旋至分闸位置，使两者的孔对齐，打入弹性销子，使销的两端与拐臂轴套平齐。

安装时，外摇臂与内拐臂间的相对位置应如图 3-10 所示。转轴装复后，应转动灵活。

8. 断路器组装

组装时，按分解的相反顺序进行。

（1）更换全部经检查合格的新密封圈。

（2）将导电杆装与其基座内的连板组装在一起。

（3）清擦下接线座的上下密封圈，放正密封圈，然后将下接线座放在基座上口找正，使下接线座的接线端子中心孔与基座上装弹簧销的孔的中心必须在一条直线上。用专用工具装复中间触头。

（4）如图 3-2 所示，将紧固弹簧 19 卡入大绝缘筒内臂半圆形凹槽内。再放入下压圈 18，并使其内圈弧台均匀压在紧固弹簧 19 上。然后将大绝缘筒放在下接线座上找正。用专用工具将下压圈上的四只内六角螺栓对角均匀拧紧，应注意保证导电杆上下运动灵活。

（5）如图 3-7 所示，依次放入绝缘衬圈 7、灭弧片 6、调整垫片 5、灭弧片 4、3、2、1、绝缘衬垫 8、绝缘环 9，用专用工具旋紧黄铜螺纹压圈 10，压紧灭弧室。装复时，要使第一块灭弧片 1 的喷口、黄铜螺纹压圈的螺孔、出线板之间的位置符合图 3-6 的正确位置。

（6）测量 A 尺寸，即第一块灭弧片 4 的上平固距大绝缘筒上端面的距离，$A = 63 \pm 0.5$mm，如图 3-7 所示。如不合格，可增减调整垫片 5 的数量来达到。

（五）检修框架

SN10-10 I 型的框架结构如图 3-11 所示。

1. 检修主轴

（1）卸主轴。先卸下绝缘拉杆、分闸弹簧、合闸缓冲弹簧、滚轮、轴销等附件（在卸合闸缓冲弹簧前，记下各尺寸）。将轴承连同主轴由框架里面推向外侧，取下主轴（一般可不分解主轴和轴承）。

（2）清洗、检查和检修。主要包括以下内容。

1）用汽油清洗主轴和轴承，擦干后，涂以润滑油。

2）检查主轴上各拐臂焊接，如有开焊应进行补焊，要求各拐臂与主轴垂直，焊接牢固，然后清洗轴孔。

3）检查绝缘拉杆表面有无放电痕迹、漆膜是否完整、有无裂纹和变形。如漆膜严重脱落，应擦拭干净，重新涂绝缘漆。如拉杆严重有裂纹或变形，应更换。

4）用汽油清洗滚轮和轴销等附件，并检查有无损坏、变形。在各转动轴销及轴孔上涂上润滑油。

（3）装复主轴、绝缘拉杆、滚轮及轴销等附件。检查主轴轴向窜动不得大于 1mm，当不合这个要求时，可用垫

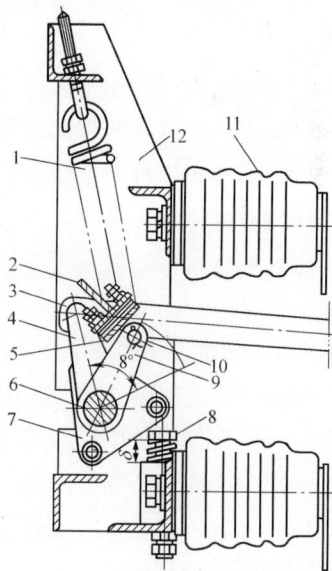

图 3-11　SN10-10 I 型断路器
框架装配图

1—分闸弹簧；2—分闸限拉器支架；3—绝缘拉杆；4—拐臂；5—分闸限位器；6—主轴；7—轴承；8—合闸缓冲弹簧；9—拐臂；10—滚轮；11—支持绝缘子；12—框架

圈调节。检查拐臂不应有松动，弹性销不应有退出现象。要求滚轮转动灵活，其轴销与轴孔配合间隙不应大于 0.3mm。

2. 检修框架及分闸限位器

(1) 检查框架各焊接处是否有焊口开焊，如有应重新调整找正。检查框架安装是否平正、变形，如有应进行补焊。

(2) 检查分闸限位器及其支架是否有变形、橡胶板、钢垫片是否完整。

检修要求：闸限位器支架不能变形，橡胶板与钢垫片应隔片交替相间安装。

3. 检查分闸弹簧和合闸缓冲弹簧

要求分闸弹簧和合闸缓冲弹簧无严重锈蚀和永久性变形或损坏，其技术参数应符合厂家设计图纸要求。然后擦干净将其装复。

4. 检修支持绝缘子

(1) 擦净支持绝缘子表面，检查有无裂纹、破损，有则应更换。

(2) 检查安装螺栓及绝缘子铁部件浇装是否牢固、有无松动，不合格应调整，或更换新的绝缘子。

(3) 检查同相绝缘子应在一条垂线上，各相绝缘子应在一条水平线上，高度差不应大于1mm。不合格的应进行调整找正。

(六) 检修传动连杆

1. 传动连杆的分解

卸下垂直连杆。拆开水平连杆轴承及水平连杆与操动机构输出轴连接的圆锥销，取下水平连杆。

2. 清洗、检查和检修

(1) 用汽油清洗所拆卸的部件，其轴孔、轴承、轴销应无损坏，并加涂润滑油。

(2) 检查垂直杆上下接头焊口有无裂纹，螺纹不应乱扣，连杆及接头无弯曲变形。如有则应作相应修理。

(3) 检查水平连杆是否变形 (弯曲)，拐臂与水平连杆的连接必须用圆锥销，且连接要牢固。

(七) 断路器整体安装

SN10-10 型断路器配 CD10 型电磁操动机构，整体安装如图 3-12 所示，安装步骤如下。

(1) 将检修后的断路器三相安装在框架上，调整四个安装螺栓及垫圈，并进行找正。三相之间的中心距离不应小于 250mm，如图 3-12 所示。

(2) 安装传动连杆。先转动水平连杆应无卡滞现象，在操动机构处于合闸位置时，一旦释放，应能复位自如。

找好操动机构输出轴与水平连杆的中心线，然后用圆锥销或弹性销 (严禁用螺栓) 将操动机构输出轴与水平连杆牢固连接好。

将操动机构处于合闸位置，调整水平连杆上的拐臂与垂线间的夹角为 60°，如图 3-12 所示。再将操动机构处于分闸位置，转动水平连杆，使其拐臂与垂线成 30°，如图 3-12 所示。然后用垂直连杆接于水平连杆。垂直连杆长度不宜小于 450mm，且不得有弯曲现象。两端螺扣露出接头螺母不应小于 2~3 扣，以利于调节。

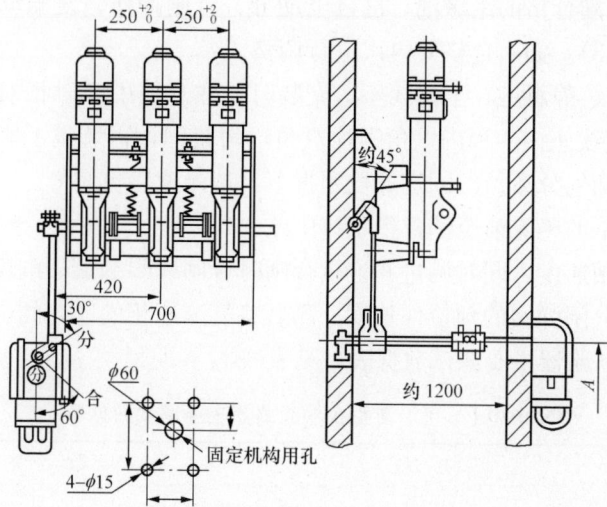

图 3-12　SN10-10 型断路器与 CD10 型操动机构安装图（分闸状态）

（A 尺寸根据安装位置而定，图中单位为 mm）

（八）调整与试验项目和标准

（1）断路器配电磁操动机构的调整和机构特性试验（在调整时，基座内无绝缘油禁止快速分闸及电动合操作）。

1）调整导电杆上端面距离绝缘筒上端面距离 $H = 41 \pm 1.5$。调整方法：按分、合闸位置标志线（如图 3-13 所示）调整绝缘拉杆长度。如无此标志线，可先将绝缘拉杆两端孔距调至约 315mm，且将它装上，再将断路器手动慢合闸，然后测量 H 尺寸是否等于 41 ± 1.5，如不合格，可调整绝缘拉杆长度使之达到标准值。如调整三相 H 尺寸，其三相差值不超过 2mm 时，可不另测三相分闸同期差。

2）调整导电杆行程。SN10-10 I 型导电杆（动触杆）行程为：$145 \pm 3mm$（见表 3-3）。调整方法：将断路器进行手动慢分，用测量杆或深度尺测量导电杆行程。可用增减限位器垫片数量进行调整，使达到下限值。调整时，要求各相到极限分闸位置留有一定的裕度，以防分闸时拐臂与基座产生严重撞击。断路器在分闸状态时，分闸限位器与分闸拐臂上的滚轮应接触紧密。

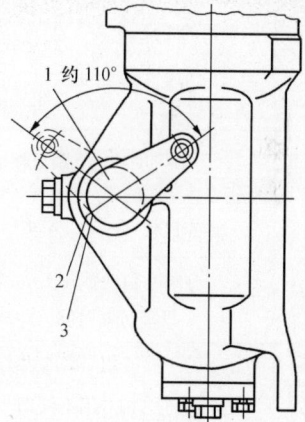

图 3-13　分合闸位置标志线

1—合闸刻线；2—基准刻线；
3—分闸刻线

3）调整合闸电磁铁铁芯顶杆与滚轮间的空程距离约为 5～10mm，如不符合要求，可调整铁芯下部的缓冲胶垫，以达到要求。

4）装上连接辅助开关的连杆，手动慢合闸复核辅助开关触头切换是否正确。

5）调整合闸回路辅助开关触头，使断路器动、静触头接通后再断开。

6）复核操动机构滚轮轴与支架（托架）的间隙。

7）复核调整 δ 尺寸，如图 3-11 所示。

8）将三相基座注满合格的绝缘油，进行电动分、合闸操作，复测动触杆（导电杆）行程及 H 尺寸（见表3-3）。如不合格要再次进行调整。

9）装复小绝缘筒、静触座、上接线座，安装时要注意使引弧触指对准横吹弧道，如图3-6所示位置。将上接线座内4根内六角螺栓对角均匀紧固，再装复上帽。注意，要进行测速的这一相逆止阀及油气分离器的固定螺栓须拆下，待测速后再装复。

10）三相注入合格的绝缘油至油位指示计中线。

11）测量分、合闸速度，同时测量并记录合闸时合闸线圈的端子电压。如分、合闸速度不符合要求，可调整分闸弹簧的预拉伸长度。测后装复测速相的逆止阀、油气分离器。

（2）SN10-10 型断路器主要调试数据表，见表3-3。

表 3-3　　　　　　　　SN10-10 Ⅰ、Ⅱ、Ⅲ型少油断路器主要调试数据表

序号	名称		单位	数据					
				SN10-10 Ⅰ		SN10-10 Ⅱ	SN10-10 Ⅲ		
				630A	1000A	1000A	1250A	3000A	
								主筒	副筒
1	动触杆行程		mm	145 ± 3		155 ± 3	157 ± 3		66^{+4}_{-2}
2	电动合闸后动触杆上端面距所指零件断面的距离，即 H 尺寸	距上接线座上端面	mm	130 ± 1.5		110 ± 1.5	120^{+1}_{-2}		
		距触头架上端面	mm	—		120 ± 1.5	136^{+1}_{-2}		
		距绝缘筒上端面	mm	41 ± 1.5		—			
		距上法兰上面	mm						106^{+2}_{-1}
3	灭弧片上端面距离所指零件端面的距离 A 尺寸	距上接线座上端面	mm	—		135 ± 0.5	153 ± 0.5		
		距绝缘筒上端面	mm	63 ± 0.3		—			
4	分闸时副动触杆比主动触杆提前分断时间（距离）		ms (mm)						10 (12)
5	各相回路电阻		ms	$\leqslant2$	$\leqslant2$	$\leqslant2$	$\leqslant2$	$\leqslant2$	$\leqslant2$
6	三相分闸不同期①		$\mu\Omega$	$\leqslant100$	$\leqslant55$	$\leqslant60$	$\leqslant60$	$\leqslant17$	$\leqslant17$
7	刚合速度（额定电压下）②		m/s	>3.5	>3.5	>4	>4	>4	—
8	刚分速度（额定电压下）③		m/s	$3+0.3$	$3+0.3$	$3+0.3$	$3+0.3$	$3+0.3$	$3+0.3$
9	合闸时弹簧缓冲器的缓冲板与套筒的间隙		mm	20 ± 2	20 ± 2	20 ± 2	20 ± 2	20 ± 2	20 ± 2
10	分闸时弹簧缓冲器的缓冲板与套筒的间隙		mm	4 ± 2	4 ± 2	4 ± 2	4 ± 2	4 ± 2	4 ± 2

① 三相 H 尺寸之差不超过 2mm 时，可不测三相分闸不同期性。

② 合闸线圈通电流时，端电压为额定值 65% 时应能可靠合闸。

③ 刚合、刚分速度分别为触头接触前及刚分后 0.01s 内的平均速度。

（3）电气试验主要项目和标准。具体包括如下内容。

1）绝缘拉杆的绝缘电阻 1000MΩ；运行中为 300MΩ。

2）交流工频耐压：对地、断口、相间均为 38kV·1min。

3）各相回路电阻见表 3-3。

4）合闸时间（额定操作电压时）：CD10 系列操动机构成小于或等于 0.2s；CJ8 系列操动机构小于或等于 0.15s。

5）分闸时间：$0.65U_N$ Ⅰ、Ⅱ型小于或等于 0.15s；$1.0U_N$ Ⅰ、Ⅱ型小于或等于 0.06s；$1.2U_N$ Ⅰ、Ⅱ型小于或等于 0.06s。

6）断路器最低分闸电压为 $65\%U_N$ 时应能可靠分闸。

（九）检修结束工作

（1）在上下接线板上装复电源引线（在引线接触面上涂一薄层中性凡士林）。

（2）整体清扫、刷漆；检查接地线应完好。

（3）进行交接工作。具体如下。

1）移交检修调整数据的整理记录、电气试验和特性试验结果。

2）移交检修项目和特殊检修项目的完成情况。

3）移交检修前和检修中发现的缺陷和处理结果。

4）移交大修告表。

5）运行人员查核大修报告，对外部检查和进行操作试验。如有问题由检修人员处理；如合格，运行人员签字验收。

（4）验收结束后，清理检修现场，交回工作票，撤出全部检修人员，大修工作结束。

二、SW6-110 型断路器

（一）检修周期和检修项目

1. 大修周期和大修项目

（1）大修周期：①110kV 及以下断路器每 4～5 年大修一次，220kV 断路器每 4～6 年大修一次；②新安装的断路器在投运 1 年后应进行大修。

（2）大修项目。主要包括如下内容。

1）导电系统及灭弧装置的检修，中间机构箱的检修。

2）支持瓷套及绝缘拉杆的检修，基座、合闸保持弹簧、传动轴、分闸缓冲器及水平拉杆的检修。

3）各部放油阀、排气装置及油位指示器检修；绝缘油处理。

4）并联电容器检修，本体清扫、除锈和刷漆。

5）液压操动机构检修。

2. 小修周期和小修项目

（1）小修周期：每年至少进行一次小修。

（2）小修项目。主要包括如下内容。

1）处理运行中存在的缺陷，清扫与检修绝缘子、油位指示器、放油阀及处理各种渗、漏油。

2）检查法兰、基础螺母、接地螺栓；补充绝缘油，检查合闸保持弹簧并加油。

3）液压操动机构的维护。

3. 临时性检修周期和项目

（1）满容量开断六次后，要进行临时性检修。

（2）运行中存在有缺陷，影响继续安全运行时，应进行临时性检修。

（3）临时性检修项目，应根据当时断路器存在缺陷情况而确定。

（二）检修前的准备工作

（1）制订检修计划。根据运行、试验所发现的缺陷，确定检修内容，编制技术措施。

（2）确定检修人员、落实检修任务、安排检修进度。

（3）查阅产品说明书、设计图纸和上次检修记录，准备本次检修所用记录表格和有关资料。

（4）准备通用工具和专用工具、材料、仪表、备配品和氮气等。

（5）布置检修场地，装设检修电源、做好安全与防火措施。

（6）按安全工作规程要求办理工作票，完成检修开工手续。

（7）停电后对断路器进行外部检查和修前试验，并做好记录。

1）检查各部件密封情况，渗、漏油处做好记录。

2）进行手动和电动分合闸操作，检查断路器动作情况。

3）进行油泵打压，检查压力表电触头及微动开关的动作情况。

4）检查合闸保持弹簧；进行防慢分试验。

5）测量开关行程、超行程及分合闸速度；测量回路电阻和直流泄漏电流。

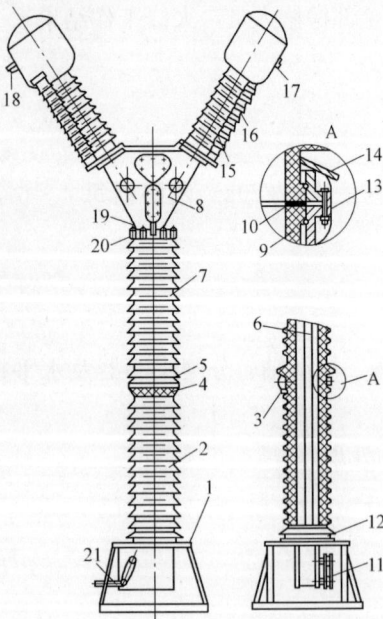

图 3-14　SW6-110 型断路器一相结构图
1—底座；2—下瓷套；3—法兰；4、5—中间法兰；6—提升杆；7—上瓷套；8—中间机构箱；9—卡箍弹簧；10—橡皮垫；11—外拐臂；12—下法兰；13—M12 螺栓；14—防雨橡皮；15—灭弧单元；16—并联电容器；17—软连接；18—接线板；19—M12 螺栓；20—上法兰；21—连杆

（8）装设检修专用工作架。

（三）SW6-110 型断路器检修（配 CY3 系列操动机构）

1. 一相断路器解体

拆卸断路器时应做好回装的标志，记录好各部件卸下的次序，解体的零件要按卸下的顺序放好。SW6 系列断路器一相本体结构如图 3-14 所示（110kV 为一个支持瓷套，220kV 为上下两个瓷套，即图中的 2 和 7）。解体步骤如下。

（1）停电。按操作票将断路器回路停电，使断路器处于分闸位置。拆下电气引线。断开操动机构的操作电源和其二次回路电源。

（2）放油。打开底座放油阀（如图 3-17 中的 10 所示）和灭弧室放油阀（如图 3-18 中的 26 所示），放出绝缘油。

（3）解除操动力。拧开液压操动机构的高压放油阀，放掉高压油，释放操动机构压力。

（4）起吊灭弧单元及中间机构箱（亦可称为"V"形结构单元）。具体步骤如下。

1）用起吊绳绑紧两断口的铝帽颈部，并将吊绳轻轻收紧，使吊绳略为受力。

2）拆开中间机构箱两侧的盖板 4（如图 3-16 所

示）。按图 3-15 拆去开口销 6，拧下螺母 7，取下垫圈 3、轴套 4、垫圈 5，抽出提升杆 2 与连接轴 11，使提升杆 2 与中间机构脱离。

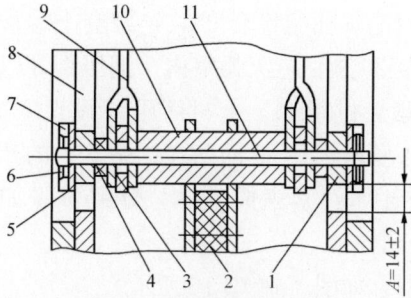

图 3-15 提升杆装配图

1—滚子；2—提升杆；3、5—垫圈；4—轴套；
6—开口销；7—螺母；8—中间机构板面板；
9—连板；10—轴套；11—连接轴

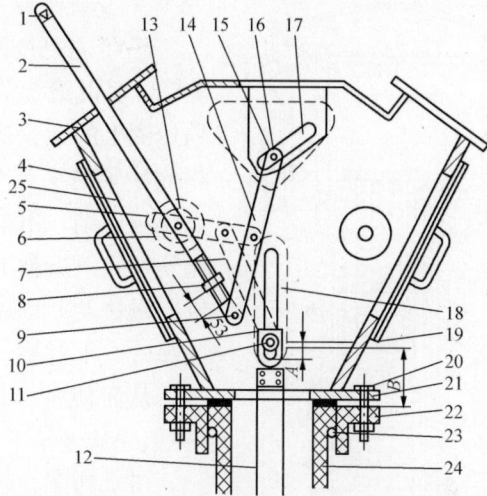

图 3-16 中间机构箱结构图

1—铜钨触头；2—导电杆；3、22—法兰；4—侧盖板；5、7、
10、14—连杆；6—轴孔；8—导电杆并帽；9—轴销；11—垫
圈；12—提升杆；13、19—轴销；15—滑动轴销；16—滚轮；
17—上滑道；18—下滑道；20—法兰螺栓；21—密封垫；23—
卡箍弹簧；24—支持瓷套；25—侧面手孔

3）用手扶住上法兰 22，如图 3-16 所示。均匀地拧下中间机构箱与上支持绝缘子连接的法兰螺栓 20，要防止法兰 22 掉下碰坏绝缘子，然后慢慢吊下"V"形结构单元。吊下后将其放在木板上，放置要平稳、牢固，并做好防倾倒措施，严防倾倒打坏部件。

4）油出上法兰卡箍弹簧 23，取出上法兰 22。

（5）拆卸上支持瓷套，如图 3-14 中的 7 所示。

1）卸下底座手孔盖，取出内拐臂 12 与提升杆 1 的连接轴销 11（如图 3-17 所示）。从上支持瓷套的上端口，慢慢地抽出提升杆，要防碰坏瓷套的内壁。用塑料布将提升杆包好，放置干燥室内，以防受潮。

2）用吊绳绑好上支持瓷套上端，同样应慢慢收紧吊绳，使吊绳略受力，再拧下中间法兰的螺栓，如图 3-14 中的 4、5。吊起上支持瓷套，取下橡皮垫，用手扶好中间法兰，防止掉下打坏瓷套。再抽出卡箍弹簧 9（图 3-14）。取下中间法兰 4（图 3-14）。将吊下的上瓷套放置有橡皮垫的地方。

（6）卸下支持瓷套，如图 3-17 所示。用同样的吊卸方法，吊住下支持瓷套上端，拧下法兰螺栓 4，

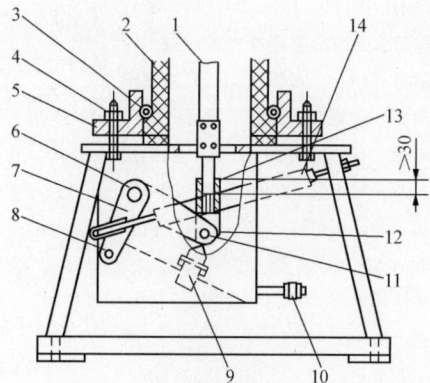

图 3-17 底座结构图

1—提升杆；2—下支持瓷套；3—卡箍弹簧；4—
法兰螺栓；5—法兰；6—键；7—外拐臂；8、
11—连接轴销；9—缓冲器；10—放油阀；12—内
拐臂；13—接头；14—合闸保持弹簧

吊起下支持瓷套 2 离开底座，抽出卡箍弹簧 3，取下法兰 5。同样将下支持瓷套放置于有橡皮垫的地方。

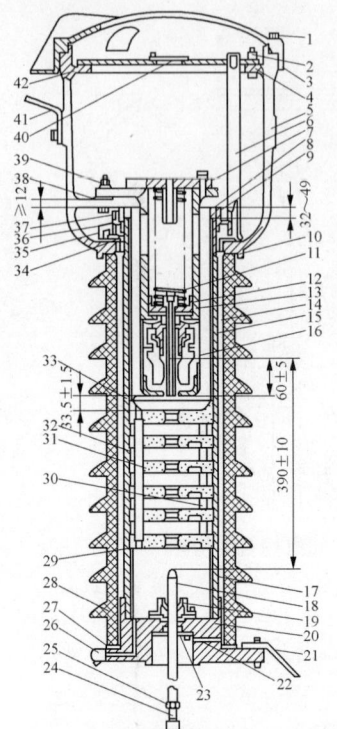

图 3-18　SW6 断路器灭弧室
单元结构图

1—铝帽盖螺栓；2—上盖板螺母；3—铝帽盖；4—上盖板；5—铝帽；6—排气管；7—导向体；8—铜压圈；9—铜法兰；10、13、27、43—密封圈；11—压油活塞尾部螺栓；12—压油活塞；14—上衬筒；15—玻璃钢绝缘筒；16—触头；17—下衬筒；18—导电杆；19—中间触头；20—下铝法兰；21—导电板；22—毛毡；23—导向板；24—调节杆；25—导电杆锁紧螺母；26—放油阀；27—密封圈；28—绝缘套；29、33—调节垫；30—绝缘管；31—灭弧片；32—衬环；33—调节垫；34—铝压圈；35—逆止阀；36—铁压圈；37—顶紧螺栓；38—锌片；39—静触头螺栓；40—安全阀片；41—接线板；42—小孔

2. 分解灭弧单元

SW6 系列断路器灭弧室单元结构如图 3-18 所示。铜法兰 9 与玻璃钢绝缘筒 15 以螺纹固结，且铜法兰压住铁压圈 36，铁压圈上的顶紧螺栓顶紧铝压圈 34，铝压圈压紧铝帽 5，铝帽 5 压紧绝缘套 28。玻璃钢绝缘筒 15 的下端与下铝法兰 20 以螺纹固结，下铝法兰向上顶住绝缘套 28，绝缘套上端被铝帽压住，下端被下铝法兰 20 顶住。灭弧室内：铜压圈 8 以螺纹与铜法兰 9 固结，压紧上衬筒 14，上衬筒压紧调节垫 33、灭弧片、下衬垫。静触头座以螺栓 39 固结在铝帽 5 内的凸台上。从而使整个断口的各部件紧固成一体。分解步骤如下（一般先从上至下、由里到外）。

（1）卸下并联电容器，如图 3-14 中 16 所示。

（2）卸铝帽盖。拧下铝帽盖 3 上的 6 个螺钉 1，取下铝帽盖。

（3）卸上盖。拧下上盖板 4 的 8 只螺母 2，取出上盖，拧出通气（排气）管 6。

（4）卸静触头座。用套筒扳手拧下静触头座的螺栓 39，取出静触头座和锌片 38。

（5）卸灭弧室。用专用工具旋下铜压圈 8，取下上调节垫和上衬筒 14 及调节垫 33。用专用工具取出灭弧片 31、衬环 32、下调节垫 29、下衬筒 17。

（6）卸铝帽和玻璃钢绝缘筒。用专用工具松开铁压圈 36 上的 6 个顶紧螺栓 37 的防松螺母和螺栓，此时要用手扶好铝帽和绝缘套，再用专用工具拧出铜法兰 9，取出铁压圈 36、铝压圈 34 和取下铝帽 5，旋下玻璃钢绝缘筒 15，取下绝缘套 28。

（7）卸导电杆。松开导电杆下部的锁紧螺母肋，旋出导电杆 18。

（8）卸下中间导电板。拧下中间导电板 21 两端的螺栓，取下中间导电板。

（9）卸中间触头。拧开下铝法兰 20 下面与中间机构箱紧固的 8 个螺栓，卸下下铝法兰。用内六角扳手将中间触头 19 上的 3 只内六角固定螺栓拧下，取下中间触头。松开下铝法兰 20 底部的 4 个螺栓，取出导向板 23 和毛毡 22。

3. 检修灭弧室

（1）用合格的变压器油将各灭弧片、各垫件、各绝缘筒等绝缘件洗干净,除去脏污与油泥。

(2) 检查灭弧片中心孔直径,如比原标准值扩大 2mm 及以上的灭弧片,不用修理直接更换。如中心孔直径合格也应更换。再用 0 号砂布修理轻微烧伤的碳化部位。如灭弧片有严重烧伤的应更换。

(3) 检查各绝缘筒有无损坏、起层、裂纹,螺纹有无损坏。有轻微损坏的可进行修理,严重损坏的应更换。

(4) 检查绝缘件受潮情况。如有受潮,应进行如下干燥处理。

1) 用 0 号砂布将玻璃钢筒和提升杆表面的绝缘漆刮去,用合格的变压器油洗干净。放入干烘室内进行烘干。温度以每小时 10℃ 左右升温至 90~100℃。在烘干时应做好防变形措施,烘 48h 取出。待冷却后,测量绝缘电阻,其值不应小于 500MΩ,对玻璃钢筒施加 40kV 直流电压试验,其泄漏电流不超过 5μA。合格后再涂绝缘漆烘干。

2) 将灭弧片和其他绝缘部件同样洗净烘干。干燥温度控制在 80~90℃。烘干后应立即放入合格的变压器油中,以防再次受潮。

(5) 对灭弧片进行耐压试验,试验标准:第一片为 42kV,其余各片均为 30kV。

4. 检修压油活塞

(1) 分解压油活塞。具体包括:①卸下压油活塞,如图 3-18 所示,拧下导向体 7 上面的螺栓,取下导向件、取出压油活塞弹簧,活塞机构 12;②拆活塞机构,如图 3-19 所示。提开销片 1,拧下螺母 2,取出弹簧垫 3 和垫圈 4,抽出压油活塞管 7,取下压油活塞绝缘圈 6 和活塞 5。

(2) 清洗、检查和检修。具体内容如下。

1) 清洗所拆下的各部件。

2) 检查压油活塞管外表面的尼龙喷涂层是否完好,其尼龙层应无脱落或烧伤痕迹,否则应更换。

3) 检查活塞管端头是否有撞粗变形,轻微的要进行修理,严重的应更换。

4) 检查压油活塞的绝缘圈、活塞等部件是否完好,如有损坏要更换。检查压油活塞弹簧应无锈、无变形,弹性良好。

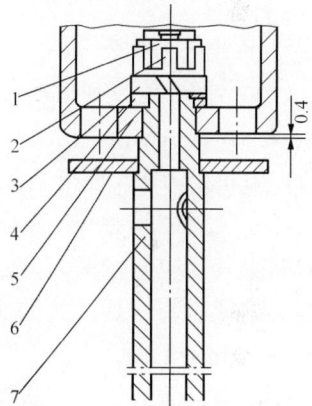

图 3-19 压油活塞装配图
1—销片;2—M16 螺母;3—弹簧垫;4—垫圈;5—活塞;6—压油活塞绝缘圈;7—压油活塞管

5. 检修静触头

(1) 分解静触头,如图 3-20 所示。向左旋方向拧下引弧环,用手指伸进中心孔掰动触指,将其逐个卸出,取出弹簧,再拧下螺栓,取下平垫和弹簧垫,将铜套从静触座上取下。

(2) 清洗、检查和检修。具体内容如下。

1) 将卸下的各零件清洗干净。

2) 检查引弧环孔径如超过 φ34mm 应更换。如未超过标准,再检查是否有烧伤,如烧伤轻微可用油砂修整再用。

3) 检查触指烧伤程度:如属轻微可先用细锉修平,再用砂布砂光。如触指烧伤面积大于 50%,深度大于 1.5mm,应更换。

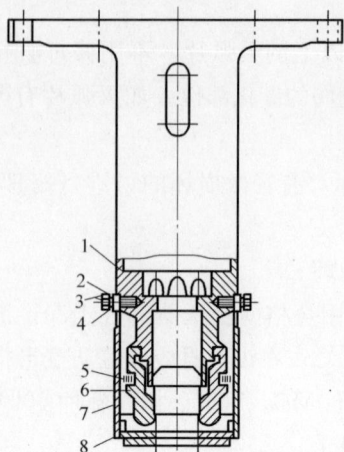

图 3-20　静触头装配图

1—静触座；2—M16 螺栓；3—弹簧片；
4—平垫；5—弹簧；6—触指；7—铜套；
8—引弧环

4）检查静触座与铝帽凸台接触面是否光洁，可用砂布打磨修整，并涂上中性凡士林。检查触指弹簧的弹性是否良好，并应无变形，如不合格应更换。

（3）装复静触头。按分解相反的顺序装复静触头。用导电杆插入静触指内进行推拉和左右转动，以检查静触指接触是否良好，触指间距离是否均匀。再装复压油活塞。

6. 检修导电杆

导电杆的结构如图 3-21 所示。

（1）检查导电杆和铜钨动触头的烧伤情况：如铜钨动触头烧损面达 1/3 以上或黄铜座有明显沟痕时，应更换。

（2）检查导电杆有无弯曲变形，不能修整的要更换。导电杆与铜钨触头结合处必须光滑无棱角，即要求两者外径同心相等。

（3）检查导电杆外表面镀银层有无脱落，如有脱落须重镀银层。

7. 检修中间触头

（1）分解、检查和检修中间触头，拧下上触头座与下触头座之间紧固螺栓，取下上触头座，取下弹簧和触指。用绝缘油清洗所拆下的零件。检查触指和弹簧是否完好，应无变形和疲劳，触指无烧伤。触指及触头座接触面镀银层应良好。

（2）装复中间触头。按分解时相反的顺序装复中间触头。应注意上触头座上的螺栓装复后，其端头不应露出下触头座的接触面。

8. 检修上盖、铝帽、灭弧绝缘套和导电连接元件

（1）清洗上盖、铝帽、上盖板、灭弧瓷套等部件。

（2）检查油位指示器、安全阀、通气管、各压圈、法兰等是否完好或

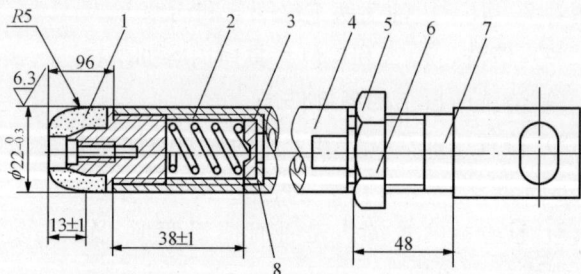

图 3-21　Ⅰ型导电杆结构图

1—触头；2—弹簧；3—螺纹套；4—导电杆；5—制动垫圈；
6—螺母；7—调节杆；8—垫圈

畅通。各部件互相间的接触面是否平整、光滑。检查密封垫质量是否符合要求，灭弧瓷套有无裂纹和损坏。根据检查情况做相应的修整。

9. 检修中间机构箱（其结构如图 3-16 所示）。

（1）分解中间机构箱。具体包括：①中间机构箱两侧的侧盖板已打开，导电杆已取出；②将上滑道 17 的滑动轴销 15 抽出，取出滚轮 16；③从轴孔 6 内抽下轴销 13，从侧面手孔 25 中取出变直机构，并分解。

（2）清洗、检查和检修。具体内容如下。

1）将所拆下的零件用绝缘油清洗干净，然后检查连接杆有无变形、裂纹和毛刺等缺陷。

2）检查上滑道板的焊接处有无脱焊或断裂，滑道、滚轮及连接轴销有无磨损。如有，

应作相应的修理、补焊或更换。

（3）装复中间机构箱。具体内容如下。

1）按分解时相反的顺序装复。装复前应再次用绝缘油清洗零件。

2）装复后，各开口销应齐全，并开口。上滑道两轴销在相对运动时的最小间隙应保证2mm以上，如图3-22所示。

3）装复后，要检查变直机构是否有卡滞，如有，则应进行调整，使其运动灵活。

10. 装复灭弧单元

按分解时的相反顺序，依照其结构装配图3-18进行装复。装复时全部更换新的胶垫。

（1）在下铝法兰的下面放好毛毡，装上导向板，并将其螺栓拧紧。

（2）将中间触头回装在下铝法兰的上面，并将其螺钉拧紧。

（3）将下铝法兰放置中间机构箱上，将放油阀置于最低位置，法兰与箱之间放上新密封胶垫。将法兰与箱紧固的螺栓拧紧。

（4）装上导电杆。

（5）将玻璃钢筒旋入下铝法兰上（属螺纹连接），且拧紧。

（6）放好下密封垫，再将灭弧瓷套吊起套落在玻璃钢筒外面，扶正瓷套，装上上密封垫，再将铝帽落在密封垫上，校正铝帽位置，使铝帽上的接线端子与灭弧室放油阀的方向一致，即都在最低位置。放上铝压圈，并校正排气管位置，使其符合图3-23所示位置的要求。

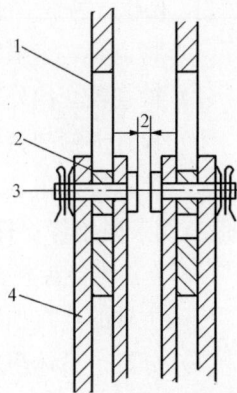

图3-22　中间机构箱连板装配图

1—连板；2—滑动轴销；3—滚轮；4—滑道

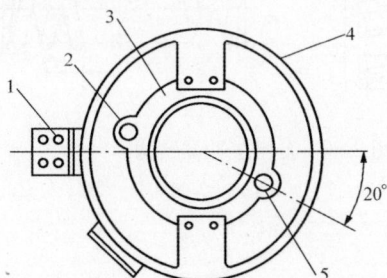

图3-23　铝压圈的放置方位图

1—出线端子；2—逆止阀；3—铝压圈；4—铝帽；5—排气管

（7）装上铁压圈，再将钢法兰拧紧在玻璃钢筒上端，测量钢法兰上端面至玻璃钢筒的上端面距离应为32～47mm，以保证钢法兰与玻璃钢筒有足够的螺纹扣入深度，如图3-18所示。铜法兰上端面至铝帽凸台的距离应不小于12mm，以保证开断时排气道畅通，如图3-18所示。调整后，再均匀地拧紧铁压圈上的6个顶紧螺栓。

（8）依次放置下衬筒、下调节垫、灭弧片、衬环、上调节垫、上衬筒。

（9）将铜压圈旋入铜法兰内，压紧上衬筒。测量第一块灭弧片上端面与铝帽凸台上端距离应为 326±1.5mm（以保证引弧距为 33.5±1.5mm）。如不符合要求，可以增减下衬筒上的下调节垫29的数量来达到。

（10）在铝帽凸台上放置防电化腐蚀的锌片，装上静触头座并将其4只螺栓稍许拧紧。把行程测量杆从静触头中申入拧进导电杆螺孔内，手动牵引导电杆，校正静触头中心，使静、动触头在同一中心线上，从而确定静触头中心位置。然后再拧紧静触头座上的螺栓。

（11）装上压油活塞、排气管、上盖板、铝帽盖。

（12）装上两断口的中间导电板21。

11. 检修支持瓷套和绝缘拉杆（即提升杆）

（1）将瓷套、卡箍弹簧、绝缘拉杆擦拭清洁。

（2）检查瓷套内外表面有无裂纹、碰损，结合面是否平整。

（3）检查卡箍弹簧如有变形应更换。绝缘拉杆不能弯曲、开裂。

（4）绝缘拉杆组装前应测其绝缘电阻，测量值应不低于 1000MΩ。如不合格应进行干燥处理。（组装时绝缘拉杆拧入底盒接头深度应不小于 30mm）。

12. 检修传动主轴、分闸缓冲器和合闸保持弹簧

传动主轴的连接如图 3-24 所示。

（1）分解。具体步骤如下。

1）取下水平拉杆的连接轴销 7，解除外拐臂与水平拉杆的连接。

2）卸下合闸保持弹簧，如图 3-17 中 14 所示。

3）拧松外拐臂 6 上的顶丝，卸下其夹紧螺栓，取下外拐臂 6、轴套 2、弹簧 5、黄铜套圈 4 和密封圈 3，从底座方盒内侧抽出内拐臂 8 和主轴 1。

4）将底座下部 4 个螺栓拧下，从底座手孔取出缓冲器（改进的结构），如图 3-25 所示，并拆开缓冲器。

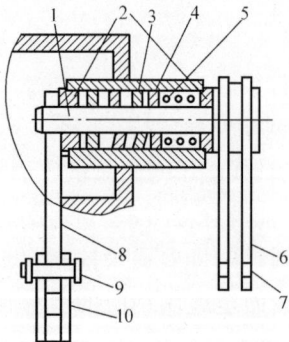

图 3-24　传动主轴连接图

1—主轴；2—轴套；3—密封圈；4—黄铜垫圈；5—弹簧；
6—外拐臂；7、9—连接轴销；8—内拐臂；10—接头

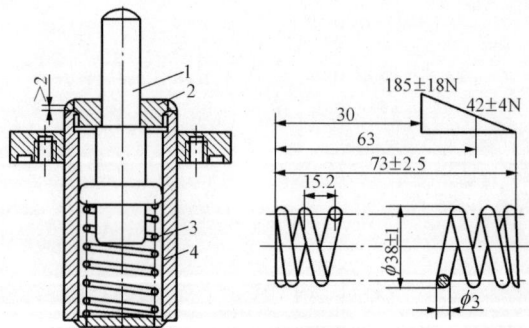

图 3-25　分闸缓冲器结构图

1—撞杆；2—筒盖；3—弹簧；4—套筒

（2）清洗、检查和检修。具体内容如下。

1）将拆下的零件清洗干净、除锈。

2）检查内、外拐臂和主轴有无磨损、裂纹，磨损严重的应更换。

3）检查主轴有无弯曲，表面应光滑。

4）检查黄铜垫、弹簧、轴套是否有变形和损坏，损坏严重的要更换。

5）检查缓冲器的弹簧是否有变形、弹性是否良好，活塞有无锈蚀、磨损、运动是否灵活，活塞与筒内臂配合应良好。检查活塞杆端面是否有打秃，需要时，进行相应的修理。损坏严重的要更换。

6）检查合闸保持弹簧是否变形和锈蚀。应将弹簧涂防锈漆及黄干油。要求弹性和尺寸符合厂家要求。

7）检查底座架是否坚固，除锈、涂漆。

（3）装复传动主轴、分闸缓冲器和分闸保持弹簧。按分解时相反顺序进行装复。回装主轴时，先将两侧的轴套放入轴孔内，穿上主轴，检查转动的灵活性，再卸下。

在主轴上套上内轴套和 3 个 "V" 形密封胶圈。密封圈凹槽向内拐臂，在密封圈、主轴涂上中性凡士林，将主轴装回。

装外拐臂时，注意花键的缺口应对准主轴缺口，再上紧夹紧螺栓和顶丝，装上合闸保持弹簧。

（四）一相断路器检修后组装

组装前应校正底座平面符合要求，按解体的相反顺序进行组装。全部更换新密封胶垫。

（1）将上下支持瓷套回装在底座上，如图 3-17 所示。

1）将擦拭干净的 "L" 形密封垫放入底楷内，将下铁法兰套入下瓷套的下端，用手扶正瓷套和法兰。将已涂油的卡箍弹簧穿上，且要穿到底。

2）起吊已装好下铁法兰的下绝缘子，放在底座上，校正垂直度后，以对角均匀地拧紧下铁法兰螺栓。

3）将提升杆放入绝缘子，并拧入内拐臂的接头内。

4）装上瓷套（指 220kV 的断路器），如图 3-14 所示。将中间铁法兰套入下瓷套的上端，用手扶好，同样穿好已涂油的卡箍弹簧，且要穿到底。放好中间新密封垫。

在上瓷套的下端放入中间铁法兰，同样穿好已涂油的卡箍弹簧，扶正绝缘提升杆，将上瓷套吊起，慢慢地落下与下瓷套对中合接，使提升杆上下运动灵活，以对角均匀拧紧中间法兰螺栓，如图 3-14 中 A 所示。

（2）将中间机构箱与灭弧单元一起（即 "V" 形结构单元）回装于支持瓷套上，如图 3-16 所示。

1）将上铁法兰套入支持瓷套的上端（对 220kV 断路器为上支持瓷套的上端），按同样要求装好卡箍弹簧、"L" 形新密封垫圈。

2）吊起 "V" 形结构单元，将其底面球拭干净，慢慢下放在支持瓷套上，校正 "V" 形结构单元与水平传动杆的向位，对角均匀拧紧法兰螺栓。

3）将绝缘提升杆安装于变直机构的连杆上。将缓冲器压到底，调节绝缘提升杆拧入底盖接头的深度在 30mm 以上，如图 3-17 所示；并使绝缘提升杆与变直机构连接的 A＝14±2mm，调整后穿入轴销，如图 3-15 所示。

4）将底座手孔盖板装好，从中间机构箱侧面手孔灌入约 30kg 绝缘油，使缓冲器浸于油中。

（五）断路器的安装

在发电厂高压断路器解体检修后要进行回装。以 SW6-110 型断路器为例，简要地讲述 SW6 系列断路器安装要点。

（1）安装前应做好安装计划，制定施工技术措施；做好安装施工准备，其内容包括两个方面：一是工具和安装现场的准备，如准备好起重机具、安装工具、专用工具、测试仪器及材料，安装现场的布置主要注意选择在整个吊装过程中应尽量少移动或不移动起吊设备的通道，做好防止从高处掉下工具损坏设备和伤人的措施，以及做好防雨、防尘、防火的措施；二是施工安全措施的准备，包括设备安全和人身安全。

（2）不论是检修后的安装还是新安装的断路器，都必须在安装前查阅厂家的产品安装说明书和配电装置设计图纸，掌握有关的安装方法和工艺要求。

（3）安装前应校正底座平面和两底座之间的中心距离。如果断路器安装在混凝土基础上或钢支架上时，安装前应做好两个方面的检测工作。

1）确认断路器的基础或钢支架有足够的强度或刚度，保证在静荷载作用下不变形；在动荷载作用下不位移，以保证断路器正常工作。

2）基础找平。找平方法可使用水平尺、水平仪、U 形软管水准尺、垂线等进行检测。所测水平度和垂直度要符合规定的要求。如所测不符合要求，可用垫铁的方法来达到，但垫铁片数不宜超过三片。

（4）各机件之间的间隙、距离、角度、行程和搭扣等应符合厂家规定。每相间的中心距离及高度误差不应大于 10mm，预埋螺栓的中心距离误差不应大于 2mm。

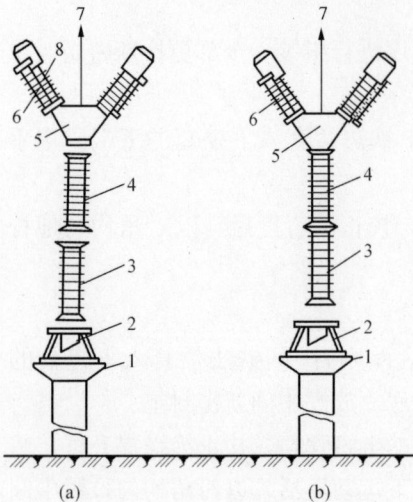

图 3-26　SW6-110 型断路器组装图
（a）分件吊装；（b）单元组装后的吊装
1—混凝土基础；2—支座；3—下支持瓷套；4—上支持瓷套；5—中间机构箱；6—均压电容；7—吊绳；8—灭弧瓷套

（5）吊装工具多用移动式吊车，为了准确平稳有时还在吊钩上加挂链葫芦。吊装方式一般有两种：一种是从下至上的分件吊装，如图 3-26 的（a）所示；另一种是单元组装后的吊装，如图 3-26 中的（b）所示。

（6）安装时，要特别注意安装工艺要求，严防出现渗油或漏油现象。安装时油封胶垫要放置平稳，不可扭曲。紧固螺栓时，必须对称（对角）均匀压紧，用力不可过猛，否则将使胶垫断裂或使瓷套破裂。紧固螺栓时，一般使其胶垫外露的边缘稍有向上翘起便可。

（7）断路器整组安装时，应与其配用的操动机构配合调整。

（8）安装时必须严格按照安装程序进行；每安装一项目达到安装工艺要求后，通过检查合格，再进行下一个项目的安装。以免造成或返工浪费或损坏设备。

（六）断路器安装后的调整

1. 一相断路器行程的测量与调整

（1）行程标准。SW6-110 型断路器导电杆的总行程为 390^{+10}_{-15}（同相各断口差不应大于 15mm），超行程为 60 ± 5mm。

（2）测量方法。具体内容如下。

1）将断路器处于分闸状态，各机构处分闸位置，检查分闸缓冲器是否已经打到底（从外拐臂位分件组装单元组装置判定），调整后，将外拐臂与水平拉杆安装连接好，再将水平拉杆与操动机构的活塞杆连接。最后复核中间机构箱的 A 尺寸是否在合格范围内（如图 3-15所示）。

2）测量总行程。将行程测量杆从静触头座中心插入，拧在导电杆端部的螺孔内，再将超行程测量管套在行程测量杆外面，使其直接落在压油活塞的压板上，如图 3-27 所示。

3）量出图 3-27 中的 A、B 尺寸，并记录。操动断路器合闸，量出 C、D 尺寸，并记录。

4）计算。总行程 = D − B；起行程 = C − A。

（3）调整方法。具体内容如下。

1）调整总行程。先检查传动装置各部分之间的配合间隙是否有问题，传动拉杆、水平拉杆是否在一条直线上，检查后进行调整。也可改变 A 尺寸来调整，但这时超行程也跟着改变，故调整时应综合考虑。

2）调整超行程。调整导电杆的连接螺母，当导电杆拧出或拧进一圈，超行程增大或缩小约 2mm。

（4）行程调整合格后，所被调整的部位应紧固，在额定油压下操作，以复查行程的准确与否。

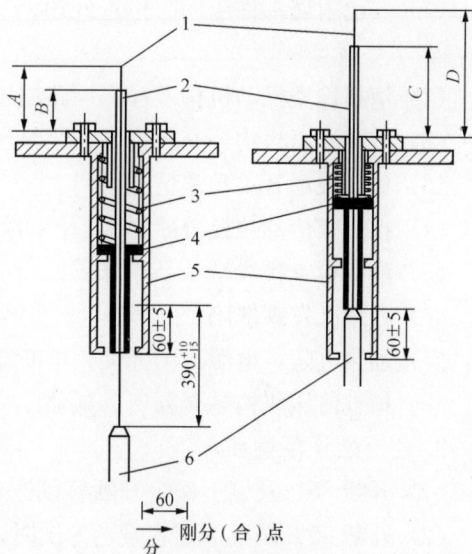

图 3-27　行程测量方法示意图
1—测量杆；2—测量管；3—弹簧；4—压油活塞；5—管；6—导电杆

2. 三相同期的调整和合闸保持弹簧的调整

（1）适当调整超行程，以达到三相同期。

（2）用拧进或拧出弹簧尾部的螺钉来调整合闸保持弹簧长度为 450mm（断路器在合闸位里时）。调整后，操作断路器合闸，将液压操动机构的高压油放掉，检查合闸保持弹簧能否将断路器可靠地保持在合闸位置。

调整完毕，将压油活塞尾部螺栓装好。再装好铝帽上盖板、铝帽盖、装中间机构箱两侧的手孔盖。对断路器进行全面检查。清扫检修现场，办理检修终结手续。

三、SW2-60G 型少油断路器检修

（一）检修周期

1. 大修周期

（1）新装断路器运行后第一年进行一次大修。

（2）正常运行的断路器每 4 年进行一次大修。

2. 小修周期每年一次。

小修周期每年一次。

（二）检修项目

1. 大修项目

（1）三极传动部分分断弹簧分解检修。

（2）单极断路器解体检修。

（3）液压操动机构分解检修。

（4）绝缘油更换（或过滤补充）。

（5）外壳及构架除锈刷漆。

（6）电气和机械特性调试。

（7）其他附属部件应同时检查处理。

2．小修项目

（1）清扫检查操动机构及操作回路端子紧固情况。

（2）校核液压机构预充压力，油泵打压时间及漏油情况。

（3）检查微动开关动作情况。

（4）扫检查传动拉杆分断弹簧，传动部分涂油润滑。

（5）清扫检查接线端子及绝缘子。

（6）处理已发现缺陷。

（7）加热电阻，电源刀闸开关，熔断器检查。

（8）检查液压机构是否漏气、漏油。

3．临时性检修项目

（1）开断 80％及以上额定开断容量达 6 次时。

（2）开断 80％以下额定容量达 8 次时，必须进行分解检查。

（3）当存在有严重缺陷，影响断路器继续安全运行时。

（三）质量标准及技术要求

质量标准及技术要求见表 3-4。

表 3-4　　　　　　　　　SW2-60G 型少油断路器检修质量标准及技术要求

项目	工作内容	质量标准及技术要求	检修性质
三相传动部分的检查	传动拉杆的检查	（1）各拉杆应无变形，两端螺扣完整无锈蚀。 （2）销轴孔内尖光滑，安装时应涂润滑脂。 （3）调整后的拉杆螺扣拧入螺母内不应少于 10 扣	大修 小修
	外拐臂的检查	（1）销轴孔内光滑，安装时应涂润滑脂。 （2）外拐臂安装后，分闸位置时下轴销中心到主轴中心下垂线距离应为 50±3mm	
单极断路器的分解检修	灭弧室与上静触头装配的检修	（1）清洁、无污物。 （2）灭弧管不应有损伤及严重碳化现象。 （3）弧片应完整、无碳化现象，孔径烧伤大于或等于 2mm 时应更换，灭弧片的安装应按孔径 φ43 一片、φ34 三片、φ53 一片、φ63 一片自上而下顺序组装，凹槽向下，定位销位置正确。 （4）静触头装配螺扣完整，弹簧垫齐全，接触面无氧化层接触良好。 （5）引弧环应光滑无烧伤，螺扣应完整。 （6）触指烧伤面积不应大于顶面的 30％，深度不大于 0.5mm，弹片无疲劳现象，触头座无裂纹。 （7）静触座与灭弧室支持座安装应严密，灭弧室装配与触头装配应牢固，灭弧片无窜动	大修

项目	工作内容	质量标准及技术要求	检修性质
单极断路器的分解检修	接线座及下静触头装配的检修	（1）导向座与滚轮无裂纹变形现象，滚轮应灵活无卡滞，轴销齐全。 （2）导向座固定底板无裂纹，变形现象，密封胶圈处应光滑平整，安装后密封圈压紧不外露。 （3）下静触头检修要求同上静触头检修要求相同。 （4）接线座无沙眼、裂纹，清洁干净、螺扣完整，密封槽内应光滑无杂质	大修
	绝缘筒与瓷套接法兰的检修	（1）绝缘筒无剥离烧伤现象，与套的结合应牢固，内外清洁，不可用带有纤维的布擦拭。 （2）瓷套内外清洁完整，上下端面应光滑平整。 （3）下瓷套法兰内弹簧无断裂、锈蚀、疲劳现象。 （4）瓷套法兰应无裂纹，弹簧槽光滑平整	
	上盖、油标座的检修	（1）上盖无沙眼、裂纹、变形等现象。 （2）油标无裂纹、清洁透明，油孔畅通无堵塞，密封良好无渗漏。 （3）安全阀阀片完整无裂纹，厚度为5mm。 （4）上帽无沙眼裂纹现象，胶圈密封槽光滑。 （5）止回阀内无杂质，密封良好，动作灵活	
	导电杆与提升杆检修	（1）导电杆无卡伤、变形，铆接处无松动，导电杆装配的弯曲不大于0.5mm。 （2）钨铜触头顶端烧伤深度不大于2mm，直径减小不大于2mm。与导电杆连接处牢固，触头弹簧应无疲劳、退火、断裂现象。 （3）提升杆应完好，无剥离，损伤现象，弯曲度不大于2mm，间隔柱要牢固，如需更换，尺寸必须与原提升杆相同。 （4）提升杆与导电杆的连接轴销窜动不大于1mm，平垫开口销齐全，开口销开口	
	内拐臂、主轴和机构室的检修	（1）内拐臂无裂纹，轴销孔完整。 （2）主轴无变形，键销无磨损，与主轴连接紧密不松动，弹簧弹性良好，垫齐全。 （3）机构室应清洁，无水分、杂质、毛刺，各部螺扣完好。 （4）主轴V形密封圈凹口方向应向里侧有油的方向	
	油缓冲器的检修	（1）油道畅通，弹簧良好，钢球无锈蚀，牵引杆无弯曲、变形现象。 （2）活塞应无损坏，动作灵活，表面光滑	

项目	工作内容	质量标准及技术要求	检修性质
单极断路器的分解检修	放油阀的检修	放油阀无沙眼、渗油现象，胶圈接触面光滑，阀口应良好畅通	大修 小修
	膨胀器的检修	膨胀器应无沙眼、裂纹，内部清洁，补焊后的膨胀器必须经4MPa压力试验	大修
	其他部分的检修	(1) 底座不松动，焊接良好牢固。 (2) 支撑管应无裂纹，螺母不应锈蚀。 (3) 接地牢固，接触面无氧化。 (4) 基础架及本体安装螺栓牢固。 (5) 绝缘部件绝缘应满足电气试验要求	大修 小修
CY5 液压机构的检修	储压筒的检修	(1) 储压筒内壁光滑无锈蚀。 (2) 活塞杆镀铬层完好，无弯曲。 (3) 充氮装置弹簧应无疲劳的锈蚀现象。 (4) 全部更换密封圈，"V"形密封组安装方向、位置正确，活塞密封圈紧固后外径保持135+0.6mm。 (5) 活塞上方加5mm高的液压油。 (6) 压板无变形，紧固螺钉均匀	大修
	工作缸的检修	(1) 缸体及各部件清洁无污物。 (2) 缸内壁光滑无划伤，活塞不弯曲，表面无损伤。 (3) 各部螺纹无损伤。 (4) 更换全部密封，"V"形密封组凹口朝向工作缸液压油侧，并涂润滑脂。 (5) 组装后活塞拉动无别劲，拉动约为294N	大修
	油泵及电动机的检修	(1) 一级油示止回阀片无沟痕，弹簧无变形，过滤网无损。 (2) 油泵活塞间隙配合良好，两活塞不互换活塞杆行程为8mm。 (3) 油泵一、二级止回阀密封良好。 (4) 更换油泵全部密封圈。 (5) 油泵各弹簧座良好，弹簧无变形、疲劳现象。 (6) 组装油泵后泵内空腔应充满液压油无气泡。 (7) 电动机符合电机规程标准	大修
	合、分闸阀检修	(1) 各部件清洁、完整。 (2) 一级阀钢球与阀口密封良好，密封线应光滑平整成一封闭圆，阀杆与阀针无变形，复归弹簧和钢球完好。 (3) 二级阀杆无卡伤、磨损，弹簧无变形锈蚀，活塞运动灵活。 (4) 防慢分碟形弹簧组装时凹口向上。 (5) 更新全部密封垫。 (6) 组装后二级阀阀杆位置与断路位置相对应	大修

项目	工作内容	质量标准及技术要求	检修性质
CY5 液压机构的检修	高压放油阀，截流阀的检修	(1) 各部件清洁、完整。 (2) 放油阀钢球与阀口密封严密。 (3) 截流锥形阀与阀口处密封良好。 (4) 更换全部密封垫	大修
	微动开关辅助开关接触器、加热器、电接点压力表及二次接线端子排的检查、校验	(1) 微动开关接点动作灵活，接触可靠，位置与开点位置与压力相对应。 (2) 辅助开关动作灵活正确，接点无烧伤。 (3) 接触器动作灵活，接点无烧损，同期差符合要求，接点弹片的弹性良好。 (4) 压力表校验符合有关标准要求。 (5) 加热器自动控制装置动作准确、可靠，绝缘良好。 (6) 二次线端子排接触面无烧伤，端子紧固，绝缘电阻大于 $1M\Omega$	大修 小修
	液压油管路、油箱检修	(1) 各部件清洁、无污物。 (2) 液压油管路连接卡套无变形、卡伤、开裂，管路畅通无堵塞，各部连接紧固无渗漏。 (3) 油箱无渗漏，注入合格的 10 号航空液压油，油位在油标合格范围内	大修
	机构箱的检修	(1) 机构箱基础螺钉紧固，箱密封条无脱落，通风孔挡板开启灵活。 (2) 电缆孔密封严密。 (3) 机构箱门锁闩开闭灵活	大修 小修

（四）SW2-60G 型少油断路器调整、试验

SW2-60G 型少油断路器调整、试验要求见表 3-5。

表 3-5　　　　　　　　　SW2-60G 型少油断路器调整、试验要求

项目	工作内容	单位	质量标准及技术要求	检修性质
SW2-60G 型少油断路器的调整、试验	1. 动触头行程 (1) 总行程。 (2) 超行程。 (3) 机械相间不同期	mm mm mm	390^{+10}_{-15} 55 ± 5 $\leqslant5$	大修
	2. 动触头动作速度 (1) 刚合速度。 (2) 刚分速度。 (3) 最大分闸速度	m/s m/s m/s	3.6 ± 0.8 5.2 ± 0.8 $S8.2\pm0.6$	
	3. 断路器动作时间 (1) 合闸时间。 (2) 固有分闸时间。 (3) 三相分合闸同期差	s s s	$\leqslant0.2$ $\leqslant0.04$ $\leqslant0.01$	
	4. 主回路电阻值	$\mu\Omega$	70	

续表

项目	工作内容	单位	质量标准及技术要求	检修性质
SW2-60G 型少油断路器的调整、试验	5. 分闸位置外拐臂下轴销中心线到主轴中心垂线水平距离	mm	50±3	大修
	6. 工作缸活塞行程	mm	95±1	
	7. 油泵打压时间	s	≤3	
	8. 予充氮气压力	MPa	8.6±0.3（20℃）	
	9. 工作油压	MPa	17.5±0.49（20℃）	
	10. 额定油压下切断电机电源，储压器活塞杆 8h 下降距离	mm	≤3.5	

（五）SW2-60G 型少油断路器修前的准备、检查、测试及其他事项

1. 准备工作

（1）根据运行、试验发现的缺陷确定检修项目，组织人力编制技术措施安排检修进度。

（2）准备检修工具、材料、仪表、备件等，并运至现场。

（3）按安全工作规程的规定，办理检修开工手续。

（4）准备好分解本体用的工作台，选择好零部件存放地点，防止绝缘部件受潮及损坏。

2. 停电后的外观检查、测试

（1）根据存在的问题对有关部位进行检查，并按需要和可能测出必要的技术数据。

1）测量断路器总行程，超行程及分合闸时间与上次大修后是否相同，如有变动应找出变动的原因。

2）进行断路器慢分慢合及防慢分试验，手动和电动操作试验，检查各部运动情况是否正常。

3）对液压机构进行打压时间的测定，并检查压力表电接点，微动开关的动作情况。

（2）检查各密封处渗漏情况，做好记录。

（3）断路器本体取油样试验。

（4）装设检修工作架。

（5）检查基础架及断路器底座接地的紧固情况。

（六）SW2-60G 型少油断路器的分解、安装

1. SW2-60G 型少油高压断路器的分解（如图 3-28 所示）

（1）拆除断路器引线，断开油泵电源。

（2）打开断路器本体排油阀及消弧室排油阀，放尽绝缘油。

（3）打开本体液压机构，分、合汇压阀，使油压降至零，拧开低压排油阀，排尽液压油。

（4）打开放气阀，放掉储压筒中的氮气。

（5）拆下断路器上帽 M20 螺栓 1，取下上盖 6。

（6）拆下盖板 8 上的三个 M6 螺钉，取下闸板，拆下固定安全阀盖 7 上的 M6 垫圈螺钉

三个，取下压圈 13，用固定盖的螺栓拧入原处，向上提出安全阀盖 7。

（7）拆下消弧室支持座 12 上的 4 个 M16 螺帽，取出消弧室与上静触座装配。

（8）用专用扳手拆松帽内压圈 13 上的 8 个 M12 螺钉，再用专用工具拆下与上衬筒的连接套 10，取出连接套、压圈、垫圈。

（9）取下上帽 9。

（10）逆时针用力拧下上衬筒 16，并取出上衬筒。

（11）取下上瓷套。

（12）拆下中间法兰 19 上的 8 个 M12 螺钉，拆卸时要有人配合扶住法兰，防止法兰突然落下碰破瓷套，抽出中间法兰弹簧，取下法兰。

（13）拧下底法兰 23 上的 8 个 M20 固定螺钉，取下下瓷套 21（取下瓷套时要扶正提升杆）。

（14）拐臂搬至合闸位置，卸下提升杆 22，内拐臂 24，连接轴销，把提升杆与导电杆同时取下。

（15）拆下底部机构室方孔盖。

（16）拆下油缓冲器上的 4 个 M10 螺钉，取下缓冲器 26 的外套，再分解活塞与牵引杆 25 的连接轴销，取下活塞。

（17）如图 3-29 所示，用胀钳拆下外拐臂上弹性挡圈 3，用抓把外拐臂 1 拆下，拆下固定法兰上的 6 个 M10 螺栓，按顺序取出垫圈 5，轴套 6，弹簧 7，垫 8，轴承套 9，密封 11、12，轴套 10。

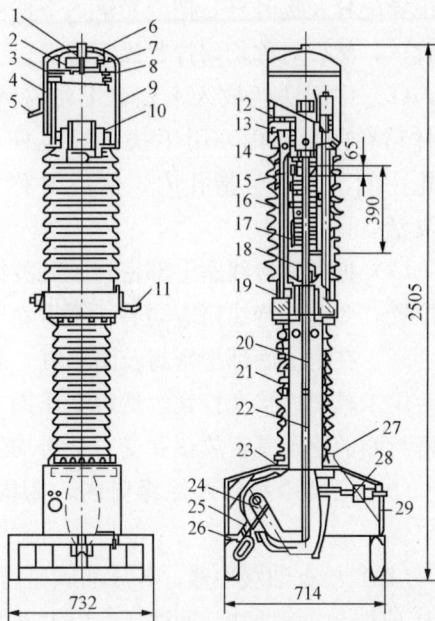

图 3-28　SW2-60G 少油断路器单极度结构图

1—螺栓；2—汽水分离器；3—弹性挡圈；4—油位指示计；5—上接线端子；6—上盖；7—安全阀盖；8—盖板；9—上帽；10—连接套；11—中接线端子；12—消弧室支持座；13—压圈；14—上瓷套；15—灭弧单元；16—上衬筒；17—动触杆；18—中间静触头；19—中间法兰；20—中间拉杆；21—下瓷套；22—提升杆；23—底法兰；24—内拐臂；25—牵引杆；26—缓冲器；27—吊孔；28—分闸弹簧；29—基座

2. 断路器本体的组装

（1）将内拐臂及主轴安装在机构室上。

（2）将油缓冲器与内拐臂连接好，均匀紧固外部螺栓，穿上开口销，并打开销口。

（3）将导电杆及提升杆与内拐臂相连，如轴销窜动较大可加垫进行调整，用手上下拉动导电杆，不应碰机构室。

（4）用白纸分别放在机构室上沿及底部，让提升杆上下运动至极分、极合位置，然后从白纸上检查内拐臂与机构相碰处，做好记录，供调整时进行参考。

（5）在机构室胶圈槽内放好胶圈，用手

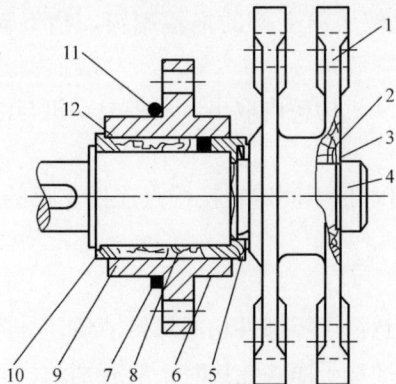

图 3-29　主轴密封结构

1—外拐臂；2—螺栓；3—弹性挡圈；4—轴；5—垫圈；6—轴套；7—弹簧；8—垫；9—轴承套；10—轴套；11、12—密封

扶正导电杆及提升杆，把瓷套落入下法兰内，穿入弹簧，放平稳找正位置，检查胶圈位置是否放正，然后对称均匀拧紧固定螺钉。

（6）中间法兰放入下瓷套上端穿入弹簧后，安装中间接线座，把下部密封胶圈用凡士林粘在密封槽内，用手扶住导电杆，慢慢地将接线座放正在下瓷套上，使导电杆在滚轮中间滑入静触指孔内，然后对称紧固法兰螺栓，搬动外拐臂，检查导电杆动作是否灵活。

（7）把中间接线座上部密封胶圈放好，拧上绝缘筒，然后把上节瓷套放在接线座上，找正位置，瓷套与绝缘筒应同心，不得斜于一侧。

（8）在帽子底部把密封胶圈粘好，放正在瓷套上，找正方向，放入压圈、垫圈连接套，用专用工具把连接套拧紧，然后把压圈上的 M12 螺栓均匀拧紧，紧好备帽，检查一遍各外部密封圈的位置是否放正和受力是否均匀。

（9）把灭弧室放入绝缘筒内，帽内固定灭弧室的端面要处理光滑，用固定螺帽均匀紧牢。

（10）检查油缓冲器，各放油阀是否关闭，打开本体底部方孔，用合格的变压器油从上部向下进行内部冲洗，冲洗后，将方孔盖封好，注入合格的变压器油至标准油位。

3.CY5 液压机构的分解

（1）放气。拆下储压筒的上部螺栓，用专用排气工具排出氮气，放氮时不能过快，工作人员不要面对喷口，防止气流及零件冲出伤人。

（2）拆下各部液压管路注意保管，防止碰伤、变形和受潮。

（3）拆下油箱上盖 10 个 M8 螺钉，取下箱盖，拆除分合闸电磁阀，拆开分合闸线圈引线接头，卸下分合闸线圈压盖螺栓 2 和分合闸线圈压盖 3、杆 5，如图 3-30 所示，取出分合闸线圈装配 6。

（4）拧下慢合高压释放阀 10（如图 3-31 所示）和慢分高压释放阀 20、截流阀 21，取出合闸二级阀座弹簧及钢球。

（5）取出分合闸阀阀体装配。

（6）拆下支架装配 25 与机构箱底的固定螺钉及储压筒上部的抱箍螺钉，抬下储压筒装配。

（7）拆下电动机的底座固定螺钉，连同油泵一起从机构箱内取出，再将电动机与油泵的连接螺钉松开，使电动机与油泵分离。

（8）卸下工作缸与拉杆连接螺母和 6 个 M12 螺钉，拆下固定转换接点连接支架的螺钉，取下工作缸。

4.CY5 液压机构的组装

操动机构的组装，按分解相反的顺序进行，并注意：①零部件均应保持清洁；②各阀安装必须紧固不得渗油；③油管路连接前，应用液压油冲洗干净，连接时不应有别劲。

5. 充氮方法及预压力测量

（1）充氮方法。充氮前，必须检查各紧固件的连接是否可靠，确认无问题后可充氮。充氮时，先将储压筒上部的充气阀密封螺旋下，如图 3-32 所示，连好充气管并与氮气瓶（氮气瓶压力不低于 12MPa）连接工开氮气瓶阀门即可充入氮气。

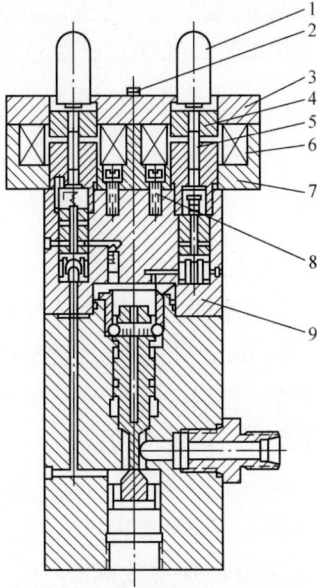

图 3-30　分合闸电磁阀装配

1—盖帽；2—螺栓；3—分合闸线圈
压盖；4—分合闸电磁铁；5—杆；
6—分合闸线圈；7—分合闸线圈基
座；8—螺栓；9—阀体

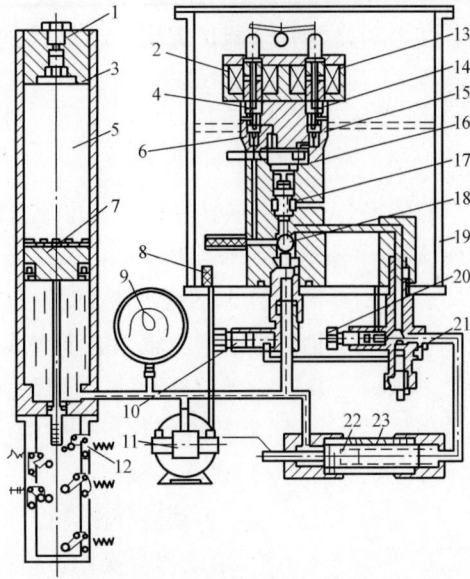

图 3-31　CY5 型液压机构原理图

1—充气阀；2—合闸线圈；3—储压筒；4—合闸一级阀杆；5—氮
气；6—合闸一级阀钢球；7—活塞；8—滤油器；9—油压表；10—
慢合高压释放阀；11—油泵；12—位置接点；13—分闸线圈；14—
分闸一级阀杆；15—分闸一级阀钢球；16—二级阀活塞；17—排油
孔；18—钢球；19—油箱；20—慢分高压释放阀；21—截流阀；
22—工作液压缸活塞；23—工作液压缸

（2）预压力的测量。具体包括如下内容。

1）测量方法。关闭放油阀启动油泵，当压力表指针由 0 突然升到一个稳定值 P_1 时，记录该压力值，再打开放油阀压力表指示压力逐渐下降，当压力表指针突然由某一值 P_2 回到 0 位时，记下该压力值。预压力值等于上述两压力读数的平均值，即

$$P_0 = \frac{P_1 + P_2}{2} \qquad (3\text{-}1)$$

式中　P_0——20℃时预充氮压值。

图 3-32　阀系统图

2）预压力的换算。预压力标准在温度 20℃时为 8.8±0.3MPa，在不同的温度下充氮时可用式（3-2）换算

$$P_t = \frac{(273 + t)}{293} \times P_0 \qquad (3\text{-}2)$$

式中　P_t——温度为 t 时的压力；

　　　t——充气时的温度（℃）；

　　　P_0——20℃时预压力。

6. 注意事项

在检修机构时，如果拆除了阀的内部结构，组装时应注意二级阀杆的位置与断路器的分

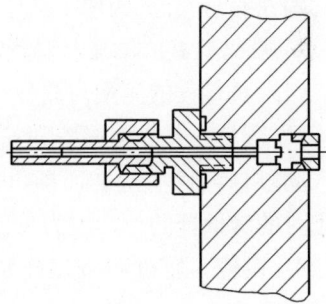

合闸位置相对应。即断路器牌合闸位置时，二级产供销的阀杆应推至底部，使防慢分闭锁钢球进入槽内。如果断路器牌分闸位置时，二级阀的阀杆千万不能推至底部，以防造成慢合事故。

（七）调整、试验

1．断路器慢分、慢合操作

（1）操作前的准备工作。主要包括以下几个方面。

1）检查断路器底脚螺钉是否牢固。

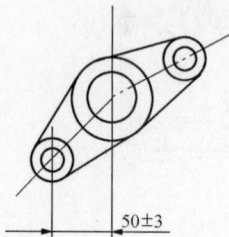

图 3-33 拐臂示意图

2）断路器的极间拉杆应调整在一条水平线上，使本体外拐臂下轴销中心到主轴中心下垂线距离为 50 ± 3 mm，如图 3-33 所示，然后从第一级拉杆开始，逐级把拉杆和外拐臂连接好。

3）检查操作机构的液压油油位在油标合格范围内。

4）接好油泵电源。

（2）手动慢分慢合操作如图 3-31 所示。具体如下。

1）手动慢合操作。将截流阀 21 及慢分高压释放阀 20 关闭，缓缓打开慢合高压释放阀 10，高压油即进入合闸腔，使断路器缓慢合闸。断路器慢合时，要细心观察机构与本体的动作情况，如发现异常立即停止打压，并排压检查原因。

2）手动慢分操作。将截流阀 21 及慢合高压释放阀 10 关闭，缓缓打开慢分高压释放阀 20，合闸腔内油即从慢分阀排出，使断路器缓慢分闸。慢分过程中应注意观察本体与机构的动作部分是否有卡滞。

（3）操作后的恢复工作。在慢动作操作完毕后，将油压释放，截油阀退至打开位置（退出三圈左右），并关闭两个高压释放阀 10、20 即可建立油压进行电气操作。

2．机械参数的测量与调整

（1）总行程的测量与调整（如图 3-34 所示）。具体内容如下。

1）测量。首先将帽盖和安全阀拆下，把总行程测量杆拧入动触杆，找一基准面即可进行测量，断路器分、合闸终止时的测量杆的位移即为总行程。

2）调整。通过调节工作缸活塞的行程进行总行程的调整。

（2）超行程的测量与调整。具体内容如下。

1）测量。将一根 $\phi12\times700$ mm 长的超行程测量管套在总行程测量杆的外面，下端抵动触头端部，测量上端到支持座上端面的高度为 H，而支持座上端面到上静触头保护环端面的距离为 296mm，则超行程等于 H_{-700}^{+296} mm，三相超行程差即为三相同期差。

2）调整。断路器的超行程和同步，可调整极间拉杆的长度来达到。极间拉杆一端是左旋螺纹，另一端是右旋螺纹。调节第一极拉杆对三相超行程都有影响，调节第二极

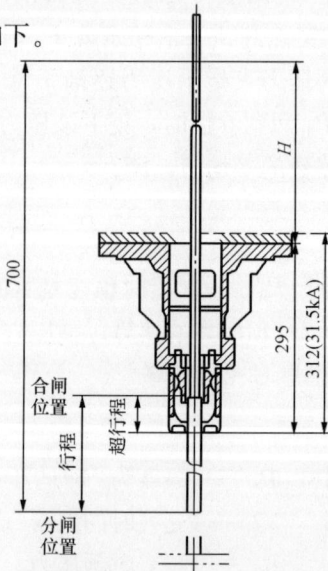

图 3-34 行程、超行程
测量示意图

拉杆对第二、三相超行程有影响，调整第三极拉杆只对第三相超行程有影响。

（3）工作缸行程的测量调整。具体内容如下。

1）测量。取工作缸支架活塞杆外露侧的与活塞杆垂直面为基准面，测量断路器分、合闸终了位置时的基准面与活塞杆上的转换接点拔叉带动轴的距离差即为工作缸行程。

2）调整。可通过改变工作缸合闸侧端帽的位置来实现。

（4）调整结尾工作。具体内容如下。

1）上述调整工作结束后，应将各极间拉杆螺母拧紧，各部开口销应开口。

2）本体注油至标准油位。

3）用电动分合闸操作二次，其三相参数应符合标准，并以此为准。

（5）注意事项：①调试过程中，必须防止脏物和工具落到断路器本体内部；②分闸时必须将超行程测量管取下；③在调整过程中，每次合或分闸操作后，要释放压力，并切断电动机电源，以保证安全。

3. 分合闸速度、时间及同期性测量与调整

（1）速度的测量与调整。具体内容如下。

1）测量。断路器的分合闸速度在额定分合闸线圈电压、额定油压下，利用转鼓式测速仪测量，其记录的分合闸速度曲线如图 3-35 所示。

2）刚分刚合和最大分闸速度的计算方法。刚分速度 $v_1 = s_1/t$（一般 t 取 10ms）；刚合速度 $v_2 = s_2/t$（一般 t 取 10ms）。

分闸最大速度为分闸曲线上 10ms 内行程最大处，断路器过冲和反弹是正常现象，一般不超过 25mm 即可。调整截流阀阀口的大小可改变速度。

（2）分合闸时间和同期性的测量与调整。具体内容如下。

1）测量。分合闸时间及同期性利用电秒表测量。

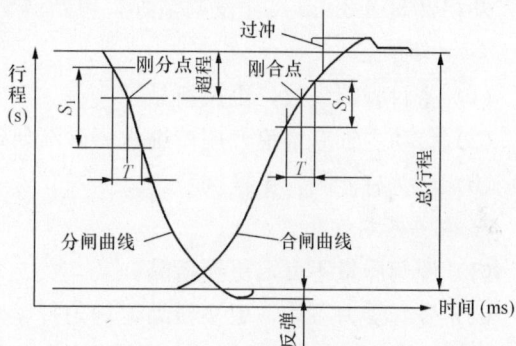

图 3-35 分合闸速度曲线

2）调整。调整内容包括：①调整分、合闸电磁铁的顶杆的长度及截流阀阀口的大小可延长或缩短分、合闸时间；②改变截流阀阀口的大小除影响时间外对速度也有影响，因此，若阀口调的过大或过小，应再校核分合闸速度；③合、分闸阀电磁铁的顶杆调的过长、过短，都会引起分合闸时间变化和启动电压的变化，故应综合考虑；④分合闸同期一般只要各相超行程差值不大于 5mm 即可保证合格，如需调整，可参照超行程的调整进行。

4. 机构密封性能的检查和试验

（1）在额定操作油压下，切断电动机电源，储压器活塞杆 8H 下降不应超过 3.5mm，各外部连接处不应有渗漏现象。

（2）油泵电动机在额定电压下，油压在电动机起动位置操作断路器"分—0.3s—合分"，油泵应在 3min 内将油压补充到额定值。

（八）断路器的异常现象及主要原因

1. 总行程改变

（1）提升杆弯曲，应更换提升杆。

（2）主轴键连接松动，键槽变形间隙大，应更换键。

（3）基础不牢，应检查并固牢。

（4）拉杆螺帽松动，应拧紧拉杆螺帽。

2. 超行程改变

（1）拉杆螺帽松动，应拧紧拉杆螺帽。

（2）键连接松动，应调换新键。

3. 主回路电阻增大

（1）接触部分开成氧化层，分解处理。

（2）平面接触部分有缝隙，检查紧固。

（3）静触指抱紧力小，检查原因，对症处理。

4. 铜钨合金触头松动

铜钨触头出厂时没拧紧，重新拧紧。

5. 操作机构内拐臂碰机构室。

外拐臂 50±3mm 尺寸没调整好，重新调整。

6. 主轴渗油

（1）密封胶圈失效，更换新品。

（2）传动主轴有沟痕，用精细水磨砂纸研研磨。

（3）法兰有沙眼，更换法兰。

7. 瓷套断裂

（1）瓷套质量不良，更换新品。

（2）瓷套受力不均，更换新品，均匀拧紧法兰螺钉。

（3）在开断电流时，消弧室瓷套内串有高压力，铝压圈与铝帽密封不严，应更换密封。铝帽中逆止钢球密封不良，应处理阀口，更换球阀。

8. 上盖与帽子喷油严重

帽子与上盖间密封圈未起作用，分解，重新安装。

9. 渗油

（1）油缓冲器渗油。密封圈密封不严，更换新品；缓冲器外壳有沙眼，更换缓冲器外壳。

（2）油标座渗油。胶垫密封不严，分解处理；油标玻璃有裂纹，更换新品。

（3）瓷套端面渗油。瓷套装歪，胶圈位移。分解重装，调节瓷套与胶圈位置；胶圈压缩量不够或紧固不均，均匀拧紧法兰螺钉。

10. 油压异常增高

（1）储压器筒的活塞密封圈磨损或筒壁磨坏，致使液压油流入氮气一侧，更换密封圈或处理磨坏的筒壁。

（2）停止电动机的微动开关（如图 3-31 所示）失灵，使电动机在在储压筒活塞达到规定位置时没停止，修复或更换微动开关。

（3）压力表失灵。更换或修复压力表。

（4）接触器卡住，电动机没停。处理接触器，使其动作灵活。

（5）机构箱内温度异常增高，设法降温。

11. 油压异常降低

（1）漏氮。用肥皂水检查氮气侧焊缝及密封胶圈后，对泄漏点进行处理。

（2）压力表失灵。更换或修复压力表。

（3）机构箱内温度异常降低，设法提高温度。

12. 油泵启动频繁

（1）储压器行程杆处密封不良，更换胶圈。

（2）泵的三级止回阀不严。用手锤垫黄铜棒敲打处理。

（3）断路器只在合闸位置泄压。合闸二级活塞的锥形面密封不好；合闸一级阀钢球密封不严；保持阀密封不好。

合闸一级阀阀针过长，更换阀针；钢球与阀口间有脏东西，清理干净。

（4）断路器只在分闸位置泄压。合闸一、二级阀密封不严。对症处理。

13. 油泵打压时间长。

如果没有漏油环节则可能为以下原因。

（1）止回阀接头有裂缝，更换。

（2）滤油器堵塞，清扫滤油器。

（3）油泵止回阀密封不严，用手锤垫黄铜棒敲打。

（4）活塞与缸座配合间隙过大，更换。

（5）只有一个活塞起作用检修活塞。

（6）泵内 4 个 M10 螺栓松动，检查校紧。

（7）泵内有空气，排出气体。

14. 油泵打不上压力

（1）高压放阀没关严，关紧放油阀。

（2）高压安全阀动作未复位，检修处理。

（3）泵的吸油阀螺纹断裂（缝隙大），更换。

（4）泵活塞与缸座配合间隙过大，更换。

（5）泵一级止回阀被脏物堵塞，分解检修。

（6）一、二级阀和所有高压接头的地方大量漏油，检查处理漏油处。

（7）油泵有空气存在，排出气体。

（8）检修后、活塞内无油。

15. 断路器拒动

（1）分、合闸线圈断线或匝间短路，更换线圈。

（2）分、合闸电磁铁顶杆卡滞或调整不当。重新分解处理。

（3）二次回路不良或辅助开关没有切换，造成二次回路不通。检查二次回路或辅助开关。

（4）分闸一级阀与保持阀密封不严生成拒合。检查处理。

（5）储压器压力太低造成电气回路闭锁。查明原因处理。

（6）传动系统卡阻。检查处理。

（7）分闸一级阀密封不严，自保持小孔进油量太大，造成分后又合，查明原因对症处理。

16.操作中机构失压

（1）安全阀调的太小，在操作过程中，由于"水锤效应"（瞬间压力过大），使其动作而未复归。需调整安全阀。

（2）高压管路拔开，更换处理。

17.油管路脱开及渗油

（1）涨圈损坏。更换新品，重新压紧卡套。

（2）接头与管口结合处有别劲现象。重新核对接头与管口连接情况。

（3）涨圈压入管头内过长，切去一段管头（涨圈前管头露不大于10mm）。

（九）结尾工作

（1）接上一次引线。

（2）检查断路器本体和操动机构的油位是否符合标准油位。

（3）检查各放油阀及管路是否渗漏油。

（4）检查清扫断路器外表面及操作机构内外表面，必要时重新刷漆。

（5）拆除检修工作架，清理现场，清理材料工具，检修工作人员撤离现场，办理工作票结束手续。

（6）整理检修记录，提交大修报告。

第二节　六氟化硫断路器检修

本书以HPL245B1型开关、LW6-110Ⅰ型（如图3-36所示）为例，讲述SF₆断路器的检修与调试。

一、LW6-110系列断路器检修

（一）LW6系列检修周期和项目

1.大修周期和项目

（1）大修周期。SF₆断路器本体一般每隔15年进行一次大修。断路器的操动机构除结合断路器本体大修外，还需7~8年进行一次大修。

（2）大修项目。主要包括如下内容。

1）SF₆气体回收及处理，灭弧室分解检修。

2）并联电阻分解检修，并联电容器检查、试验。

3）支柱分解检修，操动机构分解检修。

4）三（五）联箱检查。

5）进行修前、修后的电气及机械特性试验。

6）去锈、刷漆，清理检修现场和验收。

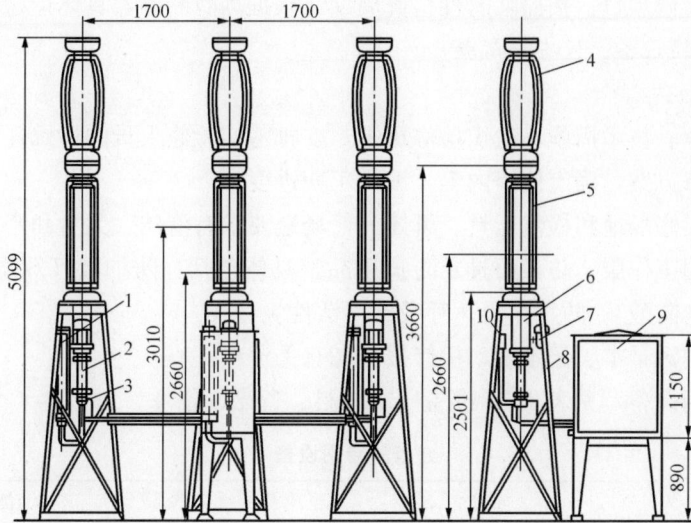

图 3-36　LW6-110Ⅰ型三相总装配图

1—储压器；2—工作缸；3—供排油阀；4—灭弧室；5—支柱；6—连接座；
7—密度继电器；8—支架；9—液压电气控制柜；10—辅助油箱

2. 小修周期和项目

（1）小修周期。一般 1～3 年进行一次小修。

（2）小修项目。主要包括如下内容。

1）支柱中 SF$_6$ 气体微水测量。灭弧室、合闸电阻中的 SF$_6$ 气体微水测量，应根据实际情况决定是否进行。

2）清扫和检查断路器外观和检查漏气。

3）检查油过滤器及液压油的过滤或更换。

4）检查 SF$_6$ 气体压力值，校验密度继电器。

5）检查液压元件，检查压力开关，校验各种压力表。

6）测量导电回路电阻，测量并联电阻值。

7）测量辅助回路和控制回路绝缘电阻。

8）测量并联电容器的介损（tanδ 值）和电容值。

9）进行保压试验；检查油泵打压时间；检查分、合闸后油压降；动作电压的校验。

10）检查联锁，防跳及防止非全相合闸等辅助控制装置的动作性能。

11）清理检修场，进行交接验收。

3. 临时性检修周期和项目

（1）临时性检修周期。应进行临时性检修的情况如下。

1）开断短路电流次数达到规定值时，应进行临时性检修。此规定次数按断路器开断短路电流值，从开断电流与开断次数关系曲线中查得。

2）开断故障电流和负荷电流累积达 3000kA 时，应进行临时性检修。

3）机械操作次数达 3000 次时应进行临时性检修。

4）存在有严重缺陷，影响安全运行时，应进行临时性检修。

（2）临时性检修项目。按照临时性检修周期，依据当时断路器具体运行情况进行确定。

（二）大修前的准备、检查和试验

1. 准备工作

（1）制定安全、技术措施，组织检修班组，安排落实检修人员的检修任务和内容。

（2）编写检修方案，确定检修内容，编排工期进度。

（3）准备好检修场地和检修工具。解体大修场地要求有清洁、无尘和密封良好的车间。

（4）准备专用工作服、防毒面具及防护用品。具体包括：防护服（双层）；防护鞋；防护帽；乳胶手套（防酸）；防毒面具；呼吸器（活性炭）。

（5）准备专用记录本、记录表，检修报告和有关资料。

（6）准备专用设备，见表3-6；准备所用材料、备品、备件。

表 3-6　　　　　　　　　　必备的专用设备

序号	用途	型号	名称	简图
1	检修设备时 SF$_6$ 气体回收及抽真空	GZY-18/40 型	SF$_6$ 气体回收装置	
2	检查设备中 SF$_6$ 气体泄漏情况	LF-1 型	SF$_6$ 气体检测仪	
3	测量设备中及 SF$_6$ 气体中的水分含量	USJ-A 型	微量水分测量仪	
4	测量本体分、合速度	DWS 型	测速装置装配	
5	装配确 ϕ18、ϕ12、ϕ10、ϕ6 油管卡套	PC2691	压管工具装配	

序号	用途	型号	名称	简图
6	充气抽真空	PC5001	充气装置	
7	定量检漏	PD8023	检漏瓶装配	
8	监视或检查开关内SF₆气体压力	PC2538	气压表罩装配	

（7）办理工作票，断开断路器回路电源。

2. 停电后对断路器作外部检查和试验

（1）测量 SF_6 气体的压力；测量各组件内 SF_6 气体的微水含量。

（2）定量检漏；做好各组件上的标志。

（3）检查液压操动机构各管道接头有无渗漏油。

（4）进行电动分、合闸操作，检查动作情况，其油位是否正常，并做好记录。测量断路器的机械特性。

（5）观察电动机运转情况；测量回路电阻。

（6）将断路器处于分闸位置。将储能电源断开，将油压力释放至零表压，准备开工检修。

（三）LW6-110型本体检修工艺和质量要求

LW6-110型断路器（如图3-37所示）的三相本体不带均压电容器的为Ⅰ型，带均压电

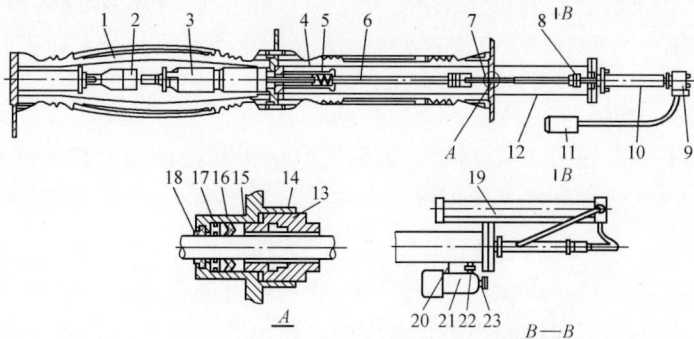

图 3-37　LW6-110 型断路器单极结构装配图

1—灭弧室瓷套；2—静触头；3—动触头；4—支柱瓷套；5—均压罩；6—绝缘拉杆；7—杆；8—六方接头；9—供排油阀；10—工作缸；11—辅助油管；12—连接座；13—螺纹环；14—防松螺帽；15—垫；16—密封圈组；17—导向套；18—防尘圈；19—储压器；20—固定螺纹杆；21—密度继电器；22—自动接头；23—充气接头

容器的为Ⅱ型。Ⅱ型除灭弧室上并联有均压电容器外，其他部分在结构上均与Ⅰ型相同，其工作原理也完全一样。

1.LW6-110型断路器检修准备工作

（1）先处理好回收罐，各管路需进行干燥处理。

（2）将收回装置上的自动充气接头和密度监视器上的自动充气接头连接起来。

（3）启动回收装置，将灭弧室、支柱内SF₆气体回收。

（4）启动真空泵，将灭弧室、支柱内气体抽至133Pa左右。

（5）再充入高纯氮气至0.3～0.5MPa（表压）。

（6）停留10min左右，再重复进行第二次、第三次高纯氮冲洗。

（7）冲洗完毕，将氮气放至零表压。

2.LW6-110型断路器检修本体分解

（1）卸下支柱底部与液压操动机构之间的连接油管，如图3-38所示。用闷头和塑料布将各管接头封好，保持其内部清洁。

（2）装卸辅助油箱，如图3-39所示。拧下小头六角螺栓和密封圈，取下辅助油箱。将供排油阀装上防尘堵板。用塑料布将辅助油箱接头封好，并将其外壳擦拭干净。

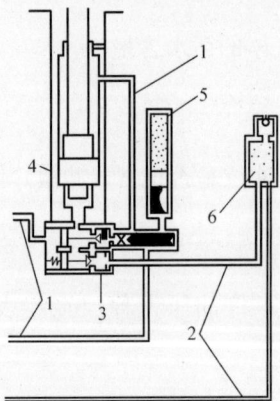

图3-38　断路器底部连接油管图
1—高压油管；2—低压油管；3—供排油阀；
4—工作缸；5—主储压器；6—辅助油箱

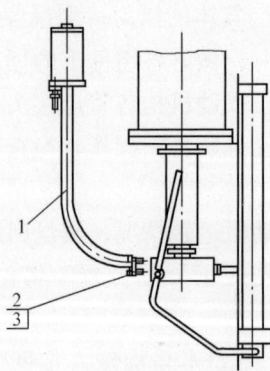

图3-39　辅助油箱安装图
1—辅助油箱；2—小头六角螺栓；
3—密封圈

（3）卸密度继电器，如图3-40所示。拆除充气接头和接地线，拧下双头螺栓，取下密度继电器。将密度继电器充气接头和连接座上充气接头7装上盖子。用塑料布将接头封好，并将外表面擦拭干净。

（4）卸均压电容器（只对Ⅰ型），如图3-41所示，将吊绳绑在并联电容器的绝缘套上，将吊绳轻轻带紧。拧下上下连接的小头六角螺栓，利用吊车将并联电容器移至铺有橡皮垫的地面上。将其绝缘子擦拭干净。

（5）卸单相本体，先用尼龙绳或有足够强度的绳索，在相近灭弧室上法兰的前几个瓷裙处，将绳子系好，用吊车轻轻收紧吊绳，在支柱上的瓷套上系一根防晃绳，防止单相本体在起吊过程中晃动。再拧下支柱与支架台板连接螺栓。开动吊车，慢慢地将灭弧室连同支柱一起吊下，平稳放在专用车上，将其绝缘子擦拭干净，连同卸下的部件一同运送无尘洁净室。

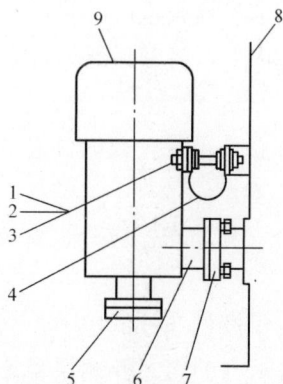

图 3-40　密度继电器安装图

1—双头螺栓；2—弹簧压圈；3—六角螺母；4—接地线；

5、6、7—充气接头；8—连接座；9—密度继电器

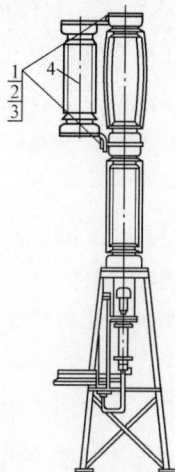

图 3-41　均压电容器安装图

1—小头六角螺栓；2—铁垫图；

3—弹簧垫；4—均压电容器

3. 灭弧室的分解和检修

灭弧室结构如图 3-42 所示。

（1）灭弧室分解检修。具体内容如下。

1）拆除灭弧室与支住连接螺栓。拆开拉杆接头，使灭弧室与支柱分离。

2）测量单个灭弧室主触头电阻后，将灭弧室处于分闸位置，竖直放在平地上（动触头侧在上方）。

3）拧下动触头端法兰的固定螺母。

4）用吊具从绝缘套中慢慢提出动触头部件。工作人员要马上撤离现场 30min。

5）用吊绳将瓷套绑好，并轻轻带紧，拆下静触头端法兰上紧固螺母，吊起瓷套约 10mm 左右。

6）用螺丝刀插入两法兰之间，使其分离。

7）吊起瓷套，将瓷套平稳地放在铺有橡胶板的地面上。

8）将静触头部件放在平台上。卸下分子筛筐，倒出吸附剂，进行处理。

9）用刷子及吸尘器清除灭弧室瓷套中粉尘，并用丙酮和清洁布擦洗干净。

10）检查各部件损伤情况。如果动触头系统和静触头系统各部件完好，同时所测主触头电阻符合标准。则进行

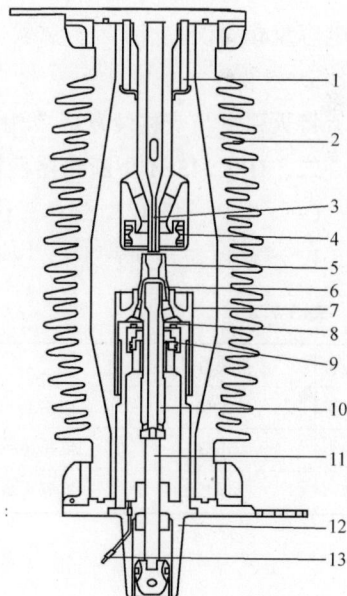

图 3-42　灭弧室结构图

1—分子筛；2—绝缘套；3—静弧触头；
4—触指；5—喷管；6—动弧触头；7—压气缸；8—逆止阀；9—滑动触头；10—动触头；11—杆装配；12—接头；13—进气管

清洗后，便可装复。如动静触头系统各部件有损坏，同时所测主触头电阻又不合格，则必须将动静触头系统进一步进行解体检修。

（2）装复灭弧室。具体内容如下。

1）准备好真空泵、充气装置、密封圈、乙醇、绸布等。

2）检查灭弧室瓷套各端面有无损坏、裂纹，用卡尺检查止口尺寸。

3）用无水酒精和绸布仔细清洗各密封面及瓷套内壁，将密封圈均匀涂上 7501 硅脂后放入密封槽内。

4）按照拆卸相反的顺序装复灭弧室。即先装静触头部件，此时注意法兰上定位销的位置，再装复动触头部件。

5）动、静触头装复后，用手推动接头，试行合、分动作，应分、合灵活，无卡滞等异常现象。

6）组装后，立即抽真空。真空度达 133Pa 后，继续抽 30min 以上。

7）充 SF_6 气体至额定值（气压为 0.3～0.5MPa，20℃），并测量单个断口的接触电阻（接触电阻值为 35$\mu\Omega$）。

8）进行检漏和含水量测试。

4. 并联电容器的检查和试验

（1）检查均压罩是否松动，可适当紧固螺栓。

（2）检查瓷裙是否有损坏、裂纹和检查是否有漏油，如有则应进行修理或更换。

（3）测量并联电容的介损和电容量。要求 $\tan\delta \leqslant 0.4\%$，$C=2500\pm50pF$，同断口的并联电容量相对误差成 5%。试验电压为 10kV，温度为 20℃。

5. 回装

将灭弧室与支柱装复成单相本体（按分解时的相反顺序进行回装）。

二、HPL245B1 型断路器检修

（一）HPL245B1 型断路器检修周期、项目及质量标准

1. 检修周期（见表 3-7）

表 3-7　　　　　　　　HPL245B1 型断路器检修周期

序号	检修性质	检修周期
1	大修	15～30 年（根据设备运行状态而定）或 10000 次合—分操作后
2	小修	每年 1～2 次
3	巡回检查	每周 1 次

2. 小修项目及质量标准（见表 3-8）

表 3-8　　　　　　　　HPL245B1 型断路器小修项目及质量标准

序号	项目	质量标准
1	表计检查	表计指示正确，SF_6 气体气压在 0.50±0.2MPa 范围内
2	瓷套和引线接头检查	（1）瓷套表面清洁，无裂纹、破损。 （2）引线接触面无过热现象

续表

序号	项目	质量标准
3	操作机构及传动机构检查	(1) 各部轴、销完整无脱落。 (2) 各部螺钉无松动。 (3) 传动部件无变形
4	动作试验	远方操作无异常振动
5	SF$_6$气体检漏	各部阀门及本体应无漏气
6	SF$_6$气体水分含量测试	微水含量小于或等于 400mg/kg（每年检查测量 1 次）
7	预防性试验	见 DL/T 596—1996

（二）HPL245B1 型断路器检修工艺

1. 检修工作只能在干燥和清洁的室内场地进行

在进行大修检查之前，应事先与厂家联系，由厂家进行指导性服务，可以顺利完成检修工作。

2. 检修时的要点

（1）把断路器操作到分闸位置。

（2）隔离并接地。

（3）断开电动机的电流并进行一次合、分操作，以释放操作机构弹簧组的能量。

（4）断开控制电压，必要时断开加热器电源。

（5）参加检修的人员，必须由经过培训的人员或被授权人员进行。

3. 检修准备工作

进行断路器机构和本体的拆装和重新组装时，除准备下面工具外，尚应遵守本断路器的安装和维护说明书以及厂家规定的有关要求。

（1）应具备的工具。包括：①力矩扳手（10～100Nm）一套；②六角形（内）扳手 10～24mm；③开口扳手 10～36mm；④起吊装置和起吊绳。

（2）应用的特殊用具。具体如下。

1）用于抽真空、过滤、压缩和储存使用过的 SF$_6$ 气体的气体处理设备及监视压力和真空的仪表。

2）防止微粒和酸性气体的带过滤器的全遮盖面罩。

3）塑料式橡胶的防护手套。

4）带微型过滤器和塑料喷嘴的真空吸尘器。

5）装废物和用过的吸附剂的密封储存容器。

6）成套触头。

7）成套密封圈。

8）吸附剂。

9）润滑油。供货商和商标见润滑剂：①润滑脂"G"：ABB 商标号 11714014—407；②润滑脂"N" ABB 商标号 11714016—607；③润滑脂"S"：ABB 商标号 11714014—406；

④润滑脂"P"：ABB 商标号 11715011—102。

10）防锈蚀剂 Valvoline Tectyl506ABB 商品号 12410011—108。

11）开始保护罩 ABB 商品号 1HSB445237—1。

12）支持瓷套保护罩 ABB 商品号 5439142—A。

13）卸跳闸机构的工具，ABB 商品号 1HSB446381—A。

4. 试验设备

（1）记录操作机构衰减曲线设备（如程序装置或 ABB SA10）。

（2）动作计时计、欧姆计。

（3）SF$_6$ 气体泄漏检测计、微量水分分析仪。

5.SF$_6$气体泄漏的检修工艺

（1）当六氟化硫气体发生明显泄漏时，应及时查出漏点，如果是充气阀门接头或表接头漏气，此时断路器不需要退出运行。

（2）更换密封圈时，要检查密封槽面不能有伤痕，密封槽及平面不能有锈蚀，如果需要处理密封面上的划痕时，可用细研磨料，应沿密封线研磨，不允许横向研磨。

（3）更换密封时，首先用丙酮或香蕉水，清洗密封面及槽，然后用高级卫生纸反复擦几遍，直到确认清洁为止。

（4）仔细检查密封圈，确认无损完好，然后用高级卫生纸擦净，方可使用。

（5）安装时，应在接触面上涂少量的润滑脂，有利于密封，并可起防腐作用。不要使多余的润滑脂从各部法兰中挤出。

（6）如果断路器本体发生明显漏气，应退出运行，先检查处理，必要时进行大修。

6.SF$_6$气体的充装

（1）气瓶在用户存放时间超过半年以上者，在充装前必须进行微水测量，要求含水量小于或等于 60mg/kg。

（2）充装前所有管路、调节器、配压阀等，应用高纯度氮气进行冲洗，并进行干燥处理。

（3）充气的操作人员在管路的连接充气时，应带清洁、干燥的尼龙手套进行。

（4）断路器大修好进行本体充气时，应在厂家指导下进行。

（5）按规定标准充入 SF$_6$ 新气，充气时，气瓶应倾斜，当气瓶压力降至 1 个表压时，应立即停止充气。

7.SF$_6$气体检漏

（1）运行中，发生明显的气体泄漏，要用检漏仪找出漏气点。

（2）对大修分解后，重新组装的，密封面要进行全面的检漏。

（3）要对调换的压力表、密封表及阀门后的接头进行检漏。

（4）检漏仪在每次使用前，操作员作定量分析检漏时，必须进行校对。

（5）检漏仪应由专人保管，并熟悉仪器的性能与操作方法。

8.SF$_6$ 气体水分的管理

（1）SF$_6$ 气体含水量的标准见表 3-9。

表 3-9	SF₆气体含水量的标准	
项　目		标　准
新鲜瓶装六氟化硫气体与回收处理后的六氟化硫气体的含水量		≤60mg/kg
充入断路器内 24 小时后的六氟化硫气体的含水量		≤150mg/kg
运行中的六氟化硫气体的含水量		≤400mg/kg

（2）要求一年进行一次含水量检查，有条件时进行理化分析。

（3）水分检测仪应定期进行校对。

（4）仪器与被测设备的连接管路越短越好，连管及减压阀应保持清洁干燥。

（5）水分检测工作应在晴天相对湿度在 70% 以下的天气进行。

（6）充气后，要隔 12h 以上，才能进行水分的检测工作。

9. HPL245B1 型断路器的大修工艺

（1）排空气体。SF₆气体被排空时，断路器应用气体处理设备抽真空。用气体处理设备，清洁 SF₆ 压缩气体，这样气体可重新使用。抽真空以后，断路器充以干燥高纯氮气到大气压力，然后再抽真空，最后断路器重新充以干燥氮气到大气压力，此时视为断路器做好了拆卸准备。

（2）拆卸断路器本体及运输。各相断路器拆卸以前，断路器必须退出运行，并且排空气体，密度继电器必须拆下，同时密封帽 1 要装在止回阀 2 上，如图 3-43 所示。

1）拆下操作机构和断路器之间的拉杆。

2）如图 3-43 所示，在本体的上法兰下放一根起吊绳（专用），准备起吊。

3）拧下支架上的 4 个螺栓和保护套上的 4 个螺母，吊起断路器本体，并仔细将其放在一个运输装置上，垫好断路器使其处于水平位置，安全运到指定的检修现场，不能损坏瓷套。

（3）拆卸断路器极柱，断路器极柱垂直装配在一个合适的支架上。卸下跳闸机构的拉杆，如图 3-44 所示。

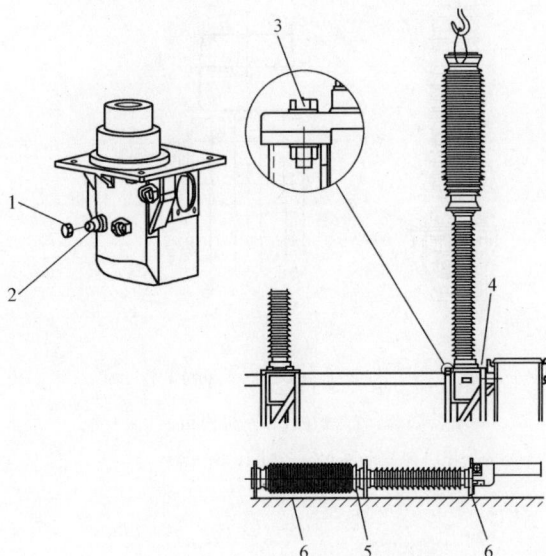

图 3-43　拆卸断路器示意图

1—密封帽；2—止回阀；3、4—螺栓；
5—断路器极柱；6—垫块

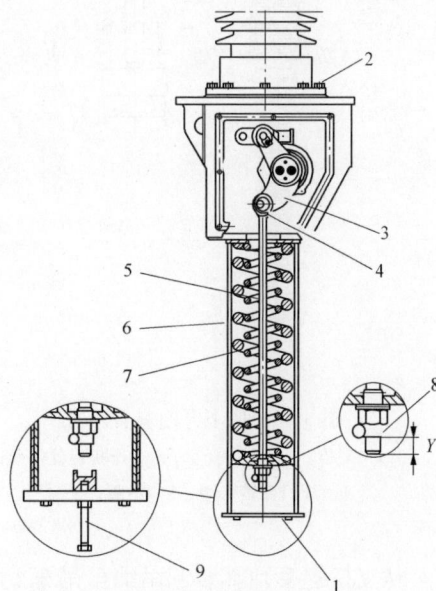

图 3-44　拉杆的拆卸示意图

1—底盖；2—螺栓；3—操作臂；4—销；5—拉杆；
6—弹簧室；7—分闸弹簧；8—闭锁螺母；9—工具

1) 取下跳闸机构的底盖 1。

2) 测量和记录参考尺寸如 "Y" 所示。

分闸弹簧 7 在将来的某个时间可以用闭锁螺母 8 重新调整到同样的张力。

Y＝____ mm　日期____

3) 装上工具 1HSB446381-A，并紧固螺栓，这样跳闸机构的拉杆 5 才可以从机构中的操作臂 3 上卸下。

（4）取下开断装置，如图 3-45 所示。

1) 从本体顶部装起吊绳至天体上，使起吊绳中等程度受张力。

2) 拆下支持瓷套 2 和开断装置瓷套 3 间的螺栓 1。

3) 把开断装置吊起 100～150mm。

4) 取下开口弹簧卡圈 4，垫圈 5 和销 6。

5) 把开断装置垂直放在合适的地面上，并加以固定。

（5）取下支持瓷套，如图 3-46 所示。计划取下支持瓷套的工作，使得拆除工作能快速和不被长时间的拖延，以防止由于长时间接触空气，而使空气中的潮气和灰尘进入支持瓷套和绝缘杆中。（注：操作过程中，操作人员必须使用安全设备，穿长袖工作服，防护手套和面罩。）

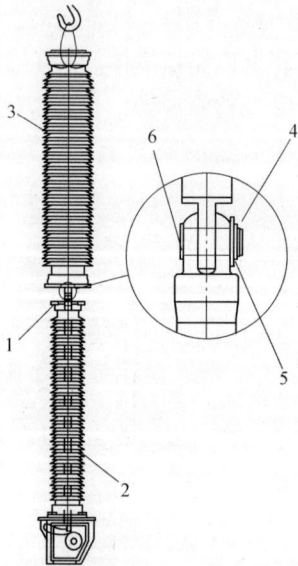

图 3-45　取下开断装置示意图
1—螺栓；2—支持瓷套；3—开断装置瓷套；
4—开口弹簧卡圈；5—垫圈；6—销

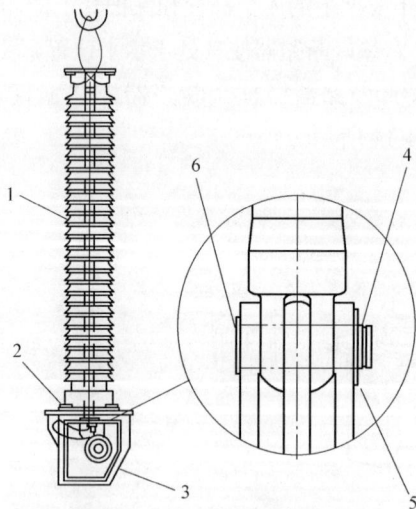

图 3-46　取下支持瓷套示意图
1—支持瓷套；2—螺栓；3—机构箱；
4—开口弹簧卡圈；5—垫圈；6—销

1) 从支持瓷套顶部装起吊绳至吊车上。

2) 从机构箱 3 上取下支持瓷套的螺栓 2。

3) 垂直向上吊起支持瓷套直到绝缘拉杆释放。当起吊支持瓷套时，紧握拉杆，防止损坏。

4）取下开口弹簧卡圈 4、垫圈 5 和销 6，取下绝缘杆，清洁后，用塑料布保护好。

5）仔细清洁支持瓷套内部和外部，并用塑料布保护好。

（6）拆卸开断装置，如图 3-47 所示。在拆卸之前应做好计划，尽快进行分解，防止空气中的潮气与开断装置、灭弧室绝缘套管内外壁长期接触。

当开断装置被依次打开时，清除开断装置内的粉末形成的分解产物。首先，用一个真空吸尘器，然后仔细擦拭拆开的部件，步骤如下。

1）取下螺栓 1 和盖 2，并取出吸附剂容器。

2）取下螺栓 4 和上电流通道 6 的上法兰 5。

3）取下螺栓 4，并从下法兰 8 上取下开断装置瓷套 7。

4）用水冲洗灭弧室瓷套内部。

5）检查开断装置元件，对有磨损部件应进行更换。

（7）更换触头和压气缸。如果断路器在清洁各部件以后，没有立即进行组装，应用有吸潮剂的塑料袋包装起来，以防止部件受潮和被污染，并用塑料布将整个瓷套保护起来。

1）更换上电流通道，如图 3-48 所示。如果上电流通道如图的固定触头已经烧毁，以至到参考面的距离大于 9mm，或如果外表面已经严重烧毁，要更换整个带法兰的电流通道和气缸。如果电流通道的镀银层磨损以至露铜，也要更换上电流通道。工作结束应紧固螺栓 2，紧固力矩 22.5mm。

2）更换下电流通道，如图 3-49 所示。从法兰处更换电流通道。提出压气缸并检查压气缸导轨的拉杆滑动面有无磨损。检查下电流通道的镀银层是否磨损到露铜的程度。如有磨损痕迹，应更换整个带法兰的下电流通道。

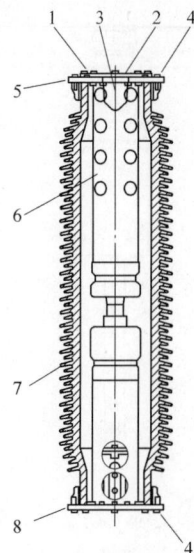

图 3-47　拆卸开断装置示意图

1—螺栓；2—盖；3—吸附剂容器；4—螺栓；5—上法兰；6—上电流通道；7—开断装置瓷套；8—下法兰

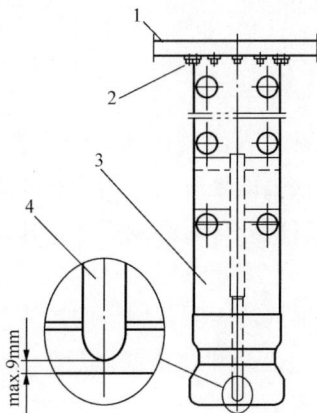

图 3-48　上电流通道示意图

1—法兰；2—螺栓；3—电流通道；4—弧触头

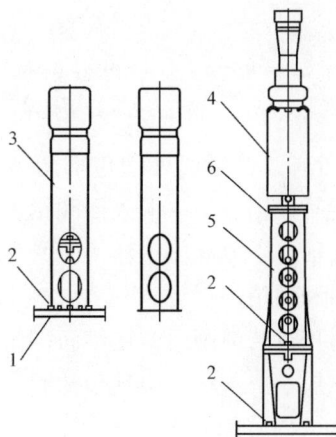

图 3-49　下电流通道示意图

1—法兰；2—螺栓；3—电流通道；4—压气缸；5—压气缸导轨；6—聚四氟乙烯圈

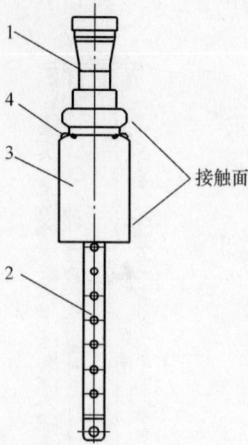

图 3-50　压气缸示意图
1—喷口；2—拉杆；
3—压气缸；4—螺栓

工作结束应紧固螺栓 2，紧固力矩 22.5mm。

3）更换压气缸，如图 3-50 所示。检查喷口有无击穿，检查压气缸的接触面有无烧损或磨损到露铜的程度，检查拉杆的滑动面有无磨损。如果由于固定弧触头烧损，更换了上电流通道，压气缸也必须更换。如果压气缸磨损或表面磨损，更换整个压气缸。

（8）机构大修工艺，如图 3-51 所示。分解前用真空吸尘器清洁机构箱，然后擦拭干净。检查润滑轴承和密封圈。

1）操作轴 2 支在气室外侧的一个大球轴承 4 上。当操作臂 3 和弹簧卡圈 5 拆下时，可对轴承进行检查和润滑。

2）从机构箱拉出操作轴 2，并从轴上取下球轴承 4。

3）润滑剂润滑球轴承 4。

4）取下套筒 6，把 2 个螺钉（M5）拧入套筒端部的孔内。更换球轴承后面套筒的密封圈 7、8，并用润滑剂润滑。

5）检查球轴承 9，应转动灵活。

（9）组装断路器极柱。按照拆卸说明相反的顺序重新组装开断装置。应注意的是重新组装开断装置时，一律用新密封圈，要求仔细清洁和处理密封面。

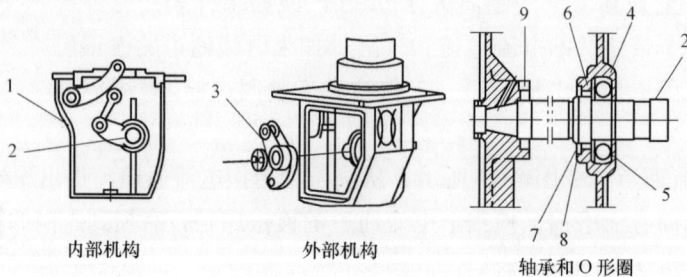

内部机构　　外部机构　　轴承和 O 形圈

图 3-51　机构箱示意图
1—机构箱；2—操作轴；3—操作臂；4—球轴承；5—弹簧卡圈；
6—套筒；7—X 形密封圈；8—O 形密封圈；9—球轴承

1）接触面的处理。接触面处理包括两个方面，即静触头表面处理和动触头表面处理。静触头表面处理包括镀银表面、铜表面和铅表面处理。镀银表面处理必须用软布和酒精溶剂清洁镀银的触头表面，不允许使用任何研磨材料抛光。铜表面处理时必须清洁，并且没有氧化，必要时用软布和酒精进行清洁。

铅表面处理需用清洁剂刷净铅接触面，没有后立即仔细清洁表面，用干的清洁布除去所有的游离颗粒，然后，薄薄涂一层凡士林润滑脂。需注意的是必须在清洁以后 5min 内涂润滑脂，接头在 15min 内装配完毕。

动触头表面处理参照静触头表面的处理方法进行。

2）密封圈和密封面的处理。结合组装对所有的密封面清洁、去污和检查。重新组装断路器时，必须更换所有的密封圈。密封槽和其他密封面决不允许有横向划痕。

（10）断路器各部件的组装。断路器各部分解检查完毕后，应在最短的时间内进行组装，以避免各部件受潮和被污染。组装的顺序参照分解的反向顺序进行。

（11）组装后的各相断路器充气体。具体如下。

1）抽真空到 100Pa，达到此压力后，真空泵至少再运转 1h。

2）停止真空泵，并给断路器充干燥的高纯氮气到大气压力，静置几小时或一夜。

3）重新抽真空到 100Pa 并充纯 SF_6 气体到 0.125MPa（绝对压力）。SF_6 充气方法：① 将气瓶置于阴凉处，检查断路器铭牌上标称的充气压力及混合气体（环境温度低于 −40℃ 时需充混合气体）；② 将调节器 2 安在气瓶上，设定合适的充气压力，在调节器设置时，采用合适的温度补偿，用于拉出密度监视器的密封圈（注不能用尖锐的器具）；③ 将密度监视器连至连接头或十字接头上，将连接头接于断路器气阀上。将充气软管接于连接头上，另一头与气瓶相连；④ 打开瓶阀门，让气体充入，直至调节器关闭；⑤ 从密度监视器上读气体压力，必要时调节气体压力；⑥ 从断路器上的连接头上拆下充气软管，关掉通向密度监视器的气阀；⑦ 从断路器上拆除连接头，打开阀门释放密度监视器内气压，从连接头上拆下密度监视器，将它安装在断路器上；⑧ 所有断路器充空气后，关掉气瓶阀门，从气瓶上取下软管，按压止回阀以释放调节器的压力；⑨ 转动调节器阀门，释放调节器的调节压力，使得在对其他断路器充气时，不要导致充气压力出错。

当最后密度监视器安在断路器上时，以 10Nm 的力矩拧紧连接螺母。

（12）断路器检修中的注意事项。具体如下。

1）断路器的大修周期要遵循说明书的有关要求，联系厂家，有厂家协助进行。

2）未经培训和授权的人员，不得随意进行各部件的分解作业和操作试验。

3）检修前应根据断路器的运行状况仔细编制检修计划，并经上级同意方可实施。

4）对断路器的检修隔梁、工器具等应干净保管，不得用于其他检修工作。

5）对 SF_6 气体的检漏仪，微水测量仪应按期校对，干燥存放，并应设专人管理。

6）严格执行 ABB 公司提供的各项注意事项（见说明书）。

第三节　真空断路器检修

本节只以 ZN28-10 系列为例，讲述真空断路器安装调试与维护。由于真空断路器的真空灭弧室为不可拆卸的密封整体，不能自行拆换其上的任何零件，当真空度降低或不能使用时，只有更换断的真空灭弧室。故真空断路器的检修工作重点在于对真空灭弧室的真空度的检查与试验和触头的电磨损的检查测定。

一、真空断路器检修周期和检修项目

1. 检修周期

（1）每年操作次数不超过 2000 次，在机械寿命（10 000 次）期限内，每年进行一次全面检查和调整。

（2）如果操作次数较为频繁，两次检查和调整之间的操作次数不宜超过其机械寿命的 1/5。

（3）操作极为频繁或机械寿命、电磨损临近终了的场合，检查和调整周期应适当缩短。

2. 检修项目

(1) 检查真空灭弧室的真空度。

(2) 检查触头开距和接触行程（即超行程），检修触头压力。

(3) 测量分、合闸速度，测量三相触头同期性。

(4) 检修操动机构及机械传动部件，绝缘检查和修理。

(5) 外部电气连接和二次回路的检查修理。

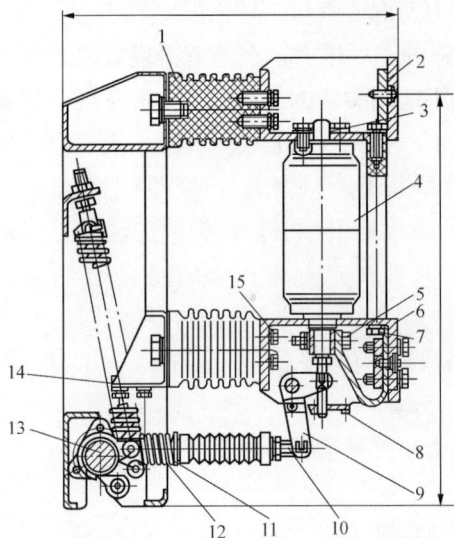

图 3-52　ZN28-10 型外形结构图

1—绝缘子；2—静支架；3—真空灭弧室紧固螺钉；4—真空灭弧室；5—导电夹紧固螺栓；6—动支架；7—螺钉；8—导向板；9—拐臂；10—接触行程调整螺栓；11—弹簧座；12—触头压力弹簧；13—主轴；14—开距调整垫；15—绝缘子固定螺钉

二、ZN28-10 型断路器

ZN28-10 型框架式外形结构，如图 3-52 所示。

ZN28-10 型真空断路器通常安装在固定式或手车式高压开关柜中使用，具体安装措施应根据厂家提供的安装使用说明书进行，并应保证以下几点。

(1) 真空断路器的带电部分及带电部分与地之间最小安全净距不能小于 100mm。

(2) 安装后应保证真空灭弧室处于垂直状态；动导电杆中心线与灭弧室轴线保持同轴度。

(3) 安装和调整过程中必须保护灭弧室中的波纹管不受损坏，波纹管的压缩拉伸量不得超过触头允许的极限开距。真空断路器在分、合闸操作时，波纹管不应受扭力，不应与其他部位相摩擦。波纹管的结构如图 3-53 中 2 所示。

(4) 灭弧室端面上的压环各个方向上的受力应均匀。

(5) 不宜使用金属导向套，以防在强电流下，形成的压降在波纹管和导向套间产生电火花。

三、ZN28-10 型真空断路器安装后的调整

新安装的真空断路器和更换真空灭弧室（如图 3-53 所示）后均应做下列调整。

(1) 测量触头开距，手动分合闸真空断路器，从灭弧室动导电杆的实际行程测量。总行程减去接触行程的触头开距。如不符合厂家规定标准时，可增减开距调整垫 14 的数量来达到。

(2) 测量接触行程。手动真空断路器合闸，测量接触行程。如不符合厂家规定的标准，然后再手动分闸调整接触行程调整螺栓 10 来达到。调整方法是旋出其螺栓接触行程增加，反之减少，调至合格为止。

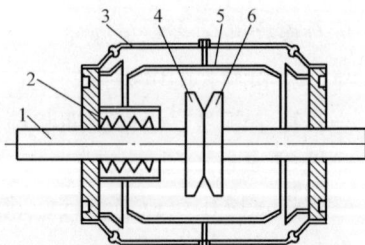

图 3-53　真空灭弧室结构示意图

1—动触杆；2—波纹管；3—外壳；4—动触头；5—屏蔽策；6—静触头

（3）三相同期性调整。接触行程调整后通电操作，用单相同步指示灯法测定。三相同期性如不符合厂家规定值，可分别调整各相触头接触行程来达到。

（4）检查电磨损。真空断路器在运行中，若总行程无变化，而接触行程减小，则说明触头已磨损。如磨损厚度超过厂家规定的允许值，即应更换新的真空灭弧室。

四、真空断路器试验

真空断路器在运行中，应定期用工频耐压法检查灭弧室的真空度。方法是将断路器分闸，在额定开距下，对真空灭弧室断口间加工频电压。国产 ZN28-10 型加 42kV，维持 1min。在加压的时间内灭弧室内若无持续的放电，则认为真空度合格。在加压开始阶段，允许灭弧室内部有轻微的放电现象，但电流表指示不得有连续的摆动。

在做工频耐压试验时，工频耐受电压达 42kV 以上时，会有 X 射线辐射，一般应设置射线防护装置。试验变压器电流的整定值不宜太小，以防引起变压器初级电流继电器跳闸造成误判。一般对单只真空灭弧室进行工频耐压试验时，高压侧电流应整定在 20mA，当一次试验的真空灭弧室为 2～6 只时，高压侧电流应整定在 40mA。

五、真空断路器的维护

（1）正常运行中的真空断路器，应予定期维护。清除绝缘部件表面灰尘，对所有摩擦部位应定期注润滑油。磨损较为严重的零件要及时更换。

（2）所有紧固件均应定期检查、拧紧，防止松脱。

（3）经常观察真空断路器灭弧室开断电流时的颜色，如有怀疑应进行真空度检查，发现真空度不满足最低工作真空度要求时，应予更换真空灭弧室。

（4）经常观察接触行程，如与规定值偏差过大时，应及时调整。接触行程的减小反映触头的磨损，每次接触行程调整后，必须做好记录。当累计磨损厚度超过接触行程值时应更换同型号的真空灭弧室。

第四节　高压断路器操动机构的检修

为配合本章断路器检修内容，本节只讲述 CD10 型电磁式和 CY3 型液压式操动机构的检修与调试。

一、CD10 型电磁操动机构的检修与调试

CD10 型电磁操动机构一般随同 SN10-10 型断路器一道进行检修，但临时性检修除外。CD10 型电磁操动机构由自由脱扣机构、电磁系统和缓冲器组成，如图 3-54 所示。检修时，要先将罩壳 1 取下，卸下引线和接线板 4，拆下分合闸指示牌 2，拆下辅助开关的连杆，解除输出轴与垂直拉杆的连接，开始进行检修。

（一）自由脱扣机构的分解和检修

1. 自由脱扣机构的分解（如图 3-55 所示）

（1）卸下五连杆机构。将 O_4、O_5、O_6 轴销取出，卸下五连板（3、7、10、11、12）机构。再取出 O_1、O_2、O_3 轴销，使五连板分解，取出滚轮 5。

（2）拆下支架 4 上的弹簧 16 并抽出 O_7 轴上的轴销，卸下支架 4。

（3）松开输出轴 1 上的定位环，抽出输出轴。

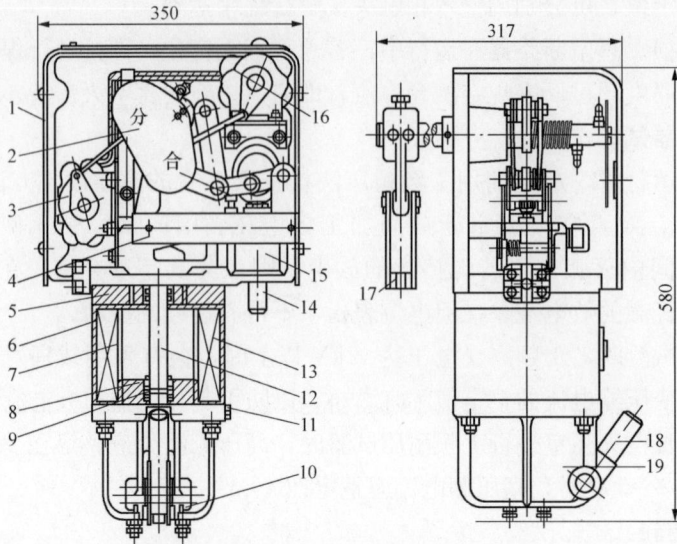

图 3-54　CD10 型操动机构结构图

1—罩壳；2—分合闸指示牌；3—信号辅助开关；4—接线板；5—黄铜垫圈；
6—磁轭；7—黄铜圆筒；8—合闸铁芯；9—推力弹簧；10—缓冲法兰；11—接
地螺栓；12—合闸顶杆；13—合闸线圈；14—分闸铁芯；15—分闸线圈盛；
16—分合用辅助开关；17—拐臂；18—操作手柄；19—盖

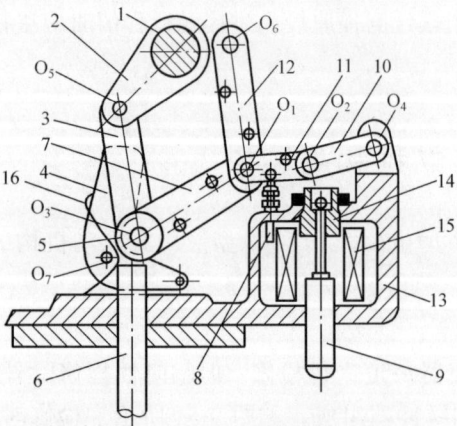

图 3-55　自由脱扣机构结构示意图

1—输出轴；2—拐臂；3、10—连板；4—支
架；5—滚轮；6—合闸铁芯顶杆；7、11、
12—双连板；8—定位止钉；9—分闸铁芯；
13—轭铁；14—分闸静铁芯；15—分闸线
圈；16—弹簧；O_1、O_2、O_3、O_4、O_5、O_6、
O_7—轴销

上的定位环的止钉顶在窝内旋紧。

2. 检修自由脱扣机构

(1) 清洗卸下的全部零件。

(2) 检查各连板、轴销、支架，滚轮、弹簧等有无弯曲、变形、磨损，焊接开裂等。如有应进行修理和校正。

要求：各零件应无变形、损坏；焊缝无裂纹；轴销与轴孔配合间隙不应大于 0.3mm；双连板铆钉应无松动；滚轮表面应无撞击、变形或开裂，与轮轴套在一起时转动要灵活，不合格要更换；弹簧弹性要良好。

3. 装复自由脱扣机构

(1) 将各轴销、轴孔涂上润滑油，按分解的相反顺序装复在操动机构的机座上。

(2) 从机座侧面观察检查，各连杆中心应在分、合闸铁芯顶杆中心线的垂直平面内。如不合要求可增减输出轴处的垫片数量来进行调整，而且输出轴的窜动量不应过大。调整后，将输出轴

4. 调整自由脱扣机构

(1) 拨动支架 4，支架在复位弹簧作用下，应复位自如。

(2) 将自由脱扣机构量于合闸位置，检查滚轮轴扣入深度应在支架 4 中心。支架 4 两侧上端面应同时接触滚轮，其两脚应同时接触机座。如两脚不平，可锉磨支架和机座的接触面或加点焊调平。

(3) 将输出轴转动几次，检查有无卡滞现象。如不符合要求，应再次调整。

(4) 复检双连板 7、11、12 安装位置是否正确。检查定位止钉 8 是否完好，应无弯曲、变形。

(5) 调整 O_3 轴过"死点"的距离。要求 O_3 应位于 O_1—O_4 中心连线下方 0.5～1mm。调整可用专用测"死点"距离的梯板（厂家提供）。如不合格，可调止位调节螺栓 1（即定位止钉）来达到要求，如图 3-56 所示。

（二）检修合闸电磁铁

合闸电磁铁主要由合闸铁芯 8、合闸线圈 13、黄铜垫圈 5、黄铜圆筒 7、合闸顶杆 12、推力弹簧 9、缓冲法兰 10、磁扼 6 等部件组成，如图 3-54 所示。

1. 合闸电磁铁的分解

(1) 卸下合闸线圈的引线。

(2) 拧下四只螺栓，卸下轭铁、缓冲法兰、取出铁芯、弹簧、铜套、铜垫、线圈等。

(3) 抽出操作手柄的轴，取出手柄。

2. 清扫、检查和检修各零件

(1) 清扫拆下的全部零件，要求无污垢。

(2) 检查隔磁铜垫是否完好，固定隔磁铜垫的平头螺栓应无松动，且不能高出铜垫平面。

(3) 检查合闸铁芯及顶杆，要求铁芯顶杆应不活动，止钉应无松动或退出。检查铜套应无变形或损坏，如有严重变形或损坏应更换。

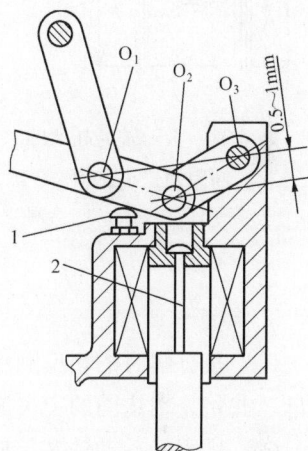

图 3-56 脱扣机构的死点位置图
1—止位调节螺栓；2—分闸铁芯顶杆；
O_1、O_3—轴销；O_2—折点

(4) 检查合闸线圈及引线的绝缘不能有破损，并测量其直流电阻，所测值要符合要求（查厂家说明书和上次检修记录进行判断）。

(5) 检查橡胶缓冲垫有无损坏或老化，如有严重老化或损坏应更换。检查面定螺栓应无松脱，两螺帽间应加弹簧垫。将操作手柄轴及滚轮清洗后，涂上润滑油。

3. 装复合闸电磁铁

按分解相反的顺序进行装复。装复时应注意铜套应正确地安装在上下轭铁的槽内。上轭铁板装隔磁板的端应向下，不能装反。

4. 装复后的调整

(1) 手动操作几次，检查铁芯运动情况，要求铁芯在合闸过程中应无卡滞及严重摩擦现象。

(2) 校核合闸铁芯行程应为 78mm，合闸铁芯顶杆长度为 141^{+0}_{-1}mm。

（3）校核铁芯合闸终止时，滚轮轴与支架间的间隙应为 1～1.5mm。如达不到此要求时，可调节铁芯顶杆长度来达到。调整方法是将顶丝 4 退出，调合闸铁芯顶杆至合格高度，再符顶丝旋紧，如图 3-57 所示。

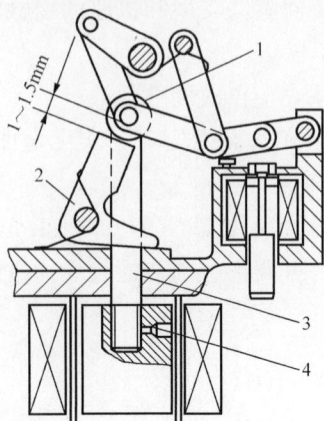

图 3-57　滚轮轴与托架的间隙调整示意图

1—滚子；2—支架；3—合闸铁芯顶杆；4—顶丝

（4）用 1000V 绝缘电阻表测量合闸线圈绝缘电阻，其值应不小于 1MΩ。

（三）检修分闸电磁铁

分闸电磁铁的结构如图 3-55 所示。

1. 分解分闸电磁铁。

（1）拧下分闸动铁芯冲击杆上的止动垫圈和圆螺母，取下分闸铁芯和铜套。

（2）拆去引线端子，取出分闸线圈。

2. 清扫、检查和检修

（1）清扫所拆下的零件、要求各零件无污垢。

（2）检查线圈及引线的绝缘应无破损，并测量其直流电阻应符合标准。

（3）检查铜套有无变形；检查动铁芯顶杆是否弯曲，要求顶杆与动铁芯上端面要垂直；检查铜套的固定是否牢固。如上述检查达不到要求应作相应检修。

3. 装复与调整

（1）按分解时的相反顺序进行装复分闸电磁铁。紧固圆螺母，并将止动垫圈的突齿嵌入圆螺母槽内。

（2）用手旋动动铁芯旋转和向上推动，检查动铁芯动作是否灵活，如有卡滞应进行调整。再用手将动铁芯向上推动，检查能否可靠地跳闸。

（3）校核动铁芯顶杆碰到连板 10 和连板 11 连接轴 O_3 后，还应能继续上升 8～10mm（分闸动铁芯行程为 30_{-1}^{+0}mm）。如果达不到这个要求时，可采取松开顶杆与分闸电磁铁之间的固定螺钉，用放长或缩短顶杆长度进行调整。调整完毕后重新装牢固定螺钉。

（4）用 1000V 绝缘电阻表测量分闸线圈绝缘电阻，其值不应小于 1MΩ。测量完毕后接上引线。

（四）检修辅助开关

（1）先将辅助开关外围表面清扫干净。打开盖板，检查动、静触头有无被烧伤，如有烧伤应用 0 号砂布打光，严重烧伤时应更换。检查辅助开关切换是否可靠，如有松动或接触不良均应修理。

（2）检查连杆有无弯曲。校核输出轴上拐臂旋入输出轴深度不小于 5mm。

（3）检查各连板上的轴销是否完好，坏了的应更换。

（五）检修合闸接触器

（1）先清扫外壳。取下灭弧罩，用 0 号砂布打光烧伤的触头。再用毛刷将内部各元件刷去脏污。

（2）调整触头开距和超行程（按厂家要求）。

（3）装上灭弧罩，通电试运行，检查合、分动作是否灵活，有无卡滞现象。修后，装回。

（六）组装 CD10 型本体

按拆卸相反顺序进行组装。组装后再次全面调整，直至合格为止。

二、CY3 型液压操动机构的检修

图 3-58 所示是 CY3 型液压操动机构的结构示意图。

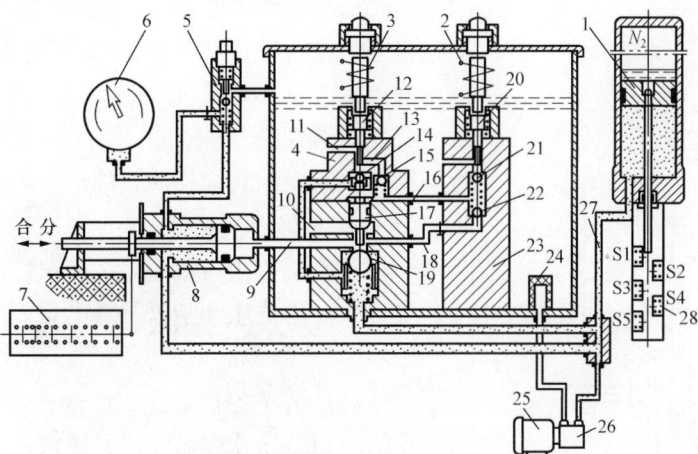

图 3-58　CY3 型液压操动机构的结构示意图

1—储压筒；2—分闸线圈；3—合闸线圈；4—合闸阀；5—放油阀；6—电接点压
力表；7—工作缸辅助开关；8—工作缸；9、10、11、13、16、18、27—通道；
12—合闸顶杆；14—合闸一级阀；15—钢球；17—活塞；19—合闸二级阀；
20—分闸阀顶杆；21—分闸球阀；22—自保持钢球；23—分闸阀；24—滤油器；
25—电动机；26—油泵；28—微动开关

（一）检修合闸阀

检修前断开操动机构的电源，拉开（取下）电源开关（熔断器），打开高压放油阀，将操动机构压力放至零。拧开低压放油阀，将液压油放净。松开操动机构各油管的接头螺帽，拆去高低压油管。再拆卸各大部件，送到检修间，准备好配件和密封圈，开始检修。合闸阀结构如图 3-59 所示。

1. 分解合闸阀

分解时要注意零部件与垫圈的相对位置和数量，并做记录以免在回装时装错，增加不必要的调整时间。

（1）分解合闸二级阀。拧下管接头 2，取下密封垫 1、弹簧 4、球托 5、二级阀钢球 6、圆形密封圈 3，取下合闸二级阀。

（2）分解合闸阀电磁铁。拧下圆头螺栓 24，取下上磁轭 25，油出动铁芯 23 与顶杆 22，取出线圈 21，旋出下铁芯 26，取下弹簧垫圈。

（3）分解合闸一级阀。具体内容如下。

1）拧下接头 19、油出一级阀杆 20、弹簧 18、球托 30、合闸保持逆止钢球 14。

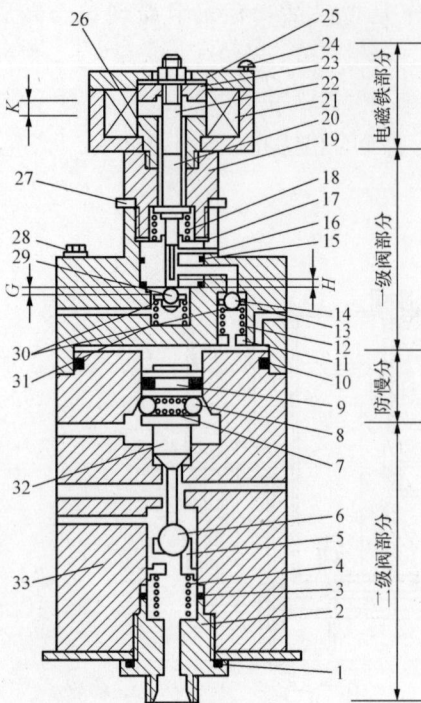

图 3-59　合闸阀结构示意图

1—密封垫；2—管接头；3—圆形密封圈；4、7、12、18、31—弹簧；5、30—球托；6—二级阀钢球；8—防慢分钢球；9—调节螺栓；10—密封圈；11—弹簧座（螺塞）；13—上阀体；14—合闸保持逆止钢球；15—一级阀座；16—泄油孔；17—调节垫；19—接头；20—一级阀杆；21—线圈；22—顶杆；23—动铁芯；24—圆头螺栓；25—上磁轭；26—下铁芯；27—锁紧螺母；28—螺栓；29——一级阀钢球；32—活塞；33—下阀体

2）用专用 M3 螺栓拧入一级阀座 15 的装卸孔内，油出一级调座，取出钢球 29、球托 30、弹簧 31。

3）拧下 6 只螺栓 28，取下上阀体 13，将上阀体倒置，从底部拧下止回阀的弹簧座（螺塞）11、球托 30、钢球 14。

（4）分解"防慢分"结构。生产厂家不同，"防慢分"结构不同，其分解步骤要视实际结构而定。现以图 3-59 为例，取下圆形密封圈 10，拧出"防慢分"调节螺栓 9、弹簧 7 和钢球 8，再用专用 M8 螺栓拧入活塞的装卸孔内，抽出二级阀活塞 32。

2. 检修合闸阀部件

（1）用清洁布擦净铁芯、阀杆及磁轭。

（2）用液压油清洗各零件，洗后零件应放回液压油中。

（3）清洗各排油孔、泄油孔，用专用工具洗净孔的棱角，使孔内畅通，无堵塞。

（4）检查阀杆与铁芯结合应牢固、不松动，无变形，如有弯曲应校正。

（5）检查线圈不应有断线、卡伤现象。检查线圈的绝缘应良好，用 1000V 绝缘电阻表测量线圈绝缘电阻应不小于 5MΩ。

（6）检查一级阀杆应无弯曲变形，阀针装配无松动脱落现象，运行灵活。

（7）检查一级钢球 29 与一级阀座的阀口密封应良好，检查方法：可将钢球堵住阀口后，用嘴能吸住，说明密封性良好，否则应修理或更换。

（8）检查二级阀钢球 6，ϕ 应为 17mm；检查钢球与阀口的密封要严密。

（9）检查二级活塞 32 应无卡伤和磨损。如有磨损用 800 粒度砂纸打光。检查二级阀活塞与阀口密封应严密，如活塞杆端部有被打粗现象，则应更换。

（10）检查全部弹簧，不能有变形和锈蚀，如有则应更换。

3. 装复合闸阀

按分解时的相反顺序进行装复，并注意以下事项。

（1）更换全部密封圈，在装复时密封圈上要蘸上液压油。密封圈应高出槽口 0.2～0.5mm。

（2）装复合闸电磁铁时，要检查铁芯运动应灵活、无卡滞。检查后，先不装回合闸阀上，因一级阀要进行行程调整。

（3）球托与弹簧应夹紧压在一起，以防止球托被油流冲倒。

（4）在装"防慢分"结构时，应先将"防慢分"弹簧和钢球装入活塞，并用手按住钢球，按图3-58所示一齐装入阀体内。

4. 装复时的行程测量与调整

（1）合闸一级阀杆行程测量与调整。具体内容如下。

1）行程标准值（以厂家要求值为准）。一级阀钢球打开行程 $G = 1.5mm$；一级阀杆的空行程 $H = 1.5mm$。一级总行程 $K = G + H = 3mm (K = 4 \sim 5mm)$。

2）测量方法（按图3-60所示测量）。先按图3-60（b）测量 B 值。即在复位弹簧1没有装入阀体之前，用游标卡尺测量出阀杆3上端面至静铁芯4上端面的距离 B 值。装上复位弹簧1后，按图3-60（a）测量 A 值，即将下磁轭5、接头2拧下，将复位弹簧1装入阀体，再将下磁轭和接头装复。用游标卡尺测量出阀杆上端面至静铁芯上端面距离 A 值。最后按图3-60（c）测出 C 值，即测出动铁芯顶杆长度 C 值。

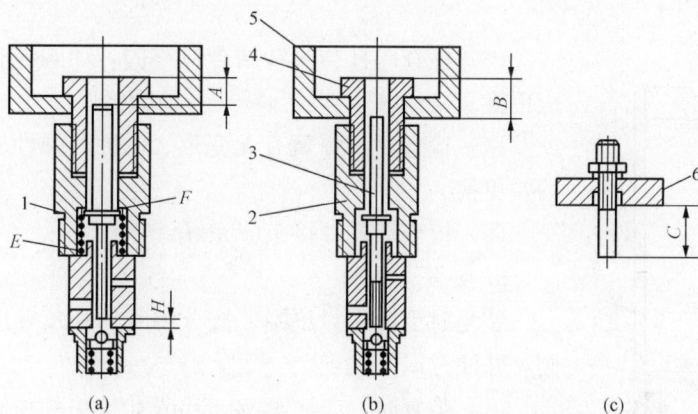

图3-60　一级阀杆行程测量方法示意图

(a) A尺寸图；(b) B尺寸图；(c) C尺寸图

1—弹簧；2—接头；3—阀杆；4、6—铁芯；5—磁轭

总行程 $K = C - A$，空行程 $H = B - A$，一级阀打开行程 $G = K - H$。

3）调整方法。当所测的总行程 K 值小于标准值时，按图3-60（a）所示，在 E 处加垫片；当 K 值大于标准值时，可在 F 处加垫片。还可以调整铁芯顶杆的长短来调节总行程 K 值。调整后，将线圈、上磁轭、动铁芯等装复，并用手动检查动铁芯顶杆动作是否灵活。

（2）合闸二级阀行程测量与调整。具体内容如下。

1）行程标准（以厂家要求为准）。二级阀打开行程为 $2.5 \sim 2.8mm$。

2）测量方法。先在装复"防慢分"结构前进行测量。如图3-59所示，将活塞32推至钢球6接触时，用游标卡尺测量活塞上端面与阀座的距离 A 值。再将活塞32缓慢推下，直到推不动为止，使钢球 G 处于全打开状态，测量活塞上面与阀座的距离 B 值，然后计算二级阀杆打开行程 C 值，即 $C = B - A = 2.5 \sim 2.8mm$。

3）调整方法。如果所测得二级阀打开行程 C 值小于标准值时，要更换活塞；如大于标准值时，可将活塞32的长度适当磨短，但应保证阀杆与端面一定要平整光洁。

（二）检修分闸阀

1. 分解分闸阀

（1）分解分闸阀电磁铁。分解的步骤与方法和分解合闸阀电磁铁相同。

（2）分解分闸阀。具体如下。

1）从左旋方向拧下接头，抽出阀杆，取出复位弹簧（如图3-58所示）。

2）用专用螺栓拧入阀的螺孔，抽出阀座，取出钢球、上球托、下复位弹簧、下钢球。

3）将所拆卸下的零件放入液压油中，以防生锈。

2. 检修分闸阀各部件

（1）用液压油清洗各零件。用专用工具处理阀体泄油孔的棱角的污垢，并用液压油冲洗干净。洗后将零件放回清洁的液压油中，以防生锈。

（2）检查钢球与阀口的密封线应光滑平整，成一封闭圆。当不符合这个要求时，可将阀口涂上研磨膏，用钢球进行研磨。也可采用把钢球放在阀口上再垫好黄铜棒，用榔头重新打密封线。

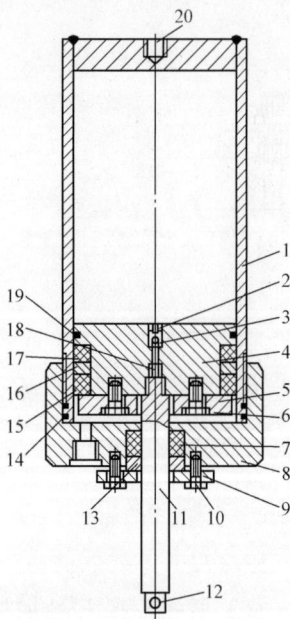

图3-61　储压筒结构示意图

1—筒体；2—止回阀挡圈；3—止回阀钢球；4—活塞；5—压板；6—M12螺栓；7、17—碗形密封圈；8—端帽；9—压盖；10—螺栓；11—活塞杆；12—活塞杆装卸孔；13—铜套；14—密封垫；15—铜压圈；16—聚氯乙烯垫圈；18、19—密封圈；20—吊环螺母

（3）检查阀杆与阀针结合应牢固，如阀针有被打粗现象时应更换。

（4）检查复位弹簧有无变形、锈蚀，弹性要良好，不合格的要更换。

（5）检查球托、接头应完好。

3. 装复分闸阀

装复时更换密封垫圈，按分解时的相反顺序进行装复分闸阀，并注意以下几点。

（1）装复时，应注意φ0.5mm孔接头的位置不要装错。阀杆的运动要灵活无卡滞。

（2）装复球托时，应将弹簧与球托紧密结合夹紧，以防止球托在操作过程中被油流冲倒。

4. 测量与调整行程

在装复过程中，测量并调整行程。阀杆总行程为4～5mm。球阀打开行程为1～1.5mm（以厂家要求为准）。测量与调整的方法和合闸一级阀的测量与调整方法相似。

（三）检修储压筒

储压筒的结构如图3-61所示。

1. 放氮气

（1）将已取下的储压筒，用保护垫包好夹紧在台钳上（不可压得太紧，以防储压筒变形）。

（2）先将螺栓10拧下，取下压盖9、铜套13。

（3）用直径φ10mm的铁棒穿在活塞杆装卸孔12内，将活塞杆11拧下，取出碗形密封圈7。

（4）把专用的放气顶杆放在专用的充放氮气接头的孔内，再把充放气换头的密封圈取下，放气顶杆接在活塞上，缓慢地向里拧，将止回阀钢球顶开，氮气便从放气顶杆侧面气孔进入充放氮气接头的中心孔内全部放出干净（放氮气时，检修人员要站在排气孔的侧面，防止零件冲出伤人）。

2．分解储压筒

（1）用链条钳拧下储压筒端帽8。

（2）拧下M12螺栓6，取下压板5，使碗型密封圈17松弛。

（3）用手拉住充放气接头或用专用工具，慢慢地油出活塞4。如抽不动时，可从充放气接头中稍充入压缩气体将活塞顶出。

（4）活塞抽出后，取下铜压圈15、聚氯乙烯垫圈16、碗形密封圈17和密封圈19。

（5）拧下止回阀挡圈2，倒出钢球3。

3．检修储压筒各部件

（1）用航空汽油将拆卸的全部零件清洗干净。

（2）检查储压筒内嘴应光滑无卡伤、沟痕和锈蚀。如有轻度磨损，可用细水磨砂纸打光，不合格则应更换。

（3）检查活塞杆的镀铬层应完整，无锈蚀、无变形和弯曲，不合格应更换。

（4）检查止回阀的密封是否有漏气现象。如有轻微漏气，可以加研磨或重新打密封线处理，如达不到要求应更换。

（5）检查铜压圈表面应无伤痕，有轻微伤痕，可用油石磨光。

4．装复储压筒

按分解相反顺序装复，同时注意以下事项。

（1）更换全部垫圈和密封圈。各密封圈应涂航空液压油。端帽螺扣处应涂上中性凡士林。

（2）应先在储压筒筒体内装入高度为20mm高的密封液压油，然后再装入活塞。当活塞推入筒后，再拧紧螺栓6。

（3）储压筒装复后，再检查各紧固件的连接要可靠，便可对储压筒进行预充气。

（4）充氮时，先装好带密封圈的充氮接头，连接氮气瓶与储压筒的充氮管，打开氮气瓶阀门，充入氮气，预充氮气压力为12MPa。

（5）充氮完毕，拆下充气接头，装回活塞杆，并使活塞杆向下。

（四）检修高压放油阀

高压放油阀的结构如图3-62所示。

1．分解高压放油阀

（1）拧下放油阀杆1，取下密封圈2。

（2）拧下管接头8，取下平垫周7、密封圈6、弹簧5、球托4、钢球3。

2．检修放油阀各部件

（1）用液压油清洗阀件和各零件。

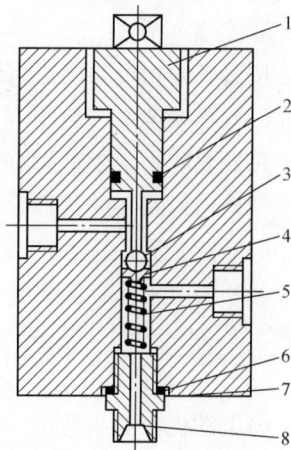

图3-62　放油阀结构图
1—阀杆；2—密封圈；3—钢球；4—球托；5—弹簧；6—密封圈；7—平垫圈；8—管接头

137

（2）检查阀杆应无弯曲、松动，端头应平整、无毛刺，杆头无打粗，不合格应更接。

（3）检查弹簧，如有变形、锈蚀，应更换。

（4）检查钢球与阀口密封应严密。如有不严密，应检修。检修方法与检修分、合闸球阀相同。

3. 装复高压放油阀

按分解的相反顺序进行装复。并注意，要更换全部密封圈，且蘸上液压油；球托与弹簧应夹紧。

（五）检修工作缸（工作缸的结构如图 3-63 所示）

1. 分解工作缸

（1）折下全部管接头，用专用工具拧下压盖螺套 1，使密封圈 4 松弛。

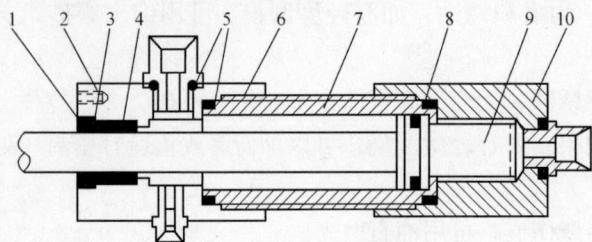

图 3-63 工作缸结构图

1—压盖螺套；2—螺孔；3—黄铜垫圈；4—密封圈；
5、8—"O"形密封圈；6、10—缸帽；7—缸体；9—活塞

（2）用保护垫包住工作缸本体，放进虎钳口夹紧（不能太紧），再用大管钳将缸帽 6 拧下。抽出活塞 9，取出黄铜垫圈 3、密封圈 4。

（3）拧下缸体 7。

2. 检修工作缸各部件

（1）用液压油清洗缸体内外臂和各零件。

（2）检查缸体内臂、活塞缸、缸帽、活塞和活塞杆有无卡伤、磨损，如有应用砂纸或油石处理，严重损坏的要更换。

（3）检查管接头，如有裂纹或螺纹有滑口应更换。

3. 装复工作缸

按分解的相反顺序进行装复，且应注意以下事项。

（1）更换全部密封圈。

（2）要防止灰尘进入缸体。

（3）密封圈 4 的槽口应朝向工作缸的里侧。

（4）装复后，用手拉动活塞杆，检查活塞是否有卡滞，如有要进行调整。

（5）检查工作缸的行程，应为 132 ± 1mm，调整方法，将工作缸两端的缸帽之间的距离调到 73～74mm 时，活塞行程可达 132mm。

（六）检修油泵

将电动机与油泵连接的螺栓松开，使电动机与油泵分离，然后将油泵分解检修。

将拆下的全部零件用液压油清洗干净。检查柱塞间隙配合情况：其方法是用手堵住阀孔，推压柱塞，松开时，如果柱塞有反弹现象，则认为柱塞间隙配合良好，否则应更换。检查高低压止回阀的密封应不漏气，否则，应采用研磨或重新打密封线的措施。如不合格，则更换。检查弹簧应无变形、球托与弹簧、钢球配合良好。一般油封不分解。装复油泵时，要更换垫圈、再按分解相反顺序进行装复。

（七）管路的检修与连接

管路连接前，应将油箱和油管清洗干净。检查各连接管应无卡伤、无锈蚀、不变形、不开裂。检查各连接管头、卡套螺母不应有开裂。管路连接时，各管接头螺纹及卡套表面涂上凡士林、插入接头后用手旋紧螺帽，再用扳手拧紧。然后注入合格的 0 号航空液压油，油位在油标合格范围内。

（八）组装

各大件检修装复完毕后，将液压操动机构本体进行组装。

（九）空载调试

（1）排除机构内的气体，以免影响分、合闸速度与时间特性。

1）排除油泵中的气体。在油泵启动前，将油泵上的放气螺塞拧开，待有油溢出，再拧紧放气螺塞。

2）排除管路和阀门中的气体。将高压放油阀打开，接上电源，启动油泵至额定油压，使管里的油通过放油阀与油箱循环流动将气体排出。

（2）检查氮气的预压力。其体内容如下。

1）检查预压力的方法是：关闭放油阀，启动油泵，使压力表指针由零突然上升到一个短时稳定值 P_1，随后活塞开始运动，记录 P_1 值。然后打开放油阀，储压筒压力逐渐缓慢下降，这时压力表指针会突然由某一数值 P_2 回到零位，记录 P_2 值。则预压力值 $P_0 = (P_1 + P_2) \div 2$。

2）判断预压力是否符合要求。因为环境温度对预压力有影响，判定预压力是否符合要求，应将所测得的预压力值 P_0 换算到 20℃ 时标准值 12.0MPa 下进行比较，其方法是：将在不同温度下充氮时的预压力换算为 P_r，即

$$P_r = (273 + t) \times 12.0 / 293 \tag{3-3}$$

式中　t——充氮气时的环境温度。

（3）检查活塞杆行程及微动开关位置与压力值的对应关系。

1）检查方法：启动油泵电动机，在压力从零升至额定值过程中，检查微动开关位置和相应的压力值；当压力升至额定值后，测量活塞杆总行程。

2）检查和测量的标准见表 3-10 所规定的值

表 3-10　　　　　　CY3 型液压澡动机构储压筒活塞行程与动作压力对应关系值

项目	活塞行程（mm）	参考压力值 110kV（MPa）	备　注
分闸闭锁	82±3	14.8	压力低于此值时，断路器自动分闸或不允许分闸
合闸闭锁	112±3	16.3	压力低于此值时，断路器不允许合闸
压力降低信号	135	18.0	
油泵起动	172	18.6	
油泵停止	182±3	19.2	
压力过高		25.0	为额定值
压力过低		10.0	由电接点压力表的触头控制

（4）检查油泵电动机打压从零开始升至额定压力（见表3-10）所需要的时间不超过3min。

（5）进行慢分、慢合操作。相关内容如下。

1）进行慢分、慢合操作目的是为了检查液压操动机构运动部分有无机械卡滞现象、辅助开关切换是否正常可靠、计数器动作是否正确以及测量工作缸行程是否为132m。

2）操作方法：接好电源，将操动机构的压力放至零，再将操动机构二次回路中的继电器接点短接（即暂时不发压力异常信号）。

慢合操作：关闭高压放油阀，启动油泵打压，立即手动合闸电磁铁，使工作缸进行慢合动作，此时检查人员应注意观察和测量工作缸行程。

慢分操作：放去储压筒压力，关闭高压放油阀，启动油泵升压，立即手动分闸电磁铁，使工作缸进行慢分动作，检修人员在此时应观察和测量。如工作缸行程达到132mm时，说明断路器已分断到底。

慢分、慢合操作完毕后，应随即切断电源，拆除继电器触头的短接。

（十）组装后的调整

液压操动机构与断路器配合组装后的调整如下。

（1）慢分、慢合操作复核检查调整。慢分、慢合操作与液压操动机构的空载慢分、慢合操作相同。这次慢分、慢合操作主要是观察、检查液压操动机构与断路器连接的机械传动部件。如工作缸活塞杆与水平连杆、底座外拐臂之间连接机械的运动是否平稳，有无卡住或跳动现象，如有应查出原因，进行相应的处理。

（2）断路器的总行程和超行程的复核、检查和调整本体调整相同。当总行程和超行程与标准值相差很大时。复核、检查和调整方法与断路器，应着重检查机构的连接部位。如：传动连接间隙是否过大；基础连接是否松动。

（3）分、合闸速度的调整。断路器分、缓冲器是否打到底等。速度调整方法是通过改变高压油路中节流片的孔径的大小来进行调节。节流片的外径为$18^{+0}_{-0.5}$mm，内径为7～9mm，厚为1～1.5mm，一般节流片的内孔径缩小，其速度降低；内径增大速度升高。

1）如果合闸速度高，而分闸速度不高，调整办法是：在合闸二级阀下而高压管路接头中加装内径较小的节流片。这样只会降低合闸速度，而不会降低分闸速度。

2）如果分闸速度高，而合闸速度不高，调整办法是将合闸二级阀体侧面的两个M10孔中的一个，用M10×10螺栓堵死，这样可降低分闸速度。

3）如果分、合闸速度都高。调低的方法是在操动机构工作缸合闸侧的管接头处增加节流片。

4）如果只是分闸速度偏低，则二级阀活塞存在卡滞现象，应处理。

5）如果速度偏低，要调高，可先改变节流片孔径调整，如达不到要求，则应检查操动机构的传动系统有无卡滞现象，或管路里有无大量气泡存在，或机构中的油压过低，检查后做出相应处理。如还达不到要求时，还应检查二级阀钢球打开的距离是否为2.5～2.8mm，可对它进行调整。

6）速度调整时会影响分、合闸时间，因此，调速与调时应统筹考虑。

（4）分、合闸时间和同期性的调整。分、合闸时间和三相同期性的调整方法如下。

1）调整分、合闸时间的方法：可采用增加或缩短分、合闸阀顶杆的长、短来达到。当增加顶杆的长度时，时间缩短，当缩短顶杆的长度时，时间增大。此外，还可采用调节节流片的孔径，当孔径调小，时间增大，但此时会影响到分、合闸速度的改变。因此，在调节节流片孔径时，应与调速一起综合考虑。

2）同期性的调整方法是通过改变操动机构的铁芯行程和缩短超行程误差来达到。

（5）分、合闸电磁铁动作电压的调整。具体内容如下。

1）改变分、合闸电磁铁顶杆的长短来实现。当缩短顶杆，动作电压下降，反之动作电压升高。但过分缩短顶杆长度，会导致不能分合闸。

2）清除阀杆的卡滞现象。

3）校对分、合闸线圈数据。

在调整动作电压时，会影响分、合闸时间，此时应综合考虑。

（6）保持合闸和"防慢分"试验。具体内容如下。

1）保持合闸试验。进行断路器的合闸操作，使断路器合闸，然后打开液压操动机构的高压放油阀，使油压释放至零，断路器应能可靠地保持在合闸位置。检查操动机构的工作缸活塞杆行程应不大于 2mm，合闸保持弹簧的有效长度应为 450mm。

2）"防慢分"试验。不同结构的"防慢分"装置其试验方法不一样，以图 3-59 为例，"防慢分"试验方法是：启动油泵打压至额定值，操作合闸阀，使断路器处于合闸位置，接着打开高压放油阀，将油压放至零，然后关闭高压放油阀，重新启动油泵打压，断路器应不慢分。

第五节　高压断路器的试验

断路器试验一般 1～3 年进行一次，大都随大修进行试验。试验项目也随断路器类型不同而有差异，但断路器的基本试验大都相间。试验标准一般应符合 DL/T 596—1996 的规定和制造厂的规定。

一、断路器的绝缘试验

断路器的绝缘试验主要有测量绝缘电阻、测量介质损失角正切值、泄漏电流试验和交流耐压试验。通过这些绝缘试验可以判断和掌握断路器导电部分对地绝缘及断口间灭弧室绝缘好坏，保证在运行中能承受额定工作电压和一定限度的内外过电压。

断路器绝缘试验方法与一般绝缘预防性试验相同，本书仅对断路器试验的特点加以补充叙述。

1. 测量绝缘电阻

（1）使用的测量仪表：测量断路器一次回路对地绝缘电阻应用 2500V 绝缘电阻表，测量操动机构中二次回路绝缘电阻用 1000V 绝缘电阻表；测量电动机绕组对地绝缘电阻用 500V 绝缘电阻表。

（2）测量方法：① 测量时先测量断路器在合闸状态下导电部分对地的绝缘电阻，经过综合分析判断，可以发现绝缘拉杆受潮、电弧损伤和绝缘裂缝等缺陷；② 再测量断路器在分闸状态下断口之间的绝缘电阻，同样经过综合分析判断，可以检查出断路器内部灭弧室是否受潮或烧伤。

（3）绝缘电阻的判断标准。现行的 DT/T 596—1996 对油断路器的整体绝缘电阻的允许值没有统一规定，因此油断路器绝缘电阻的判断标准，可按断路器实际情况，自行定出判断标准。一般断路器在合闸状态整体测试时，额定电压为 35kV 及以下的断路器各相对地绝缘电阻应在 1000MΩ 以上；110kV 及以上断路器各相对地绝缘应在 3000MΩ 以上。

对于用有机物制成的拉杆，其绝缘电阻不应低于表 3-11 中所列数值。

表 3-11　　　　　　　　　　　有机物拉杆绝缘级电阻最小允许值　　　　　　　　　单位：MΩ

试验项目	额定电压（kV）		
	3～15	20～35	60～220
大修后	1000	2500	5000
运行中	300	1000	3000

在分闸状态下，灭弧室的绝缘电阻，一般应不低于 1000MΩ，每个灭弧片和绝缘套筒的绝缘电阻，一般应不低于试验类别 500～1000MΩ。110kV 及以上的 SF$_6$ 断路器，一次回路对地绝缘电阻值应大于 5000MΩ，二次回路绝缘电阻值应大于 5MΩ。

操动机构中的二次回路绝缘电阻一般应不低于 1MΩ，电动机绕组对地绝缘电阻一般不 0.5MΩ。

2. 测量介质损失角正切值 tanδ

（1）介质损失角正切值的测量一般只对 35kV 及以上非纯瓷套管的多油断路器进行，它主要是检查非瓷套管的绝缘状况。当套管绝缘劣化时，介质损失角正切值会明显增大。

（2）少油断路器和 SF$_6$ 断路器一般不做此项试验，因其绝缘结构主要是瓷绝缘和环氧玻璃丝布类绝缘，不存在套管受潮问题。在少油断路器的瓷套中也虽然充有绝缘油，但由于断路器本身电容小测量数据分散性较大，再加上其他因素的影响，如仪表、温度、连接导线、周围电场等，使测量数据难以判断其规律性，故 tanδ 值不利于有效地发现绝缘缺陷。

3. 测量泄漏电流

（1）测量对象与测量目的。测量泄漏电流是 35kV 及以上少油断路器和舒，这是断路器的主要试验项目之一。它能灵敏地发现断路器外表带有危及绝缘强度严重污秽，提升杆、绝缘油受潮以及灭弧室受潮劣化和碳化物过多等缺陷。

（2）测量方法与接线。对少油断路器和 SF$_6$ 断路器进行测量泄漏电流时，应首先在分闸位置进行测量。测量接线可参考图 3-64。

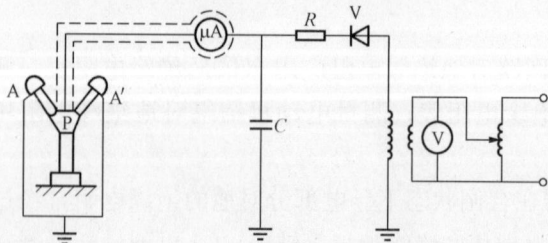

图 3-64　测量泄漏电流接线图

当按上图测量泄漏电流时，如所测量的泄漏电流数值超过标准值，则要进行分解试验，检查各部件绝缘是否符合标准。

（3）测量标准。具体内容如下。

1）泄漏电流试验电压标准。少油断路器泄漏电流试验电压标准见表 3-12。

SF_6 断路器泄漏电流试验电压标准见表 3-13。

表 3-12	少油断路器泄漏电流 试验电压标准	
额定电压（kV）	35	35 以上
直流试验电压（kV）	20	40

表 3-13	SF_6 断路器泄漏电流 试验电压标准	
额定电压（kV）	35	35 以上
直流试验电压（kV）	20	40

2）泄漏电流的判断标准。35kV 及以上少油断路器泄漏电流判断标准：一般应不大于 $10\mu A$。SF_6 断路器泄漏电流不作规定。

4. 交流耐压试验

（1）注意事项。交流耐压试验属破坏性试验，应注意以下事项。

1）试验方法和安全措施应按 DL/T 596—1996 的规定实施。

2）断路器的交流耐压试验应在绝缘电阻、介质损失角正切值 $\tan\delta$、泄漏电流和绝缘油等试验合格后进行。对于过滤和新加油的断路器，必须在静止 3h 以上，让油中气泡全部逸出后才能进行试验，以免油中气泡引起放电。

3）对交流耐压试验所加的试验电压的测量没有严格要求，一般可直接从试验变压器低压侧测量。

（2）试验方法和目的。少油断路器应分别在合闸和分闸状态下进行交流耐压试验。合闸状态下是对导电部分与地之间施加试验电压。分闸状态下是对断口的动、静触头之间施加试验电压。合闸状态下的试验目的是为了考验支柱绝缘子。分闸状态下的试验目的是为了考验抽箱与导电杆间的套管绝缘子。

（3）试验电压标准见表 3-14。

表 3-14　　　　　　　　　　　断路器交流耐压试验电压标准

项　目	电　压　等　级							
额定电压（kV）	3	6	10	15	20	35	60	110
出厂试验电压（kV）	24	32	42	55	65	95	160	255
大修试验电压（kV）	22	28	39	50	60	88	145	228

（4）分析与判断。交流耐压试验前、后绝缘电阻值下降小于 30％ 为合格。在试验时，如果出现时断时续的轻微放电声，应进行检查。如果出现沉重的击穿声或冒烟，则为不合格，应停止试验，查明原因并重新检修，合格后再做试验。如有机绝缘材料被烧坏应更换，并应查明原因，不得轻易重做试验。

二、测量导电回路直流电阻

1. 测量目的和内容

断路器在运行中，如换触电阻增大，会使触头在正常工作电流下发生过热，特别是通过短路电流时，可能使触头局部过热，严重时能烧坏周围的绝缘和造成触头烧熔黏结，从而影响断路器的跳闸时间和开断能力，甚至发生拒动情况。因此，新安装的断路器，大修、小修后的断路器以及开断故障电流在 3 次以后，都要进行测量导电回路直流电阻。测量导电回路直流电阻，就是测量套管与导电杆电阻、导电杆与触头连接处电阻、动静触头闻的接触电阻。套管电杆的电阻、导电杆与触头的连接处的电阻基本上是固定的。动、静触头间的接触电阻由于可能会因触头表面氧化或烧坏、触头间残存有机械杂物或碳化物、触头的接触压力下降以及触头接触面积减少等因素的影响，常常会有所变化，所以测量每相导电回路的电阻实质上就是检验动、静触头之间接触电阻的变化。

2. 试验方法

测量断路器每相导电回路的电阻，是对每相两套管端头之间进行测量。一般采用电桥法或电压降法进行测量。

3. 注意事项

试验时除了遵守直流电阻测量的一般注意事项外，根据断路器试验特点还应注意以下几点。

(1) 由于断路器每相导电回路的直流电阻很小，一般都以微欧计量。因此，使用电桥测量时，必须采用双臂电桥；使用电压降法测量时，必须采用有足够容量的直流电源，同时选用合适的毫伏表和电流表。

(2) 试验时，要特别注意消除测量引线和接头电阻影响，引线应有足够的截面积，而且要尽可能短些，电流和电压的引线接头必须严格分开。

(3) 测量之前应将断路器跳合闸几次进行测量，如果是电动合闸的断路器，则应在电动合闸后进行测量。

(4) 为了保护测量仪表，在测量过程中应将断路器的跳闸机构卡死，以防在试验的测量过程中突然跳闸，损坏仪表。

(5) 每相至少测量 3 次，在测量过程中应将断路器的跳闸机构卡死，以防试验中突取其平均值。如果对测量结果有怀疑时，可多测几次。

4. 分析判断

断路器每相导电回路直流电阻的测量结果应符合厂家的规定。SN10-10 Ⅰ 型每相导电回路电阻是 $100\mu\Omega$；SW6-110 型每相导电回电阻为 $180\mu\Omega$，其他型号应查阅厂家的数据。将测量的结果与前次结果比较，如果超过 1 倍以上时，应对触头进行检查，三相之间差别较大时，应检查处理。如果测得结果超过厂家规定值不多时，可将断路器跳合一次后，再重新测量，如测量结果仍偏大，应查明原因并进行处理。

三、断路器动作特性试验

1. 测量分、合闸时间

对低、中速动作的断路器，断路器分、合闸时间的测量一般采用电秒表法进行。对高速动作的断路器，则用电磁录波器进行测量。这里只讲述电秒表的测试方法。

(1) 测量合闸时间。断路器的合闸时间，是指合闸接触器接通合闸电源起至断路器动、静触头刚刚接触时止的这段时间。断路器的合闸时间实际上是包括合闸接触器动作时间在内的这一段时间。

1) 测量接线。采用 401 型电秒表测量的接线图，如图 3-65 所示。

2) 测量步骤。首先合上空气开关 QK1，电秒表微型电动机启动，但电秒表不计时；将直流操作电源合上，给合闸接触器线圈送电。然后合上空气开关 QK2，电秒表开始计时，同时断路器的合闸接触器线圈通电，开始合闸。当断路器动、静触头刚刚接通后，电秒表动作线圈被短接，电秒表停止计时。此时电秒表上记下了从合闸接触器线圈接通到断路器触头刚合所用的时间，即为本次合闸时间。记录此时间值。最后拉开空气开关 QK1、QK2，复位电秒表。

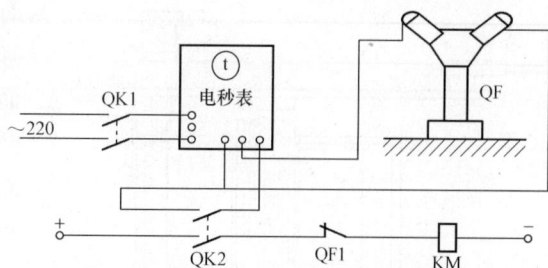

图 3-65　断路器合闸时间测试接线图

QK1，QK2—空气开关；t—401 型电秒表；QF—被测断路器；
QF1—断路器的辅助触头；KM—合闸接触器线圈

重复测量三次，取平均值，即为该断路器的合闸时间。

（2）测量固有分闸时间。断路器固有分闸时间，是指操动机构的分闸线圈接通电源起到动、静触头刚刚分离时止所需的这段时间，它是断路器本身固有的，不包括熄弧时间。

1）测量接线。测量接线图如图 3-66 所示。

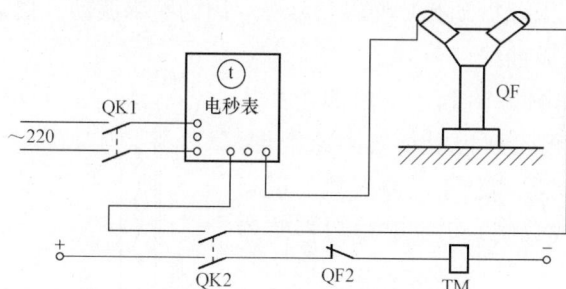

图 3-66　断路器分闸时间测试接线图

QK1，QK2—空气开关；t—401 型电秒表；QF—被测断路器；
QF2—断路器的辅助触头；TM—分闸接触器线圈

2）测量步骤。首先合上空气开关 QK1，电秒表微型电动机起动，但电秒表不计时；将直流操作电源合上，给分闸线圈送电。然后合上空气开关 QK2，电秒表开始转动，同时断路器分闸线圈通电，断路器分闸。断路器动、静触头分离后，电秒表停走，此时电秒表指示值即为本次测量的分闸时间。记录此分闸时间。最后拉开空气开关 QK1 和 QK2，复位电秒表。

重复测量三次，取其平均值，即为该断路器的分闸时间。

（3）测量注意事项。具体内容如下。

1）测试所用的空气开关，均要求质量好，操作灵活、接触良好；电秒表的形式较多，测试前要清楚它的测试接线，避免接错。

2）操作空气开关速度要快，以保证闭合时两空气开关同时接通，否则将会产生较大误差。

3）断路器辅助触头 QF1 和 QF2 的动作要求灵活可靠，以保证断路器的合闸、分闸线圈及合闸接触器线圈均只短时通电，以防这些线圈通电时间过长而烧坏。

4）测量标准：SN10-10 Ⅰ 型断路器的合闸时间应不大于 0.2s，固有分闸时间应不大于 0.06s。

2. 测量分、合闸速度

断路器的分、合闸速度，符合厂家规定的速度标准，是断路器的一项重要技术指标。各种断路器的分、合闸速度应能够保证开关的性能。如果断路器的分闸速度低于规定值，即分闸时间长，则电弧熄灭时间就增长，电弧将使触头烧损程度加重，而且油的汽化也将增加，

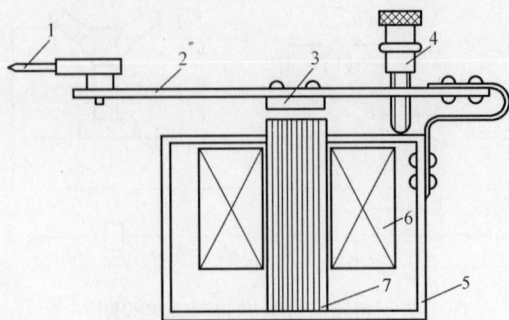

图 3-67　电动振荡器结构示意图

1—划笔；2—振动片；3—街铁；4—振幅调节螺钉；

5—外壳到的合闸行程；6—电磁线圈；7—铁芯

划笔（铅笔）组成。

有可能引起喷油或爆炸事故。如果合闸速度降低，将会引起触头振动，甚至出现停滞，而使触头发生烧损或焊接。因此，大修后的断路器必须严格地进行测速试验。断路器的测速方法较多，如电磁振荡器测速法、电磁示波器测速法等，现场常用的是电磁振荡器测速法，它具有设备简单，操作方便的优点。

（1）电磁振荡器的主体结构与工作原理。电磁振荡器的主体结构如图 3-67 所示。它由线圈、铁芯、振动片、振幅调节螺钉、

当线圈中通入 50 周波的交流电源后，电流每经过一个周期的正、负峰值时，振动弹片被铁芯吸引一次，即每个周期被吸引两次，因此振动弹片便以每秒 100 周的频率振动。划笔将能够画出振动波形曲线，即电源频率的正弦曲线。

（2）测速装置与测速方法。测速装置如图 3-68 所示。将测速杆装入动触头的联结孔内，在测速杆上装上划板，划板上粘有测速纸带，调整好划笔与测速纸带的压力。将电磁振荡器侧装于断路器侧的适当位置上，测速时，同时接通断路器合闸（或分闸）电源和电磁振荡器电源。

通电后，划笔则垂直于测速纸带运动方向作 100 周/s 振动。因而在断路器合闸和分闸过程中，划笔便在测速纸带上画出疏密不等的正弦曲线，如图 3-68 所示。

（3）速度计算。依据断路器合闸、分闸测速波形曲线和组装调行程时，预先测量得到的合闸行程：总行程 a、超行程 b 如图 3-69（a）所示；分闸行程：超行程 a、动触头在灭弧室中的行程 b、动触头离开灭弧室后与缓冲器接触时的行程 c、缓冲行程 d，如图 3-69（b）所示。可以求得分、合闸过程中某一行程的平均速度和任一点的瞬时速度。

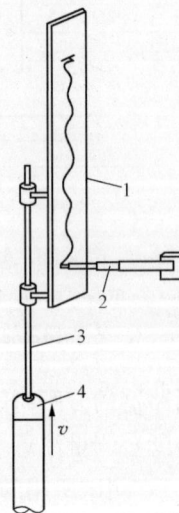

图 3-68　测速示意图

1—划板；2—划笔；

3—测速杆；4—动触头

1）平均速度 v

$$v = \frac{s}{t} \tag{3-4}$$

式中　s——某行程的距离，cm；

t——该行程所需要的时间，$t = n?.01s$，n 为这段行程内的周波数。

2）瞬时速度。瞬时速度是指断路器在动作过程中某些控制点的速度，如分闸起始瞬间、合闸起始瞬间等的速度。

测量某一点的瞬时速度，一般取该点前、后两个波峰之间的距离 L（cm）作为行程，则瞬时速度 v 为

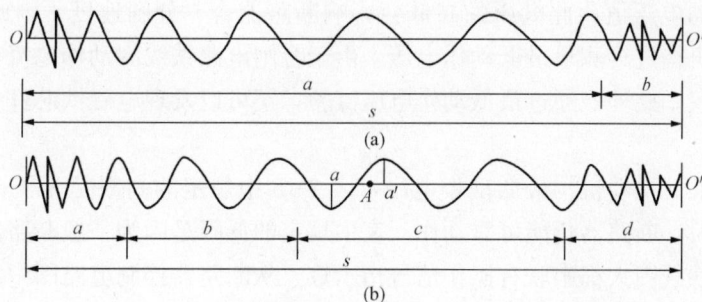

图 3-69 振动波形图

(a) 断路器合闸振动波形图；(b) 断路器分闸振动波形图

$$v = \frac{L}{t} = \frac{L}{0.01} = L(\text{m/s}) \qquad (3\text{-}5)$$

式中，L 的取法为：如某瞬时控制点在振动正弦曲线波峰顶上，则瞬时速度就等于该点前后两波峰间的距离的数值，如图 3-70 (a) 所示。

如果某控制点在振动正弦曲线波形的中心线上，或控制点在波峰的其他位置时，则取控制点前后两组波峰距离的数值 L_1 和 L_2 的平均值，即

$$v = \frac{L_1 + L_2}{2}(\text{m/s}) \qquad (3\text{-}6)$$

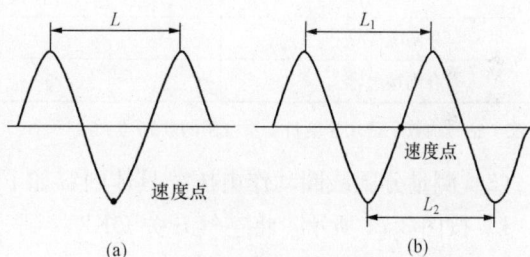

图 3-70 速度计算图

(a) 波峰顶点的速度计算图；
(b) 波形零点的速度计算图

(4) 速度标准。测量计算得出的实际速度，应符合制造厂标准。

四、操动机构试验

在交接和大修时必须对操动机构进行相应的试验，以保证断路器的工作性能可靠。

1. 测量线圈的直流电阻

(1) 测量目的。测量线圈的直流电阻是指测量操动机构的合闸接触器线圈、合闸电磁铁线圈和分闸电磁铁线圈。测量目的是检查线圈是否有断线、短路或焊接不良等缺陷。

(2) 测量方法。一般采用电桥测量法。

(3) 测量标准。测量值与厂家规定值或与前次所测结果相比较，应无明显差别。如果有明显减少，则说明该线圈可能存在短路现象；如果有明显增大，则可能是焊接不良或线圈断线等缺陷，应予消除或更换线圈。

2. 测量线圈绝缘电阻

(1) 测量目的。主要是监视操动机构线圈的绝缘状况。

(2) 测量一般使用 500V 或 1000V 绝缘电阻表。

(3) 测量标准。绝缘电阻值一般要求不少于 1MΩ。

3. 测量最低动作电压

(1) 测量目的。操动机构的最低动作电压是指断路器动作时，合闸接触器线圈或分闸电

磁铁线圈端头上的电压值。此电压的高低会影响断路器合、分闸速度。因此在交接和大修后，必须对操动机构进行测量最低动作电压。由于合闸电磁铁线圈动作电流很大，一般不要进行动作电压试验。此外，通过最低动作电压试验，还可以发现电磁铁芯杆卡滞或线圈极性接线错误等缺陷。

（2）测量标准。操动机构最低动作电压，表 3-15 中规定的高限是为了在操作电源电压下降到某一程度时，断路器仍能可靠动作。表中规定的低限是因为一般断路器的合闸接触器线圈和分闸电磁铁线圈大都串联有操作信号指示灯，从断路器控制电路图中可看到操作前就有灯泡电流流过线圈，为防止电流造成误动作或拒绝返回，所以操动机构的动作最低电压规定了下限值。

表 3-15 　　　　　　　　　　　操作机构最低动作电压

部件名称	最低动作电压值（额定电压的百分比）	
	不小于	不大于
分闸电磁铁	30	60
合闸接触器	30	80（65）

注　括号内数字适用于能自动重合闸的断路器。

（3）测量分闸线圈动作电压。具体内容如下。

1）按图 3-71 所示，将空气开关 QK2 接到分闸电磁铁线圈 T0 上。

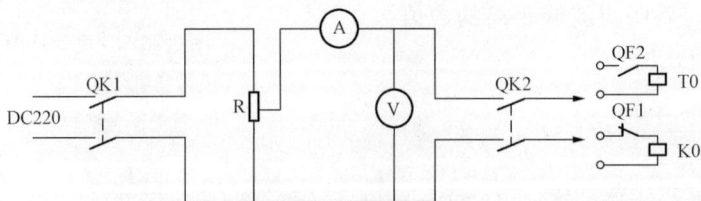

图 3-71　操动机构最低动作电压测试接线

DC—操作电源；QK1、QK2—空气开关；R—可变电阻；QF2—断路器常开辅助触头；
QF1—断路器常闭辅助触头；T0—分闸电磁铁线圈；K0—合闸接触器线圈

2）将断路器合闸，其常开辅助触头 Q2 闭合。

3）合上空气开关 QK1。

4）调整电压至额定电压的 30%。

5）合上空气开关 QK2，此时断路器应不能跳闸，然后拉开空气开关 QK2。

6）将电压调至额定电压的 30%～65% 之间的某一值，再合上空气开关 QK2，此时，如果断路器跳闸，可调低电压再试。如果断路器不跳闸，可调高电压值再试，直至找到跳闸的最低动作电压值，此电压值即为分闸的最低动作电压。

（4）测量合闸最低动作电压值。具体内容如下。

1）将空气开关 QK2 接到合闸接触器线圈 K0 上（如图 3-71 所示）。

2）断路器已在分闸状态，其常闭辅助触头 QF1 闭合。

3）重复"测分闸动作最低电压"的操作，直至找到合闸接触器最低动作电压值，即为合闸最低动作电压。

（5）注意事项。主要包括如下几个方面。

1）测量前要选好测量所用设备的参数和电源容量，其额定值应符合测量的需要，否则影响测量结果的准确性。

2）测量前要检查断路器，常开、常闭辅助接点动作要可靠，以保证断路器动作后立即切断电源，以避免线圈长时通电而烧坏。

3）测量时如果断路器动作电压发生异常，应重点检查电磁铁芯杆等是否有机械卡滞；如果线圈是由两个线圈组合成的，则应检查它们的极性连接是否正确。

4. 检查操动机构的动作情况

（1）检查目的。检查操动机构动作情况的目的，是为了检测操动机构在额定电压下，或高于或低于额定电压时，操作回路是否完好，分合闸是否正常，机械传动部分是否灵活可靠等，以保证断路器能可靠的工作。

（2）检查项目。检查项目见表 3-16。

表 3-16　　　　　　　　　　操动机构动作情况检查项目

操作类型	操作电源母线电压（额定电压的百分数）	操作次数
合闸	115	2
	100	2
	90（80）	2
分闸	100	2
	80	2

注　括号内数字适用于能自动重合闸的断路器。

（3）检查时注意事项。主要包括以下几个方面。

1）应用远距离操作装置来进行操作检查。

2）对于高于和低于额定电压下的操作检查，在有条件时才进行。

3）对电动操动机构，不允许在不带断路器本体的情况下进行操作试验。

4）对电磁操动机构动作情况检查时，要求合闸电磁铁线圈端头上的电压不应低于厂家所允许的最低电压值。

高压隔离开关检修

隔离开关是一种结构比较简单的开关电器，其使用量大，操作频繁，是电力系统中重要的开关电器之一。它的操动机构驱动本体刀闸进行分、合，分闸后形成明显的电路断开点。因此，隔离开关的检修是至关重要的。

高压隔离开关的结构、形式多样，按安装地点分为户内式（如图 4-1 所示）和户外式隔离开关（如图 4-2 所示）

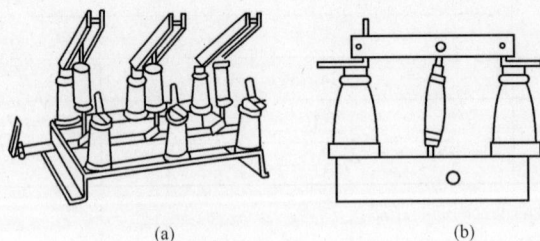

图 4-1　户内式隔离开关

(a) 三相外形；(b) 单相结构

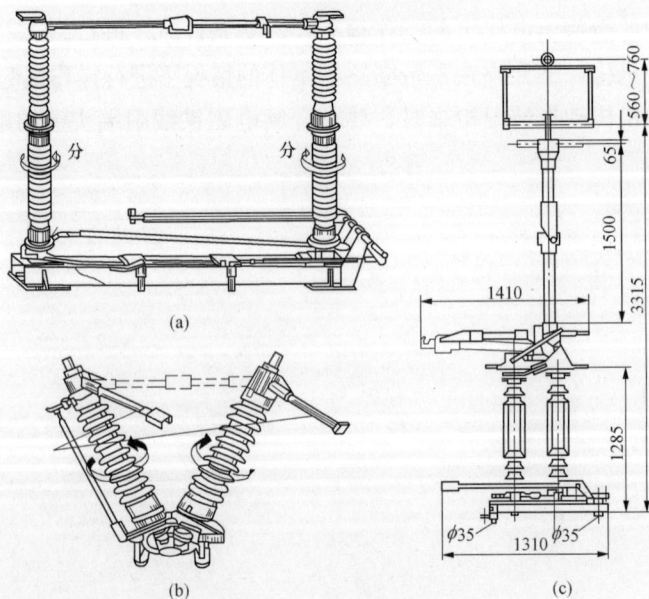

图 4-2　户外隔离开关

(a) GW4 系列；(b) GW5 系列；(c) GW16 系列

第四章

第一节　高压隔离开关检修

一、高压隔离开关的故障、原因及处理方法

隔离开关的故障、原因及处理方法见表 4-1

表 4-1 　　　　　　　　　　隔离开关的故障、原因及处理方法

序号	故障现象	故障原因	处理方法
1	触头过热	(1) 压紧弹簧松弛。 (2) 接触面氧化，接触电阻过大	(1) 检查并更换压紧弹簧。 (2) 用 "00" 号砂纸打磨触头表面，并涂凡士林
2	刀片弯曲	刀片之间电动力的交替变化	检查刀片两端的接触部分的中心是否重合，如不重合则需要移动刀片或调整固定瓷柱的位置
3	刀片自动断开	短路时，静触头夹片相斥力加大，刀片向外推力加大	检查磁锁有无损坏，增加弹簧压力，更换弹簧垫圈
4	绝缘子表面闪络或送电	(1) 表面脏污。 (2) 胶合剂发生不应有的膨胀或收缩	(1) 冲洗绝缘子。 (2) 更换新的绝缘子
5	刀片拉不开	(1) 冰雪冻结。 (2) 传动机构转轴生锈。 (3) 接头处熔接	轻轻扳动操作机构的手柄，找出故障原因，进行处理
6	固定触头夹片松动	刀片与固定触头接触面太小，电流集中流过接触面后又分散，使夹片产生斥力	研磨接触面，增大接触面的压力

二、高压隔离开关检修前的准备工作

1. 检修前的资料准备

检修前应对拟检修的隔离开关的安装、运行、故障、缺陷及隔离开关设备近期的试验检测等方面情况进行详细、全面的调查分析，以判定隔离开关的综合状况，为现场具体的检修方案的制订打好基础。

2. 检修方案的确定

通过对检修前资料的分析、评估，制订出隔离开关的具体的现场检修方案。现场检修方案应包含隔离开关检修的具体内容、标准、检修工作范围以及是否包含完善化改造项目。

3. 检修工器具、备件及材料准备

应根据被隔离开关的检修方案及内容，准备必要的检修工器具、备件及材料。如检修专用支架、起重设备、试验检测仪器等，还应按制造厂说明准备相应的辅助材料。另外，还应准备专用工具，如手动操作杆、专用拆装扳手等。

4. 检修安全措施的准备

（1）所有进入施工现场的工作人员必须严格执行《电业安全生产规定》，明确停电范围、工作内容、停电时间，核实站内所做安全措施是否与工作内容相符。

（2）现场如需进行电气焊工作，要开动火工作票，应有专业人员操作，严禁无证人员进行操作，同时要做好防火措施。

（3）在隔离开关传动前，各部要进行认真检查，在隔离开关传动时，应密切注视设备的动作情况，防止绝缘子断裂等造成人身伤害和设备损坏。

（4）当需接触润滑脂或润滑油时，需准备防护手套。

（5）隔离开关检修前必须对检修工作危险点进行分析。每次检修工作前，应针对被检修隔离开关的具体情况，对危险点进行详细分析，并做好充分的预防措施，并组织所有检修人员共同学习。

5. 检修人员要求

（1）检修人员必须了解熟悉隔离开关的结构、动作原理及操作方法，并经过专业培训合格。

（2）现场解体大修需要时，应有制造厂的专业人员指导。

（3）对各检修项目的责任人进行明确分工，使负责人明确各自的职责内容。

三、高压隔离开关检修的基本要求

1. 检修周期和项目

（1）小修周期和项目。隔离开关每半年至一年应进行一次小修，小修的项目如下。

1）对运行中发现的缺陷进行处理，清理触头的接触面，涂抹凡士林等。

2）检查动、静触头的接触情况。

3）检查橡皮垫和玻璃纤维防雨罩的密封情况。

4）检查导电带与动触头片及动触头座的连接情况。

5）测量隔离开关主闸刀和接地刀闸主回路的回路电阻。

6）清扫及检查转动瓷套和支持瓷套。

7）检查（或紧固）所有外部连接件的轴销和螺栓。

8）检查接地刀闸与主闸刀的连锁情况。

9）清扫及检查操作机构、传动机构，对齿轮等所有有相对运动的部分添加润滑油，进行3~5次分、合闸试验，观察其动作是否灵活、准确、同期，机械连锁、电气连锁、辅助开关的触头应无卡滞或传动不到位的现象。

（2）大修周期和项目。大修周期：新安装的隔离开关，在投运后1~2年进行一次大修；正常运行的隔离开关，每隔3~5年或操作达1000次以上时应进行一次大修。大修项目如下。

1）导电系统的检修。触头部分要用汽油或煤油清洗掉油垢；用砂布清擦掉接触表面的氧化物，用锉刀修整烧斑；检查所有弹簧、螺钉、垫圈、开口销、屏蔽罩、软连接、轴承等，应完整无缺陷；修整或更换损坏的元件；最后分别加凡士林或润滑油装好。

2）传动机构与操动机构。清扫掉外露部分的灰尘和油垢；其拉杆、拐臂轴、涡轮、传动轴等部分应无机械变形或损伤，动作应灵活，销钉应齐全、牢固；各活动部分的轴承、涡轮等处要用汽油或煤油清洗掉油污后注入适量润滑油；动作部分对带电部分的安全距离应符合要求；限位器制动装置应安装牢固，动作准确。

3) 检查并旋紧支持底座或构架的固定螺钉；接地端应紧固，接地线应完整无损。

4) 根据厂家安装使用说明书或有关工艺标准的要求，调整闸刀的张开角度或开距，接触压力及备用行程等。

5) 机械连锁与电磁连锁装置应正确可靠，有缺陷时应处理调试好。

6) 清除辅助开关上的灰尘与油泥，检查并调整其小拐臂、传动杆、小弹簧及触片的压力，打磨接触点，活动关节处点润滑袖，以使其接触良好，正确动作。

7) 按规定进行绝缘子（或绝缘拉杆）的绝缘试验，对工作电流接近于额定电流的隔离开关或因过热而更换新触头、导电系统拆动较大的隔离开关，还应进行接触电阻试验。对电动或气动操作部分的二次回路各元件以及电磁锁、辅助开关的绝缘，用 500V 或 1000V 绝缘电阻表测量其绝缘电阻，应不小于 $1M\Omega$，并进行 1000V 的交流耐压试验。

8) 对隔离开关的支持底座（构架）、传动、操动机构的金属外露部分应去锈刷漆，对导电系统的法兰盘、屏蔽罩等部分根据需要涂相色漆等。

9) 检查机构箱内端子排、操作回路连接线的连接情况及机构箱门的密封情况，测量二次回路的绝缘电阻。

10) 检查机构箱、基础地脚螺栓等的紧固情况。

11) 接地刀闸检修。检查刀闸三相接触情况，传动轴部注润滑油，固定座螺钉紧固，检查分闸加速弹簧，检查接地片是否完整，检查机械闭锁是否灵活、有无卡塞。

总之，检修后的隔离开关应绝缘良好、操作灵活、分闸顺利、合闸接触可靠。同时在操作中，各部件不能发生变形、失调、振动等异常情况。各接线端、接地端连接应牢固。

（3）临检。根据运行中出现的缺陷及故障性质进行，临时性检修项目应根据具体情况确定。

2. 检修质量标准

（1）主触头接触面无过热、烧伤痕迹，弹簧无过热，触指接触部分磨损不超过 1mm；弹簧及触指活动灵活不卡滞，无锈蚀、分流现象。

（2）触头片无烧伤、接触处光滑无毛刺磨损深沟不大于 1mm，夹紧螺钉紧固零件齐全。

（3）回转瓷套转动灵活，轴端螺母挡调整适当，瓷套不晃动。

（4）操动机构转动灵活，润滑良好，操作轻便。

（5）接地刀闸接触良好，分闸位置正常，机械闭锁可靠，操作轻便灵活。

（6）三相合闸基本同期，两个边相合闸允许稍提前于中相 10～15mm。

（7）合闸后固定触头应与横担在一条线上。

（8）分闸时分开角度不小于 70°。

（9）合闸时触指均应接触良好，接触头应垂直。

（10）绝缘子完好、清洁，无掉瓷现象，上下节绝缘子同心度良好。

四、高压隔离开关的检修质量标准、技术要求及调整

1. GW2-220、GW2-60 型隔离开关的检修质量标准、技术要求及调整

（1）检修质量标准及技术要求。GW2-220、GW2-60 型隔离开关检修质量标准及技术要

求见表 4-2。

表 4-2　　　　　GW2-220、GW2-60 型隔离开关检修质量标准及技术要求

项目	工作内容	质量标准及技术要求	检修性质
检查和清擦瓷瓶柱	检查或拆装引线接头	（1）线接头的接触处应严密，用 0.05mm 塞尺检查不得进入 6mm。 （2）接触面应清洗干净，并涂一层凡士林。 （3）接连螺钉应紧固、无松动	大修 小修
	检查和清擦瓷瓶柱	（1）瓷瓶柱应清洁光亮，无裂纹、破损、釉层脱落及烧伤闪络的现象 （2）铁瓷件的胶合应牢固，无裂纹及水泥胶合物脱离的现象 （3）各节绝缘子的连接螺栓应紧固适量，不可过紧或者放松绝缘子与底座的连接应紧固可靠。 （4）各节垫片不应搞错，缝隙应用腻子填嵌并油漆。 （5）螺栓应清洗干净无锈蚀及滑牙的现象 （6）同一瓷瓶柱连接应使各绝缘中尺线在同一垂直线上，同相各瓷瓶柱的中心线应在同一垂直平面内，三相应保持在同一水平面上	大修 小修
	测量绝缘电阻	每一层绝缘电阻值应不小于 300MΩ	
检查和清扫闸刀机构及接地刀	检查和检修静触头、主闸刀	（1）接触表面应清洁无氧化膜，并应涂一层中性凡士林。 （2）接触应严密，用 0.05mm 塞尺检查应塞不进去。 （3）检查主闸刀与静触头间的接触压力应为 220kV，294～343N；60kV，196～245N	大修
	机械调整	（1）主刀闸投入应水平且垂直于静触头，无过分单边接触及冲击现象 （2）主刀闸不同时接触应不超过 10mm （3）主闸刀分闸时各相仰角应一致。220kV 刀闸至静触头距离大于 2m。110kV 刀闸至静触头距离大于 1m。80kV 刀闸至静触头距离大于 0.65m	
检查和检修操作机构及传动机构	清扫检查传动机构、拉杆、拐臂、轴承等零部件	（1）各部件均应清扫干净，表面漆层完好，各滑动接触面应润滑良好。 （2）各部零件应无损坏、弯曲及变形等现象，连接部分应紧固牢靠，焊缝不应有裂纹，连接部分的销子应齐全紧固，开口销应开口	大修 小修
	检查机械联锁机构	动作灵活、正确可靠	
	检查和清扫操作机构	（1）减速器的齿轮、涡轮、涡杆均应清洗干净，润滑良好。 （2）切换机构及转换接点的动作正确可靠，接点表面应无麻点、烧损及氧化物。 （3）分合指示板的指示位置应与开关的实际位置相符合。 （4）电热器应无断线、短路等现象。 （5）二次回路动作正确可靠，磁力启动器接触应严密，表面光滑，无严重烧伤现象。 （6）电动机的检修参照本书第九章异步电动机检修部分。 （7）外壳应严密不漏水，表面漆层完好	

（2）调整。主要包括以下几个方面。

1）三相隔离开关同期性调整。如果隔离开关三相闸刀端部上的消弧棒在开始离开固定在静触头上的消弧棒时（两消弧棒须相互擦及），三相闸刀接触的不同步，接触不能达到标准要求时，可按下法调整：① 调整转动绝缘子下面的转动板上的偏心螺钉位置；② 调整极间连接杆的长度；③ 旋松闸刀机构夹头下的六角螺钉，将主闸刀稍稍转动。

2）闸刀合闸位置调整。如果隔离开关的主闸刀的触头不能与静触头保持水平位置接触时，应将主闸刀夹头上的六角螺钉旋松，转动主闸刀调整，最后将螺钉旋紧。

3）主闸刀触头压力调整。如果主闸刀与静触头的接触压力达不到标准要求时，可增减静触头夹头垫片来调整。

4）主闸刀开距的调整。如果主闸刀开距小于标准要求空气绝缘距离时，可改变调节拉杆与轴承支座上的连接孔的位置，使其绝缘距离符合要求。

5）隔离开关支持绝缘子串同尺度调整。如果隔离开关支持绝缘子串不同尺或不垂直，则应在相应瓷瓶柱间的相应位置加调整垫片调整。

2. GW7-220 型隔离开关的检修质量标准、技术要求及调整

（1）检修质量标准及技术要求。GW7-220 型隔离开关检修质量标准及技术要求。

表 4-3　　　　　　GW7-220 型隔离开关检修质量标准及技术要求

项目	工作内容	质量标准及技术要求	检修性质
本体部分的检修	静触头及主闸刀装置分解检修	（1）触指应无变形，接触面应清洁、光滑、无氧化层及过热现象。 （2）静触座与触指接触部分的贺弧表面应清洁、光滑、无明显沟痕。 （3）静触座与线夹连接的接触面应平整，无氧化膜。 （4）触头弹簧应弹性良好，无变形，锈蚀及过热现象，否则应更换。 （5）防雨罩、U 形架完整、无损坏。 （6）夹板无变形、裂纹，M16 螺栓与支板间的焊缝应无开焊现象。 （7）动触头与静触头、导电杆的接触面应清洁，无氧化膜。 （8）屏蔽罩应完整，无损坏。 （9）导电杆应无变形、裂纹等现象，导电杆弯曲度不应大于 3%	大修
	支柱绝缘子检修	（1）瓷件应完整，无损坏，垂直。 （2）铁法兰应无裂纹，填料平整、光滑无脱落	大修 小修
	底座分解检修	（1）各部件清洁、干净。 （2）轴承应完整，转动灵活。 （3）转动轴应无锈蚀，钢球表面应光滑无锈蚀	大修
操作机构和拉杆的检修	操作机构分解检修	（1）轴与轴套清洁，润滑良好，轴与轴套的间隙为 0.4～0.5mm 为宜。 （2）辅助开关清洁，转动接点时，静接点应无卡涩，并能迅速复归。 （3）辅助开关动、静接点未接触时，静接点与动接点的胶木贺盘间应有 0.5～2.0mm 的间隙	大修 小修

项目	工作内容	质量标准及技术要求	检修性质
操作机构和拉杆的检修	拉杆的检修	（1）拉杆端部螺杆、螺母应完整、无锈蚀，公差配合适当。 （2）拉杆端部螺杆拧入接头深度应不小于20mm。 （3）拉杆接头孔摧径与轴销外径的间隙应不大于1.0mm，拉杆无变形、销轴开口销开口。 （4）竖拉杆锥型销应牢固无松动	大修 小修
调整	底座槽钢不平度	≤2%（长度比）	大修
	静触座中尺线至动触头中心线距离	140mm	
	动触头与导电杆的连接长度	≥35mm	
	三相不同时接触差	≤10mm	
	每个单断分闸口最小电气距离	≥1200mm	
接地刀闸的检修	操作机构的检修	与本体操作机构部分相同	大修 小修
	动、静触头的分解检修	（1）静触头触指面清洁，无氧化膜。触指弹簧无锈蚀变形，弹性良好。 （2）静触头两触指片间隙应为27±2mm。 （3）动触头接触部分应清洁，无氧化膜。 （4）接地刀闸动触头合闸后应插入静触头的两触指之间，接触可靠。 （5）接地刀分闸后，刀杆应在水平位置	
	传动部分检修	（1）横拉杆两端焊缝无开焊。 （2）小拉杆端部螺纹无锈蚀，螺杆与螺母公差配合适当。 （3）拉杆连接头孔的内径与连接轴外径的配合间隙应不大于1.0mm。 （4）所有转动轴与轴套的配合间隙为0.4～0.5mm。 （5）机械闭锁装置动作灵活、配合准确。 （6）旋转轴与底座之间铜质软连接的截面积应不小于50mm²。 （7）底座接地线无开焊、腐蚀等现象，接地线截面符合要求	

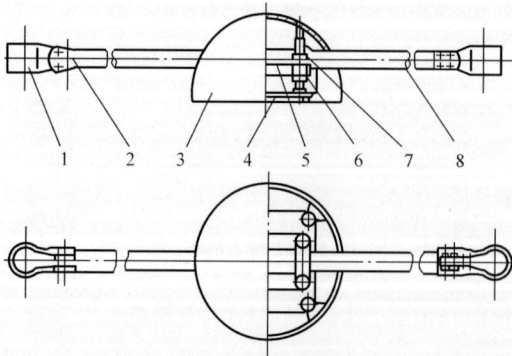

图4-3　主闸刀装置

1—动触头；2—螺栓；3—屏蔽罩；4—支板；
5—托板；6—调节螺母；7—夹板；8—导电杆

（2）调整。具体包括以下几个方面。

1）隔离开关支柱绝缘子垂直度调整。如果隔离开关支柱绝缘子歪斜，可用在节间加金属垫片来实现，之后垫片缝隙应用腻子抹平后涂以油漆。

2）动触头插入静触头深度的调整。如果动触头插入静触头深度达不到标准要求，可按下述方法调整（如图4-3所示）。

将调节螺母松开，导电杆便能上、下、前、后移动，由此可变动静触头间的远近、高低，并使两端触头接触情况一致，此时动触头插入静触头的深度仍不合适，可将螺栓松开，动触头便可在导电杆上转动和前后移动，使之达到动静触头插入深度的要求。

3）三相同期调整。如果隔离开关三相同期不合格，可调整相间拉杆的长短来实现，调整合适后将拉杆接头用备帽拧紧。

4）导电杆分闸时转动角度调整。如果导电杆分闸位置与合闸位置的夹角不合格或每个单断口最小电气距离小于 1200mm 时，可改变传动臂上的连杆长度来调整。

5）接地刀动触头插入静触头深度的调整如果接地刀动触头插入静触头深度不合格可调整接地刀传动拉杆长度来实现。

6）接地刀杆分闸位置的调整。如果接地刀杆分闸位置不合格，可按下述方法调整（如图 4-4 所示）。

接地刀转轴的拐臂上有一长孔，并有一个可沿此长孔移动的螺钉，改变此螺钉在长孔的位置，便可调整接地刀的转动角度和接地刀在分闸后所处的位置。调整接地刀杆分闸位置时的重力平衡，可借改变弹簧的松紧来实现。

7）机械闭锁装置的调整（如图 4-5 所示）。如果机械闭锁装置动作不对应，则应调节锁条在转动轴上的位置来实现。

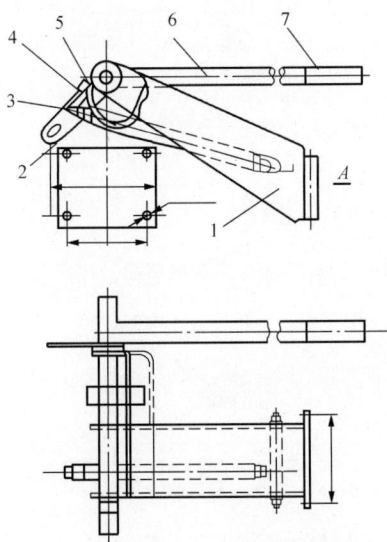

图 4-4　接地刀闸装置

1—接地刀闸支架；2—平衡弹簧；3—杆；4—接地刀转轴；5—导电体；6—刀管；7—接地动触头

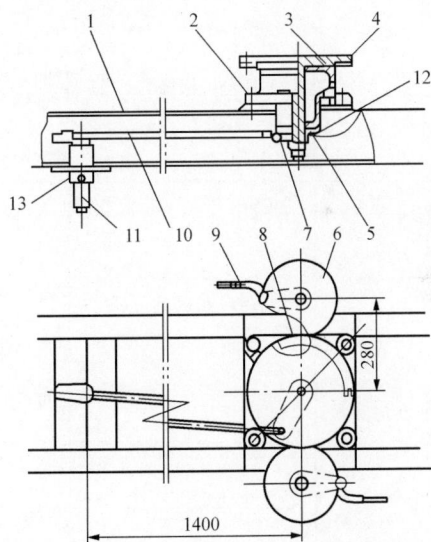

图 4-5　底座转动部分及联锁装置

1—底座；2—轴承座；3—1/2 钢球；4—转动轴；5—7209 单列圆锥滚子轴承；6—联锁板；7—传动臂；8—锁条；9—接头；10—连杆；11—连臂；12—防尘罩；13—衬套

3. GW5-60 型隔离开关的检修质量标准、技术要求及调整

（1）检修质量标准及技术要求。GW5-60 型隔离开关的检修质量标准及技术要求见表4-4。

表 4-4　　　　　　　　　　GW5-60 型隔离开关的检修质量标准及技术要求

项目	工作内容	质量标准及技术要求	检修性质
本体部分的检修	接线座和触头的检修	（1）各部件清洁、无污物，各部导电接触面装复时应涂中性凡士林。 （2）导电管与触头接触面应平整，无氧化，触头相应接触面镀银层应完整，无油垢，无明显沟痕，触指与触指座接触部分应平整，各部螺栓紧固、齐全。 （3）触指弹簧应无锈蚀、过热失效，弹簧拉力应为350±50N，大修时触指弹簧必须更换。 （4）导电管的触头应无损坏、无锈蚀，圆柱销应牢固。 （5）导电管与夹板、接线座的接触面应清洁、无氧化膜，导电管与夹板的连接长度应不小于70mm。 （6）导电带两端接触面应平整、清洁、无氧化膜，导电带的铜片损坏不超过5片，组装方向正确。 （7）轴套与导电杆间隙要求为0.2～0.3mm。 （8）接线夹外观应完整，接触面应清洁，无氧化膜。 （9）触头宽度小于规定值0.5mm时应更换	大修
	支柱绝缘子检修	（1）瓷件外观清洁、无损坏。 （2）铁法兰无裂纹，铁瓷间的填料应无脱落。 （3）绝缘子固定螺钉紧固	大修 小修
	底座分解检修	（1）各部件清洁、干净。 （2）轴承应完整，转动应灵活，轴承内应涂－40度的二硫化钼润滑脂，涂量为轴承腔的2/3。 （3）伞形齿轮应完整，无损坏。 （4）两个齿轮咬合准确，咬合深度为齿高的2/3。 （5）表面漆层完好	大修
操作机构和拉杆检修	操作机构检修（CS17型）	（1）轴及轴套清洁无污物、无锈蚀。 （2）轴与轴套的间隙要求为0.4～0.5mm。 （3）轴及轴套表面应完整无损坏，装复时应涂－40度二硫化钼润滑脂。 （4）辅助开关动接点转动时，静接点应无卡涩，并能迅速复归，动作准确，接触良好。 （5）辅助开关动静触头接点未接触时，动接点与静接点的胶木圆盘间应有0.5～2.0mm间隙。 （6）操作机构动作灵活	大修 小修
	拉杆的检修	（1）拉杆端部螺杆、螺母应完整，无锈蚀，公差配合适当。 （2）拉杆端部螺杆拧入接头时涂黄甘油，螺杆拧入接头深度应不小于20mm。 （3）拉杆应平直，接头孔与销轴配合间隙不大于1.0mm，开口销开口。 （4）竖拉杆锥形销子应无松动	
接地刀闸的检修	操作机构的分解检修	同本体操作机构	大修
	接地闸刀分解检修	（1）各零部件清洗干净。 （2）旋转轴与轴孔配合间隙为0.4～0.5mm。 （3）旋转轴与底座之间铜质软连接截面积应不小于50mm²，接触面装复时应涂凡士林。 （4）90度操作机构小拉杆两端接头螺纹无锈蚀，拉杆接头轴、孔径配合间隙不大于1.0mm。 （5）旋转轴装复时应涂二硫化钼润滑脂，开口销开口	大修

续表

项目	工作内容	质量标准及技术要求	检修性质
接地刀闸的检修	传动箱分解检修	(1) 各部件清洁干净。 (2) 弹簧无锈蚀、损坏。 (3) 各销无锈蚀、变形。 (4) 转臂轴注有少量机油，转动灵活。 (5) 各部开口销齐全并开口	大修 小修
	接地静触头分解检修	(1) 各零部件清洁、干净。 (2) 触座与接线座、触指的接触面无氧化膜。 (3) 触指弹簧应无锈蚀、损坏	
调整试验	相间距离	1600±mm	大修
	同相两接线夹端的距离	1180mm	
	接线夹端部至底座的下平面水平线的距离	1150mm	
	三相同期差	≤5.0mm	
	同相两个触头的最小空气距离	≥740mm	
	拉杆与带电部分的距离	≥650mm	
	触头偏离标记缺口距离	≤10mm	
	主导电回路电阻	≤200$\mu\Omega$	

（2）调整。具体包括以下几个方面。

1）同相两个接线夹端部距离调整。利用底座上的球面调整环节，调节四个螺栓的松紧。此时必须注意高速伞齿轮的啮合情况，必要时重新调整伞齿轮的位置，以保证操作灵活。注意不要使支柱绝缘子向两侧倾斜，要使支柱绝缘子保持在同一平面内。

2）触头合闸接触深度调整。利用改变导电管与接线座的接触长度来实现，但是导电管与接线座的接触长度不应小于70mm。

3）三相同期的调整。具体包括：① 改变三相连动拉杆长度；② 利用底座上的球面调整环节，调节四个螺栓的松紧。此时必须注意重新高速伞齿轮的啮合情况，必要时重新调整伞齿轮的位置，以保证操作灵活注意不要使支柱绝缘子向两侧倾斜，要使支柱绝缘子保持在同一平面内。

4）分闸位置触头对拉杆的最小距离调整。可利用弯曲拉杆调整，但应弯成与原拉杆平行。

5）接地刀闸的三相同期调整。可以旋转触头，使接地静触头上的触指抬高3.0mm，接触深度可调整小拉杆来实现。

4. GN$_1$-20型隔离开关检修质量标准、技术要求及调整

（1）检修质量标准及技术要求。GN$_1$-20型隔离开关检修质量标准及技术要求见表4-5。

表 4-5　　　　　　　　　　　**GN₁-20 型隔离开关检修质量标准及技术要求**

项目	工作内容	质量标准及技术要求	检修性质
检查并清扫支持和操作绝缘子	检查或拆装引线接头	（1）引线接头的接触处应严密，用 0.05mm 的塞尺检查不得进入 6.0mm。 （2）接触面应清洁干净，并涂一层凡士林。 （3）连接螺栓应紧固，无松动	大修 小修
	检查并清擦支持和操作绝缘子	（1）瓷瓶柱应清洁光亮，无裂纹、破损、釉层脱落及烧伤闪络现象。 （2）铁瓷件的胶合应牢固、无裂纹，并无水泥胶合物脱离的现象。 （3）各节绝缘子的连接螺栓应紧固适量不可过紧或者过松，绝缘子与底座的连接应紧固牢靠。 （4）螺栓应清洗干净，无锈蚀及滑牙的现象	大修 小修
检查和清扫闸刀及静触头	检查和检修静触头及闸刀	（1）接触表面应清洁无氧化膜，并应涂一层中性凡士林。 （2）铜槽应无变形，镀银表面不应损坏。 （3）接触应严密，用 0.05mm 塞尺检查可分侧及转轴侧塞入面积不大于总接触面的 2/3	大修 小修
	机械调整	（1）检查闸刀与静触头的接触压力分断侧为 490～539N，转动侧应为 882～940.8N。 （2）三相不同时接触差应小于 3mm。 （3）闸刀断时，最小绝缘距离不应小于 235mm，最大距离不应大于 245mm。 （4）手动及电动分合闸试验时，动作应灵活、轻松，每次合闸时应无偏卡	大修
检查和检修操作机构及传动拉杆	检查和清扫操作机构	（1）减速器的齿轮、涡轮、涡杆均应清洗干净、润滑良好，转动灵活。 （2）切换机构及转换接点的动作正确可靠，接点表面应无麻点、烧损及氧化物。 （3）分合指示板的指示位置应与开关的实际位置相符合。 （4）电热器应无断线、短路等现象。 （5）二次回路动作正确、可靠，磁力启动器接触应严密，表面光滑无严重烧伤现象。 （6）电动机的检修应符合电动机检修现场规程有关部分。 （7）外壳应严密，不漏水，表面漆层完好	大修 小修
	联锁机构检查	动作灵活、正确可靠	
	清扫检查传动机构、拉杆、拐臂、轴承等零部件	（1）各部件均应清扫干净，表面漆层完好，各滑动接触面应润滑良好。 （2）各部零件应无损坏、弯曲及变形等现象连接部分应紧固，焊缝不应有裂纹，连接部分的销子应齐全紧固，开口销开口	大修 小修

（2）调整。具体包括以下几个方面。

1）闸刀与静触头接触压力调整。可调整闸刀上的弹簧压紧螺栓的松紧来实现。

2）同期性调整。可调整拉杆绝缘子上的螺杆长度来实现。

3）开距调整。可调整操作机构的操作拉杆的长度来实现。

5. GW4-110 型隔离开关的检修质量标准、技术要求及调整

（1）检修质量标准技术要求。GW4-110 型隔离开关检修质量标准及技术要求见表 4-6。

表 4-6 　　　　　　　　　　　GW4-110 型隔离开关检修质量标准及技术要求

项目	工作内容	质量标准及技术要求	检修性质
本体部分的检修	中间触头检修	（1）中间触头与触片接触良好、应无变形，接触面应清洁、光滑、无氧化层及过热现象。 （2）出线座接触面应平整，无氧化膜，锥形触头、弹簧密封圈以及支持件等附件完好无损。 （3）中间触头静触头拉力弹簧弹性良好、无变形，支架及触头罩无损坏、锈蚀及过热现象，否则应更换。 （4）中间触头接触对称，上下偏差不大于 5mm，合闸到终点，中间间隙应在 16~21mm 范围内。 （5）主闸刀分合位置转动 90°。 （6）放电间隙应保证在 350±3mm 范围内，并且两个放电间隙应平直对正，球头无放电疤痕、否则应用板锉或砂纸处理光滑	大修 小修
	支柱绝缘子检修	瓷件完整无损，表面光滑，无污垢	大修 小修
	轴承座检修	（1）部件完整无损、无锈蚀。 （2）滚子轴承无损坏、转动灵活、无锈蚀。 （3）定位螺钉与挡板的间隙应达到 1~3mm 要求	大修
操作机构和拉杆的检修	操作机构分解检修	（1）各转动部分应转动灵活无卡阻现象，辅助开关和行程开关应能正常切换、无卡阻现象。 （2）所有连接件、紧固件应无松动现象。 （3）涡轮、涡杆及齿轮转动灵活，涡轮与输出轴的连接花键无松动或脱落。 （4）电动机绝缘良好、无过热现象。 （5）在电动机额定电压下以及在电动机 85％ 和 110％ 额定电压下分别操作分、合闸应正常。 （6）在电动机操作前，应使机构处于分合闸中间位置，再按分、合闸按钮检查电动机旋转方向是否正确。 （7）机械传动平稳无异常声响	大修 小修
	拉杆的检修	（1）杆端部螺杆、螺母应完整，无锈蚀、损坏现象。 （2）拉杆无弯曲变形、表面漆层良好	

项目	工作内容	质量标准及技术要求	检修性质
调整	底座槽钢不平整度	≤2%（长度比）	大修
	中间触头上下偏差	≤5mm	
	合闸时中间触头中间间隙	16~21mm	
	主闸刀分合位置转动	90°	
	放电间隙	350±3mm	
	定位螺钉与挡板的间隙	1~3mm	

（2）调整。具体包括以下几个方面。

1）圆柱触头与两排触指调整。如果两排触指不能同时接触，可调节交叉螺栓来达到。

2）合闸时中间触头中间间隙的调整。如果合闸时中间触头中间间隙不符合要求，可在支柱根部用增减垫片来达到但是每处加垫厚度不允许大于 3mm。

6. GW4-63 型隔离开关的检修质量标准、技术要求及调整（包括 GW4-63D、GW4-63 Ⅱ D 型）

（1）检修质量标准及技术要求。GW4-63 型隔离开关检修质量标准及技术要求见表 4-7。

表 4-7　　　　　　　GW4-63 型隔离开关检修质量标准及技术要求

项目	工作内容	质量标准及技术要求	检修性质
本体部分的检修	中间触头检修	（1）触头与触指接触良好、应无变形，接触面应清洁、光滑、无氧化层及过热现象。 （2）隔离开关在合闸位置时触头与触指的接触点，对正触指上的缺口，允许偏差 $^{+10}_{-5}$（插入深为负，插入浅为正）。 （3）接线座中的导电带与导电杆及支座的接触面以及出线座接触面，应平整，无氧化膜。7209 单列圆锥滚子轴承活动自如，紧固螺钉、开口销、螺母无脱落和松动现象。 （4）左右触指座卡板、弹簧、圆柱销、螺栓无变形、无脱落、无松动现象。 （5）隔离开关触头与触指间开距应大于或等于 830mm	大修 小修
	支柱绝缘子检修	（1）瓷件完整无损，表面光滑，无污垢。 （2）绝缘子支柱垂直度的调整，首先应松开轴承座的锁紧螺母，调节底座上四个螺栓松紧，两绝缘子支柱不要向两侧或前后倾斜，使其保持在一平面内，调整完毕重新紧固螺母。 （3）绝缘子支柱水平旋转角度为 90°	
	三相同期调整	调节各相的连杆长度或相间连动拉杆及主拉杆长度，调整完毕应紧固拉杆螺母	
	接地开关的检修	（1）接地静触头弹簧垫圈、螺母、弹簧及销子无变形、无脱落、无松动现象。 （2）接地开关合闸不同步时的调整，可调节连杆活动接头来实现	大修

项目	工作内容	质量标准及技术要求	检修性质
操作机构和拉杆的检修	操作机构分解检修	(1) 各转动部分应转动灵活无卡阻现象，辅助开关和行程开关应能正常切换、无卡阻现象。 (2) 所有连接件、紧固件应无松动现象。 (3) 电动机绝缘良好、无过热现象。 (4) 电动机在其额定电压的85%～110%范围内操作分、合闸应可靠。 (5) 在电动机操作前，应使机构处于分合闸中间位置，再按分、合闸按钮检查电动机旋转方向是否正确	大修 小修
	拉杆的检修	(1) 转动臂装配拐臂在分合闸终了位置时，应处在死点位置。 (2) 拉杆伸缩节及螺母无松动、无锈蚀、无脱落现象。 (3) 拉杆无弯曲变形、表面漆层良好	
调整	触头与触指间开距	≥830mm	大修
	触头与触指接触点的允许偏差	$^{+10}_{-5}$ mm	

(2) 调整。具体包括以下几个方面。

1) 触头与触指接触点偏差调整。不合格时，可转动或移动导电管长度。

2) 隔离开关触头与触指间开距及三相同期配合调整。调节各相的连杆长度或相间连动拉杆及主拉杆长度，调整完毕应紧固拉杆螺母。

3) 绝缘子支柱水平旋转角度为90°调整。调节每相的连杆长度。

4) 接地开关合闸不同步时的调整。可调节主轴活动接头来实现。

五、旋转式隔离开关的调整

旋转式隔离开关有GW4、GW5、GW7 三种型号，它们都是由三个单极组合在一起的，用水平连杆连接，使三极连动。

以上三种型号隔离开关的触头皆为指形多点接触式，如图4-6所示。指形触头上装有防护罩，用来防雨、冰雪及灰尘，具有一定的破冰与自净能力。其共同的特点是转动部分较多，在检修时必须保证各转动部分灵活，为此，各轴承及活动触头座均应清洗干净，并加润滑脂或润滑油。为保证分、合顺利和接触良好，必须使闸刀的轴线在合闸后与静触头中心对齐，对于GW4、GW5 型，还应使两闸刀中心对齐。可通过瓷柱底部垫薄钢片，调整法兰螺钉的松紧，改变瓷柱轴心的垂直度，或用转动闸刀管等方法达到上述要求，然后再进行接触部分的调整。接触部分的调整可参照图4-7按下述要求进行。

(1) 隔离开关的动、静触头接触可靠，动触头能顺利插入和离开静触头，动、静触头接点距离为140mm。

(2) 机械联锁装置动作可靠，应能有效地起到联锁作用。当连臂旋转180°时，转动轴大约转动70°。当主刀闸在合位时，应保证接地刀闸不合，反之主刀闸不合。

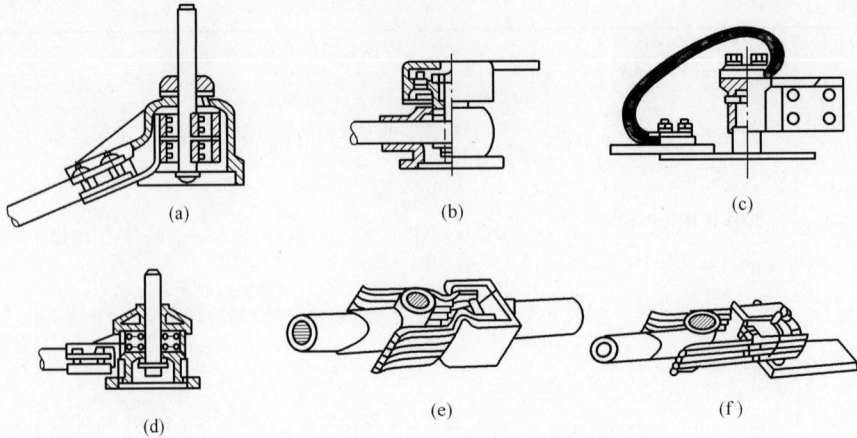

图 4-6　隔离开关触指形触头调整示意

(a)、(b) GW4 型；(c)、(d) GW5 型；(e)、(f) GW7 型

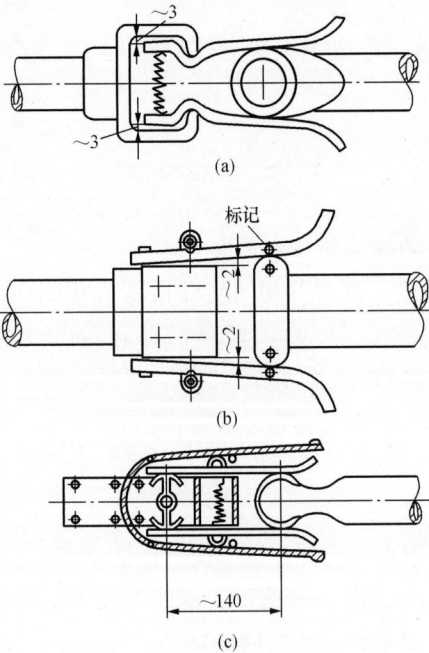

图 4-7　各触指跳闸示意图

(a) GW4；(b) GW5；(c) GW7

（3）接地刀闸处于合位时，应能处在静触头两触指之间，保持可靠接触，分闸后应处在水平位置。

（4）三相联动主刀闸动作应同步，其开闸角度为 70°。

六、隔离开关的试验

（1）测量绝缘电阻。设备交接及大修时，或每隔 1～3 年（根据当地的气候条件和设备状况），使用 2500V 绝缘电阻表测量绝缘电阻。

试验标准：整体绝缘电阻，自行规定；有机材料传动杆的绝缘电阻，额定电压为 5～15kV 应大于 1000MΩ；额定电压为 20～220kV，应大于 2500MΩ。各胶合元件的绝缘电阻，应大于 300MΩ（对各胶合元件分层耐压时，可不测绝缘电阻）。

（2）交流耐压试验。大修时对 35kV 及以下的隔离开关应进行交流耐压试验，目的是检查隔离开关的绝缘水平，试验电压见表 4-8。

表 4-8　　　　　　35kV 及以下的隔离开关交流耐压试验试验电压

项　目	数　值						
额定电压（kV）	3	6	10	35	60	110	220
试验电压（kV）	24	32	42	95	155	250	470

对于 220kV 的隔离开关，因试验电压太高，现场不具备试验条件，可不做交流耐压试验。

（3）测量操动机构线圈的最低动作电压，它应在额定操作电压的 $30\%\sim80\%$ 范围内。气动或液动机构应在额定压力下进行。

（4）检查隔离开关动作情况。在额定电压 85%、100% 及 110% 下，分、合闸各两次，应动作良好、无卡涩现象。检查主闸刀与接地刀闸应闭锁良好，手动操作两次，应动作正常。

七、高压隔离开关检修记录及总结报告

（1）设备检修前的状况。

（2）检修的工程组织。

（3）检修项目及检修方案。

（4）检修质量情况。

（5）检修过程中发现的缺陷、处理情况及遗留问题。

（6）检修前、后的试验和调整记录。

（7）应总结的经验、教训。

八、检修后高压隔离开关的投运

隔离开关在检修后，在投运前应进行以下工作。

（1）对所有紧固件进行紧固。

（2）接好隔离开关引线，接线端子及导线对隔离开关不应产生附加拉伸和弯曲应力。

（3）对所有相对转动、相对移动的零件进行润滑。

（4）金属件外表面除锈、着漆。

（5）清理现场，清点工具。

（6）整体清扫工作现场。

（7）安全检查。

（8）投运。

第二节　高压隔离开关操动机构的检修

一、高压隔离开关操动机构

隔离开关操动机构有手动、电动、液压操动机构，如图 4-8、图 4-9、图 4-10 所示，这里主要以 CJ2 系列电动操作机构为例进行讲解。

二、CJ 系列电动操动机构的检修

1. 电动机的检修

打开电动机上接线盒，标上电源线的接线端子编号，解开电源线。拔去机构箱内两个动轴，拆除机构箱内输出轴与辅助开关驱动轴的连接螺栓，取下辅助开关驱动轴，使机构与控制部分脱离。松开连接螺栓，同时托住减速箱与电动机，将减速箱体与电动机从机箱中抬出。松开电动机与减速箱的连接螺栓，使其分离。用专用工具取下电动机输出轴上的小齿轮，取下减速箱输入轴端部的弹性挡圈，用专用工具取下电动机输入轴上的大齿轮及平键取下。

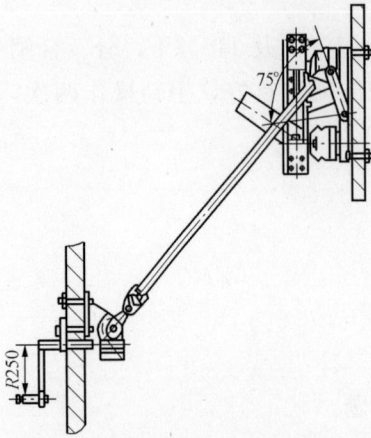

图 4-8　CS9 系列手动涡轮操作机构

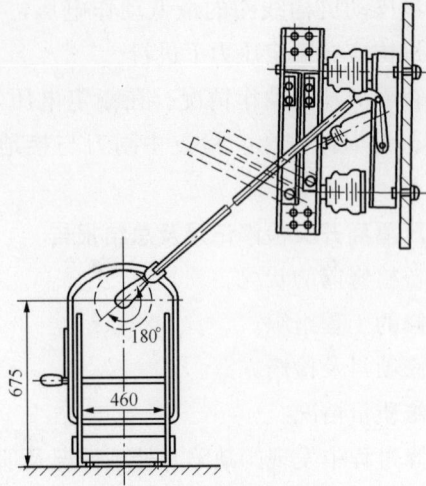

图 4-9　CJ2 系列电动操作机构

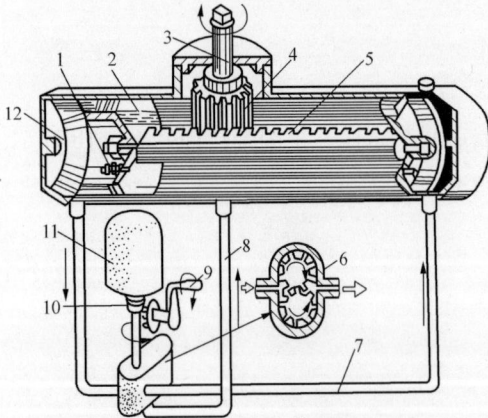

图 4-10　CY2 系列液压操动机构

1—逆止阀；2—活塞；3—主轴；4—齿轮；
5—齿条；6—齿轮油泵；7—主油管；
8—泄油回管；9—摇手把；10—伞齿轮；
11—电动机；12—油缸

检查电动机运转情况，转子和定子有无卡磨现象。拆下电动机端盖，检查清扫轴承，如磨损严重，应予以更换，重新加润滑油。用 1000V 绝缘电阻表测绝缘电阻应不小于 1MΩ。检查电动机的碳刷磨损情况及整流子磨不得大于 0.5mm。检查清扫定子和转子线圈，其内外表面应清洁，无油垢。检查碳刷的长度与整流子的接触情况，接触应良好，接线端子也应接触良好。

2. 减速箱的检修

减速箱的结构如图 4-11 所示。

均匀松开减速箱周围的螺栓，卸下减速箱两端端盖，打开减速箱，将丝杆连同丝杆螺母、蝶形弹簧和滚动轴承一并拆下，检查丝杆是否平直，丝杆与丝杆螺母的螺纹是否变形、磨损，检查轴承的变形情况，如磨损严重应予更换。将丝杆用铅皮包好，夹在虎钳上，旋动丝杆螺母。当螺母走至端头，刚脱离丝杆时，键形弹簧应该处于压缩终了位置，随即向反方向旋动螺母时，应能轻松搭扣，行走自如。丝杆与螺母如果不能自由脱扣和搭扣，应进行处理。丝杆与螺母咬死，或不能自由搭扣，应用专用工具拆下轴承及蝶形弹簧，修理丝杆或丝杆螺母。检查蝶形弹簧片数和装配方向并进行调整，使按上述方法检查后能自由脱扣和搭扣，并转动灵活，全行程无卡涩。所有转动部件用汽油清洗干净，并涂上二硫化钼，拆下丝杆螺母上的油杯，用汽油清洗干净后涂上新的二硫化钼。

按拆卸时的逆顺序对 CJ 电动操动机构进行装复，装复后的机构应按下列项目进行检查和试验。

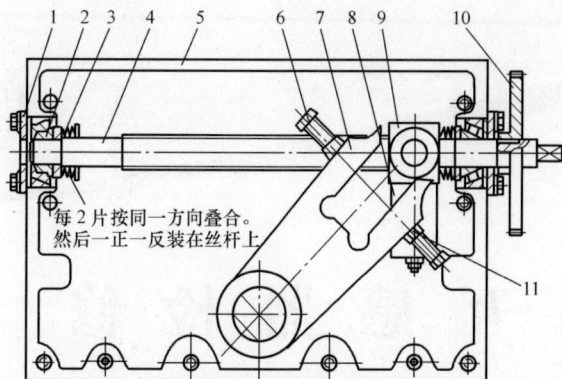

图 4-11　减速箱装配图

1—端盘；2—滚动轴承；3—蝶形弹簧；4—丝扣；5—减速箱；6—限位螺栓；

7—拔叉焊装；8—油杯；9—丝杆螺母；10—大齿轮；11—固定螺母

（1）检查电动机旋转方向，应与机构运动方向一致，用 1000V 绝缘电阻表测量绝缘，轴承注入二硫化钼，绕组绝缘电阻值不小于 1MΩ。

（2）检查控制开关通电是否可靠，用 500V 绝缘电阻表测量绝缘，并检查接线是否可靠，绝缘电阻值不小于 1MΩ。

（3）检查限位开关及限件动作是否正确、可靠。检查行程开关动作是否正确、可靠。检查转换开关动作是否正确、可靠。

（4）检查接触器的动作情况，并对触指进行检查、清扫，用 500V 绝缘电阻表测量线圈的绝缘情况，线圈绝缘电阻值不小于 1MΩ。

（5）检查端子排的生锈及接触情况，用 500V 绝缘电阻表测量端子及其二次回路的绝缘情况，其二次线的绝缘电阻值不小于 0.5MΩ。

（6）检查机构箱门和机构箱内电缆孔的密封情况。

第 五 章

互 感 器 检 修

互感器是电力系统进行电压、电流变换的设备，是一次系统和二次系统之间最重要的联络元件。它分为电压互感器（TV）和电流互感器（TA）两大类，图5-1～图5-4所示即为

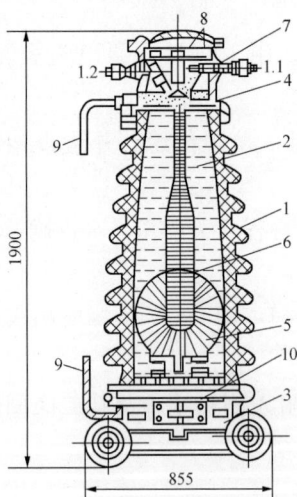

图 5-1　LCW-110 型户外油浸式瓷绝缘
8 字形绕组电流互感器结构
1—瓷外壳；2—变压器油；3—小车；4—扩张器；
5—环形铁芯及二次绕组；6—一次绕组；
7—瓷套管；8—一次绕组换接器；
9—放电间隙；10—二次绕组引出器

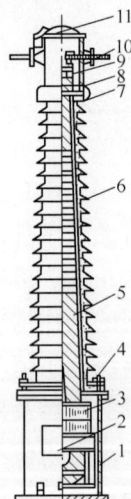

图 5-2　LCLWD3-220 型户外瓷箱式电容
型绝缘 U 字形绕组电流互感器结构
1—油箱；2—二次接线盒；3—环形铁芯及二次绕组；
4—压圈式卡接装置；5—U 形一次绕组；6—瓷套；
7—均压护罩；8—储油柜；9—一次绕组切换装置；
10——一次出线端子；11—呼吸器

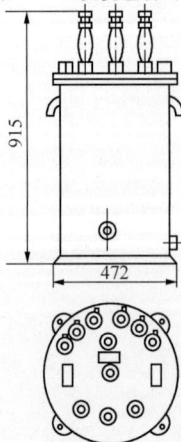

图 5-3　JSSW-10 型油浸式三相五柱电压互感器

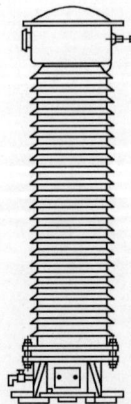

图 5-4　JCC-220 串级式电压互感器

不同型号的电流互感器及电压互感器。

第一节 互感器检修周期和项目

一、互感器小修周期和项目

互感器的小修、外部检查和清扫每年至少 1～2 次。小修的主要项目如下。

（1）清除互感器外部积尘、油垢，检查瓷套管有无裂纹及破损。

（2）检查互感器一、二次绕组接头有无松动、过热的现象。

（3）检查清扫油位指示器、放油阀门及油箱外壳，紧固各部螺栓，消除渗漏油。

（4）对不需要吊芯即可处理的缺陷进行处理，补换油与配合试验。

（5）检查接地线是否完好、牢固。

（6）检查（可看到的）铁芯、线圈有无松动、变形、过热、老化、剥落现象。

（7）更换硅胶和取油样试验，补充绝缘油。

（8）进行规定的测量和试验。

二、互感器大修周期和项目

电流互感器的内部检查与检修每 1～2 年进行 1 次，电压互感器每 2～3 年进行 1 次。大修的主要项目如下。

（1）完成小修所有内容。

（2）检查与清洗外壳，处理渗漏油部位与除锈刷漆。

（3）放出箱内的油，放油的同时要检查油位计、阀门是否正常，放油后，清洗掉油箱内的油泥与杂物。

（4）检查铁芯的夹紧程度以及是否过热退火，如果过热退火，将不能继续使用，检查夹紧螺钉的绝缘。

（5）检查并清洗绕组绝缘，检查与紧固全部接头及固定其绝缘的支持物。

（6）检查套管有无损伤及其密封情况，注油式套管应清洗内部、换油，纯瓷套管应检查其屏蔽漆是否完好，必要时应重新涂刷。

（7）对受潮的互感器要进行干燥处理，干燥后注入合格的油或对干式的互感器涂刷绝缘漆。

（8）进行规定的测量和试验。大修时的主要测试内容包括：①绕组的绝缘电阻；②介质损耗角 $\tan\delta$；③绕组连同套管对外壳的耐压试验；④电压互感器一次绕组的直流电阻。

三、互感器检修质量标准

（1）螺栓应无松动，附件齐全完整。

（2）无变形，且清洁紧密、无锈蚀，穿芯螺栓应绝缘良好。

（3）线圈绝缘应完好，连接正确、紧固，油路应无堵塞现象。

（4）绝缘支持物应牢固，无损伤。

（5）互感器内部应清洁，无油垢。

（6）二次接线板完整，引出端子连接牢固，绝缘良好，标志清晰。

（7）所有静密封点均无渗油。

（8）具有吸湿器的互感器，其吸湿剂应干燥，其油位应正常。

（9）电容式电压互感器必须根据产品成套供应的组件编号进行回装，不应互换，各组件连接处的接触面无氧化锈蚀，且润滑良好。

（10）互感器的下列部位接地应良好。

1）分级绝缘的电压互感器，其一次线圈的接地引出端子。

2）电容型绝缘的电流互感器，其一次线圈末屏蔽的引出端子及铁芯引出接地端子。

3）互感器的外壳。

4）暂不使用的电流互感器的二次线圈应短接后接地。

四、互感器检修前的准备

（1）根据设备状况，确定检修内容，编制检修计划进度和方案。

（2）组织好检修人员进行技术交流，讨论完善检修方案，明确检修任务。

（3）备好检修所用设备、材料、工具、仪表、备品配件和文明、安全检修所用物品。

（4）做好安全防护措施，办好工作票、动火证等。

五、互感器大修时的主要测试内容

（1）绕组的绝缘电阻。

（2）介质损耗角 $\tan\delta$。

（3）绕组连同套管对外壳的耐压试验。

（4）电压互感器一次绕组的直流电阻。

六、互感器检修后试投运

（1）试运前应进行下列检查：①外观完整无缺损；②油浸式互感器应无渗油，油位指示正常；③保护间隙的距离应符合规定；④油漆完整，相色正确，接地良好。

（2）试运行时进行下列检查：①表面及内部均应无放电或其他异声；②表计指示正常，装有三相表计时三相表计指示平衡，无缺相或不平衡现象；③油温油位正常，无渗油。

第二节　互感器的检修

浇注绝缘与干式绝缘这两类互感器因结构原因，检修项目很少，主要根据定期试验结果进行分析判断，并发现缺陷，日常项目只是清扫和外部检查。因而互感器检修主要是针对油浸式互感器。

一、油浸式互感器的检修

油浸式互感器的检修包括如下内容。

（1）没有油位计及油枕的油浸式电压互感器，油面距箱盖的距离应经常保持不大于15mm。对 JDJ 型互感器油面距箱盖距离如大于 30mm、JSJB 型和 JSJW 型互感器油面距箱盖距离如大于 60mm 时，则器身与引线已露出油面，应检查绝缘是否受潮，并补油或更换新油。

（2）LFC 型电流互感器为消除瓷套内空气隙的游离，在内表面和被接地部件包围的外表面均涂有石墨半导体漆，内部漆膜与一次导线相连，外部漆膜接地。漆膜剥落时，会引起电晕放电或损坏一次绕组的匝间绝缘。因此，在检修时，必须涂一层半导体漆，漆膜厚度约为 0.1～0.14mm，涂后在空气中干燥 3h。用 500V 绝缘电阻表测试漆膜电阻时，电极相距 100mm，电阻值应为 10～100kΩ。

二、电压互感器绝缘支撑板的检修

电压互感器在使用中常发现介质损耗角增大或绝缘电阻偏低的现象，一般认为是绕组受潮造成的，且主要属于绝缘支撑板的受潮、开裂及起泡等。这种分级绝缘的互感器中，铁芯带有一定电位，靠支撑板作为铁芯对地的主绝缘。支撑板的好坏直接影响到互感器的绝缘性能好坏。

（1）改进支撑板材料。支撑板的材料通常选用酚醛纸质层压板，也可用 DY100 型电工绝缘纸板经过涂漆、热压、机床加工及干燥浸漆制成支撑板。

（2）支撑板检修注意事项。所用漆的黏度要控制适当，涂漆要均匀，压力要均衡，要求不低于 2.94MPa。机床加工时，要注意表面粗糙度，四周要光滑成圆角。在加工过程中不能用水或其他油脂做冷却液。干燥时，要用夹板夹紧，防止弯曲变形。浸漆时，漆层不能留有漆瘤。浸漆后干燥时，温度不能突然升高，要防止漆层外干内潮、留有气泡，出现皱折现象。

经试验合格的支撑板暂时不用时，用夹板夹紧，放入烘房中。

（3）支架介质损耗超标的处理方法如下。

1）烘烤和浸漆。将介质损耗超标的绝缘支架垂直挂在烘箱内，以 5℃/h 升温至 80℃，然后保持 150h，再降温至 20℃，取出支架，做介质损耗试验。试验合格后放回烘干箱内，以 10℃/h 升温至 100℃，然后保持 24h，再降温至 40℃，准备浸漆。在烘烤时，支架必须垂直放置，以防变形。将 1032 号绝缘漆倒入干净的铁桶内，用甲苯稀释绝缘漆，用干净的木棒将漆上下搅匀，直至木棒从漆中提出时，漆能从其上快速下流。桶高应比支架长度长 20cm，绝缘漆离桶口 20cm 为佳。浸漆应在干燥洁净的室内进行。

将 40℃支架连同铁丝钩一起从烘干箱内取出，手提钩子将支架慢慢地全部放入漆桶内，静置 3mim。然后慢慢将钩子提起，滴净余漆，在浸漆室内晾置 1h 后，迅速将支架垂直放回烘箱，以 10℃/h 升至 100℃，然后保持 24h，再降温至 50℃，检查支架漆膜干燥是否合格。检验时，用 0.12mm 电缆纸一张，稍用力贴在支架上 1～2s，证明纸张与支架间无黏合，漆膜无气泡为合格。进行介质损耗试验合格后，将支架放回烘箱，准备更换支架。

2）更换及组装注油。将电压互感器内变压器油放净，拆吊瓷套，将合格支架，用干净的绸布擦净。更换支架时，先拆下一根旧的，再换上一根合格的，并紧固。依次操作，换完 4 根支架，这样便可使铁芯及绕组保持原状。4 根支架中有 1 根区别于其他 3 根，应加倍小心，以防装错。支架更换完毕，先用干净绸布将互感器内各部擦净，吊装瓷套，组装密封。然后将互感器抽真空至 98.7kPa 以上，维持 48h，再边抽真空边注油。注油管口径不得大于 3mm，分 3 次注油，每次间隔 4h，注满油抽真空 8h 后即可使用。

三、绝缘电阻测试

绝缘电阻应按下述时间进行测定：大修时，35kV 及以下 1～3 年 1 次；66kV 及以上每年 1 次。

测定时，应注意以下几点。

（1）互感器只测量绕组的绝缘电阻，而不测量吸收比。测量时，将非测绕组短路接地。

（2）一次绕组用 2500V 绝缘电阻表，二次绕组用 1000V 或 2500V 绝缘电阻表。当互感器吊芯检查时，应将铁芯穿心螺栓一端与铁芯连接片拆开（试后修复），用 2500V 绝缘电阻表测量绝缘电阻，如果连接处不能拆开，则可以不测量。

（3）互感器绕组的绝缘电阻值没有统一标准，但应根据本单位或具体设备自行规定；或将测量结果在相同的条件（如相同的温度）下与历次测量值或同类型互感器的测量值相互比较，应没有明显的差别。

四、介质损耗角 $\tan\delta$ 的测定

此项试验只对 20kV 及以上的互感器进行。测试时，二次绕组应短路接地。

电流互感器的 $\tan\delta$ 值应不大于表 5-1 所列数值。电压互感器的 $\tan\delta$ 值应不大于表 5-2 所列数值。

表 5-1 　　　　　　　　　　电流互感器 $\tan\delta$（20℃时）值标准

电压（kV）		20～35	66～220
套管为充油的电流互感器	交接及大修后	3	2
	运行中	6	3
套管为充胶的电流互感器	交接及大修后	2	2
	运行中	4	3
套管为胶纸电容式的电流互感器	交接及大修后	2.5	2
	运行中	6	3

表 5-2 　　　　　　　　　　电压互感器的 $\tan\delta$ 值标准

温度（℃）		5	10	20	30	40
35kV 以下	交接及大修后	2.0	2.5	3.5	5.5	8.0
	运行中	2.5	3.5	5.0	7.5	10.5
35kV 以上	交接及大修后	1.5	2.0	2.5	4.0	6.0
	运行中	2.0	2.5	3.5	5.0	8.0

五、交流耐压试验

互感器的交流耐压是指绕组与套管对外壳的工频交流耐压试验。串级式或分级绝缘式的电压互感器做倍频感应耐压试验。互感器一次侧的交流耐压试验可以单独进行，也可以和相连的一次设备（如母线、隔离开关、断路器等）一起进行。试验时，二次绕组应短路接地。

互感器一次绕组单独进行交流耐压试验时，试验电压见表 5-3。一次绕组与母线等设备一起进行交流耐压试验时，试验电压应采用相连设备中的最低试验电压。互感器全部更换绕组绝缘后，一般应按出厂试验电压标准进行试验。

表 5-3 　　　　　　　　　　互感器工频交流耐压试验电压标准

额定电压（kV）	3	6	10	15	20	35
交接及大修试验电压（kV）	22	28	38	50	59	85
出厂试验电压（kV）	24	32	42	55	65	95
运行中非标准产品及出厂试验电压不明的且未全部更换绕组的试验电压（kV）	15	21	30	38	47	72

注 出厂试验电压与表中不同的互感器，其试验电压应为制造厂出厂试验电压的 90%，但不得低于表中非标准产品的相应数值。

互感器二次绕组的交流耐压试验电压，出厂为 2kV；交接与大修时可以单独进行试验，也可以与二次回路一同进行，其试验电压为 1000V，持续时间为 1min。

六、特性试验

互感器的特性试验方法基本与变压器相同，这里仅对互感器的特点加以补充叙述。

（1）测量绕组的直流电阻。电流互感器不易发生断线或接触不良等故障，但电压互感器一次绕组发生断线或接触不良等故障的可能性较大，因此只需测量电压互感器一次绕组的直流电阻。各种型式电压互感器一次绕组的直流电阻均在数百至数千欧之间，可用单臂电桥进行测量。

绕组直流电阻的判断标准没有统一的规定，主要是与制造厂家或历次所测得的数据相比较，应没有明显的差别。

（2）极性和接线组别试验。电流互感器极性试验方法与变压器的相应试验方法相同，这里应指出的是电流互感器经过拆修后，再装配时，可能会将二次绕组的极性接反，故应在装配后再次检查其极性。电压互感器极性和接线组别的试验方法与变压器相同。

由于相当多互感器一次侧的套管没有标记，而互感器二次绕组却标以 A、B、C、D、E 等抽头符号，在检查极性后，应画成布置图，以防误接线。为了防止互感器铁芯有永久磁化现象，影响准确度，最好不用直流法试验。

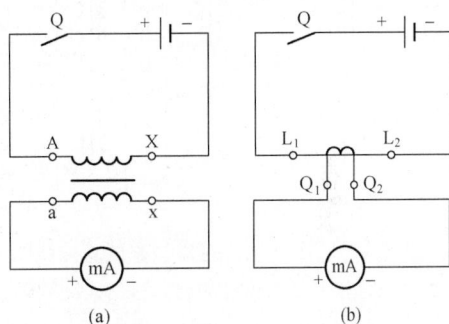

图 5-5　互感器极性检测接线图

（a）电压互感器；（b）电流互感器

下面绘出两种极性检测的试验接线图，如图 5-5 及图 5-6 所示。

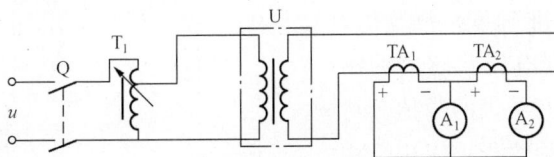

图 5-6　交流比较法测定电流互感器极性试验接线图

Q—电源开关；T_1—单相调压器；U—升流器；TA_1—已知极性和
变比的电流互感器；TA_2—被试电流互感器

（3）变比检查和误差测定。在交接和预防性试验中规定，互感器各分接头的变比与铭牌相比没有显著差别，对于更换线圈的互感器，则规定要进行变比误差和相角误差的测定。变比检查和误差测定，二者的标准不太一致，前者检查变比是否与铭牌相符，并要求没有显著的差别；后者检查互感器的准确度是否符合规定。因此，变比检查主要采用比较法，而误差测定主要通过专用的仪表，主要是互感器校验仪。

1）电流互感器变比的检查。电流互感器变比的检查，是采用与标准电流互感器比较的方法，试验接线如图 5-7 所示。

接线时，将被试电流互感器与标准电流互感器一次侧串联，二次侧各接一只 0.5 级的电

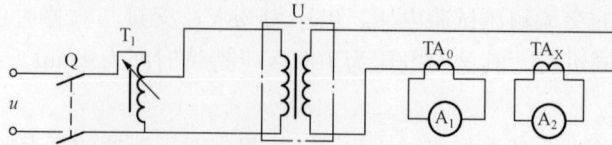

图 5-7　电流互感器变比检查试验接线图

Q—电源开关；T₁—单相调压器；U—升流器；TA₀—标准电流互感器；TA$_x$—被试电流互感器

流表，由升流器 U 在一次侧供给电流。当电流升至互感器的额定电流值时，同时记录两电流表的读数。

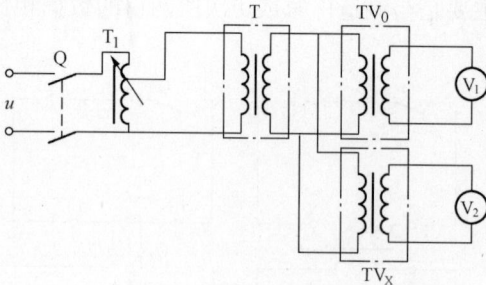

图 5-8　电压互感器变比检查试验接线图

Q—电源开关；T₁—单相调压器；T—试验变压器；
TV₀—标准电压互感器；TV$_x$—被试电压互感器

用变压比电桥法，试验接线如图 5-9 所示。

采用比较法时，被试电压互感器和标准电压互感器高压侧并联，低压侧各用 1 只 0.5 级以上的电压表，由单相调压器通过试验变压器向高压侧施加试验电压。从高压侧施加电压的目的，是为了减少被试电压互感器的励磁电流，提高测量变比的准确度。操作时，用调压器升压，当达到电压互感器的额定电压时，同时读取两电压表的数值。对于三相电压互感器变比的检查，应用三相试验电源。使用的标准电压互感器，可以用三相的也可以用单相的，但同样要求准确度等级不应低于 0.2 级，使用的电压表不低于 0.5 级。

利用变比电桥测得的变比误差，要比比较法准确，并且试验电压低，很适合现

试验时，标准电流互感器与被试电流互感器的变比应尽可能相同，标准电流互感器的级别应高于被试电流互感器的级别，使用的电流表应在 0.5 级以上。当被试电流互感器二次侧有两个及两个以上绕组时，可分别接入电流表同时测量，也可将非被试绕组短接，严防二次开路。

2）电压互感器变比的检查。检查电压互感器的变比，可以采用与标准电压互感器相互比较的方法，试验接线如图 5-8 所示。也可采

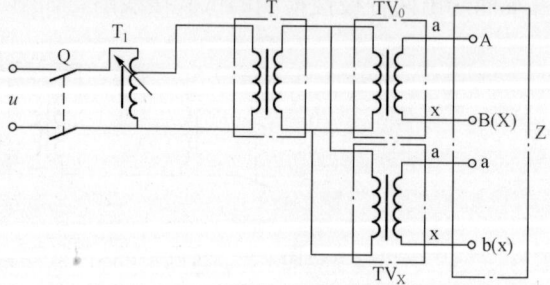

图 5-9　电压互感器变比电桥法接线示意图

T₁—试验变压器；T—单相调压器；Q—电源开关；
TV₀—标准电压互感器；Z—变化电桥；TV$_x$—被试电压互感器

场大变比电压互感器的变比检查。如果没有标准电压互感器，仍可利用现场的电压互感器通过变比电桥进行相互比较。

（4）励磁特性试验。互感器的励磁特性即空载伏安特性，是指一次侧开路时，二次侧励磁电流与所加电压的关系曲线，实际即铁芯的磁化曲线。

互感器励磁特性试验的目的是检查互感器的铁芯质量，鉴别其饱和程度，以判断电压互感器的绕组有无匝间短路或层间短路等。对 10kV 以上电压互感器，必要时测量无负荷电

流；对电流互感器，应根据继电保护要求，测录励磁特性曲线。另外，还要求进行电压互感器的空载励磁特性试验，以避免系统铁磁谐振过电压等事故的发生。

1) 电流互感器励磁特性的试验方法。试验前，将电流互感器的二次引线和接地线均拆除，接线如图 5-10 所示。试验时，被试电流互感器的一次侧开路，在二次侧加电压。为读数方便，预先应选取几个电流值，逐点以电流为准，读取电压值。通入的电流或电压的限值以不超过制造厂技术条件的规定为准。当电流超过 1.3 倍额定值时，读数应迅速，以免绕组过热损坏绝缘。试验后，应根据数据绘出特性曲线。

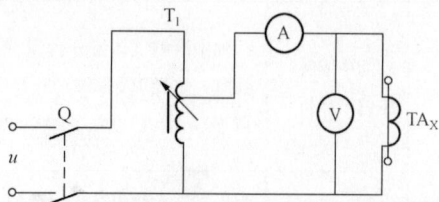

图 5-10 电流互感器励磁特性试验接线图

将实测励磁特性曲线与过去或同类型电流互感器的励磁特性曲线比较，若电压有显著降低，应检查是否存在二次绕组的匝间短路。

2) 电压互感器励磁特性的试验方法。试验前，将电压互感器的一、二次引线和接地线均拆除，仍按如图 5-10 所示接线，但图中的电流互感器应换成电压互感器。试验时，被试电压互感器的一次侧开路，从二次侧施加电压。为读数方便，预先选取几个电压值，逐点以电压为准读取电流值，直至电压到达 1.3 倍额定电压为止。一般应测量 3 点以上，并在额定电压附近多测几点。试验后，根据记录绘出励磁特性曲线。

如果只要求测量电压互感器的空载电流，可以一次升到额定电压，读取电流数值。必要时，再升至 1.3 倍的额定电压，记录该电压下的电流数值并持续 1min，然后将电压降至额定值，再读取工频感应耐压后的空载电流值。

将实测的励磁特性曲线和空载电流值与同类型电压互感器的特性相比较，应无明显变化。在进行 1.3 倍额定电压下的感应耐压试验时，其耐压前、后的空载电流值不应有较大的区别，否则说明被试电压互感器励磁特性不良，或绕组有匝间或层间短路等缺陷。

七、互感器的试验项目、要求

互感器的试验项目、要求见表 5-4、表 5-5、表 5-6。

表 5-4　　　　　　　　　　　　电流互感器的试验项目、要求

序号	项目	要求	说明
1	绕组及末屏的绝缘电阻	(1) 绕组绝缘电阻与初始值及历次数据比较，不应有显著变化。 (2) 电容型电流互感器末屏对地绝缘电阻一般不低于 1000MΩ	采用 2500 绝缘电阻表
2	$\tan\delta$ 及电容量	(1) 主绝缘 $\tan\delta$（％）不应大于下表中的数值，且与历年数据比较，不应有显著变化。 大修后/运行中表： 电压等级(kV): 20~35 / 66~110 / 220 大修后 油纸电容型: — / 1.0 / 0.7 充油型胶纸: 3.0 / 2.0 / — 电容型: 2.5 / 2.0 / — 运行中 油纸电容型: — / 1.0 / 0.8 充油型胶纸: 3.5 / 2.5 / — 电容型: 3.0 / 2.5 / — (2) 电容型电流互感器主绝缘电容量与初始值或出厂值差别超出±5%范围时应查明原因。 (3) 当电容型电流互感器末屏对地绝缘电阻小于 1000MΩ 时，应测量末屏对地 $\tan\delta$，其值不大于 2%	(1) 绝缘 $\tan\delta$ 试验电压为 10kV，末屏对地 $\tan\delta$ 试验电压为 2kV。 (2) 油纸电容型 $\tan\delta$ 一般不进行温度换算，当 $\tan\delta$ 值与出厂值或上一次试验值比较有明显增长时，应综合分析，$\tan\delta$ 随温度、电压的关系，当 $\tan\delta$ 随温度明显变化或试验电压由 10kV 升到 $U_m/3$（U_m 表示最高运行电压）时，$\tan\delta$ 增量超过 ±0.3%，不应继续运行。 (3) 固体绝缘互感器可不进行 $\tan\delta$ 测量

序号	项目	要求	说明
3	油中溶解气体色谱分析	油中溶解气体组分含量（体积分数）超过下列任一值时应引起注意：总烃 $100×10^{-6}$；H_2 $150×10^{-6}$；C_2H_2 $2×10^{-6}$（110kV 及以下），$1×10^{-6}$：（220～500kV）	（1）新投运互感器的油中不应含有 C_2H_2。 （2）全密封互感器按制造厂要求（如果有）
4	交流耐压试验	（1）一次绕组按出厂值的 85% 进行。出厂值不明的按下列电压进行试验。 （2）二次绕组之间及末屏对地为 2kV。 （3）全部更换绕组绝缘后，应按出厂值进行	
5	局部放电测量	（1）固体绝缘互感器在电压为 $1.1U_m/3$ 时，放电量不大于 100pC，在电压为 $1.1U_m$ 时（必要时），放电量不大于 500pC。 （2）110kV 及以上油浸式互感器在电压为 $1.1U_m/3$ 时，放电量不大于 20pC	试验按 GB 5583 进行
6	极性检查	与铭牌标志相符	
7	各分接头的变比检查	与铭牌标志相符	更换绕组后应测量比值差和相位差
8	校核励磁曲线	与同类互感器特性曲线或制造厂提供的特性曲线相比较，应无明显差别	继电保护有要求时进行
9	密封检查	应无渗漏油现象	试验方法按制造厂规定
10	一次绕组直流电阻测量	与初始值或出厂值比较，应无明显差别	

交流耐压试验项目表格：

电压等级（kV）	3	6	10	15	20	35	66
试验电压（kV）	15	21	30	38	47	72	120

表 5-5　　　　　　　　　　电磁式电压互感器的试验项目、要求

序号	项目	要求	说明
1	绝缘电阻	自行规定	一次绕组用 2500V 绝缘电阻表，二次绕组用 1000V 或 2500V 绝缘电阻表
2	tanδ（20kV 及以上）	1）绕组绝缘 tanδ（%）不应大于下表中的数值 2）支架绝缘 tanδ 一般不大于 6%	串级式电压互感器的 tanδ 试验方法建议采用末端屏蔽法，其他试验方法与要求自行规定

tanδ 数值表：

温度℃		5	10	20	30	40
35kV 及以下	大修	1.5	2.5	3.0	5.0	7.0
	运行	2.0	2.5	3.5	5.5	8.0
35kV 及以上	大修	1.0	1.5	2.0	3.5	5.0
	运行	1.5	2.0	2.5	4.0	5.5

序号	项 目	要 求	说 明
3	油中溶解气体色谱分析	油中溶解气体组分含量（体积分数）超过下列任一值时应引起注意：总烃 100×10^{-6}；$H_2 150 \times 10^{-6}$；$C_2H_2 2 \times 10^{-6}$	（1）新投运互感器的油中不应含有 C_2H_2。 （2）全密封互感器按制造厂要求（如果有）进行
4	交流耐压试验	（1）一次绕组按出厂值的85%进行，出厂值不明的，按下列电压进行试验。 （2）二次之间及末屏对地为2kV。 （3）全部更换绕组绝缘后按出厂值进行	（1）级式或分级绝缘式的互感器用倍频感应耐压试验。 （2）进行倍频感应耐压试验时应考虑互感器的容升电压。 （3）倍频耐压试验前后，应检查有无绝缘损伤
5	局部放电测量	（1）固体绝缘相对地电压互感器在电压为 $1.1U_m/3$ 时，放电量不大于 100pC，在电压为 $1.1U_n$ 时（必要时），放电量不大于 500pC。固体绝缘相对相电压互感器，在电压为 $1.1U_m$ 时，放电量不大于 100pC。 （2）110kV 及以上油浸式电压互感器在电压为 $1.1U_m/3$ 时，放电量不大于 20pC	（1）试验按 GB 5583 进行。 （2）出厂时有试验报告者投运前可不进行试验或只进行抽查试验
6	空载电流测量	（1）在额定电压下，空载电流与出厂数值比较无明显差别。 （2）在下列试验电压下，空载电流不应大于最大允许电流 中性点非有效接地系统 $1.9U_n/3$ 中性点接地系统 $1.5U_n/3$	
7	密封检查	应无渗漏油现象	试验方法按制造厂规定
8	铁芯夹紧螺栓（可接触到的绝缘电阻）	自行规定	采用 2500V 绝缘电阻表
9	联接组别和极性	与铭牌和端子标志相符	
10	电压比	与铭牌标志相符	更换绕组后应测量比值差和相位差

交流耐压试验项目中的电压表：

电压等级（kV）	3	6	10	15	20	35	66
试验电压（kV）	15	21	30	38	47	72	120

表 5-6　　　　　电容式电压互感器的试验项目、要求

序号	项 目	要 求	说 明
1	电压比	与铭牌标志相符	
2	中间变压器的绝缘电阻	自行规定	采用 2500V 绝缘电阻表
3	中间变压器的 $\tan\delta$	与初始值相比不应有显著变化	

注 电容式电压互感器的电容分压器部分的试验项目和要求见上表。

第三节　互感器的油处理

互感器在安装前、运行前和验收时，都要从互感器中提取油样进行试验，这些油样的提取对于用油量大的变压器、电抗器等无关紧要，但对于用油量甚少，并且是全密封结构的互感器是不允许的。无论互感器的膨胀器采用何种型式，它的用油量必须严格按环境温度来控制，如果抽出油样过多，势必给互感器的正常运行造成影响。

一、互感器的油样提取

提取油样的方法是否正确，直接影响着测试数据的真实性和分析判断的准确性。取油时，应注意以下几点。

(1) 必须保证容器洁净，无灰尘和水分。

(2) 取油样时，应先放出一部分油冲洗出口处的污物，尽量避免外部杂物进入油样中。

(3) 避免取油量过大，否则，需要进行真空补油，对全密封互感器抽取油样时要有准确的计量和记录。

(4) 抽取油样应该用不透光容器。

二、互感器的补油

全密封互感器对变压器油的油质有较高的要求。其耐压强度、介质损耗值、含水量及含气量必须满足互感器的技术条件的要求，油号必须一致，切不可将不同标号的油混合使用。

(1) 装有波纹式膨胀器的互感器补油。在无抽真空设备的情况下，应当采取从互感器下部的放油阀门处补油的办法。具体操作程序如下。

1) 打开互感器的放油阀门外罩，将注油工具固定在放油阀门上，并连接好管路。

2) 打开旁路阀门，启动油泵，调节旁路阀，使压力逐步上升到 49kPa，而后打开中间阀。

3) 打开注油工具上的阀门，并逐步拧开注油工具上的放气螺栓，直至无气体放出，然后，拧紧螺栓（放气螺栓必须朝上）。

4) 扳动注油工具上的横杆，打开注油阀门，对互感器进行注油，以达到相应环境温度的油面线为准。

5) 停泵，关闭注油阀门，关闭排油阀门，取下注油工具，拧上互感器放油阀门的外罩。

如果互感器严重缺油，油面在膨胀器以下时，必须检查内部绝缘是否有露出油面的情况。如果露出油面则应考虑是否对互感器重新干燥处理。如果未露出油面，则在注油过程中，需打开膨胀器顶部的放气阀放气，直至无气体放出，然后按环境温度校准油面。

(2) 装有盒式膨胀器的互感器的补油。如果互感器的缺油量是已知的，则可采取与波纹式膨胀器相同的方法，从互感器下部补油，并注意观察流量计的读数。但对于装有外油式膨胀器的互感器，如果提取油样时没有严格、准确的记载，则必须严格按规程规定补油，操作程序如下。

1) 打开上储油柜的顶盖，安装专用的抽真空注油工具，并分别接至真空和注油系统。

2) 将盒式膨胀器的引出管接入真空系统，打开旁路阀门，抽真空后，残压不大于 66.661Pa。

3）打开通向上储油柜管路的真空阀门，对互感器进行抽真空约 0.5h，然后对互感器进行真空注油，注满油后解除真空，这时，油面将有所下降，在常压下将油补满，卸下顶部的抽真空注油工具。

4）将储油柜的顶盖安装好，确保密封良好，而后卸下接入盒式膨胀器引出管的管路，此时互感器内部处于充满油的状态。

5）拧下放油阀门外罩，装上专用的放油工具（此工具也用于放油），扳动放油工具的横杆，打开放油阀门，观察油量计读数，按互感器技术说明书要求放出规定的油量，然后密封好。

特别需要指出，补油系统的管路必须清洁，最好采用不锈钢软管，以确保补进变压器油的高质量。

三、互感器检验后的真空注油

已在空气中暴露器身的互感器，再次注油时，必须先抽真空，然后在真空下从上部缓慢地注油。在上部抽真空与加油有困难时，可以将原有顶盖调换为临时顶盖，并在上面装好玻璃大圆管，与真空表接通。预注油真空的残压保持在 1.333kPa 以下，到达上述真空度后，必须维持 2h 后才可注油。

在注油过程中，互感器内的真空度始终要保持在 0.1MPa。若真空度下降，则要停止注油，待真空度上升后再注油。

油注完毕后，尚需在油面上部继续抽真空 8～16h，真空度仍保持 0.1MPa 监视临时顶盖上玻璃管内的绝缘油，是否有细微气泡逸出，在无气泡选出后尚需抽真空 4h。注油过程结束后，可以拆开临时盖，装上橡胶帽，使幅底贴牢油面，中间不留气隙。

四、互感器受潮后的干燥处理

35kV 以上的户外式电压、电流互感器，由于产品结构、安装质量、运行维护方面等原因，可能导致绝缘电阻大幅度地下降。此时，需进行干燥处理。

1. 电流互感器的热油循环干燥原理

电流互感器热油循环干燥系统图如图 5-11 所示。它是通过真空滤油机升温对电流互感器进行热油循环而干燥的。

当热油进入电流互感器内部后，绝缘介质受热，其内部水分子热运动加剧，形成水蒸气。水蒸气通过两个渠道排出：一部分水分子克服油的阻力从互感器顶部排出；一部分被循环油带至真空滤油机排出。油温升高，互感器绝缘含水比例下降，油含水比例上升，通过不断对油的干燥处理，达到对绝缘干燥的目的。

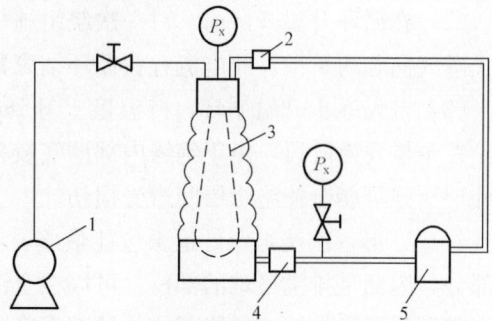

图 5-11 电流互感器热油循环干燥系统图
1—真空泵；2—进油测温点；3—电流互感器；
4—出油测温点；5—真空滤油机

本方式的优点是不需要分解器身、节省时间、工期较短，且干燥后器身清洁。

2. 电流互感器的热油循环干燥要点

（1）干燥技术措施规定，所监视部位绝缘电阻稳定 2h 后可以停止循环处理。试验表明

此时的绝缘电阻 R_0 只是一个相对稳定值，它出现的时间和大小主要由抽潮强度即油温和内部压强决定，不同的抽潮强度可得到不同的 R_0。因此正确选择抽潮强度是一次干燥成功的关键。

油温高固然对干燥有利，但过高则会加速一次导线内残油或绝缘纸的劣化，同时，一般现场使用的真空滤油机长期工作油温不宜超过 65℃，所以平均油温控制在 65～70℃ 对互感器绝缘寿命和真空滤油机的运行都是有利的。

互感器内部压强越低，水分汽化温度就越低。当油温高于汽化温度时，绝缘内水分产生气泡，开始汽化。过热度越大，汽化越激烈和迅速。水的汽化温度与压强的关系见表 5-7。

表 5-7　　　　　　　　　　　水的汽化温度与压强的关系

压强（Pa）	101.33×10^3		98.12×10^3		49.09×10^3
汽化温度（℃）	100		99		81
压强（Pa）	25.02×10^3	19.89×10^3	12.36×10^3		4.91×10^3
汽化温度（℃）	65	60	50		33

将上盖换为专门盖板后，电流互感器即可承受 1 个以上的大气压力。使循环系统密封得当，将内部空气残压控制在 2.7kPa 以下是可能的。而绝缘所受压强是空气残压与油自重压强的叠加，1m 油柱产生的自重压强约为 8.4kPa。以 LCLWD3-220 为例，现场全油位循环时油位高度约 2.3m，最大压强在下部油箱中约有 $2.3\times8.4\times10^3+2.7\times10^3\approx22.00\times10^3$ Pa（见表 5-7），油温采用 65℃ 可以满足汽化要求。这只是一个静态估算，实际上液体在流动时压强将进一步降低。

温度不同，真空度的高低本身对互感器绝缘没有副作用，因此应尽可能地提高真空度来达到提高抽潮强度的目的，具体讲就是使图 5-11 中真空表 P_x 指示值接近当地大气压力，二者之差就是互感器内空气残压。

（2）在循环升温开始前，对一次绕组施加 30%～40% 额定电流，目的是建立一定温差，防止潮气向芯内扩散。此电流宜在循环结束数小时后切断。

（3）首先逐步升温循环，待温度上升到控制值并经一定时间后，方可缓慢地提高真空度。在干燥开始阶段，由于绝缘内部潮气较多，相应产生较大的蒸汽压力。过早、过快地减小外层压强可能会使绝缘层间遭受损伤。

（4）U 形一次绕组弯处绝缘包扎最厚，绝缘外部压强最大，在循环方向上又属油温偏低部分，因此是排潮最难的部位。可以在全油位循环到某一时间后，适当降低油位循环，减小底部压强，增加对该绝缘部位的抽潮强度。

（5）循环油宜用新油，也可用原互感器油，但要先作单独干燥处理。为提高绝缘浸油程度，必须重视以下方面。

1）坚持预抽真空，不应低于 6h。

2）残压降低时，浸油程度加大，对于 220kV 以上互感器，尽量使残压不大于 0.133kPa。

3）研究表明，最大浸油程度是在油温 70℃ 左右时达到的，故尽量用热油注入，并可在注油过程中对一次绕组施加 40% 额定电流以助热。

4）油应从互感器上部注入，注入油应经真空干燥脱气处理，注油前油箱下部放油嘴处密封应可靠，防止从底部抽入空气。

5）进油速度不能过快。据经验，油位每增长1m的时间不宜低于3h。可根据互感器油量的多少选择注油内孔，一般为$\phi1.5$、$\phi2$，内孔长度5mm，管口呈喇叭形以利喷洒均匀。

综上所述，高电压电容型绝缘的电流互感器排潮虽然比较困难，但采用热油循环干燥方式一般都能解决现场排潮问题。对于轻微受潮的互感器，不用真空手段处理也可能使绝缘试验数据达到规程要求，但采用高真空后，干燥温度可以相对低些，对延长设备绝缘寿命有利。

五、110kV电压互感导受潮后现场处理方法

（1）绕组通电加热法。加热干燥的方法很多，如热油循环、热风循环、涡流加热、煤油蒸汽等。这些方法用于处理电压互感器时就使设备显得笨重复杂，电源容量大，耗电多，现场准备工作时间长，施工较困难。为此，对电压互感器可采用绕组通电加热法，介绍如下。

将电压互感器自身高压绕组短接，低压绕组用行灯（12V档）通电流加热。如JCC-110型电压互感器的绕组排列顺序，外层是辅助绕组，最里层是高压绕组，中间是低压绕组，而低压绕组又处于下部最易受潮的位置。故从低压绕组加热比从辅助绕组加热好，它能更好地把内部潮气蒸发外溢。加温电流开始为30A，然后视其低压绕组电阻折算出温度，随时改变电流大小。当绕组应测温度超过80℃时，绕组的温度要控制在80～90℃，温度的高低可视其受潮程度确定。注意：升温不要太快，电流增减数值要小，不然温度会增加很快。此时最好每隔15min试一次温度。

（2）真空脱气加热处理效果。110kV电压互感器经真空脱气加热处理后，其干燥处理时间是比较少的。此种干燥处理方法与烘炉中处理相比，有以下优点。

1）处理设备简单，仅需要1台真空泵（1.1kW）、1台调压器（0.5kVA）和1只行灯变压器（300VA，12/220V）。

2）节约能源，在烘炉中干燥一般耗电量为1500～4000kWh，而此种方法耗电量仅需10kWh。

3）在现场处理，可节省吊装及运输等费用。由于不需吊装，也避免了附近电气设备的临时停电。

4）绕组本身通电干燥，绕组受热均匀，干燥效果好。

5）此种干燥处理方法，适用于各种类型的互感器的干燥处理。

（3）干燥情况检测方法。对电压互感器的干燥过程及结果的判断，主要是测量介质损失角及绝缘电阻。在检测前，应当将接线小套管和接线板清理干净，以免影响测量结果。

六、高压电流互感器绝缘处理方法

高压电流互感器通常采用较厚的电容型油浸纸绝缘结构，这种绝缘结构的电气性能及其使用寿命，除取决于设计结构、参数、材质外，还取决于绝缘的工艺处理和操作技术水平。而绝缘处理的目的是除净绝缘内部的残存水分和气体，要求互感器在绝缘的真空干燥处理后，油浸纸的含水量降到0.3%～0.6%。如果绝缘处理不彻底，就不能满足使用的要求。

对高压电流互感器器身的处理方法有如下几种。

（1）加热抽真空的处理方法，这是一种使用较早的方法，先给器身预热后，边抽真空边干燥，待无冷凝水后维持一段时间，在真空状态下，浸入变压器油，等浸透后处理过程就结束了。这种方法简单可行，但由于在真空状态下，只有靠辐射供热，温度上升速度较慢，影响绝缘内部水分的蒸发速度，因此，整个处理过程的时间长。

（2）热风循环干燥的处理方法。这种方法是将 105～130℃ 的热空气送入干燥的罐内，使器身较快地均匀受热，并迅速带走器身内蒸发的水分。这种方法操作简便、安全，但处理时间较长，而且热风设备也比较复杂。

（3）热风与抽真空反复交替的方法。这种方法是在热风循环干燥方法的基础上发展起来的，即用热风加热器身与抽真空两种过程交替进行。热风的作用是加速器身中水分的蒸发，而抽真空的作用是加速带走水蒸气和尽快汽化，这种方法处理效果好，处理过程时间也较短。

（4）气相法。这种方法是采用一种汽化点高于水的煤油蒸汽和石油醚蒸汽作载热介质，把这种蒸汽直接喷到器身上，蒸汽与冷器身相接触，冷却凝结成液体，放出大量凝结热以加热器身，并使绝缘介质受热，内部水分蒸发，由真空泵抽出，这是一种很合理的干燥方法，在国外广泛采用，但国内还未采用。

（5）液相法。它主要是以热油来加热器身，使绝缘内水分蒸发，同时在器身受热后抽真空，以加速水蒸气排出。

实践证明，无论何种方法处理，都不能忽视抽真空的作用，只有把真空和加热两个方面相结合，才能使互感器器身处理效果好。

七、电流互感器退磁

电流互感器在运行过程中如突然断电或者二次侧开路，或者在绕组中误通直流电流，铁芯都可能产生剩磁，使磁导率下降，增大电流互感器的误差。这时，为减少剩磁对误差的影响，必须进行退磁。

电流互感器的退磁就是对铁芯通以交流电流，使铁芯磁通密度的磁导率从低到高并越过最大磁导率。从而达到饱和状态。然后逐渐降低磁场到零，如此反复几次，以恢复铁芯磁导率。退磁的方法有如下两种。

（1）开路退磁，即强磁场退磁。在被通磁铁芯的二次绕组中通以工频电流，使之由零增加到 $0.5I_{2N}$ 值（I_{2N} 为二次绕组的额定电流），然后均匀降到零，时间不少于 10s。在未切断电源之前，将二次绕组短接（在短接前，为防止电源过负荷，应先在回路中接入电阻负荷）。如此重复 2～3 次，并使每次施加的电流按 $0.5I_{2N}$、$0.2I_{2N}$、$0.1I_{2N}$ 递减。被退磁的电流互感器一次绕组为开路，不退磁铁芯的二次绕组（对多次级互感器而言）均应接成短路。

退磁用的可变电源必须是感应调节型的。所有的可变电阻可以是滑动接触型的，但在工作范围内的任一位置，不得出现接触不良现象。这种退磁方法，既能达到退磁目的，又比较安全。

（2）闭路退磁，即大负荷退磁法。在被退磁铁芯的二次绕组上接上相当于其额定负荷（Ω）10～20 倍的可变电阻，在电流互感器的一次绕组中通入工频电流，由零值增加到 $1.2I_{1N}$ 值（I_{1N} 为一次绕组的额定电流值），然后均匀降回到零（时间不小于 10s），可变电阻负荷也同时降至最低值（或短路），如此反复 2～3 次。

所用的可变电阻在其最低值时，应不超过该一次绕组额定负荷（Ω）的 1/5。当对多次级的电流互感器的一个铁芯进行退磁时，其余铁芯的二次绕组都应短路。

第六章

绝缘子、母线、电力电缆的检修

第一节　绝缘子的检修和试验

一、绝缘子的检修

1. 检修项目和周期

绝缘子检查、清扫及做耐压试验，一般随所支持的母线等一起检修，1～2 年大修一次，每年小修一或两次。

2. 检修质量标准

表面清洁，无裂纹、破损及放电痕迹，接地法兰安装紧固，与母线连接可靠。

二、绝缘子的异常运行及故障处理

1. 龟裂

发现绝缘子，绝缘套管及环氧树脂制品上有龟裂情况时，从电气性能和机械性能方面来说都是危险的，必须尽快更换；局部的裙边缺损或凸缘缺损虽然不一定会引起故障，但将扩展成龟裂，所以早日更换为好。产生龟裂的主要原因如下。

(1) 瓷件表面和内部存在着制造中的微小缺陷。

(2) 过电压或污损引起的闪络使瓷件受到电弧，局部过热面引起破坏。

(3) 硅脂的老化产生漏电流、局部放电和瓷绝缘子表面釉剂的剥落。

(4) 由于紧固金具过紧，使瓷件的某些部位受力过大。

(5) 由于操作时的疏忽，使绝缘子受到意外的外力打击或投石等外力破坏等。

(6) 由于内部设备配合不好，引起瓷套管间接性的破坏。

2. 爬电痕迹

当有机绝缘材料表面被污损而且湿润时，表面流过泄漏电流会形成局部的、绝缘电阻较高的干燥带，使加在这一部分的电压过高，从而产生微小放电，导致绝缘表面被炭化形成了导电通道，这就是爬电痕迹。爬电痕迹逐渐发展，最后将因闪络而引起接地短路故障。

因此，发现有爬电痕迹的绝缘子应及时更换，同时要加强对污损及受潮的管理，设法采用耐爬电痕迹、性能优良的材料等。

3. 漏油

内部装有绝缘油的绝缘套管，会由于瓷管龟裂、过大的弯曲负荷引起瓷管错位，或因密封材料老化等引起漏油。当漏油严重时，不仅会引起套管绝缘击穿，而且还可能对装有套管的设备（如变压器、断路器等）造成损伤。因此，一旦发现有漏油，应立即调查其严重情况，采取必要的措施，如停止运行或更换等。

4. 电晕

端子金具上突出部分的电晕放电，被污损的绝缘表面产生的沿而放电以及绝缘子套管的龟裂或内部缺陷等引起的电晕，必须尽早查明原因，采取适当措施。

5. 端子过热

绝缘套管的中心部位贯穿着通有电流的导体，此导体经过套管头部的端子金具与母线相连接，当这种端子连接不良时，就会发生过热使端子变色，导致绝缘的寿命缩短。

在用示温涂料或示温片对导体连接部位进行温度监视时，定期检查此处各种螺栓的紧固状态。

三、绝缘子的试验

1. 交接试验项目

（1）悬式绝缘子和支柱绝缘子的试验项目：①测量绝缘电阻；②交流耐压试验。

（2）套管的试验项目：①测量绝缘电阻；②测量 20kV 及以上非纯瓷套管的介质损耗角正切值 $\tan\delta$ 和电容值。

（3）交流耐压试验。

（4）绝缘油的试验。

2. 测量绝缘电阻

用 2500V 绝缘电阻表测量绝缘电阻，每片悬式绝缘子和多元支柱绝缘子的每一元件的绝缘电阻，不应低于 300MΩ；测量多元支柱绝缘子每一元件绝缘电阻时，应在分层胶合处绕铜线，然后接到绝缘电阻表上。棒式绝缘子不进行此项试验。若绝缘子有裂纹，而龟裂处有潮气、灰尘和脏污侵入时，绝缘电阻将显著下降。

测量套管主绝缘时，2500V 绝缘电阻表的 L、E 端钮分别接在套管的导电杆和法兰盘上。对 60kV 及以上的电容套管，应测量"抽压小套管"或"测量小套管"对法兰的绝缘电阻，一般不低于 1000MΩ。

3. 交流耐压试验

交接试验时，必须进行交流耐压试验。预防性试验时，可用交流耐压试验代替测量绝缘电阻试验。35kV 及以下的支柱绝缘子耐压试验，可在母线检修完毕时一起进行。纯瓷穿墙套管、变压器套管、电抗器及消弧线圈套管等，均可随母线或设备一起进行交流耐压试验。

悬式绝缘子的交流耐压试验电压标准见表 6-1。

表 6-1　　　　　　　　悬式绝缘子的交流耐压试验电压标准

试验电压（kV）	型号	试验电压（kV）	型号
45	X-3、X-3C、XP-4C	65	X-11（π-11）
55	X-1-4.5（π-4.5）、X-4.5、X-4.5C	70	X-16
60	X-7（π-7）	80	XF-4.5（HC-2）

4. 测量介质损失角正切值 $\tan\delta$ 和电容值

对于非纯瓷质套管，绝缘受潮、劣化都会导致介质损失的增加，测量介质损失角正切值和电容值，可以灵敏地反映出套管的劣化和其他局部缺陷。套管的介质损失角正切 $\tan\delta$ 和电容值，用 QS1 型西林电桥测量。对于未安装的套管单独测量时，可采用正接线，电桥的一端接导电杆，另一端接法兰，在上下瓷套靠法兰的第一棱边内侧设置屏蔽电极，并与电桥的屏蔽引线连接。如果被试套管的测量端子经小套管引出时，原来接法兰的一端接测量端子，此时法兰盘可直接接地。对带有抽压端子的套管，测量套管整体的 $\tan\delta$ 值时，将抽压端子"悬空"；测量抽压端子对地的 $\tan\delta$ 值及电容 $C2$。时，将导电杆"悬空"，施加于抽压端子上的电压不得超过 $3000\sim5000\mathrm{V}$。

对已安装的套管，其法兰与设备的金属外壳直接连接并接地，适宜采用反接线。在室温不低于 $10\mathrm{℃}$ 的条件下，套管的介质损失角正切值 $\tan\delta$ 不应大于规定值；电容型套管的实测电容量值与产品铭牌数值或出厂试验值相比，相差不大于 $\pm10\%$。

5. 套管绝缘油试验

套管中的绝缘油一般可不进行试验。但当有下列情况之一者，应取油样进行试验。

（1）套管的介质损失角正切值超过规定值。

（2）套管密封损坏，抽压或测量小。

（3）套管由于渗漏等原因需要重新补油。

套管绝缘油的取样、补充、更换及试验同变压器绝缘油的工艺要求电压等级为 $500\mathrm{kV}$ 的套管绝缘油，宜进行气相色谱分析的工艺要求。

第二节　母线的检修与试验

一、母线的检修

1. 母线的常见故障

母线发生故障以及母线保护范围内的电气设备发生故障，通常是电力系统中最严重的事故之一。如果因母线发生故障而引起的母线电压消失，接于该母线上的送电线路和用电设备将失去电源，造成大面积停电。因此必须注意母线的运行状态、检修质量。下面是常见的母线故障。

（1）母线连接处过热。当连接处接触不良时，接头处的接触电阻增加，加速接触部位的氧化和腐蚀，使接触电阻进一步增加，这种恶性循环，将使母线局部过热，严重时会使接头烧红，甚至熔化断线，造成事故。

（2）绝缘子对地闪络。母线的支持绝缘子发生龟裂、缺损，有爬电痕迹而使绝缘降低，导致发生闪络，甚至击穿。

（3）母线电压消失。母线保护范围内的电气设备发生故障，如母线、母线隔离开关、断路器、避雷器等发生短路故障，电源中断或送电线路、变压器故障引起的越级跳闸。短路电流通过母线时，在电动力和弧光闪络的作用下，可能使母线发生弯曲、折断或烧坏，或使绝缘子崩裂。

2. 母线运行维护

（1）检查导线、金具有无损伤、是否光滑，接头有无过热现象。为判断母线接头处是否发热，应观察母线的涂漆或示温片有无变色现象，对流过大电流的接头，可用红外线测温仪测量接头处温度，当测试结果超过下列数值时，应减少负荷或停止运行，裸母线及其接头处为 70℃，接触面有锡覆盖层时为 85℃，有银覆盖层时为 95℃，闪光焊接时为 100℃。

（2）每间隔半年至一年进行一次母线、绝缘子清扫，特别是污秽地区，应增加清扫次数。每两年至少进行一次各种型号线夹的紧固检查。

（3）配合配电装置的试验和检修，检查母线接头、金具的紧固情况与完整性，对状态不良的部件应及时修复。

（4）配合电气设备的检修，对母线，金具进行清扫，除去支持架的锈斑，更换有锈斑的螺栓及部件，涂刷防护漆等。

二、硬母线的检修

母线配合配电装置检修，检修周期：1～2 年大修一次，每年小修一次。大修项目：母线清扫，解开母线接头检修接触面。小修项目：检查母线表面及各接头的接触面。

1. 硬母线的一般检修

（1）清扫母线，清除积灰和脏污，检查相序颜色。要求颜色明显，必要时应重新刷漆或补刷脱漆。

（2）检修母线接头，要求接头应接触良好，无过热现象。螺栓连接的接头，螺栓应拧紧，平垫圈和弹簧垫圈应齐全，用 0.05mm×1mm 塞尺检查，局部塞入深度不得超过允许值。焊接连接的接头，应无裂纹、变形和烧毛现象，铜铝接头应无接触腐蚀，户外接头和螺栓应涂有防水漆。

（3）检修母线伸缩节，要求伸缩节两端接触良好，能自由伸缩，无断裂现象。

（4）检修绝缘子和套管，要求清洁完好，损坏的要及时更换。

（5）检查母线固定情况，要求母线固定平整牢靠。并检修其他部件，要求螺栓、螺母、垫圈齐全，无腐蚀，片间撑条调整均匀。

2. 硬母线接头的检修

母线接头发热是母线常见故障，解体检修方法如下。

（1）接触面的处理。应先充分清除表面的氧化物、气孔或隆起部分，使接触面平整而略粗糙。

（2）在接头表面及接缝处填塞油膏，然后涂凡士林，以防止氧化。

（3）拧紧接触面的连接螺栓，掌握好旋拧程度。

（4）更换失去弹性的弹簧垫圈和损坏的螺栓、螺母。

（5）补贴已熔化或脱落的示温片。

三、软母线的检修

1. 软母线的一般检修

（1）清扫母线各部分，使母线本身清洁，检查导线应无松股和断股现象。

（2）清扫绝缘子串上的积灰和脏污，更换表面有裂纹和釉面损伤的绝缘子，检查绝缘子串各部件的销子应完好齐全，损坏者应予更换。

（3）检查母线接头应无发热现象。

2. 导线的修理

（1）导线断股和截面损伤的处理标准见表 6-2。

表 6-2 导线损伤处理标准

线 型	缠 绕	补 修	切断重接
钢芯铝绞线	<7%	7%～25%	>25%
钢绞线	<7%	5%～17%	>17%
单金属绞线	<7%	7%～17%	>17%

注 表中数据为断股损伤截面占铝股总面积的百分数。

(2) 导线修理方法。具体方法如下。

1) 缠绕法。适用于处理松股以及损伤不太严重的导线，是简单的修补方法。先将损伤部分及两旁 3～5cm 的导线表面用细钢丝刷或 0 号砂布清理干净，然后用与损伤导线相同的金属、单根线径相近的绑线，再用钢丝钳顺着绞线拧紧的方向将绑线紧密缠绕一层，缠绕长度应超过损伤部分两端的 3～5cm，最后将绑线两端余头剪齐、排平。

2) 加分流线。如果损伤的导线属于要重接的，但其所处的部位并不重要，或者所受张力不大，在空间条件允许时，可用并沟夹加分流线的方法处理。先准备一段与损伤导线规格相同绞线为并沟线，调直，端部绑扎并截齐，再准备好两个规格相同的并沟线夹，一起清擦干净，涂上中性凡士林，然后用并沟夹夹住损伤的绞线与分流线，调整好后拧紧线夹螺母。

3) 钢绞线的绑接和叉接。受伤的钢绞线，若截面小于 95mm²，所受张力不大，且距损伤处 3～5m 以内无另外接头时，可用绑接法连接。承受张力较大的绞线，应使用叉接（绞接）法连接，但只限于相同截面的绞线。

4) 导线的压接。压接前先将导线压接处相当于压接管的 1.2 倍长导线和压接管内壁，用钢丝刷刷去氧化层，在清扫末期应涂以中性凡士林再继续清刷，直至露出金属光泽为止，然后用白布擦去脏油及金属残屑，再涂上一层薄薄的中性凡士林。把导线拉直，消除扭转现象，检查所选用的压接钳是否合适、完好，再选用与导线同一规格的钢模，把导线和衬垫塞入连接管。铜线和铝绞线连接管的压接顺序是从一端开始，依次向另一端上下交错钳压，钢芯铝绞线连接管从中间开始，依次先向一端交错钳压，再从中间向另一端交错钳压。

3. 软母线接头发热处理

(1) 清除导线表面的氧化物，使导线表面清洁，并在线夹表面涂中性凡士林或防冻油（由凡士林和变压器油调和而成，冬季用）。

(2) 更换线夹上失去弹性或损坏的各个垫，拧紧已松动的各式螺钉。

(3) 对接头的接触面用 0.05mm×1mm 的塞尺检查时不应塞入 5mm 以上。

(4) 更换已损坏的各种线夹和线夹上钢制镀锌零件。

(5) 接头检查完毕后，在接头接缝处用油膏填塞后再涂以凡士林。

四、母线的试验

1. 母线的试验项目

(1) 母线的外观和机械检查。

(2) 测量绝缘电阻。

(3) 交流耐压试验。

2. 母线的试验周期

母线的试验周期一般为 1～3 年或大修时。

3.对母线接头检查

对母线接头进行外观和机械检查，应接触良好。对软母线接头有怀疑时，可采用电流——电压表法测量接头电阻，其值应不大于同长度母线电阻的 1.2 倍。

一般母线的绝缘电阻不应低于 10MΩ/kV，对于封闭母线，额定电压为 15kV 及以上全连式封闭母线在常温分相绝缘电阻值不小于 50MΩ（2500kV 绝缘电阻表）。

4.交流耐压试验

（1）母线的交流耐压标准见表 6-3。

表 6-3　　　　　　　　　　母线的交流耐压标准

额定电压 (kV)	最高工作电压 (kV)	1min 工频耐压有效值（kV）	
		出厂	交接
3	3.5	25	25
6	6.9	32	32
10	11.5	42	42
15	17.5	57	57
20	23.0	68	68
35	40.5	100	100
60	69.0	165	165
110	126.0	265	265
220	252.0	450	450

（2）电压在 35kV 及以上的软母线，如绝缘子在安装前已单独进行过耐压试验，可以不进行整体耐压试验。

（3）对于电压在 35kV 及以下的母线，如果同断路器、隔离开关、电流互感器组成同一系统，可以一起进行耐压试验。耐压标准与断路器、隔离开关、电流互感器相同。

（4）封闭母线在组装前，应对所采用的每只绝缘子进行交流耐压试验；组装完毕后，还应对封闭母线进行整体交流耐压试验，以考验支持绝缘子和空气间隙的绝缘状况。试验时，高压加在母线上，封闭母线的外壳接地。试验电压可参照国外对六氟化硫组合电器 1min 交流耐压的试验电压，也可取出厂试验电压的 75％。

5.冲击试验

在送电时，对母线及配电设备应用额定电压进行三次合闸冲击试验，要求试验中绝缘不受损坏。

第三节　电力电缆的检修

电力电缆的用途是传输电能。用电缆构成的输配电线路，是一种既安全可靠，又可以节省大量空间位置的传输和分配电能的形式。电缆在发电厂和变电站中被广泛应用。

一、电力电缆的运行维护

（1）每年春秋两季对户内、外电缆终端头检查，要清擦尘土、油污，并检查绝缘套管有无损坏，接头有无过热、流油、流胶等现象。

（2）每周应沿电缆走向巡回检查一次。补充丢失损坏的标桩，更换损坏的盖板，填平凹陷洼坑，堵塞入室电缆沟的渗进水口。

（3）每年摇测一定绝缘电阻，高压电缆每 1～3 年做一次预防性试验。

（4）电缆周围动土要派专人监护，防止挖出、击破电缆及人身触电事故。

（5）测绝缘电阻，或做预防性试验时，电缆两端与其他设备的连接头必须打开，并用干净棉丝破布擦净终端头的灰尘和油污，以求试验结果准确。

（6）电缆绝缘电阻值或泄漏电流值，与上次试验结果有明显下降或增大时，首先检查明露部分有无机械损伤、漏油、放电。必要时要打开中间盒，分段检查，或重做终端。

二、电力电缆的常见故障及原因分析

1. 漏油

（1）电缆过负荷运行，温度过高因而产生很大的油压。

（2）电缆两端安装位置的高低差过大，致使低端电缆内油的静压力过大。

（3）电缆中间接头或终端头的绝缘带包扎不紧，封焊不好。

（4）充油电缆终端头套管裂纹，密封垫不紧或损伤。

（5）电缆铅包折伤或机械损伤。

2. 接地或短路

（1）负荷过大，温度过高，造成绝缘老化。

（2）电缆中间接头和终端头因制作密封不严使水分进入，或者接头接触不良造成过热，使绝缘老化。

（3）铅包上有小孔或裂缝，或铅包受化学腐蚀、电解腐蚀而穿孔，或铅包被外物刺穿，因而使潮气进入电缆内部。

（4）敷设时电缆弯曲过大，纸绝缘或屏蔽带受损伤断裂。

（5）绝缘套管脏污、裂纹造成放电。

（6）受外力作用，造成机械损伤。

3. 断线

电缆因敷设处地基沉陷等原因而使其承受过大的拉力，使导线被拉断或接头被拉开。

三、电力电缆的检修

主要电气设备（如发电机、变压器、电动机等）的电缆，一般随该设备的大小修时进行检修。检修电缆必须停电进行，对已停电的电缆要进行放电、验电、接地后，方可开始工作。

1. 电缆的检查

（1）电缆各部分有无机械损伤，电缆外层钢铠有无腐蚀现象。

（2）电缆芯线铜接线鼻子与所连接设备的接触是否良好，有无发热及脱焊现象。

（3）电缆终端的接地线接触是否良好。

（4）电缆终端头有无漏油现象。

（5）电缆终端头的瓷套管有无裂纹及放电痕迹。

（6）电缆终端头绝缘胶是否足够，有无水分、裂痕、变质及空隙等。

（7）测定绝缘电阻。

（8）电缆终端头绝缘是否干净，有无电晕放电现象。

（9）电缆铅包有无腐蚀。

（10）定期进行耐压试验和泄漏电流试验。

2. 电力电缆的修理

（1）电缆终端头漏油的处理。发现终端头有漏油现象应查明原因，及时消除导致漏油的缺陷。若在接线耳（鼻子）处渗油时，可将该处绝缘剥去，重新包好。漏油严重时，则应该将电缆终端头重新制作，对于干包型终端头在三芯分叉处漏油时，也应重新制作。

（2）绝缘胶不足、开裂或有水分时的处理。当发现绝缘胶不足或开裂时，可用同样牌号的绝缘胶灌滴。若发现有水分时，则应将旧胶清除，用相同牌号的绝缘胶重新灌注。

（3）终端头受潮的处理。发现终端头受潮时，可用红外线或普通白炽灯对其进行干燥，干燥处理的时间，一直要进行到电缆的绝缘电阻上升至稳定值后，且吸收比大于 1.3 后方可结束。

（4）接线耳脱焊的处理。接线耳脱焊的主要原因是在焊接时导线外面的氧化层未除净，因而造成焊接不良，接触电阻太大，引起发热而脱焊。故在焊接时，应待别注意除净导线和接线耳中的氧化层，将接线耳预先搪锡，并将线芯用锡浇透重新焊牢。

四、电力电缆的试验

1. 电力电缆的试验项目

（1）测量绝缘电阻。

（2）直流耐压试验并测量泄漏电流。

2. 测量绝缘电阻

对 1000V 以下的电缆用 1000V 绝缘电阻表测量，1000V 及以上的电缆，用 2500V 绝缘电阻表进行测量。测量时，绝缘电阻表转速不得低于额定转速的 80%，当绝缘电阻表达到额定转速后才能接到电缆上，读数后应先断开绝缘电阻表与电缆的连接，之后才能停止转动手柄。当电缆很长，充电电流很大时，开始测的值很低，并不表示绝缘不良，应继续摇测到读数稳定后取值。测试完毕应将电缆对地进行充分放电。

测量时，应将电缆的终端及套管擦拭干净，并在电缆端部加屏蔽环，接在绝缘电阻表的屏蔽端子上。所测的绝缘电阻值，应符合制造厂的规定标准。正在运行的电缆，应对照历次试验的数据和各相绝缘电阻的差别进行综合判断。各相不平衡系数（最大差值与最小绝缘电阻之比）一般不应大于 2.5。

3. 直流耐压试验与泄漏电流试验

（1）试验接线。直流耐压试验与泄漏电流试验是同时进行的。一般采用半波整流电路，由于电容很大，故不装滤波电容，试验时电缆芯接负极，微安表可选择接在高压侧或低压侧（即微安表接在试验变压器的接地端）的接线。微安表接在高压侧时为了避免杂散电流产生的误差，可借用三芯电缆的一条芯线作屏蔽连线，这种接线不适于在预防性试验中；另一种方法是采用一端（电源端）屏蔽，另一端接受泄漏电流接线，即在另一端由接受帽、接受环供给表面泄漏和杂散电流，用另一微安表测出。

（2）试验步骤及注意事项。主要包括以下几个方面。

1）根据电缆的类型和额定电压确定试验电压，见表 6-4。

表 6-4　　　　　　　　　　　电缆的类型和额定电压确定试验电压

电缆类型	油浸纸绝缘电缆					橡胶、塑料电缆
额定电压（kV）	2～10	15～35	60～110	220	330	2～35
试验电压（额定电压的倍数）	5	4	2.6	2.3	2	2.5

2）据现场情况合理布置设备，按接线图进行接线。接线完毕应由另一人进行检查，量程适当，调压器指示应在零位。

3）按试验电压的 25％、50％、75％、100％ 几个档次逐次升压。每升高一级电压时，停留 1min，待微安表指示稳定后读数并记录。当电压升高到试验电压的全值时，持续时间 5min，最多不超过 15min。升压应缓慢均匀地进行，防止充电电流过大而损坏试验设备。

4）试验结束应迅速降低电压到零，切断电源。先通过 100～200MΩ 的限流电组接地充分放电，然后对地直接放电并接地，放电时间应不少于 2min。

若在试验加压过程中出现击穿、闪络现象，或微安表大幅度摆动等异常情况，应立即降压至零后断开电源，进行充分放电后再进行检查分析。

5）整理试验结果，记录电缆绝缘的温度和试验现场的湿度、试验所加的直流电压值和对应的泄漏电流值，并绘制泄漏电流与外施直流电压关系的曲线。

（3）对试验结果的判断。具体内容如下。

1）对泄漏电流试验结果的分析判断与绝缘电阻、吸收比试验结采的分析判断相似，应排除湿度、温度和脏污的影响。

2）比较各相之间的泄漏电流值，对于工作电压为 3kV 及以下者，其不平衡系数不大于 2.5，其余不大于 2。当泄漏电流很小时，如最大一相泄漏电流（对于额定电压为 10kV 及以上者）小于 20μA 时，或 6kV 及以下者小于 10μA 时，不平衡系数可适当放宽。

3）泄漏电流应稳定，不应有周期性摆动，否则表明电缆存在局部空隙性缺陷。

4）泄漏电流不应随加压时间的延长而急剧上升，否则说明电缆内部存在隐患，表明若再升高电压，击穿的可能性很大。

5）泄漏电流不应随加压时间的延长而明显的增大，若泄漏电流随加压时间的延长而明显上升，电缆中间接头或终端头内部可能受潮。

五、电缆终端头和中间接头的制作

为了使电力线路长期安全的运行，要求电缆终端头和中间接头满足以下条件。

（1）保证密封。如不能密封，电缆油就会流出来，以致绝缘干枯。同时电缆纸有很大的吸水性，极易受潮，而且电缆油也会吸收水分，导致绝缘性能下降。

（2）保证绝缘强度。电缆头的绝缘强度，应不低于电缆本身的绝缘强度。

（3）保证足够的机械强度，以抵御外来的机械损伤及短路时的电动应力，抗拉强度不低于电缆芯线强度的 70％。

（4）接触电阻要小而稳定。接触电阻必须不大于同长度电缆导体电阻的 1～2 倍。

（5）温升不大于正常线芯的温升。

1. 电缆终端头的制作

塑料、橡皮、交联聚乙烯电缆，因其芯线绝缘无浸渍液体、柔性好、敷设环境负温大等优点，在电力系统中被广泛应用，下面以 10kV 三芯分相屏蔽电缆终端头的制作为例，讲述电缆终端头的制作。交联聚乙烯绝缘电力电缆的结构如图 6-1 所示。

10kV 三芯分相屏蔽电缆终端头结构尺寸如图 6-2 所示，其制作工艺如下。

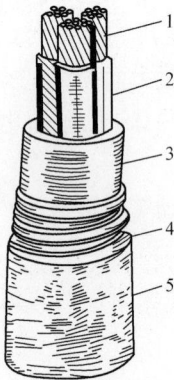

图 6-1　交联聚乙烯绝缘电力电缆
1—铝线缆芯；2—交联聚乙烯绝缘层；
3—聚氯乙烯内护套；4—钢带铠装；
5—聚氯乙烯外护套

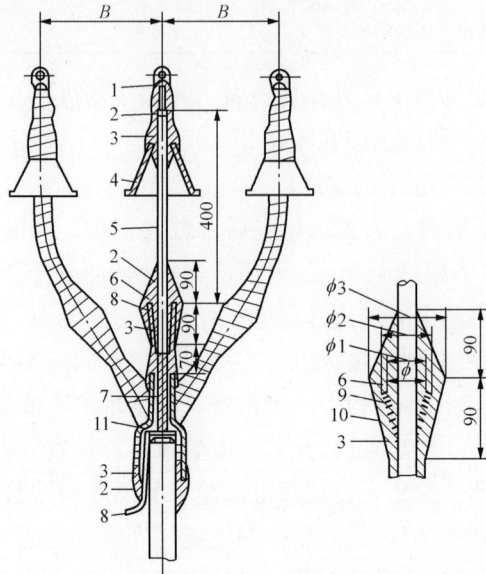

图 6-2　10kV 三芯分相屏蔽电缆终端头结构
1—导体接线端子；2—自黏性橡胶带；3—二层半搭盖
塑料胶黏带；4—雨罩（户外用）；5—电缆绝缘线芯；
6—软铅丝制作的屏蔽环；7—多股镀锡接地钢线；
8—电缆屏蔽层；9—铝屏蔽带；10—半导体布带；
11—三芯分支手套图中，ϕ 为电缆本体绝缘外径，
mm；ϕ_1 为增绕绝缘外径 $\phi_1 = \phi + 16$，mm；
ϕ_2 为应力锥屏蔽外径，mm；ϕ_3 为应力锥总外
径 $\phi_3 = \phi_2 + 4$，mm；户外 $B = 200$mm；户内 $B = 125$mm

（1）剥除电缆护套。根据不同电压等级，按其规定的尺寸及不同芯线截面使用手套尺寸，确定应剥削护套长度。然后按已确定的长度尺寸，剥下护套、布带（或纸带）及黄麻。各芯线屏蔽带外面的塑料带（或纸带）也应剥除，但必须注意保护好屏蔽带，不得切除，防止松脱。

（2）焊接地线，在每芯金属屏蔽根部用多股软铜线绕 3～5 圈，扎紧并以锡焊与铜屏蔽焊牢，然后把三根 0.4～0.8mm 长的地线编结，另一端引出接地。

（3）套分支手套。先在每相芯线外部从分叉根向上包绕数层自黏性橡胶带，松紧以套上手套为宜，其长度比手套手指长度稍长，套上分支手套后，手套外部亦需用自黏性橡胶带和塑料胶黏带包防潮锥，使手套上下端部密封，防水防潮。

（4）剥切屏蔽带。在分支手套指部上端 70mm 处用 7/0.25 镀锡铜扎线扎紧屏蔽带，并以锡焊与屏蔽带焊接，扎线以上的屏蔽带切除，切除处的尖角应向外翻折。

（5）剥去半导体布带（或纸带）。将已切去屏蔽部分的半导体布（或纸）带剥下，但不要切断，而将其完好地绕在手套指部，以备包应力锥用。

（6）擦拭绝缘芯线表面。用汽油或苯湿润的布擦干净芯线绝缘，但对橡皮绝缘电缆不能用大量溶剂洗涤，以免溶蚀绝缘。

（7）制作应力锥。具体过程如下。

1）用自黏性橡胶带包绕成橄榄形的增绕绝缘体，使其中心圆周直径为 ϕ_1（$\phi_1 = \phi + 16\text{mm}$）。

2）工序（5）保留的半导体布（或纸）带，向上半搭盖包绕至橄榄形的中心圆周。

3）用工序（4）剥切下的剩余屏蔽带展平后（或用 $0.08\sim0.9\text{mm}$ 铝带）以半搭盖包绕方式，由原保留屏蔽端向上包绕橄榄形中心圆周，并以直径 2mm 的软铅锡保险丝将其扎紧。切断多余的屏蔽带，其尖端突出部分向外反折，以免电场过于集中。应力锥的屏蔽与电缆屏蔽相接处，用多股镀锡铜线扎紧并焊接牢固。

4）黏性橡胶带在已制好的橄榄形应力锥外包绕绝缘，使橄榄形圆周的直径为 ϕ_3。

5）用塑料胶黏带以半搭盖方式在应力锥上包绕一层，并记下相序。

（8）压接线端子。剥去芯线绝缘，其长度等于接线端子孔深加 5mm。接线端子修光内孔毛刺和氧化膜后套入芯线。按芯线截面选取合适的凹凸模具装在压力钳上，一个接线端子一般压两个坑。

（9）芯线绝缘包相色带。电缆芯线末端削成如图 6-2 所示的截锥形，用自黏性像胶带包成防潮锥，再用黄、绿、红三色塑料带，从接线端子以半搭盖方式经防潮锥向手套指部方向包绕到根部，再返回包绕到端子，以示相别。在分相型料胶黏带处，还需用透明白色塑料带包绕保护，以防相色带褪色。

（10）加装雨罩。户外电缆头需装防雨罩，在绝缘芯线末端距裸露芯线 $70\sim80\text{mm}$ 处，用塑料胶黏带包绕一突起的雨罩座，而后套上雨罩，包绕自黏性橡胶带，其外再用塑料带以半搭盖方式包绕两层。

（11）固定整个电缆终端头。电缆各芯线间距离应达到图 6-2 中规定的户外 200mm 和户内 125mm。

$0.5\sim3\text{kV}$ 塑料、橡胶、交联聚乙烯绝缘电缆终端头的制作可不经（2）、（4）、（5）、（7）等步骤，6kV 电缆与 10kV 电缆制作工艺相同，只是尺寸不相同。对单芯、二芯、四芯电缆，按其电压等级分别可仿效以上所述三芯电缆制作工艺。

2. 电缆中间接头的制作

$0.5\sim10\text{kV}$ 塑料、橡皮、交联聚乙烯绝缘电缆的制作，要按照规定的中间接头盒结构尺寸进行，以 $6\sim10\text{kV}$ 三芯电缆为例，其结构尺寸如图 6-3 和表 6-5 所示。制作工艺如下。

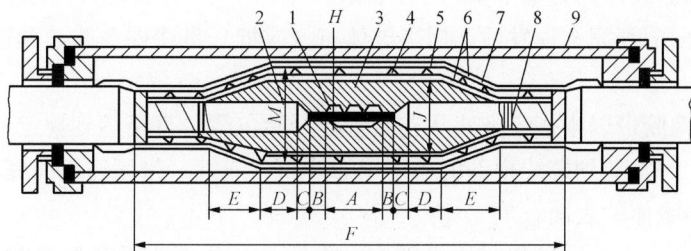

图 6-3　$6\sim10\text{kV}$ 三芯电缆中间接头盒结构尺寸

1—连接管；2—自黏性橡胶带；3—半导体布带；4—铝屏蔽带；5—软钢丝；6—塑料胶黏带；

7—布带；8—多股镀锡铜线；9—塑料连接盒

表 6-5　　　　　　　　　　　6～10kV 三芯电缆中间接头盒制作尺寸表

导体标称截面（mm²）	各部尺寸（mm）								
	A	B	C	D	E	F	H	J	M
16	76	10	20(25)	30(40)	80(100)	490(610)	10	30(38)	65(83)
25	78	10	20(25)	30(40)	80(100)	500(620)	12	32(40)	70(87)
35	30	10	20(25)	30(40)	80(100)	520(640)	14	34(42)	74(91)
50	84	10	20(25)	30(40)	80(100)	530(650)	16	36(44)	78(95)
70	90	10	20(25)	30(40)	80(100)	550(670)	18	38(46)	83(100)
95	100	10	20(25)	30(40)	80(100)	560(690)	21	41(49)	89(106)
120	105	15	25(30)	30(40)	90(110)	650(780)	23	43(51)	94(111)
150	105	15	25(30)	30(40)	90(110)	680(820)	25	45(53)	98(115)
185	110	15	25(30)	30(40)	90(110)	710(850)	27	47(55)	102(120)
240	120	15	25(30)	30(40)	90(110)	770(910)	31	49(57)	110(128)

注　1. 英文字母表示铝连接管。

2. 括号内的数值为 10kV 电缆接头盒制作尺寸。

（1）电缆剥切。将已校直电缆两端头重叠约 100mm，以重叠中心分别向两端按规定尺切除电缆绝缘。

（2）套上塑料连接盒体，盒体两端螺盖和按电缆外径现场冲孔的密封胶垫分别套在要连接的两条电缆上。

（3）剥除电缆中间护套（统包）及布（或纸）带，按规定尺寸剥切并切断电缆护套，布带和填充麻不要切除，应将它卷回到电缆根部。

（4）剥除屏蔽带。先将电缆屏蔽带外层的塑料（或纸）带剥去，再在屏蔽带应切断处用金属扎线扎紧，而后将屏蔽带剥除并切断，切口夹角外折。

（5）剥去半导体布（或纸）带。将电缆芯线上的半导体布（或纸）带剥离并卷到根部，备用。

（6）压连接管。将电缆芯线按（$A/2＋B$）长度的绝缘剥除，插入与电缆同等截面的连接管，以压接方式将两芯压接在一起。修光毛刺，用汽油或苯湿润的布擦干净。

（7）清擦绝缘表面。将电缆靠近连接管端头的绝缘按规定尺寸削成截锥形。然后用汽油或苯湿润的布擦净芯线绝缘表面，但橡胶绝缘电缆不可用大量溶剂擦洗。

（8）绕包绝缘。具体内容如下。

1）待绝缘表面溶剂完全挥发后，用半导体布（或纸）带将裸露线芯和连接管包绕一层，作为线芯屏蔽。

2）用自黏性橡胶带以半搭盖方式从连接管处开始包绕，直至达到规定尺寸。

3）先用工序（5）卷到芯线根部的备用半导体布（或纸）带紧密而又完整无隙地包绕在整个增绕绝缘体的表面。

4）用厚 0.08～0.09mm 的铝带以半搭着方式，一次平滑地紧密卷绕在半导体布上，并与电缆两端屏蔽包绕。再用 7/0.5 多股镀锡铜线将其两端扎紧，并用软铜线在整个屏蔽上来回缠绕。

5）将铜线交叉处及两端与多股镀锡铜线互相焊接起来。

6）用塑料胶黏带以半搭盖方式包绕二层，其外再用白布带包绕一层。

（9）多芯合并。将已绝缘好的三根芯线并拢，并用原留黄麻填充，使之恢复原有形状，再用宽布带包绕扎紧。

（10）装好中间连接盒体。具体内容如下。

1）对于注胶的，则可在塑料中间盒体装好后，在一方浇口注入 1 号沥青胶，或其他低温绝缘树脂，待一方冒口冒出即可。

2）对于不注胶的，用塑料胶黏带以半搭盖方式包绕一层防水密封层，摆正盒体，旋紧两端螺盖。

对于 0.5～3kV 电缆不必进行（4）、（5）、（8）中 3）、4）、5）等步骤。

第 七 章

电力补偿设备检修

第一节 电力电抗器的检修

并联电抗器是接在高压输电线路上的大容量的电感线圈，可用来补偿高压输电线路的电容和吸收无功功率，防止电网轻负荷时，因容性功率过多引起的电压升高。普通的串联电抗器可用来限制短路电流和维持母线残压。本节将以普通电抗器为主体做简要介绍。

一、电力电抗器的作用和结构特点

1. 电抗器的作用

电抗器可用来限制短路电流和维持母线上一定的残压。在发电厂的自用电系统中，常采用电抗器限制短路电流，使装设电抗器线路的母线隔离开关、断路器和电缆线路等，均可按电抗器后发生短路计算短路电流，选用轻型电器；同时，适当选择电抗器的参数，在线路出口短路时，仍可维持额定电压 60%～70% 的母线残压，保证非故障部分继续运行。并联电抗器则与并联电容器相配合，协助进行无功功率补偿，维持系统母线电压水平。

电抗器在电网中的作用主要表现在以下几个方面。

（1）降低工频电压升高。超高压输电线路距离较长，由于采用了分裂导线，因而线路的电容很大，大量容性功率通过系统感性组件（发电机、变压器和输电线路）时，末端电压将要升高。并联电抗器的接入，能明显抑制超高压线路的工频电压升高，而补偿的效果取决于电抗器相对线路充电无功功率的容量。

（2）降低操作过电压。操作过电压通常是在工频电压升高的基础上出现的，如甩负荷、切除接地故障和重合闸等。工频电压升高的程度直接影响操作过电压的幅值。加装电抗器后，由于工频电压的升高得到了限制，操作过电压也随之降低。当开断带有并联电抗器的空载线路时，被开断导线上剩余电荷即沿着电抗器以接近工频做振荡放电，最终泄入大地，使断路器触头间恢复电压由零缓慢上升，从而，大大降低了开断后发生重燃的可能性。

（3）避免发电机带长线出现的自励磁。线路终端甩负荷、计划性合闸和并网等情况，都将形成较长时间的发电机带空载长线的运行方式。计划性合闸是容性阻抗，因而可能导致发电机的自励磁。

（4）有利于单相自动重合闸。为提高运行可靠性，超高压电网中常采用单相自动重合闸，即当线路发生单相接地故障时，立即断开该相线路，待故障处电弧熄灭后，再重合该相。但由于输电线路存在线间电容和电感，故障相断开短路电流后，非故障相将经这些电容和电感向故障相继续提供电弧电流，使电弧难于熄灭。如果线路上有并联电抗器，其中性点经小电抗器接地，就可以限制或消除单相接地电弧的潜供电流，使电弧熄灭，重合闸成功。这时的电抗器，尤其是中性点小电抗器具有消弧线圈的功能。应当指出，电抗器是一个电感组件，设计时，应合理选择电抗器容量，避免与线路电容形成并联谐振。

2. 电抗器的主要参数

电抗器是一个无铁芯线圈，具有恒定不变的电抗值，主要参数有额定电压 U_n、额定电流 I_n 和额定电抗（也称百分电抗）$X\%$。根据此三者的关系，可以计算出电抗器的电抗值 X 为

$$X = \frac{X\%}{100} \frac{U_n}{\sqrt{3}} \tag{7-1}$$

正常运行时，电抗器通过负荷电流 I_L，引起电压损失和功率损耗。装设电抗器的线路，在有负荷电流 I_L 通过时，电压损失为电抗器装设前后相电压（U_{ph}）的算术差，以相电压损失（ΔU_{ph}）对额定相电压（U_{phn}）的百分数 $\Delta U\%$ 来表示，即

$$\Delta U\% = \frac{\Delta U_{ph}}{U_{phn}} \times 100\% \tag{7-2}$$

在已知负荷电流 I_L 及功率因数 $\cos\varphi$ 时，可以计算出电压损失百分数 $\Delta U\%$。一般要求其值不大于 $4\% \sim 5\%$，功率损耗一般要求不超过电抗器功率的 $0.15\% \sim 4\%$。若已知短路电流为 I''_K，则可计算出残压的百分数为

$$U = X\% \frac{I''_K}{I_C} \sin\varphi \tag{7-3}$$

3. 电抗器的结构特点

电抗器分为干式电抗器和油浸电抗器两类，干式电抗器居多，目前中国已能生产 3000A 以下的铝电缆水泥和分裂电抗器的系列产品。

超高压大容量充油电抗器的外形与变压器相似，但内部结构不同。变压器的绕组有一次绕组和二次绕组，铁芯磁路中没有气隙，而电抗器只是一个磁路带气隙的电感线圈。要使电抗器的电抗值恒定，必须控制磁通密度不超过一定范围，才能使电抗值不随电压变化。铁芯上带有气隙后，增大了磁路的磁阻，限制磁饱和，使磁场趋于稳定，从而使电抗值在一定范围内保持稳定。

超高压并联电抗器按铁芯结构可分为两种，即壳式电抗器和芯式电抗器。

（1）壳式电抗器。壳式电抗器线圈中的主磁通的路径是空芯的，不放置磁导介质，在线圈外部装有用硅钢片叠成的框架以引导主磁通。一般壳式电抗器的磁通密度较低。

（2）芯式电抗器。芯式电抗器具有带多个气隙的铁芯，外套线圈。气隙一般由不导磁的砚石组成。由于铁芯磁通密度高，因此材料消耗少，结构紧凑，自振频率高，存在低频共振可能性较小。

目前我国制造的高电压大容量并联电抗器只采用芯式结构。

电抗器的结构型式还可分为单相或三相两种。三相电抗器由于磁路互相关联，当三相输电线路非全相运行时，有可能因相间耦合带来谐振，因而其外壳内壁应采取磁屏蔽措施，一般可加装磁屏蔽板。采取这一措施后，原来穿透外壳的漏磁通在到达外壳前，被屏蔽板

吸收。

4. 并联电抗器的接入方式

早期的并联电抗器都是低压的，只能接在发电机的母线上或变压器低压侧。随着电网的发展和制造水平的不断提高，目前，超高压大容量的并联电抗器已广泛装设在超高压线路上。

并联于超高压线路的电抗器一般接成星形，中性点经小电抗器接地，该小电抗器应具有一定绝缘水平。

并联电抗器接入线路的方式主要有以下两种。

(1) 通过断路器、隔离开关将电抗器接入线路。

(2) 通过隔离开关将电抗器接入线路。采用这种接入方式，当电抗器故障或保护误动时，会使线路随之停电。

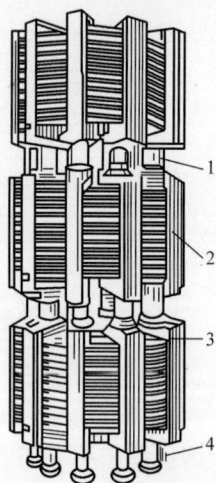

图 7-1　水泥电抗器的外形图

1—瓷座；2—水泥支柱；3—线圈；4—专用支架

比较好的接入方式是将电抗器通过一组火花间隙投入线路，火花间隙应能耐受一定的工频电压。并联电抗器在投入和退出时会出现过电压，应装设避雷器加以保护。

二、电抗器结构外形

NKL型水泥电抗器的结构外形如图 7-1 所示，为单相结构，线圈用纱包纸绝缘的绕式多芯铝或铜导线绕制而成，在专用的支架上浇铸水泥支柱，经真空干燥后涂漆，以防止水泥吸收水分。出线端首尾夹角有 90°和 180°两种（分裂电抗器还多一种 120°夹角）。三相的出线端制造时均放在同一位置。

水泥电抗器的安装有三种排列方式：三相垂直排列、三相水平排列、两相垂直一相水平（即"品"字形）排列。三相垂直排列时，中间一相（B 相）绕组的绕向应与其他两相绕组的绕向相反。当两相冲击短路电流流过电抗器时，相邻两绕组之间产生的电动力是相互吸引力，支柱绝缘子承受压缩应力（支柱绝缘子的抗压强度大于抗拉强度）。做品字形排列时，不能将 A、C 相叠在一起。

分裂电抗器与普通电抗器在构造上的区别，是在绕组的中间抽出一个端头，绕组形成了两个分支，中间的抽头 1 作为电抗器的始端，首尾端头 2 和 3 作为分裂电抗器的两个分支的末端，如图 7-2 所示。每个分支的额定电流相等，但电流方向相反。每个分支具有相同的自感系数 L 及自感电抗 $X_L = \omega L$（即分裂电抗器的电抗值）。两个分支之间存在电磁耦合，互感系数为 M。M 的大小与线圈的自感系数 L 及耦合的程度有关，用耦合系数 m 表示两者之间关系。耦合系数为互感系数与自感系数之比，即 $m = M/L$。分裂电抗器的耦合系数，一般取 $m = 0.5$。

若将分裂电抗器始端 1 接电源，则末端 2、3 向两段母线供电。正常运行时，一般假设两个分支的电流相等，各等于总电流的 1/2。

由于分裂电抗器两个分支的互感作用，使电流通

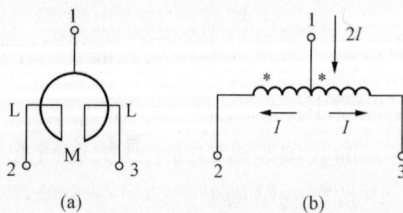

图 7-2　分裂电抗器接线

(a) 符号；(b) 一相电路

过电抗器的电压降减少了 1/2。考虑到通过一个分支绕组的只是流过电抗器电流的 1/2，所以，与普通电抗器相比，分裂电抗器正常运行时的电压降，只是普通电抗器电压降的 1/4。

短路故障时，短路分支通过短路电流 I''_K，非故障分支的电流很小，互感的影响可忽略不计。

分裂电抗器在一定程度上解决了要求正常运行时电压损失小、短路故障时维持残压高的矛盾。应用分裂电抗器的主要问题，是两个支路负荷不相等时，以致两条支路的电压偏差增大。

三、电抗器的异常情况

电抗器在运行过程中出现异常时，应立即对电抗器进行检查，判断异常性质，并做相应处理。

当电抗器出现馈线短路或电容器内部故障时，响声明显加强。分裂电抗器两臂负荷若不平衡，说明电抗器出现了过电流或过电压。充油式电抗器运行中若出现严重漏油或引线绝缘子破损、内部损坏和断路器自动跳闸等现象时，应及时停电检修。

1. 电抗器温度高告警

监控系统模拟量温度高告警时，应到现场检查电抗器上温度指示计的指示，如现场温度计指示不高，则可能是温度变送器回路故障。现场温度计指示油温高超限告警时，应核对当时电抗器上的电压、负荷和气温，进行三相比较。同时应检查电抗器的油面、声音及各部位有无异常现象。

2. 电抗器气体继电器保护告警

电抗器气体继电器保护告警时，应检查温度、油面，外观及声音有无异常现象，检查气体继电器内有无气体，用专用注射器取出少量气体，试验他的可燃性。如气体可燃，可断定电抗器内部有故障，应将电抗器退出运行。气体继电器内大部分气体应保留，不要取出，由化验人员取样进行色谱分析。如气体继电器内并无气体，可能是保护装置误动作，应进一步检查误动原因，可能是由于振动或二次回路短路等原因所致。

3. 电抗器跳闸

电抗器自身组件保护动作跳闸时，处理方法如下。

（1）立即检查电抗器是否仍带有电压，即线路对侧是否跳闸。

（2）立即检查电抗器温度、油面及外壳有无故障迹象，压力释放阀是否动作。根据检查情况进行综合判断：如气体、差动、压力、过流保护有两套或以上同时动作，或明显有故障迹象，应判断内部有短路故障，在未查明原因并消除前，不得将电抗器投入运行。

气体继电器保护动作，按前述步骤检查；差动保护动作，如无其他故障迹象，应检查电流互感器二次回路端子有无开路现象；压力保护动作，应检查有无喷油现象，压力释放阀指示器是否射出。

4. 电抗器着火

电抗器着火时，应立即切断电源，并用灭火器快速进行灭火，如溢出的油使火在顶盖上燃烧，可适当降低油面，避免火势蔓延。如电抗器内部起火，则严禁放油，以免空气进入，引起严重的爆炸事故。

四、电抗器的常见故障及检修处理

电抗器的事故率高于同电压等级的主变压器，常见故障主要表现在以下方面。

1. 电抗器内部局部过热

过热使周围绝缘物严重过热变色。原因是该处均压环有一闭合回路，在漏磁的作用下产生涡流，引起局部过热。

检修时，先切断涡流环路，将均压环由中部开断。检查是否有绝缘老化或缺陷。如损坏程度严重，应予以更换。

2. 电抗器外壳局部过热

漏磁产生的涡流从外壳流向升高座时，由于座与壳之间垫有绝缘密封圈，只能靠螺栓导流。造成一部分螺栓氧化或被油漆绝缘，涡流只能通过另一部分螺栓流通，电流的热效应使得螺栓温度升高。

检修时，将座与壳之间拆开，清除污垢，更换绝缘密封圈。氧化受损的螺栓应予以更换，然后重新组装。

3. 电抗器振动

电抗器严重振动时，内部套管端部均压环由于振动会造成固定环的铝条断裂，裂后均压环因悬浮电位，不断发生放电，应紧急停运检修。由于振动过大，也会造成外部连接构件牵拉筋拉裂油箱出现严重漏油，应停电排油补焊。散热片因振动过大，会使连接螺栓脱落，散热片发生裂纹，严重漏油，应停电更换散热片。

另外，电抗器内部引线散股，会造成周围绝缘油分解，特征气体含量超标，也是常见故障。检修时，应更换散股的引线。

五、电抗器的试验

以 NKL 型电抗器来介绍有关试验项目。

1. 交流耐压试验

主绝缘交流耐压试验的试验电压标准见表 7-1。

表 7-1　　　　　　　　　主绝缘交流耐压试验的试验电压标准

额定电压（kV）	3	6	10	15	20	35
试验电压（kV）	25	32	42	57	67	93

2. 测量线圈对固定螺栓的绝缘电阻

测量采用 2500V 绝缘电阻表（或 1000V 绝缘电阻表），测量结果应不小于 1MΩ。

第二节　消弧线圈的检修

消弧线圈外形与单相变压器相似，内部是一个带有间隙的铁芯电感线圈。消弧线圈用于中性点不接地的电网中，当电网发生间歇性接地或电弧稳定接地时，通过消弧线圈的电感电流补偿电网的电容电流，起到熄灭电弧的作用。消弧线圈原理如图 7-3 所示。

一、消弧线圈的作用和工作原理

1. 消弧线圈的作用

消弧线圈是用于小接地电流系统的一种补偿装置。当系统发生单相接地故障时，消弧线圈产生感性电流补偿接地电容电流，使通过接地点的电流低于产生间歇电弧或维持稳定电弧所需要的电流值，起到消除接地点电弧的作用。

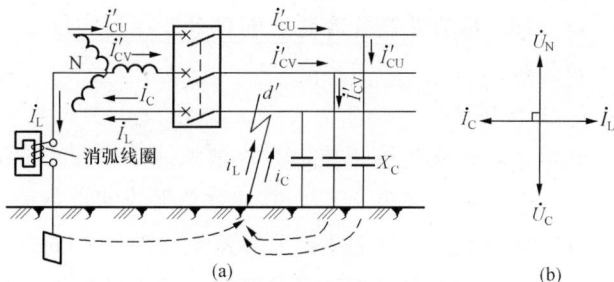

图 7-3　消弧线圈原理图
(a) 消弧线圈接地电流；(b) 向量图

对于 20kV 以上的电网，当接地电流超过 10A 以后，接地点就容易出现间歇电弧，间歇电弧所引起的过电压，对电器的绝缘有很大的危害；对于 3～10kV 电网，由于绝缘有一定的裕度，间歇电弧所引起的过电压对电器绝缘的危害性不大，但当接地电流大于 30A 时，会产生不易熄灭的稳定电弧，可能烧坏电器或引发成相间短路。所以，对于 20kV 以上的电网，接地电流超过 10A，或 3～10kV 电网，接地电流超过 30A 时，都需要安装消弧线圈来进行补偿。

2. 消弧线圈的结构

XDJ 型消弧线圈的结构与单相变压器相似，为油浸自冷式，具有油枕、玻璃管油位计、信号温度计，10kV、1200kVA 和 35kV、1100kVA 的消弧线圈，装有瓦斯继电器。内部结构是一个具有多间隙铁芯的可调线圈，它的电阻值很小，感抗值很大，铁芯间隙用绝缘纸板充填。装有标称电压 110kV、额定电流 10A 的信号线圈，在接地端还装有二次额定电流为 5A 的电流互感器。

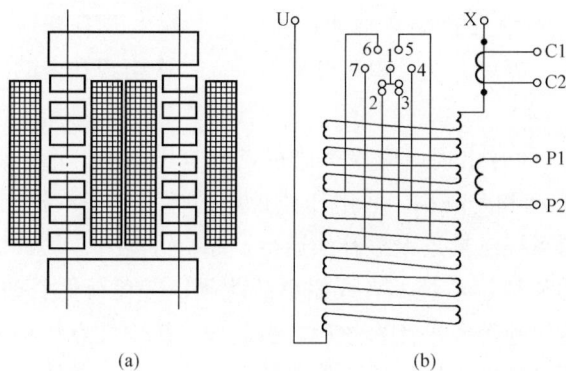

图 7-4　消弧线圈的铁芯和线圈
(a) 铁芯断面；(b) 线圈

消弧线圈的铁芯和线圈，如图 7-4 所示，采用带间隙的铁芯，是为了避免磁饱和，使补偿电流与电压成线性关系。消弧线圈的补偿电流可以通过分接开关改变线圈匝数进行调节。35kV 以下的消弧线圈具有 5 个分接位置，60kV 的消弧线圈具有 9 个分接位置，分接开关的操作机构装在箱盖上。

二、消弧线圈的异常分析及处理

消弧线圈的异常现象主要包括以下几个方面。

1. 油位异常

消弧线圈油标内的油面过低或看不见油位，应视为异常。造成油面过低的原因有以下几种。

(1) 渗漏油，主要是大盖橡胶垫、油枕油标管、散热器与本体连接的焊缝以及下部放油阀门等处。

(2) 修试人员因工作需要放油后未做补充。

(3) 天气突然变冷，且原来油枕中油量不足。

补充油，应在系统正常运行时拉开变压器中性点的隔离开关，并做好安全措施后方可进行。

2. 油温过高

当电力系统发生单相接地时，消弧线圈便带负荷运行。应对消弧线圈上层油温加强监视，使上层油温不超过95℃，并注意消弧线圈带负荷运行时间不超过铭牌规定的允许时间。如在规定的时间内，油温不断升高甚至从油枕中喷油，则可能是消弧线圈内部发生故障，如匝间短路、铁芯多点接地、分接开关接触不良等。此时应停运接地线路，并在接地故障消失后，使消弧线圈退出运行，待处理好后再投入。

3. 套管闪络放电或本体内部有放电声

套管闪络放电多是由于套管污秽较重、表面绝缘降低而形成。因此，在系统正常时，应将消弧线圈退出运行，待清扫后再投入运行。本体内部放电多是分接开关接触不良，而产生放电火花。在放电现象不太严重情况下，消弧线圈可继续运行，但应加强监视，待系统正常后，再进行处理。如放电声很响，油温上升急剧，应立即汇报调度，设法使消弧线圈退出运行。

4. 系统运行中各种电压不平衡

系统运行中出现相电压不平衡时，多数伴有接地信号，但电压不平衡却并非金属接地，不能盲目地选线，应从以下几方面分析判断。

（1）从相电压不平衡范围查找原因。一般包括以下几个方面。

1）如电压不平衡仅限于一个监视点且无电压升高相，线路也无缺相反映时，则是发电厂电压互感器回路断线，此时只需考虑带电压元件的保护是否误动和影响计量问题。

若发电厂主变压器、电压互感器回路、配电线路均有缺相反映，是一次电源有断线故障。如某回路有缺相反映时，是包括断路器、隔离开关、电压互感器一、二次引线在内的回路断线。

2）如电压不平衡在系统内各电压监视点同时出现，应检查监视点的电压指示。不平衡电压很明显大于10%额定相电压，且有降低相和升高相，各电压监视点的指示又基本相同，各送电线路末端二次均无缺相反映时，说明系统已接近谐振补偿运行。原因可能有：①补偿度不合适，或调整操作消弧线圈时有误；②欠补偿系统，有线路事故跳闸；③负荷低谷时，频率及电压变化较大；④其他补偿系统发生接地等不平衡事故后，引起该系统中性点位移。

补偿问题引起的电压不平衡，可通过调整补偿度来解决，但要慎重处理。如消弧线圈调整有误，带消弧线圈的主变压器负荷又有转移条件时，应将负荷转移后，用主变压器的断路器停运消弧线圈，并检查调整；如无负荷转移条件又不能停电时，可切除次要负荷线路，改变补偿度后，停运消弧线圈并检查调整。欠补偿运行电网线路跳闸引起的电压不平衡，要设法改变补偿度，调整消弧线圈。网内负荷处于低谷，频率及电压升高时出现的电压不平衡，可待不平衡自然消失后，再调整消弧线圈。如电网运行条件（保护、电流）允许，也可用环网改变补偿度，再调整消弧线圈。发生感应耦合电压不平衡现象时，应与较近且有长并行线路的另外补偿电网联系分析，将两个网的相电压不平衡进行比较。中性点位移严重或相电压有不同指示不平衡者，即有可能发生单相断线等事故。

（2）根据相电压不平衡的幅度来判断原因。如系统运行中各变电所都出现严重的相电压不平衡，说明网内已有单相接地或干线部分单相断线。应迅速调查各电压监视点的各相电压指示情况，做出综合判断。若是单纯的一相接地，可按规定的选线顺序选线查找，从电源发电厂一次变压器出口先选，再分段选出接地段。

（3）结合系统设备的运行变化判断原因，一般包括以下几个方面。

1）在电压不平衡前曾操作线路断路器时，可能因断路器原因形成不对称断开，而出现单相断线的相电压不平衡。所以切断断路器后出现相电压不平衡，应立即合上；合断路器后出现相电压不平衡，应立即断开。

2）如电压不平衡是在电源变电所对空母线充电时出现，且不平衡严重，则会引起铁磁谐振。应立即断电或送出线路，破坏谐振条件。

3）如在出现相电压不平衡前操作了消弧线圈或停送了线路，应根据中性点位移电压的大小，决定是否再调整消弧线圈或投切线路。

4）当出现电压不平衡前，有线路事故跳闸又重合或强投成功，系统可能带上了由短路事故造成的单相接地或断线线路。

综上所述，经消弧线圈接地的小电流接地系统（补偿系统）在运行中，相电压不平衡现象时有发生，因产生的原因不同，不平衡的程度和特点也不尽相同。但总的情况是电网已处在异常状态下运行，相电压的升高、降低或缺相，会使电网设备的安全运行和用户生产受到不同程度的影响。

三、消弧线圈的检修

1. 外部检修

外部检修包括以下几个方面。

（1）清扫油位计，油位计应无堵塞、渗漏现象。调整油位到标准高度。绝缘油应做耐压试验。

（2）清扫套管，检查有无碎裂、破损现象和放电痕迹。

（3）清扫油箱，检查有无渗漏、脱漆、生锈，发现缺陷及时处理。

（4）检查套管引线的紧固螺栓是否松动，接头处有无过热现象。

（5）检查瓦斯继电器有无渗漏现象，阀门开闭是否灵活，控制电缆绝缘是否良好。

（6）校验温度计。

2. 内部检查

内部检查包括以下几个方面。

（1）将铁芯吊出，用木板垫起。吊芯应在良好的天气、清洁的场地进行。起吊应有专人指挥和监视，防止铁芯及绝缘部件与油箱碰撞而损坏。拆下的螺栓应保存好，以防丢失。

（2）清洗顶盖及油箱内部的油泥。

（3）检查线圈应紧固，无位移变形；绝缘良好、有弹性，无脆裂老化等不良现象；线圈表面清洁、无油泥杂物。

（4）线圈层间衬垫完整，排列整齐、牢固、无松动现象，拧紧压紧螺钉和防松螺帽。

（5）铁芯应紧密、整齐、牢固，穿芯螺钉紧固，接地良好。铁芯漆膜完好、表面清洁。

（6）检查分接头切换装置的动、静触头应无过热、烧伤，接触面应清洁。接触面如有熔化痕迹时，应用细挫刀或"00"号砂纸打磨光滑（注意防止金属屑粒落入器身或油箱内），烧损严重时，应更换新品。

（7）触头接触压力应充足，用 0.05mm 塞尺检查应塞不进去。若弹簧断裂或失去弹性，用 0.05mm 塞尺可塞进接触面时，应修理调整接触面或更换弹簧。

（8）传动装置应完好，操作灵活正确，接触位置应和指示位置一致。

四、消弧线圈的试验

（1）测量绝缘电阻和吸收比。测量线圈连同套管一起的绝缘电阻和吸收比，对检查消弧线圈绝缘状况有较高的灵敏度，能有效地查出消弧线圈绝缘的整体受潮、部件表面受潮、脏污以及贯穿性的集中缺陷，如各种贯穿性短路、瓷件破裂、引线接壳、器身内有铜线搭桥等现象，引起的半贯通性或全金属性短路等。经验表明，消弧线圈绝缘在干燥前后，绝缘电阻变化倍数较介质损失角正切值变化倍数大得多。

测量采用非被测线圈接地的方式，这样可以测出被测部分对地和不同电压部分的绝缘状态及避免线圈残余电荷造成的测量误差。为了避免残余电荷导致偏大的测量误差，测量前应将被测线圈与油箱接地放电，放电时间不小于 2min。

测量时，对额定电压在 1000V 以上的线圈，用 2500kV 绝缘电阻表，量程一般不小于 1000MΩ 对额定电压低于 1000V 的线圈，用 1000V 或 2500V 绝缘电阻表。

规程对测量结果未做具体规定，通常采用比较法进行综合分析判断，一次绕组的绝缘电阻不低于出厂值或以往值的 60%～70%，二次绕组不低于 10MΩ。

（2）测量轭铁梁和穿芯螺栓的绝缘电阻消弧线圈吊芯时，测量轭铁梁和穿芯螺栓的绝缘电阻，应用 2500V 绝缘电阻表，对测量结果规程未做规定，通常不低于 10MΩ。

（3）测量线圈同套管一起的介质损失角正切值 tanδ。测量消弧线圈介质损失角正切值 tanδ，主要检查整体受潮、油质劣化、线圈附着油泥及严重局部缺陷等。测量时，被测线圈应首尾短接后加电压，以免受电感影响，其余线圈首尾短接接地。

第三节　并联电容补偿装置的检修

本节重点介绍高压并联电容补偿装置中的并联电容、串联电抗器、放电线圈及单台保护用熔断器的试验。

一、定期试验项目、周期和要求

1. 高压并联电容器高压并联电容器试验项目、周期和要求（见表 7-2）。

表 7-2　　　　　　　　　　　　高压并联电容器试验项目、周期和要求

序号	项目	周期	要求	说明
1	极对壳绝缘电阻	（1）投运后 1 年内。 （2）1～5 年	不小于 2000MΩ	（1）串联电容器用 1000V 绝缘电阻表，其他用 2500V 绝缘电阻表。 （2）单套管电容器不测
2	电容值	（1）投运后 1 年内。 （2）1～5 年	（1）电容偏差不超过额定 −5% 值的或 +10%。 （2）电容偏差不超过出厂值的 −5%	用电桥法或电流电压法
3	渗漏油检查	6 个月	漏油时停止使用	观察法

2. 单台保护用熔断器

单台保护用熔断器试验项目、周期和要求见表7-3。

表7-3   单台保护用熔断器试验项目、周期和要求

序号	项目	周期	要求	说明
1	直流电阻	1年	自行规定	
2	检查外壳及弹簧情况	1年	无明显锈蚀现象，弹簧拉力无明显变化、工作位置正确，指示装置无卡死等现象	

3. 串联电抗器

串联电抗器试验项目、周期和要求见表7-4。

表7-4   串联电抗器试验项目、周期和要求

序号	项目	周期	要求	说明
1	绕组绝缘电阻	(1) 1～3年。 (2) 大修后	一般不小于1000MΩ（20℃）	用2500V绝缘电阻表
2	绕组直流电阻	(1) 必要时。 (2) 大修后	(1) 三相绕组间的差别不应大于三相平均值的4%。 (2) 与上次测量值之差不大于2%	
3	电抗（或电感）值	(1) 1～3年。 (2) 大修后	自行规定	
4	绝缘油介电强度	(1) 1～3年。 (2) 大修后	新油不低于60kV，新设备投运前不低于45kV	
5	绕组连同套管对铁芯和外壳的介质损耗因数（tanδ）	(1) 必要时。 (2) 大修后	(1) 35kV及以下，tanδ≤3.5%（20℃）。 (2) 66kV，tanδ≤2.5%（20℃）	仅对800kvar以上的油浸铁芯电抗器进行
6	芯和外壳交流耐压及相间交流耐压	(1) 必要时。 (2) 大修后	(1) 油浸铁芯电抗器，试验电压为出厂试验电压的82%。 (2) 干式空心电抗器只需对绝缘支架进行试验，试验电压同支柱绝缘子	
7	轭铁梁和穿芯螺钉（可接触到）的绝缘电阻	大修后	自行规定	

注 1. 定期试验项目：表中序号1、3、4。

2. 大修后试验项目：表7-4中所有项目。

4. 放电线圈

放电线圈试验项目、周期和要求见表7-5

表 7-5　　　　　　　　　　　放电线圈试验项目、周期和要求

序号	项目	周期	要求	说明
1	绝缘电阻	(1) 1～3 年。 (2) 大修后	不小于 1000MΩ	一次绕组用 2500V 绝缘电阻表。 二次绕组用 1000V 绝缘电阻表
2	绕组同套管的介质损耗因数（tanδ）	(1) 必要时。 (2) 大修后		
3	绕组连同套管一起对外壳交流耐压试验	(1) 必要时。 (2) 大修后	试验电压为出厂试验电压的 90%	用感应耐压法
4	绝缘油介电强度	(1) 必要时。 (2) 大修后		
5	一次绕组直流电阻	(1) 必要时。 (2) 大修后	直流电阻值自行规定	
6	测量电压比	必要时	与铭牌规定无显著差异	

注　1. 定期试验项目：表 7-5 中序号 1。

　　2. 大修后试验项目：表 7-5 中所有项目。

5. 集合式电容器

集合式电容器试验项目、周期和要求见表 7-6

表 7-6　　　　　　　　　　　集合式电容器试验项目、周期和要求

序号	项目	周期	要求	说明
1	相间和极对壳交流耐压试验	(1) 必要时。 (2) 吊芯修理后	自行规定	(1) 用 2500V 绝缘电阻表。 (2) 仅对有六个套管的三相电容器测量相间绝缘电阻
2	电容值	(1) 投运后 1 年内。 (2) 1～5 年。 (3) 吊芯修理后	(1) 每相电容值偏差不超过额定值的－5％或＋10％，且不超过出厂值的－4％。 (2) 相间电容最大值与最小值之比不大于 1.1	
3	相间和极对壳交流耐压试验	(1) 必要时。 (2) 大修后	试验电压为出厂试验电压的 90%	仅对有六个套管的三相电容器进行相间耐压
4	绝缘油介电强度	(1) 必要时。 (2) 大修后	(1) 新油不低于 66kV。 (2) 运行中油自行规定	
5	渗漏油检查	1 年	漏油应修复	观察法

二、故障电容器的检查和鉴定性试验

运行中电容器组，如果属于电容器内部层间短路，其保护信号应掉牌。此时首先要检查

电容器组母线和附属设备是否都无故障，而且确认是电容器的内部层间故障；第二步，应细查每台电容器箱壁上两种示温蜡片是否熔化，油箱壁是否膨胀，电容器有否严重漏油和喷油，箱壳是否烫手，单台熔丝是否熔断等；如果都无明显异常；第三步，应在平衡保护可靠的情况下进行远方分组投切，以寻找故障，把故障区缩小到最小范围（如某一小组）；第四步，对认为有故障的小组中的每台电容器，测量双极对壳及两极间的绝缘电阻，其值应不低于 1000 MΩ（用 2500 绝缘电阻表测）。再采用电流电压法并施加 3400V 高压测量电容值，视其变化幅度是否在制造厂家规定 $^{+10}_{-5}$ % 的范围内。若电容器内部并串联元件有击穿的话，用高压法测电容值均能发现问题。如果有条件时可逐台进行局部放电试验，其熄灭游离电压不低于 1.2 U_n（U_n 为额定电压）。

三、并联补偿电容的检修

1. 电容器组的检修

电容器组是由多台单元电容器串并联组成的。目前，电力系统和用户退役下来的有缺陷的单元电容器很多，但由于缺乏专门检修电容器的技术和设备，致使故障电容器一般都作废品处理。虽然大部分有缺陷的电容器通过检修后其技术性能可以得到恢复，但电业部门目前仅能对渗漏油等不需开壳的缺陷进行小修。凡需打开外壳处理的缺陷，均应返回制造厂家修理。对于明显有对壳击穿、箱体膨胀爆裂等缺陷的电容器，即使返厂也无修理价值，只能报废。因此不少运行单位提出：在采用单台熔断器保护的前提下，对单元电容器不须作预防性试验，尽量发挥电容器的作用，用至损坏为止。

运行中某台电容器熔断器熔断，要对该台电容器做故障性鉴定。但有时发生熔断器的"群爆"现象，则不一定是单元电容器的故障，要考虑单台熔断器的抗涌流能力以及是否发生了谐波谐振，也可能是熔丝额定电流选择过小，耐受放电能力不够，或者是熔丝熔断后尾线未掉出以及表面闪络等引起，可分清具体原因采取相应措施来解决。

2. 集合式并联电容器的检修

对于集合式并联电容器，目前有两大类产品，一类是所谓坚固化产品，如合阳电容器厂生产的坚固化产品，将箱盖与箱壳的橡皮密封改为电焊焊封，提出在应有寿命内（预计 10^5 h），一次用完为止，中间不考虑大修。这种产品实质上和大容量高压并联电容量一样，外部取消了油枕和呼吸器，实行完全密封；内部取消了单元箱体，有利于散热。由于温度变化引起油体积变化全靠箱内的扩张器或膨胀器调节补偿，这种密集型产品和大容量高压并联电容器一样，内部故障必须返厂检修。

集合式并联电容器较多使用的另一类产品是带有油枕和呼吸器的，外观很像变压器。这一类产品内部的小单元电容器是密封件，不能打开修理。但这一类产品大油箱中发生的故障，如引出线或各连接线对地绝缘故障应该是可以在现场处理的，就是说现场可以像变压器检修一样吊芯检修。但目前集合式电容器运行和检修经验不足，发生了问题仍然是运回厂家修理。将来运行台数增加，返厂检修时间长、费用大，势必要考虑现场检修。因此，制造厂家也应考虑为现场检修提供条件，如提供同容量、同型号的小单元电容器等。吊芯检查必须与制造厂家联系，在厂家派人协助下修理。

集合式电容器壳内绝缘油的作用主要是冷却散热（小单元电容器装在油箱内具有全绝缘水平），因此也称为绝缘冷却油。绝缘冷却油每年要取油样进行试验，其击穿电压应不低于

5kV/2.5mm，达不到耐压要求的，可用滤油机进行循环过滤处理，或用合格的变压器油更换，油样要从取样阀放取。电容器箱体内的油需要补充时，可用标号相同的变压器油补充。油枕中油面位置应始终高于瓷套上顶端，使出线瓷套处于满充油状态。呼吸器中的硅胶，如果由蓝变红，应立即更换，更换时应同时取油样测定击穿电压。

四、电容器组和集合式电容器常见故障及处理办法

电容器组和集合式电容器常见故障及处理办法见表 7-7

表 7-7　　　　　　　　　电容器组和集合式电容器常见故障及处理办法

序号	故障情况	现象	处理方法
1	电容器内部异常	漏油，套管损伤，外壳变形或损伤，有异音、异臭、温度异常，继电保护动作、熔丝熔断、电容量异常，绝缘电阻下降	补漏或更换电容器
2	装置电压过高	电容器温度升高，电流指示增大	切换变压器分接头，使电压降低
3	电容器极对外壳短路接地	漏油、套管损伤、异音、噪声、继电保护动作、熔丝熔断、电容量异常，绝缘电阻下降	清除短路接地点及闪络处或更换电容器
4	高次谐波流入	端子过热变色，外壳变形、异音、噪声、温度升高，电流指示增大、继电保护动作	根据谐波次数装设串联电抗器
5	端子安装不牢	端子过热变色、异音、噪声、异臭、电流指示异常	端子接线拧紧装牢
6	绝缘油劣化	绝缘电阻下降	换油或更换电容器
7	开关未合好	异音、噪声、电流指示异常	检修或更换开关
8	电容器选择不当	端子过热变色、温度升高、电流指示异常保护动作，熔丝熔断	更换适当规格的电容器
9	涌流过大	异音、熔丝熔断	装串联电抗器
10	性能自然老化	漏油、油面降低、绝缘电阻下降	更换新电容器
11	油量过少	漏油、油面降低、温度上升、绝缘电阻下降	补充油或更换电容器

第 八 章

避 雷 器 检 修

电气设备在运行中除了承受正常工作电压外，有时还会遭受过电压的作用，如由雷电引起的大气过电压和由于操作等引起的操作过电压，其数值远超过正常的工作电压，使设备的绝缘受到损伤，寿命缩短，甚至导致损坏，造成停电事故。因此，必须采取各种措施来限制过电压。

避雷器是重要的过电压保护设备，其性能的优劣、安装的好坏不但对电气设备安全运行起着很大作用，而且对电力系统的经济效益，特别对超高压输电系统建设的经济效益，具有显著的影响。

第一节 避雷器检修的准备工作

一、检修避雷器资料收集

检修项目确定后，应根据检修项目收集避雷器设备的有关技术及运行资料。不同检修项目所需收集的技术及运行资料推荐见表 8-1。

表 8-1　　　　　　　　　　　避雷器检修工作资料收集的推荐内容

序号	检修项目	所需收集的资料
1	避雷器整体或元件更换	(1) 总装图、基础图、安装使用说明书。 (2) 避雷器的安装地点及安装高度。 (3) 避雷器安装地点周围的电气设备分布状况、安装高度及在检修工作中是否带电
2	连接部位的检修	(1) 缺陷记录。 (2) 连接部位的连接方式及受力状况，金属材料的名称及性能特性。 (3) 若为螺钉连接，螺孔的数量、内径、深度及螺纹参数。 (4) 引流线连接部位检修时，避雷器安装地点周围的电气设备分布状况、安装高度及在检修工作中是否带电
3	外绝缘的处理	(1) 设备外表面污秽积聚物的特点。 (2) 如需做涂敷 RTV 涂料的工作，所用 RTV 涂料的使用说明书
4	放电动作计数器及在线监测装置的检修	(1) 缺陷记录。 (2) 备品的安装图、安装使用说明书，连接材料及安装参数

序号	检修项目	所需收集的资料
5	绝缘基座的检修	(1) 缺陷记录。 (2) 绝缘基座外表面污秽积聚物的特点。 (3) 备品的安装图、基础图、安装使用说明书。 (4) 基座需更换时，还应按项目 1 收集资料
6	引流线及接地装置的检修	(1) 缺陷记录。 (2) 引流线的型号或接地装置的规格。 (3) 连接参数（见项目 2）。 (4) 变电站地网图
7	气体介质的补充	(1) 缺陷记录。 (2) 安装使用说明书

二、制定避雷器检修方案

检修部门应根据检修项目的内容及收集到的资料制定检修方案，检修方案需经生产主管部门审查、批准后方可开始组织实施。

三、人员、工器具、材料、备品、备件的准备

检修工作开始前，检修部门应根据检修批准后的检修方案进行人员、工器具、材料、备品、备件的准备。

检修人员必须具备电气一次设备的检修资质并熟悉检修方案。检修工作中至少应有一名检修人员具有担任工作负责人的资格并应有避雷器设备检修的工作经验。设备需要吊装时，起重工必须有资质证书并应具有相关的工作经验或经历。

工器具、材料、备件应按实际需要量进行准备并适当留有裕度。

四、检修过程中的突发事件预想及处置措施

（1）避雷器检修过程中可能的突发事件包括：①吊车臂与周围带电体距离过近引起放电；②吊车碰伤待检修避雷器周围的其他电气设备，吊装过程中，避雷器突然坠落；③避雷器突然断裂；④引流线滑落碰伤待检修避雷器周围的其他电气设备或搭接周围带电体等。

（2）突发事件发生时，检修工作必须立即暂停，并查明突发事件引起的后果。

五、安全措施、技术措施、组织措施

（1）避雷器的检修工作必须办理工作票，指定工作负责人和安全监护人。检修工作开始前，工作负责人在检查待检修对象与工作票一致后向检修人员宣读工作票并布设安全围栏。检修需要起重作业时，工作负责人应指定吊车的工作范围，并向起重工说明带电体的安全距离。在确认待检修设备已停电并挂接地线或采取其他有效接地措施后，检修作业方可开始。工作中，严禁检修人员擅自扩大工作范围或走错间隔。安全监护人应切实履行职责，发现不安全行为时应及时制止。

（2）检修工作一般应严格按照已批准的检修方案所规定的检修工艺进行。如在检修工作中需改变检修工艺，必须经生产主管部门批准。

（3）检修人员必需严格服从工作负责人及安全监护人的命令，否则应立即终止其检修工作并令其退出检修现场。

第二节 避雷器的检修

一、检修周期

避雷器设备检修周期不做具体的规定，母线用避雷器结合每年的大修进行；线路避雷器结合线路计划检修进行，发电机避雷器结合每年的发电机检修进行。检修工作一般是在发现缺陷或发生事故后有针对性的开展。

二、检修项目及质量标准

1. 检修项目

根据避雷器缺陷或事故的种类，设备的检修一般包括以下项目。

（1）避雷器整体或元件更换。

（2）避雷器连接部位的检修，更换已锈蚀的螺栓及已腐蚀的连接线。

（3）外绝缘的处理。

（4）放电动作计数器及在线监测装置的检修。

（5）绝缘基座的检修。

（6）避雷器引流线及接地装置的检修。

（7）气体介质的补充。

（8）清扫避雷器表面。

（9）电气试验。

2. 质量标准

（1）接触面接触良好，连接线、引下线无断股、散股现象，各部分螺栓紧固。

（2）接触面接触。

（3）瓷套表面清洁无损。

（4）各项试验项目均合格。

三、检修要求

1. 避雷器整体或元件更换

（1）金属氧化物避雷器不得进行元件更换。

（2）避雷器更换前应先检查备品包装是否受潮，对照包装清单检查备品附件是否缺少或损坏，检查避雷器的外观和铭牌是否缺少或损坏，压力释放板是否完好无损，铭牌与所需更换的避雷器是否一致。

（3）避雷器的拆除工作应自上而下进行，即先拆除避雷器的引流线，然后拆除均压环，之后拆除避雷器或避雷器元件。拆除前应先将被拆除部分可靠的固定，避免引流线突然滑出、均压环坠落或避雷器的倒塌。

（4）避雷器的安装应符合以下要求。

1）避雷器组装时，其各节位置应符合产品出厂标志的编号。

2）带串、并联电阻的碳化硅阀式避雷器安装时，同相组合单元间的非线性系数的差值应符合规定。

3）避雷器各连接处的金属接触表面，应除去氧化膜及油漆，并涂一层电力复合脂。

4）并列安装的避雷器三相中心应在同一直线上；铭牌应位于易于观察的同一侧。避雷器应安装垂直，其垂直度应符合制造厂的规定，如有歪斜，可在法兰间加金属片校正，但应保证其导电良好，并将其缝隙用腻子抹平后涂以油漆。

5）拉紧绝缘子串必须紧固；弹簧应能伸缩自如，同相各拉紧绝缘子串的拉力应均匀。

6）均压环应安装水平，不得歪斜。

7）放电计数器应密封良好、动作可靠，并应按产品的技术规定连接，安装位置应一致，且便于观察；接地应可靠，放电计数器宜恢复至零位。

8）金属氧化物避雷器的排气通道应通畅；排出的气体不致引起相间或对地闪络，并不得喷及其他电气设备。

9）避雷器引线的连接不应使端子受到超过允许的外加应力。

（5）当避雷器安装中需要吊装时，必须采取有效措施防止瓷套受损及避雷器侧倒坠落。安装时还应注意防止保护压力释放板被扎破或碰伤。避雷器各连接部位必须紧固可靠，使用螺栓必须与螺孔尺寸相配套且具有良好的防锈蚀性能。

2.连接部位的检修

（1）如果仅为连接螺钉松动，则只需将螺钉上紧即可。若螺钉无弹簧垫片，则应添加弹簧垫片。

（2）如原螺钉规格与螺孔不配套、螺钉严重锈蚀或丝扣损伤，则应进行更换。更换前，应先将连接部位进行可靠固定。

3.外绝缘的处理

（1）如果仅对外绝缘进行清扫，则应根据外表面的积污特点选择合适的清扫工具和清扫方法。工作中不仅应清扫伞裙的上表面，还应对下表面伞棱中积聚的污秽进行清扫。

（2）如果对外绝缘涂敷 RTV 涂料，则应在外表面清扫干净后方可进行。涂敷工作不应在雨天、风沙天气及环境温度低于 0℃时进行。涂敷方法可参照 RTV 涂料使用说明书。涂敷工作完成后，在涂层表干前（一般为涂料涂敷后 15min 内）不可践踏、触摸，也不可送电。

4.放电动作计数器的检修

放电动作计数器的检修应先检查避雷器基座的情况，如避雷器基座良好，则对放电动作计数器小套管进行检查，若小套管已损伤或表面严重脏污，则对其进行更换或擦拭。如未发现放电动作计数器小套管存在问题，则应对放电动作计数器进行更换。

5.绝缘基座的检修

绝缘基座的检修应先检查绝缘基座是否严重积污或穿芯套管螺钉锈蚀，如严重积污或螺钉锈蚀，则将污秽清除。如无严重积污或螺钉锈蚀或清除后，绝缘基座的绝缘电阻仍然很低时，应更换绝缘基座。

6.引流线及接地装置的检修

（1）引流线的检修。若引流线断股或烧伤不严重时，可用与引流线规格相同的导线的单根铝线将损伤部位套箍处理。若引流线已严重损伤，则应进行更换。在拆除原引流线时，应注意将引流线端部绑扎牢靠后缓缓落地。所更换的引流线的截面应满足要求，拉紧绝缘子串必须紧固；弹簧应能伸缩自如，同相各拉紧绝缘子串的拉力应均匀，引线的连接不应使端子受到超过允许的外加应力。此外，系统标称电压 110kV 及以上避雷器的引流线接线板严禁使用铜铝过渡，而应采用爆压式线夹。

（2）接地装置的检修。接地装置的检修工作应先对避雷器安装处附近的地网进行开挖，找到配电装置的主接地网与避雷器的最近点及避雷器附属的集中接地装置。采用截面足够的接地引下装置进行可靠的焊接。若主接地网或避雷器附属的集中接地装置已严重锈蚀，则应先对其进行彻底改造。

7. 气体介质的补充

避雷器的气体介质补充应按照有关使用说明书进行，所补充的气体应经过检验并合格。

四、碳化硅避雷器

1. FS 型配电避雷器

（1）解体。密封结构不同的避雷器应使用不同的方法与设备进行拆卸。滚封的 FS3、FS4 型避雷器需用车床切削铁盖外圈（修复时再用新的铁盖装配），FS2 型避雷器则在修复时应倒置，然后用油压机或榨床等手动器械压紧铁盖，勾出塞片，取下铁盖。解体后所有零件应分类存放。

（2）电阻片的检修。首先检查电阻片的外观，表面有击穿孔，侧面有电弧烧灼痕迹以及绝缘层缺损的电阻片应予废弃。外观良好的电阻片可进行干燥处理，干燥过程应在有通风装置的电烘箱内进行，严禁使用煤气加热器。干燥温度应控制在 120～150℃，时间为 6～8h。因为电阻片受潮后通流能力会极大地降低，所以处理后的电阻片必须在干燥密封的器皿或温度一直维持在 40～60℃的烘箱中储藏。

运行多年的电阻片残压略微增高，接触电阻变大，因此干燥后的电阻片必须重新测试冲击电流残压。如果条件具备，最好重新喷铝并增加通流能力试验。

（3）火花间隙的检修。平板电极的工作面仅有轻微的放电痕迹时，略加擦试后仍可继续使用，损伤严重的电极必须用细砂纸磨去电弧烧伤的瘢疤，然后再用金相砂纸或布轮抛光；如果电极严重氧化或因受潮发生锈蚀，还必须经过酸洗和钝化处理，处理后的电板连同云母片应及时送入烘箱干燥。火花间隙组的内瓷套（或塑料筒）在擦拭干净后也需一并干燥，干燥温度控制在 80℃左右，持续 2h。

（4）组装。各种零件检修、干燥处理后可进行调试、配组。单个火花间隙的工频放电电压有效值为 3kV 左右，置于顶端的略高，可调整到 3.1～3.2kV。配置好的间隙组再进行工频放电电压的调试，并使之在合格范围内。电阻片按残压数据配组：50A 残压之和不超过产品的残压规定值，50A 残压之和不低于避雷器额定电压的幅值。

组装的场所必须保持干净洁净，室内空气的相对湿度以不高于 80% 为宜，或者应在天气晴朗和气候干燥时进行。否则，室内应安装空气去温器，这样，封入避雷器的空气才能比较干燥。

供组装的橡胶密封件均应使用新品，因为拆下的旧橡胶件均会有不同程度的永久变形，不能保证密封的可靠性。各种零件装入洁净、干燥的瓷套后，避雷器的修复工作结束，可进行预防性试验。

2. FZ 型避雷器

FZ 型避雷器的结构如图 8-1 所示。对 FZ 型避雷器，旋去避雷器两端盖板周围的紧固螺栓即可解体。火花间隙和电阻片的检修方法与 FS 型避雷器相同。测量电阻片的 50A 和 80A 冲击电流残压，然后进行配组。对于附有放电记录器等记录装置的避雷器，还可参考运行记录，如得知曾多次动作或释放过很大能量时，其电阻片不宜再使用。拆下来的分路电阻也需进行干燥处理，处理方法与电阻片相同，经过多年运行，分路电阻的阻值增大，所以干燥后也必须重新测试其电导电流，符合有关技术数据的分路电阻可继续使用，否则应更换新品。在铆接分路电阻时，用力必须适度，不可铆得过紧，应使分路电阻与连接铜片之间既接触可靠又能略微转动为宜。禁止使用任何有裂痕的分路电阻。在组装前，瓷套应擦拭干净，保持干燥，盖板经除锈、镀锌处理。组装结束后，避雷器待试。

3. FCZ 型磁吹避雷器

现仅以 FCZ3-110J 型避雷器为例，说明磁吹避雷器的一般检修步骤。该型避雷器的结构如图 8-2 所示。

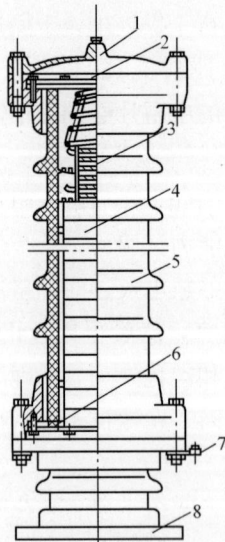

图 8-1 FZ 型避雷器结构图

1—铁盖；2—盖板；3—火花间隙；
4—电阻片；5—瓷套及法兰胶；
6—橡皮圈；7—接地螺栓；
8—绝缘底座

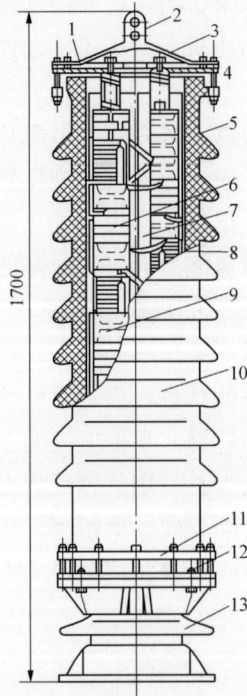

图 8-2 FCZ3-110J 型
磁吹避雷器结构图

1—橡皮圈；2—铁盖；3—防爆薄膜；
4—弹簧；5—火花间隙组；6—高温
阀片；7—绝缘隔板；8—连接导线；
9—绝缘磁垫；10—瓷套；11—卡环；
12—盖板；13—底座

（1）解体。先将避雷器下部卡环和盖板拆去，吊起瓷套，露出芯体。因芯体自立性较差，必须有人扶持，防止倒塌损坏零件。在旋松上部螺栓后，应注意防止卡环落下砸坏瓷裙。避雷器的各个金属部件如未生锈仍可应用，否则应经去锈和电镀处理。

（2）电阻片的检修。检修方法与 FZ 型避雷器的电阻片基本相同，不同之处仅在于高温阀片因采用有机材料制成的绝缘层，干燥时烘箱的温度必须控制在 100℃ 以下，使材料不会发生劣化。可供继续使用的高温阀片，应测量 5kA 及 450A 冲击电流残压，此外，还可测量 10kA 残压以备参考。

（3）分路电阻的检修。FCZ3 型避雷器内部有大小两种规格的分路电阻，它们的检修方法与 FZ 型避雷器分路电阻的步骤相同。经干燥处理后，测试直流电导电流，符合下列数据仍可继续使用：间隙组并联的大分路电阻每 2 片串联成一对，直流电压 10kV 作用时的电导电流等于 350μA，按此数据配组（实际合格范围为 250～400μA）；点火间隙并联的小分路电阻在直流电压 1.42kV 作用时的电导电流为 10～11μA，其余主间隙并联的小分路电阻电导电流为 14～20μA。配组完毕的分路电阻应干燥储存。

（4）灭弧盒与火花间隙组的检修。将固定火花间隙组用的 3 个小弹簧的钩子从三角形锅板的孔中拉出，即可拆出间隙组。逐个检查灭弧盒，对表面光滑、无锈蚀及明显烧伤痕迹，且灭弧盒的工作表面清洁、没有喷射金属铜痕迹的电极，可不必拆下。否则，应拆下电极进行除锈处理，并且还需研磨其工作表面。云母陶瓷灭弧盒的工作面如有明显的棕红色喷铜痕迹，也应用细砂布研磨除去。对严重喷铜痕迹的灭弧盒应弃之不用。然后，将电极装在修复好的灭弧盒内，并压紧固定小分路电阻的弹簧片。

对无损伤的吹弧线圈可继续使用，否则应按原参数（ϕ0.8mm 高强度漆包线，32 匝）绕制，绕制时，层间必须垫 1～2 层聚脂薄膜绝缘纸，外部用电工布环绕后再经干燥和浸漆处理，在将线圈装到瓷板上时，必须注意吹弧方向应正确。对任何准备继续使用的吹弧线圈都必须将它的一个接线端由瓷板所附的圆铜板下面抽出。接着，调整并测量辅助间隙的工频放电电压，其有效值为 3.2～3.8kV，达到要求后，将拆下的接线端恢复到原来的位置（与辅助间隙并联）。

以上检修工作结束后，火花间隙组的全部零件都要经过干燥处理。

这种型号的避雷器，每个间隙组由 7 个主间隙、2 个吹弧线圈和 2 个辅助间隙构成。第三、四个主间隙是点火间隙，其工频放电电压（有效值）应调整在 3～3.4kV 范围内，其余各主间隙的放电电压在 2.5～5.0kV 范围内，调整、测量结束后，按前述在各个间隙上并联相应的小分路电阻，此时应注意用弹簧片将电阻压紧，以保证接触可靠。

组装间隙时，要注意相邻两块陶瓷灭弧盒之间必须严密吻合，防止工作时电弧从夹缝中喷出。间隙组的所有部件按顺序选装后，在顶部和底部各放置一块三角形铜板，利用 3 根有机玻璃条和小弹簧，压紧这些零件并使之固定。组装好的间隙组，可进行工频放电电压的测量，其有效值在 17～20kV 都可供组装避雷器用。最后再装配一对大分路电阻。

（5）组装，首先将干燥处理过的各种零部件分类放置，进行配组工作。按照技术规范，所有阀片 5kA 残压值的总和不超过避雷器 5kA 残压 260kV；450A 残压值总和等于（或略大于）避雷器额定电压幅值 $100\sqrt{2}$kV 的 90%，其余 10% 由限流间隙的弧压降补偿。这样，

每台避雷器需用 φ100×20 高温阀片约 50 片左右。组装避雷器前，将这些阀片均分为 11 份（可能不能恰好等分），然后与避雷器的 11 个火花间隙构成 11 个元件组。

瓷套和所有部件经擦拭和干燥处理后即可进行组装。如图 8-2 所示，先把有机玻璃板放在下盖板的中央，接着将 11 个元件组用连接铜片和导线按位置上螺旋形式逐渐上升、电气上串联的原则逐个衔接起来。在有机玻璃隔板限定的空间里，这些元件组均匀分布而形成 3 个柱子，同一个柱内的各元件组之间用瓷绝缘垫隔离。火花间隙组按其放电电压的大小自上而下地排列。以上这些部件构成避雷器的内芯。内芯的四周需用绝缘布临时扎紧，进行工频放电电压的初测。如果放电电压不合格，应调整部分火花间隙组的放电电压数据，达到规定要求后，解开绝缘布带，套上瓷套。为保证内芯在装配后对上、下盖板有足够的压力。必须调整弹簧伸出瓷套的高度（可通过增、减弹簧下部的瓷绝缘垫或包有短路铜带的废阀片来进行）。组装时，避雷器所有密封件应换用新品，防爆膜（玻璃片）如有损伤也应更换。至此，避雷器可送去试验，试验合格后，对避雷器内部进行抽真空，充入与外界气压相等的高纯度干燥氮气。充气完毕，旋紧抽气孔的密封螺钉，并用室温硫化硅橡胶补充封固。检修其他型号的磁吹避雷器时，若其中有均压电容器，还应对其进行耐压试验。

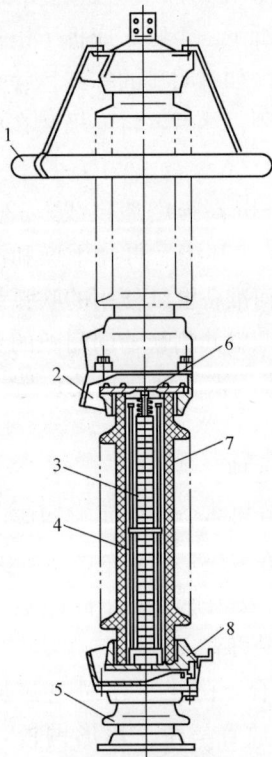

图 8-3　高压氧化锌
避雷器的典型结构
1—均压环；2—喷弧口；
3—ZnO 电阻片；4—绝缘
支杆；5—绝缘底座；6—压
力释放装置；7—瓷套；
8—密封圈

五、氧化锌避雷器

氧化锌避雷器的结构如图 8-3 所示。氧化锌避雷器的解体，内部零件的干燥处理和组装工艺基本上与碳化硅避雷器相同。但在检修这类避雷器时，应注意如下事项。

（1）个别厂家生产的避雷器内部氧化锌电阻片按其电容量的大小依一定的规律排列，检修时必须进行编组登记，以免组装时装错，

（2）大型氧化锌避雷器内部通常有绝缘支杆或硅橡胶充填物，在经过干燥处理后必须按避雷器的电压等级进行耐压试验。

六、六氟化硫避雷器

六氟化硫避雷器是组合电器（GIS）中的过电压保护装置。它采用落地罐式金属筒体封装的结构，金属筒体内充有 SF_6 气体，该气体既作绝缘介质，有时又兼作灭弧介质。具体结构如图 8-4 所示。

对于六氟化硫避雷器，首先应了解其内部结构是碳化硅电阻片还是氧化锌电阻片组成的，然后再按相应的种类处理检修时，还应检查充气压力表计是否良好，阀门有无漏气，盆式绝缘子有无闪络痕迹，曾发生过绝缘故障的必须更换。此外，最好测试盆式绝缘子的局部放电，以便发现其内部的隐患。对组装好的六氟化硫避雷器，在充 SF_6 之前必须使用温度约为 120℃ 的干燥热空气进行彻底的循环干燥，这一干燥时间不得少于 48h，然后充入含水量不

大于 8×10^{-6} 的高纯度氮气到表压值为 $0.5 \times 10^5 \, Pa$，静置 24h 后再测量氮气中的水分，若低于 12×10^{-6}（重量比）即可抽净氮气。避雷器一直抽真空到表压值为 $-2 \times 10^5 \, Pa$，这时才可充入 SF_6。气体。还应该注意的是，装入避雷器内部的吸附剂必须先经过高温烘干活化。在常压下，活化温度氧化铝为 $350 \sim 400℃$；分于筛为 $450 \sim 500℃$，加温时间以每厘米厚的吸附剂半小时计算。活化处理后的吸附剂即可装入避雷器的金属筒体内，对于双重密封结构的六氟化硫避雷器，必须在内芯检漏试验确认合格而且充好氮气之后再进行充 SF_6 气体的步骤。储气瓶中的 SF_6 气体也必须进行微量水分测定，IEC 376 标准中规定，新鲜 SF_6 气体最大允许的含水盘为 15×10^{-6}。储藏 N_2 或 SF_6 的钢瓶均通过减压器后与避雷器充气阀门连接。当避雷器内 SF_6 气压达到规定的数值时（根据环境温度查阅产品所附的气体状态曲线），关闭阀门。如果避雷器内部是磁吹式结构，应即刻送去试验，测量工频放电电压。对于用 SF_6 气体微灭弧介质的六氟化硫避雷器，还需对照测试结果微调充气压力。因为压力大时放电电压高，反之放电电压低。当放电电压合格后，记下相应的充气压力和环境温度。氧化锌六氟化硫避雷器虽然不进行工频放电电压试验，但其充气压力和环境温度却必须记录。

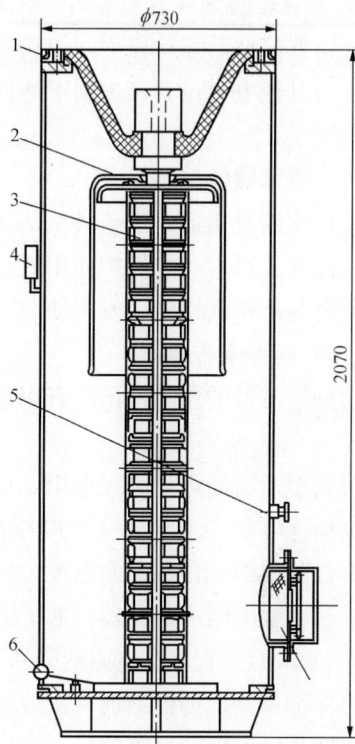

图 8-4 Y10W-200/620 型六氟化硫
氧化锌避雷器结构
1—盆式绝缘子；2—屏蔽电极；
3—ZnO 元件组；4—压力表；
5—充气阀门；6—接地端子；
7—压力释放及吸附装置

第三节 避雷器的试验

一、避雷器检修后的试验项目及要求

1. 避雷器检修后的试验项目

(1) 无间隙金属氧化物避雷器整体更换后应进行的试验项目包括：绝缘电阻测量、持续电流试验、直流参考电压试验、0.75 倍直流参考电压下的漏电流试验、复合外套外观及憎水性检查、放电计数器动作试验、密封性能试验等。

(2) 带串联间隙金属氧化物避雷器整体更换后应进行的试验项目包括：复合外套及支撑件外观及憎水性检查、直流 1mA 参考电压试验、0.75 倍直流 1mA 参考电压下漏电流试验、支撑件工频耐受电压试验、间隙距离检查、绝缘电阻测量等。

(3) 碳化硅阀式避雷器整体更换后应进行的试验项目包括：测量电导或泄漏电流、检查组合元件的非线性系数、测量磁吹避雷器的交流电导电流、进行密封试验、检查放电计数器动作情况、绝缘电阻测量等。

2. 避雷器接地装置检修后的试验及要求

避雷器接地装置检修后，应检查接地连通情况，可以使用万用表电阻档测量避雷器接地引下线与其他电气设备接地引下线间的电阻。也可采用其他有效检查接地连通情况的测试仪器进行测量。

二、避雷器的试验

运行中的避雷器，由于各种因素的影响，可能使其性能发生变化，致使其不能正常工作，从而失去对设备的保护作用或引起其他事故。对避雷器在运行中按规定进行检查试验，其目的就是监督其性能，发现缺陷及时处理，以保证避雷器的保护作用。

（一）阀型避雷器

阀型避雷器的预防性试验有以下一些项目。

1. 测量绝缘电阻

对阀型避雷器测量绝缘电阻，应使用 2500V 的绝缘电阻表。对无并联电阻的阀型避雷器测量绝缘电阻，主要是检查其内部元件有无受潮情况；对有并联电阻的阀型避雷器，则主要是检查其内部元件的通断情况。因此，测出的绝缘电阻与避雷器的型式有关。

没有并联电阻的避雷器，如 FS 型的绝缘电阻，要求在交接时应大于 2500MΩ，运行中应大于 200MΩ。有并联电阻的避雷器，如 FZ、FCZ 和 FCD 等型号的绝缘电阻，没有规定明确的标准，测得的值与前一次或同型式避雷器的测量数据相比较，应没有显著的差别。阀型避雷器绝缘电阻的显著降低，说明避雷器密封不良，内部元件已经受潮。有并联电阻避雷器绝缘电阻的明显升高，说明避雷器内部的并联电阻可能发生断裂、开焊及老化变质等情况。

测量阀型避雷器的绝缘电阻时还应注意以下问题。

（1）测量前应将避雷器的表面擦拭干净，防止表面的潮气、尘垢和污秽等影响测量的准确性。

（2）有并联电阻的避雷器测得的绝缘电阻，实际上是并联电阻对地的电阻值。此电阻值与温度有关，温度在 5～35℃，绝缘电阻值变化不大；温度过低时，测出的绝缘电阻将偏大，不易发现避雷器内部受潮等缺陷。因此，一般要求测量避雷器绝缘电阻时的室温应不低于 5℃。

2. 测量电导电流及串联组合元件的非线性系数

测量避雷器的电导电流，实际上是测量其并联电阻的电导电流，故仅对有并联电阻的阀型避雷器如 FZ、FCZ 和 FCD 型等进行这项试验。测量电导电流的目的是检查并联电阻性能有无变化、有无开焊、断裂以及避雷器内部元件是否严重受潮等。另外，串联组合使用的避雷器元件，在测量电导电流的同时，可以测量计算避雷器元件或其各对并联电阻的非线性系数及其差值，以此来判断各避雷器元件是否适合串联组合使用。

对无并联电阻的阀型避雷器，测量直流泄漏电流比测量绝缘电阻对发现缺陷有更高的灵敏性。因此，必要时对有怀疑的避雷器，也可增加这项试验，以帮助做出正确判断。

（1）试验接线。测量阀型避雷器电导电流的试验接线如图 8-5 所示。需要注意有以下几个方面。

1）为确保测量的准确度，要求在试验的过程中直流电压的脉动部分不超过平均值的

±1.5%，即电压的脉动范围为3%。为达到这一要求，需根据负载的等效电阻计算滤波稳压电容器 C 的容量，其计算公式为

$$C = \frac{0.01I}{1.5U} \times 100 = \frac{0.667I}{U} \tag{8-1}$$

式中　C——滤波（稳压）电容器电容量，μF；

　　　I——试验时直流负荷电流，μA；

　　　U——实际直流试验电压，V。

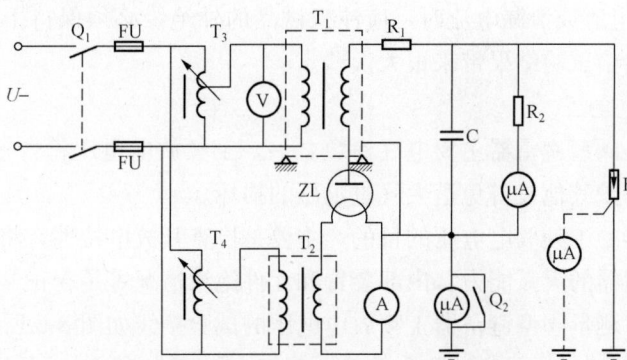

图 8-5　阀型避雷器测量电导电流试验接线图

Q_1—电源开关；FU—熔断器；T_3、T_4—单相调压器；T_1—试验变压器；TZ—灯丝变压器；
ZL—高压整流管；R_1—限流电阻；R_2—测压电阻；C—稳压电容器；μA—直流微安表；
V—交流电压表；A—交流电流表；F—被试避雷器；Q_2—短接开关

2）为了正确测量试验电压，应尽量使用静电电压表在高压侧直接测量。

3）由多个元件串联组合使用的避雷器，除按要求测量各个元件的电导电流外，还应通过试验计算其各自的非线性数值，根据对应电压的电导电流，非线性系数 α 可由式（8-2）计算而得到

$$\alpha = \frac{\lg \frac{U_2}{U_1}}{\lg \frac{I_1}{I_2}} \tag{8-2}$$

式中　U_1、U_2——测量避雷器非线性系数试验电压，kV，其值列于表8-2；

　　　I_1、I_2——对应于试验电压 U_1、U_2 的电导电流，μA。

表 8-2　　　　　　　　　测量避雷器非线性系数试验电压（kV）

元件额定电压		15	20	30
试验电压	U_1	8	10	12
	U_2	16	20	24

（2）注意事项包括以下几个方面。

1）阀型避雷器并联电阻的电导电流与试验时的温度有关，试验时应记录正确的室温。当夏季或冬季在室内试验安装在室外的避雷器时，试验前应将避雷器在室内停放一定时间，

夏季至少停放 4h，冬季至少停放 8h。

2）阀型避雷器电导电流的标准是温度为 20℃时的数值，当温度与 20℃相差超过 5℃时，应换算至 20℃的数值。

3）无论是测量有并联电阻避雷器的电导电流，还是测量无并联电阻避雷器的泄漏电流，均应减去在相同试验电压下试验设备本身的泄漏电流。

4）限流电阻阻值的选取应保证高压硅整流管在被试物短路时不损坏。一般可用 1MΩ 的水电阻或其他类型的固定电阻。

5）在测量电导电流或泄漏电流时，应注意试品的外绝缘必须保持干燥与洁净，如果瓷套潮湿或有污秽都会给试验结果带来很大误差。

3. 测量工频放电电压

工频放电电压是阀型避雷器主要电气参数之一，工频放电电压符合规定要求的避雷器，才能保证在运行中保护其他设备免遭大气过电压的损坏。

测量阀型避雷器的工频放电电压的目的，主要是检查其放电特性，将测得的值与标准值比较，可以了解避雷器的灭弧能力、内部装置和元件绝缘情况等是否正常。

（1）试验接线。测量阀型避雷器工频放电电压的试验接线如图 8-6 所示。

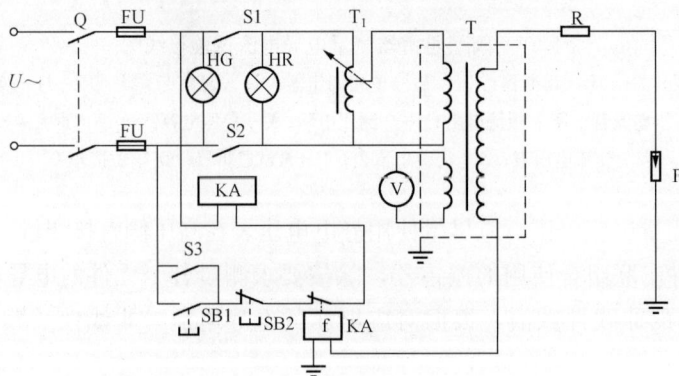

图 8-6　阀型避雷器工频放电电压试验接线图
Q—电源开关；FU—熔断器；K—交流接触器；SB—按钮开关；
HG、HR—电源指示灯；T₁—单相调压器；T—试验变压器；
KA—过流继电器；R—限流电阻；F—被试避雷器

（2）试验步骤。具体步骤如下。

1）合上电源，用单相调压器均匀升高电压，升压速度控制在从开始升压至避雷器放电接触器脱扣为 5~7s 为宜，以便于读表。

2）升压时注意电压表指示，当电压表摆向零值且接触器脱扣时，则电压表指针摆向零值前的指示值即为避雷器的工频放电电压值。

3）对每个避雷器按以上操作试验三次，每次试验间隔时间应大于 1min，工频放电电压取三次试验的平均值。

（3）注意事项。为避免避雷器放电时火花间隙被烧损，应限制放电时通过火花间隙的电流不大于 0.7A，且时间不超过 0.5s，为此要求选择限流电阻和在试验变压器低压侧采用过流速断装置。

4. 直流 1mA 电压（U_{1mA}）及 $0.75U_{1mA}$ 下泄漏电流的测量

测量 U_{1mA} 及 $0.75U_{1mA}$ 下泄漏电流试验接线如图 8-7 所示，测 U_{1mA} 值应与初始值或与制造厂给定值相比较，变化应不大于 $\pm 5\%$，$0.75U_{1mA}$ 下的泄漏电流按制造厂规定，一般应大于 $50\mu A$。

5. 磁吹和阀型避雷器的带电监测

带电监测避雷器电导电流，可采用低内阻交流微安表（MF-14 型万用表）或专用测试仪（301 型避雷器带电测试仪）并联在放电记录器两端进行测量，其测量接线如图 8-8 所示。

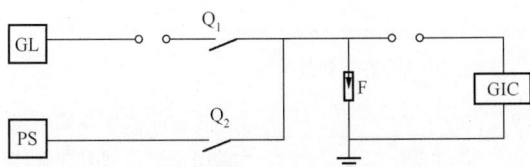

图 8-7 测量 U_{1mA} 及 $0.75U_{1mA}$ 下泄漏
电流试验接线

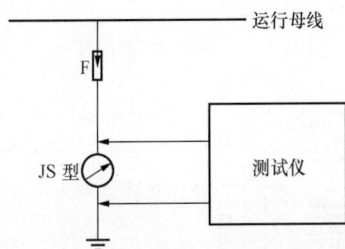

图 8-8 带电测量避雷器电导电流接线图
F—避雷器；JS 型—放电记录器

正常情况，避雷器的电导电流在 $500\mu A$ 以下，一旦内部受潮，泄漏电流大为增加。判断标准是：测量结果不能超过某一经验范围，可三相之间进行比较，如果电导电流有明显差异，则必须进行处理。

6. 阀型避雷器的密封检查

阀型避雷器内部的各元件，如火花间隙、阀片和非线性并联电阻等，都需在干燥情况下才能保持其良好的工作性能，所以要求制造或解体检修后的避雷器必须密封良好，避免潮气浸入。

一般对避雷器均采用抽气法密封检查。其检查方法是：用真空泵的抽气嘴接在避雷器底盖的抽气孔上，开动真空泵使避雷器的内腔真空度达（380~400）×133.3Pa，观察 5min，如真空下降不超过 133.3Pa，即可判断避雷器密封良好；如 5min 内真空度下降超过 133.3Pa 时，说明避雷器的密封情况不良，应重新压装密封部件，直至密封检查合格为止。用抽气法检查避雷器密封时，还应注意以下几点。

（1）要注意抽气装置真空系统本身的密封情况，防止因真空系统密封不良而做出误判断。为此，试验前及对真空系统密封情况有怀疑时，应堵住抽气口单独检查真空系统的密封情况，以保证在密封检查中做出正确的判断。

（2）密封检查指示真空度的表计应使用 U 形水银真空计或有 133.3Pa 刻度的指示表计。以使指示清晰、便于观察。

（3）检查完毕，应将密封合格的避雷器底盖的抽气孔堵焊牢固。

（4）要求密封检查场所的空气不潮湿，不含有尘埃或其他腐蚀性物质的成分，以保证检查完毕后进入避雷器内腔的空气干燥洁净。

7. 阀型避雷器的试验项目、标准和周期

阀型避雷器的试验项目、标准和周期见表8-3。

表8-3　　　　　　　　　　　阀型避雷器的试验项目、周期和标准表

序号	项目	周期	标　　准	说　　明
1	测绝缘电阻	(1) 发电厂的避雷器每年雷雨季前。 (2) 线路上的避雷器1～3年一次。 (3) 解体大修后	(1) FZ（PBC，LD）、FCZ和FCD型避雷器的绝缘电阻自行规定，但与前一次或同一类型的测量数据进行比较不应有显著变化。 (2) FS型避雷器绝缘电阻应不低于2500MΩ	(1) 用2500V绝缘电阻表。 (2) FZ、FCZ和FCD型主要检查并联电阻通断和接触情况
2	测量工组放电电压	(1) 解体大修后。 (2) 1～3年一次	(1) FS型避雷器的工频放电电压在下列范围内 额定电压（kV）：3　6　10 放电电压 大修后：9～11　16～19　26～31 放电电压 运行中：8～12　15～21　23～33 (2) FZ、FCZ和FCD型避雷器按制造厂规定	带有非线性并联电阻的门型避雷器只在解体大修后进行
3	检查密封情况	解体大修后	避雷器内腔抽真空到(380～400)×133.3Pa后，在5min内其内部气压的增加不应超过133.3Pa	
4	测量电导电流及检查串联组合元件的非线性系致差值	(1) 每年，雨季前。 (2) 解体大修后	(1) 以FZ、FCZ，FCD型避雷器的电导电流按制造厂标准，但与历年数据比较，不应有显著变化。 (2) 同一相内甲联组合元件的非线性系致差值不应大于0.05；电导电流相差位不应大于30%。 (3) 试验电压（kV）如下 额定电压：3　6　10　15　20　30 试验电压 U_1：　　　　8　10　12 试验电压 U_2：4　6　10　16　20　24	(1) 整流回路中，应加滤波电容器，其中电容值一般为 0.01～0.1μF，并应在高压侧测量电压。 (2) 由两个及以上元件组成的避雷器，应对每个元件进行试验。 (3) 非线性系数差值及电导电流相差值计算。 (4) 有条件时可用带电测量电导电流代替。 (5) 运行中PBC型遗留器的电导电流一般不小于300～400μA

注　1. 试验避雷器时，应对放电记录器进行动作试验，对有基座绝缘瓷柱者，应测量其绝电阻，绝缘电阻自行规定。

　　　2. 避雷器解体大修后的其他试验项目及标准，根据制造厂技术条件自行规定。

（二）氧化锌避雷器

氧化锌避雷器的预防性试验有以下项目。

1. 测量绝缘电阻

氧化锌避雷器绝缘电阻的测量方法与阀型避雷器相同。但为了尽可能发现避雷器内部绝缘缺陷，绝缘电阻表的电压不宜太低，如避雷器的额定电压为 35kV 及以下时用 2500V 的绝缘电阻表，否则应用 5000V 的绝缘电阻表，必要时，最好使用带有接地屏蔽的绝缘电阻表，以减小测量误差。

2. 测量 U_{1mA} 及 75％该电压下的泄漏电流

测量氧化锌避雷器 U_{1mA} 及 75％该电压下的泄漏电流的试验接线如图 8-9 所示。

氧化锌避雷器的 U_{1mA}，是指当流过避雷器的泄漏电流为 1mA 时，施加在被试避雷器两端的直流电压值。在读取 U_{1mA} 以后，把施加在被试避雷器两端的电压降至该电压的 75％，测量被试避雷器的泄漏电流，此电流即为 75％该电压下的泄漏电流。

此项试验的注意事项与阀型避雷器相同，但在测量氧化锌避雷器时，应记录下环境温度；其次，由于 ZnO 电阻片有较大的电容量，试验结束后，应进行放电，否则，残存的电荷对试验人员可能产生一定的危害。

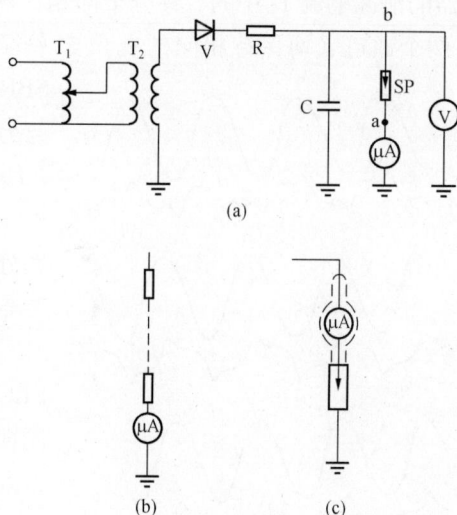

图 8-9　半波整流回路
（a）接线图；（b）用电阻串联微安表代替静电电压表；（c）微安表置于高电位
T_1—调压器；T_2—工频试验变压器；U—整流器；R—保护电阻；C—滤波电容器；SP—试品；V—静电电压表

3. 测量运行电压下交流泄漏电流

测试交流泄漏电流尤其是泄漏电流中的阻性分量，对避雷器寿命的监视是非常重要的。而交流参考电压是在测量阻性分量电流的同时读取的另一个参数。

测量氧化锌避雷器运行电压下交流泄漏电流的试验接线如图 8-10 所示。在运行电压下流过氧化锌避雷器的交流泄漏电流由数值很小的阻性分量和数值很大的容性分量组成。并且由于泄漏电流波形是非正弦量，因此测量或记录时须使用振子示波器或阴极射线示波器。

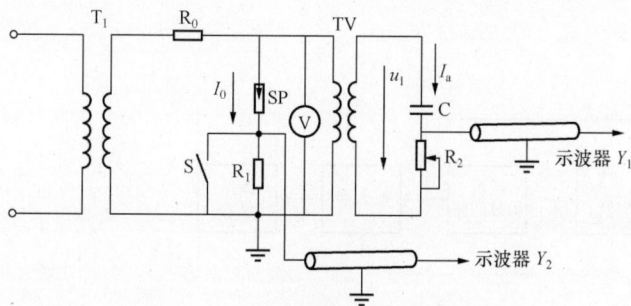

图 8-10　氧化锌避雷器交流测试线路
T_1—试验变压器；R_0—保护电阻；SP—试品；S—保护闸刀；C—低损耗标准电容器（约 $1000\sim10000\mu F$）；V—静电电压表；R_1、R_2—取样电阻；TV—电压互感器

实用的从泄漏电流中分离阻性分量的方法，概括起来有以下两种。

（1）补偿法。将并联在避雷器两端的电压互感器二次侧输出电压U，加在电容C和电阻 R_2 组成的串联电路上，当选择 $R_2 \ll \dfrac{1}{\omega C}$ 时，电流 I_0 可认为是纯容性的，电压 $I_0 R_2$ 与被试避

雷器的泄漏电流 I_0 中的容性分量同相。再将 I_0R_2 和 I_0R_1 两个电压信号输入双踪示波器 Y_1、Y_2 两个通道（均保持相同的衰减比率），利用示波器中的差动放大器（例如 SBE-7 型或 SBR-8 型示波器可改变某一输入信号的极性，然后再与另一信号相加），使它们反相迭加。调节 R_2 的大小，I_0R_2 相应变化，这样就改变了补偿的程度，参照图 8-11，当波形成为图 8-11（c）中左右对称的形状时，容性分量被完全抵消，然后用峰值电压表读数或直接在荧光屏上测量。

补偿法是最常用的方法，许多仪表（例如国产 FLC-1 型非线性泄漏电流测试仪）都是根据这个基本原理制成的。试验时，必须断开被试避雷器接地引线，串入取样电阻 R_1，在进行操作时，应该闭合保护闸刀，注意安全。如在现场测量，还必须防止引线上产生的附加干扰。

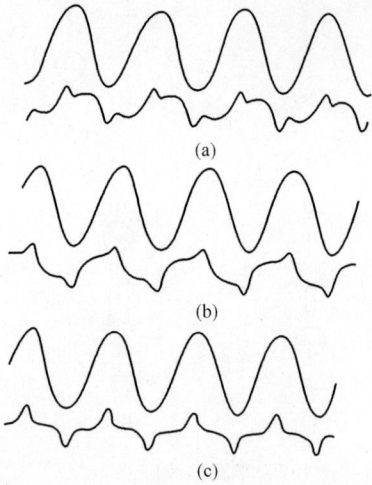

图 8-11　容性分量电流补偿程度的示例
(a) 过补偿；(b) 欠补偿；(c) 全补偿

（2）感应放大式测量法。这种方法是利用钳形夹紧式电流互感器，在避雷器接地引线上获得信号，经过滤波器取出泄漏电流的三次谐波分量信号。由于三次谐波分量与基波电流之间存在一定的函数关系，所以三次谐波分量的大小可以间接反映功率损耗的变化和避雷器劣化的情况。图 8-12 所示为感应放大式阻性分量测试仪的方框图，其中的近似函数电路起着调整作用，将三次谐波分量折算为阻性分量电流的峰值。ZJ-1 型测试仪就属于这类仪器，这种方法操作时十分方便。

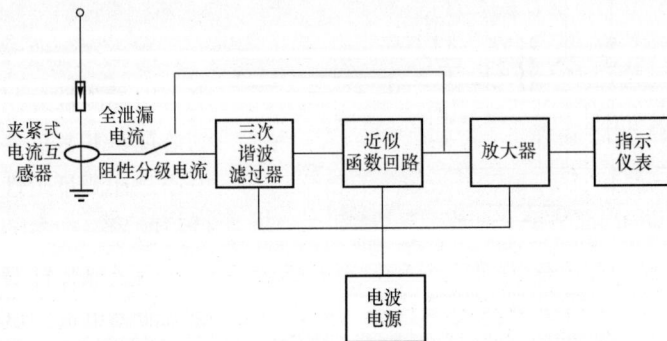

图 8-12　感应式阻性分量电流测试仪的原理方框图

当被试避雷器的阻性分量电流等于制造厂家规定的数值时，可从电压互感器或静电电压表读取交流参考电压。根据阻性分量电流的大小可以计算出功率损耗，当然，还可用专门的功率仪表来测定。

4. 氧化锌避雷器带电监测全电流和阻性电流

目前使用较多的氧化锌避雷器泄漏电流监测仪有日本 LCD-4 型、ABB 公司的 LCM 型及国产 MOA-RCD 型测试仪。

（1）日本 LCD-4 型测试仪属电容电流补偿法测试仪，其原理接线如图 8-13 所示。图 8-13

中的接线是将带有磁屏蔽罩的钳形电流互感器 TA 铁芯夹在避雷器接地引下线上，不需拆断接地线。将电压检测盒接到电容式电压互感器（TVC）二次端子，取出 $100V/\sqrt{3}$ V 参考电压。该检测盒可以使仪器处不慎将电压线短路，也不会影响 TVC 二次电压的正常工作。其工作原理为：钳形 TA 取得的泄漏电流输入仪器中的放大器，母线 TVC 取得的二次电压作为标准电压进入仪器后移相，使其与泄漏电流中的电容分量相同，将电容电流分量自动抵消掉，剩余下的即为泄漏电流的阻性分量，由指示仪器表显示。

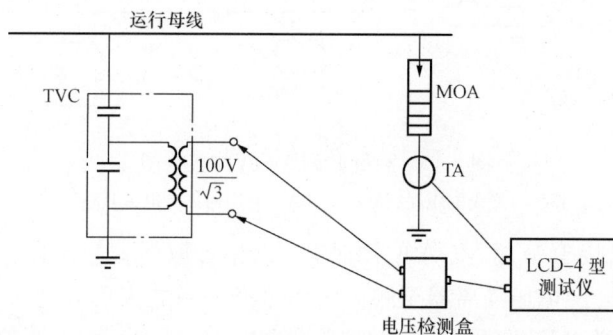

图 8-13 LCD-4 型泄漏电流测试仪测量接线图
TVC—电容式电压互感器；MOA—氧化锌避雷器；TA—专用钳型电流互感器

该仪表现场测量表明：对一字形排列的三相氧化锌避雷器，由于相邻相间的杂散电容耦合影响，而产生误差，测量时应予注意。

（2）ABB 公司的 LCM 型测试仪属于测量三次谐波电流的测试仪，其原理接线如图 8-14 所示。

LCM 型测试仪由三个主要部件组成：电流探头与放电记录器盒（TXB 或 TXC）及电流互感器二次引出端相连；电场探片，放置在避雷器底座旁边，通过同轴电缆和匹配器接到电流接头；泄漏仪本体，内装微处理器，用来测量泄漏电流的阻性分量。

该仪器不需母线 TV 的二次电压，对避雷器受潮和老化与否反应不灵敏，且受电网电压谐波影响较大。因为本仪器不能把电网的谐波与避雷器所产生的谐波区分开来，往往会导致测量结果出错。测量时应记录各相对地电压，在相同条件下，测得的数值三相相差大时，建议停电检查。

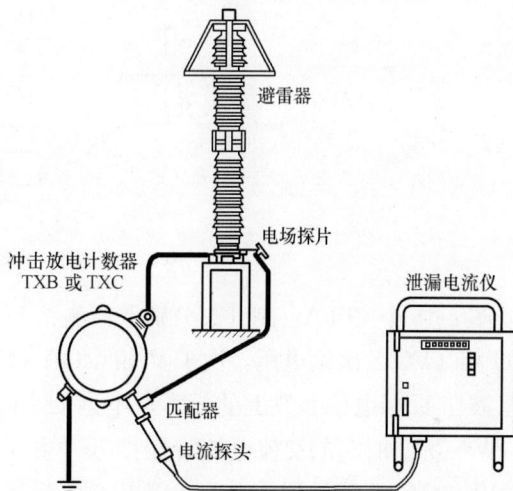

图 8-14 LCM 型泄漏电流测试仪测量接线图

（3）国产的 MOA-RCD 型测试仪是采用移相补偿原理的阻性电流测量仪器。它弥补了上述测试仪的不足，能基本上消除相间电容干扰的影响，该仪器的工作原理，以测量一字形排列的氧化锌避雷器为例说明。测量三相氧化锌避雷器的阻性电流的接线如图 8-15 所示。

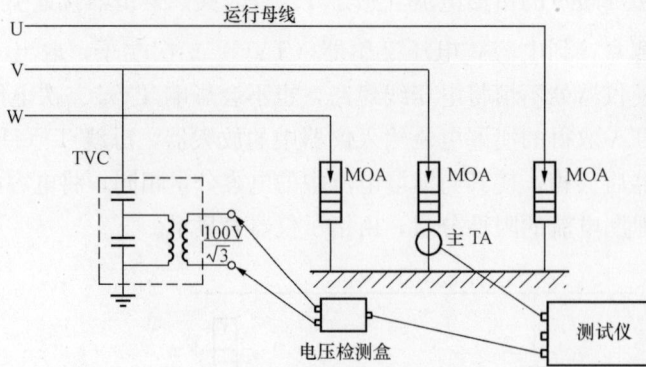

图 8-15　测量 B 相 MOA 的接线图

TVC—母线电压互感器；主 TA—专用钳形主电流互感器

图 8-15 中主 TA 接于 V 相 MOA 的接地引下线中，取得总电流信号 I_x，电压 U 信号取自 V 相 TVC 二次侧，经电压隔离器至测试仪信号经一级放大后，进入 A/D 转换器，全部数字化。傅氏变换将总电流 I_x 和电压 U 分成基波和 3，5，7，…，谐波，总电流基波在电压基波上投影即为阻性电流的基波 I_R，仪器还将总电流减去容性电流基波所得的差值作为阻性电流 I_x 输出。当 MOA 两端电压谐波很小，则 I_R 是阻性电流的真实值。

测量 U 相避雷器的阻性电流接线如图 8-16 所示。

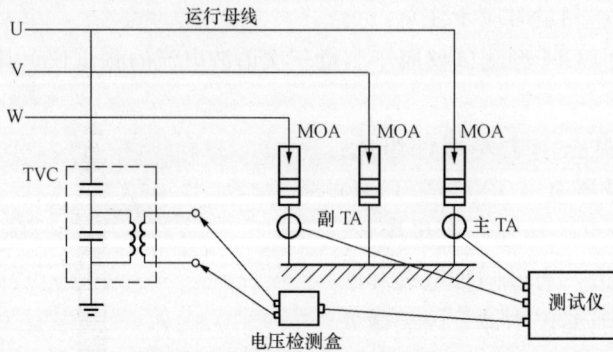

图 8-16　测量 A 相 MOA 的接线图

图 8-16 中主 TA，副 TA 分别取被测相 U 相和辅助 W 相 MOA 的总电流，电压信号取自 U 相 TVC 二次侧电压，由于 V 相 MOA 对 U 相和 W 相有作用，因此 U 相 MOA 的总电流基波在 U 相电压基波上的投影，不是 U 相 MOA 阻性电流的基波值，必须加以校正 U、V、W 三相 MOA 的交流电流特性接近（主要是 U、W 相的特性接近），若 V 相 MOA 对 U、W 相 MOA 无作用，则 U、W 相总电流基波 I'_W 与 I'_U 的夹角为 120°如图 8-17 所示。

图 8-17 表示 V 相对 U、W 相的作用，V 相对 U、W 相的作用是对称的（φ_0），主 TA 取得 I_U，副 TA 取得 I_V，可算出 $\varphi_{IW} - \varphi_{IU} = 2\varphi_0 + 120°$。所以校正角 $\varphi_0 = (\varphi_{IW-IU} - 120°)/2$，把校正角 φ_0 再输入主机，I_U 的基波在被校正后的 U 相电压基波上的投影，即为 U 相的阻性电流基波。

测量 W 相氧化锌避雷器的阻性电流的接线是将主 TA 取 W 相的电流，副 TA 取 U 相的电流，电压信号取自 W 相 TVC 二次侧电压，校正角输入负 $\varphi_0 I_U$ 即可。

5. 工频参考电压的测量

工频参考电压是无间隙氧化锌避雷器的一个重要参数，它表明阀片的伏安特性曲线饱和点的位置。运行一定时期后，工频参数电压的变化能直接反映避雷器的老化、变质程度。

工频参考电压电指将制造厂规定的工频参考电流（以阻性电流分量的峰值表示，通常约为 1～2），施加于氧化锌避雷器，测得的峰值电压，即为工频参考电压。由于在

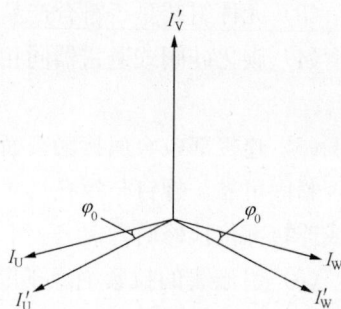

图 8-17　V 相 MOA 对 U、W 相 MOA 的作用

带电测量时受相邻相间电容耦合的影响，氧化锌避雷器的阻性电流分量不易测准，当发现阻性电流有可疑迹象时，应测量工频参考电压，它能进一步判断该避雷器是否适于继续使用。

判断的标准是与初始值和历次测量值比较，当有明显降低时应对避雷器加强监视。110kV 及以上的避雷器，参考电压降低超过 10% 时，应查明原因，若确系老化造成的，宜退出运行。

6. 氧化锌避雷器的试验项目、标准和周期

氧化锌避雷器的试验项目、标准和周期见表 8-4。

表 8-4　　　　　　　　氧化锌避雷器的试验项目、标准和周期

序号	项目	周期	标准	说明
1	测量绝缘电阻	每年雷雨季前	(1) 35kV 及以下的避雷器绝缘电阻应不低于 10000MΩ。 (2) 35kV 以上的避雷器绝缘电阻应不低于 30000MΩ	(1) 35kV 及以下的用 2500V 绝缘电阻表。 (2) 35kV 以上的用 5000V 绝缘电阻表
2	测量直流 1mA 以下的电压及 75% 该电压下的泄流电流	每年雷雨季前	(1) 1mA 电压值与初始值相比较，变化应不大于 $\pm 5\%$。 (2) 75% "1mA 电压"下的泄漏电流不大于 $50\mu A$	1mA 电压值为试品通过 1mA 直流时，被试品两端的电压值
3	测量运行电压下交流泄漏电流值	每年雷雨季前	测量运行电压下的泄漏电流及其有功分量和无功分量，测得值与初始值比较，当有功分量泄漏电流增加到 2 倍初始值时，应缩短监视周期为 3 个月一次	试验时要记录大气条件

注　若避雷器接在母线上，当母线进行耐压试验时，必须将其退出。

三、检修工作的验收

检修工作的验收着重应检查检修项目所及范围是否满足有关规定，验收工作必需要有运行人员参加，具体验收项目如下。

(1) 是否出具检修报告，检修报告是否符合要求。

(2) 铭牌与所需安装的避雷器是否一致（整体更换时）。

（3）元件组装是否符合产品出厂标志的编号（整体或基座更换时）。

（4）碳化硅阀式避雷器同相组合单元间的非线性系数差值，不应大于0.05（整体更换时）。

（5）连接部位金属接触表面氧化膜及油漆是否去除，是否涂敷电力复合脂；各连接部位是否紧固可靠，螺钉与螺孔尺寸是否相配套并具有良好的防锈蚀性能。（整体更换、基座更换或连接部位检修时）。

（6）引流线的拉紧绝缘子串是否紧固，弹簧是否伸缩自如，同相各拉紧绝缘子串的拉力是否均匀；截面及弧垂应是否满足要求，连接是否牢固可靠；系统标称电压110kV及以上避雷器的引流线接线板应是否采用爆压式线夹。（整体更换、基座更换或引流线检修时）。

（7）均压环安装是否水平，是否出现歪斜，安装深度是否符合要求。（整体更换、基座更换或均压环检修时）。

（8）放电计数器密封是否良好、动作是否可靠，安装位置是否一致，且便于观察；接地是否可靠。（整体更换、基座更换或均压环检修时）。

（9）瓷外绝缘互套不应有破损、积污；RTV涂层应为均压，不应存在杂质，且未出现拉丝现象；复合绝缘外套无变形破损，憎水性是否达到HC1～HC3级。（整体更换、基座更换或外绝缘处理时）。

（10）压力释放板不应出现破损（整体更换、基座更换时）。

（11）地装置应符合要求，接地连通良好（整体更换、基座更换或接地装置检修时）。

（12）按规定应进行的试验已经进行，且试验结果合格（检修后应进行试验的项目）。

第四节　放电记录器的检修

放电记录器是记录避雷器动作次数的一种附属装置，串联在避雷器与地之间。为便于观察安装在避雷器底座附近，并与绝缘底座并联，如图8-18所示。

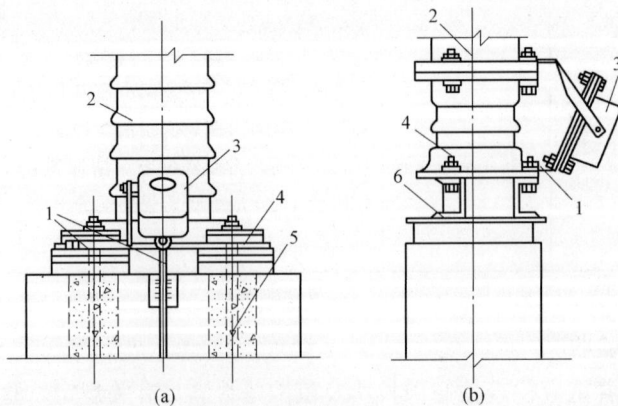

图8-18　放电记录器

（a）落地基础上安装；（b）柱上安装

1—接地线；2—阀型元件；3—放电记录器；4—底座；5—地脚螺钉；6—槽钢支架

一、放电记录器的工作原理

国内外设计制造的放电记录器种类繁多，但从结构上看，大体有以下几种类型。

1. 间隙取压式

如图 8-19 所示，在正常情况下，避雷器的电导电流直接通过放电记录器的线圈 JS，因电流很小，记录器不动作。当巨大的放电电流通过时，电容器 C 首先被充电，并对线圈 JS 放电，动作记录器动作记数一次。当电容器充电至一定电压时，间隙被击穿，强大的放电电流通过间隙流入大地。电容量越大，间隙的击穿电压越高、取得的能量越大。所以，放电记录器的最小动作电流与间隙的击穿电压、电容量及记录器的灵敏度有关。

为防止间隙 F 击穿后将电容器短路，使能量受到损失，可采用双间隙式结构。间隙 F_1 起取压作用，间隙 F_2 起隔离作用，F_2 的击穿电压比 F_1 小。正常情况下，电导电流通过电阻 R，当强大的放电电流通过时，电容器 C_1 首先充电，电压上升到一定数值时，间隙 F_2 击穿，电容器 C_2 被充电，同时对线圈 JS 放电，记录器动作记数一次。当电容器 C_1 充电使间隙 F_1 击穿时，电容器 C_1 被短路，间隙 F_2 也因失去电压而被切断，电容器 C_2 继续对线圈 JS 放电。

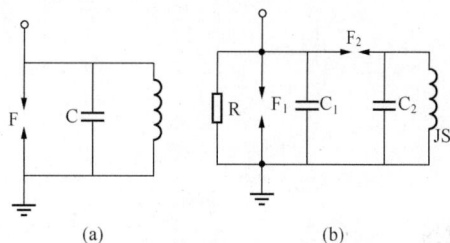

图 8-19　间隙取压式放电记录器
(a) 单间隙式；(b) 双间隙式

2. 阀片取压式

如图 8-20 所示，阀片取压式是利用放电电流通过阀片 $\overset{\frown}{R}$ 时获得能量，驱动计数机构。改善阀片的非线性特性，可以提高放电记录器的灵敏度并降低其残压，扩大放电记录器的使用范围。这种放电记录器的灵敏度除与阀片有关外，还与计数器机构本身的灵敏度有关。为了进一步提高放电记录器的灵敏度，可在取压阀片上并联电容器，以储存更多的能量。也可以在取压阀片和电容器之间串入硅桥整流器或阀片，以减少能量损失。

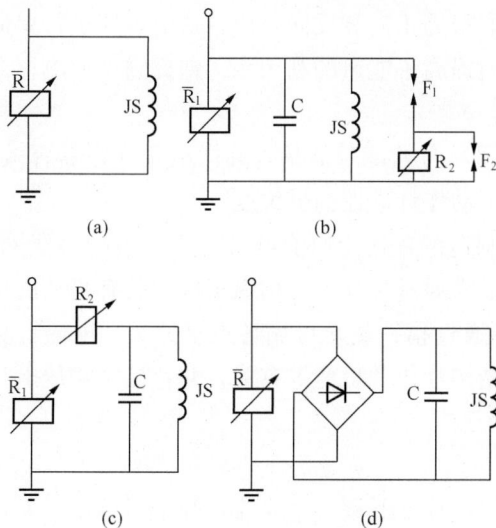

图 8-20　阀片取压式放电记录器
(a) 单阀片；(b) 加电容储能；
(c) 双阀片；(d) 单阀片整流

3. 感应整流驱动式

如图 8-21 所示，当放电电流通过饱和脉冲变压器 TV，在其次级产生感应电势，经硅桥式整流器对电容器 C 充电，同时对线圈 JS 放电，带动计数器指针记数，脉冲变压器在大电流下因饱和而被限幅，最小动作电流峰值与计数机构的灵敏度和脉冲变压器的性能如铁芯特性、线圈的匝数等有关。此类放电记录器结构简单，且不会增加避雷器的残压。但脉冲交压器的感应电势与频率有关，不可能设计成对高频波和低频波都有足够灵敏度的放电记录器。

二、常用的放电记录器

我国目前常用的放电记录器 JS-8 和 JS-8A 型，其内部线路如图 8-22 所示。JS-8 型与 3～220kV 避雷器配套使用，JS-8A 型用于 330kV 及以上电压等级的避雷器。

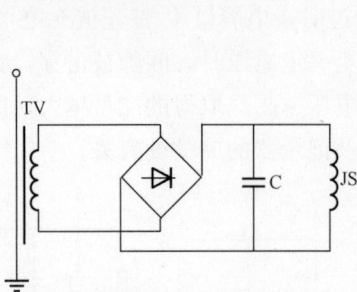

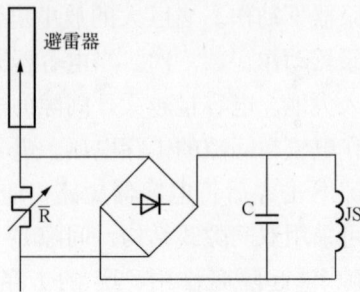

图 8-21　感应整流驱动式　　　　　图 8-22　JS-8 和 JS-8A 型
　　　放电记录器　　　　　　　　　放电记录器线路图

1. 结构

这两种放电记录器主要由阀片 $\vec{R}$、硅桥式整流器、电容器 C、电磁计数器 JS、高压引出线及外部封装元件组成。其工作原理是利用通过避雷器的放电电流（冲击电流、操作冲击电流）和续流在取压阀片 $\vec{R}$ 上的电压降，经硅桥整流后单向对电容器充电，并对电磁计数器线圈放电，使计数器机构动作，以实现记录避雷器动作次数的目的。

(1) 阀片。取压元件，要求具有一定的通流能力和良好的非线性伏安特性。

(2) 硅桥式整流器。整流器由 4 只硅整流元件管芯组成桥式整流回路，并用环氧树脂封装。

采用全波整流是为了能够同时利用从阀片上取得的正向和反向电压，对电容器进行单向充电并由电容器对电磁计数器线圈单向放电，从而提高了能量的利用率，即提高了放电记录器的灵敏度。

(3) 电容器。储存避雷器放电电流通过取压阀片时的部分能量，并向电磁计数器释放。电容量越大，储存和释放的能量也越大，即提高了动作计数器的灵敏度。

(4) 电磁计数器。电磁计数器是在电工纯铁制造的铁芯上绕有线圈，当电流通过线圈，产生磁场使铁芯磁化而吸动带有小弹簧的衔铁，衔铁通过杠杆带动擒纵机构和装有指针的中心齿轮作步进旋转。固定的刻度盘有 10 个数码，通过指针旋转可循环重复计数。电磁计数器的灵敏度与线圈匝数、线径、铁芯材料、磁路结构和传动机构等有关，并直接影响放电记录器的灵敏度。

2. 放电记录器的组装

(1) 高压出线端的装配。装配前，将密封橡皮提前 24h 浸入绝缘漆，晾干后待用。发现变形、损坏应弃之不用，以保证密封质量。

按图纸要求进行装配。应注意使底板孔、U 形支架、密封螺钉及接线之间的相对位置符合公差要求。

密封橡皮的压缩量通过密封螺钉、螺母进行调节。压缩后应保证具有良好密封和电气接触。弹簧垫圈要求压平，U形支架与底板间无间隙。

（2）主体元件的装配。装配时，应注意硅桥式整流器、计数器（处于零位）和接线盖的相对位盘，保证符合公差要求。

装配完毕进行外观检查。要求零件安装牢固、接线整洁、正确，无脱焊、掉渣等。然后，用100A冲击电流预测其动作特性，合格者进行总装或放入干燥箱待用。试验中如发现动作不灵或根本不动作者，应仔细检查有无短路片、断路等现象。可用万用表检查阀片、硅桥整流器、电容器、计数器等元件性能的好坏。提供如下数据供参考。

1）高压端对地之间直流电阻约为 $20\sim120\Omega$，否则可能存在短路或断路。

2）硅桥整流器交流侧的正、反向电阻值约数百千欧或更大；而直流侧的正向电阻约数十欧或更小，反向电阻值约数百千欧或更大。

3）单臂硅整流元件的正向电阻值约数十欧或更小，反向电阻值约数百千欧或更大。否则，均为不正常。

三、放电记录器的动作试验

在对避雷器进行试验时，应同时对放电记录器进行动作试验，试验接线如图8-23所示。

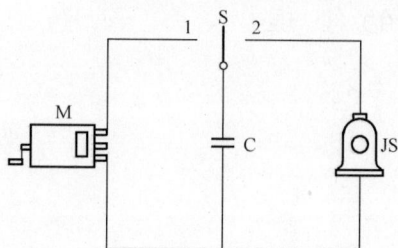

图 8-23　JS型放电记录器的试验
M—绝缘电阻表；JS—放电记录器

试验时，先将双投开关掷向位置1，用 $500\sim1000V$ 的绝缘电阻表向电容器 C（$5\sim10\mu F$、电压500V以上）充电；当绝缘电阻表的指针稳定后，把开关 S 迅速投入到位置2上（注意 S 未切换前不能停止绝缘电阻表的摇转），记录器指针即前进一个位里。如此反复数次，动作如均正常，说明记录器的性能良好，最后手动使指针回到零位上。

检查 JLG 型放电记录器时，也可按图8-23所示的试验接线和 JS 型放电记录器的试验方法进行，但须将图中的绝缘电阻表 M 换为40V的直流电源，电容器 C 可用 $6\sim50\mu F$、电压不小于50V的电解电容。

第 九 章

异步电动机检修

异步电动机在水电厂的生产过程中是比较重要的电气设备，本章主要讲述异步电动机的检修工艺、调试、故障处理。主要从异步电动机修理的工艺方法及质量要求、定子绕组接地的修理、定子绕组短路的修理、定子绕组断线的修理等方面进行阐述。对异步电动机的常见故障，分析故障产生的原因，提出相应故障的处理方法，以便在现场能及时果断处理。异步电动机在修复后根据其修理的情况确定试验的项目，试验前应做好准备，并进行必要的检查。

第一节 异步电动机的修理

一、异步电动机检修周期、检修项目及质量要求

1. 大修及小修检修周期

（1）取出转子大修每年一次。

（2）小修每年 1～3 次。

2. 小修的修理项目及质量要求

（1）检查及清扫电动机及起动调整装置的外部，并消除所发现的缺陷；要求电源线、接地线均完好。

（2）测量定子和转子间的空气间隙，要求各处与平均值之差的范围为平均值的 ±5%。

（3）清洗轴瓦和轴承，必要时加油或换油。

（4）检查滑环、电刷及短路装置，要求清洁无异常。

（5）检查起动调整装置，要求清洁无异常，接触良好。

（6）电动机检修后的起动验收。

3. 异步电动机大修的修理项目及质量要求

异步电动机大修的修理项目及质量要求见表 9-1。

表 9-1 异步电动机大修的修理项目及质量要求

序号	项目内容	质量要求
1	机壳及外部	（1）端盖及外壳无破裂，外部清洁，外壳油漆良好。 （2）电动机的各部件齐全，风扇罩、接线盒罩、螺钉等不得有缺陷，各处螺钉应上紧。 （3）外部接地线符合要求，无断股情况。 （4）封闭电动机应封闭良好，防爆电动机应符合防爆要求

续表

序号	项目内容	质量要求
2	电动机解体，检查定子铁芯及绕组，并除尘清扫	(1) 铁芯及绕组无过热现象，无绝缘老化变色。 (2) 铁芯硅钢片无松动，槽楔无松动、无老化变色。 (3) 定子无灰尘，通风槽清洁，无油泥。 (4) 定子各处螺钉无松动。 (5) 定子引线及连线焊接头无过热变色情况。 (6) 端部绑线无松动，无断裂，无老化变色。 (7) 定子绝缘电阻符合规定要求。 (8) 绕组直流电阻与出厂说明书或安装时最新测得的数据比较，误差不应超过±2%。 (9) 定子绕组在槽内无松动现象。 (10) 高压电动机绕组表面防电晕部位无电腐蚀痕迹
3	转子检查及清扫	(1) 笼型转子无断条，导体在槽内无松动，端部焊接牢固。 (2) 绕线转子绝缘电阻符合规定要求。 (3) 转子绕组绝缘无老化变色，端部绑线良好。 (4) 转子绕组及铁芯无灰尘、油泥。 (5) 转子槽楔无松动、过热、变色、断裂情况
4	换向器集电环、电刷、刷握及弹簧检查	(1) 电刷压力适当均匀，一般应保持在16~24kPa范围内，同一电刷架组上的每一电刷的单位压力差不得大于10%。 (2) 电刷与换向器（或集电环）的接触良好，电刷与刷握配合适当，既要做到电刷在刷握中上下活动自如，又要不左右摆动。集电环电刷与刷握之间保留0.1~0.2mm的间隙，刷握与集电环表面需保持2~4mm的距离。刷握离换向器表面距离应保持在2~3mm范围内，换向器刷握间隙符合要求。 (3) 换向器及集电环表面应光滑，无沟槽，无锈蚀，换向器及集电环表面应正圆，无槽圆现象。 (4) 电刷中性线位置正确。 (5) 电刷提升机构准确、牢固，短路装置的移动轻便、灵活、可靠。 (6) 电刷磨损后的剩余高度小于原高度的2/3时，必须更换。整台电动机电刷牌号必须一致。否则，需将整台电动机的电刷全部更换
5	风扇	(1) 风扇应清洁，无油泥和其他杂物。 (2) 转子风扇无变形，无裂纹。 (3) 各处螺钉紧固
6	电动机轴伸接合部分中点的圆周面在转动时的径向偏摇位查	电动机轴伸端允许径向偏摆值

轴伸公称直径（mm）	最大偏摆（mm）
6~10	0.025
>10~18	0.030
>18~30	0.040
>30~50	0.050
>50~80	0.060
>80~120	0.080
>120~180	0.100

序号	项目内容	质量要求
7	定、转子之间气隙调整	检查定、转子气隙中各处与平均值之差的范围为平均值的±5%
8	清洗轴承	(1) 轴承清洗后加入合格的润滑脂，润滑脂的用量不宜超过轴承容积的 2/3，转速在 200r/min 以上的电动机应为轴承容积的 1/2。 (2) 轴承无磨损，磨损严重时应更换。 (3) 滚动轴承转动时声音应均匀，无杂音。 (4) 清动轴承无磨损，无裂纹。 (5) 轴承不泥油

二、异步电动机修理的工艺程序

为了缩短电动机的修理时间，可将绕组的修理和电动机机械零件的修理平行作业，一般可按图 9-1 的工艺流程图进行。

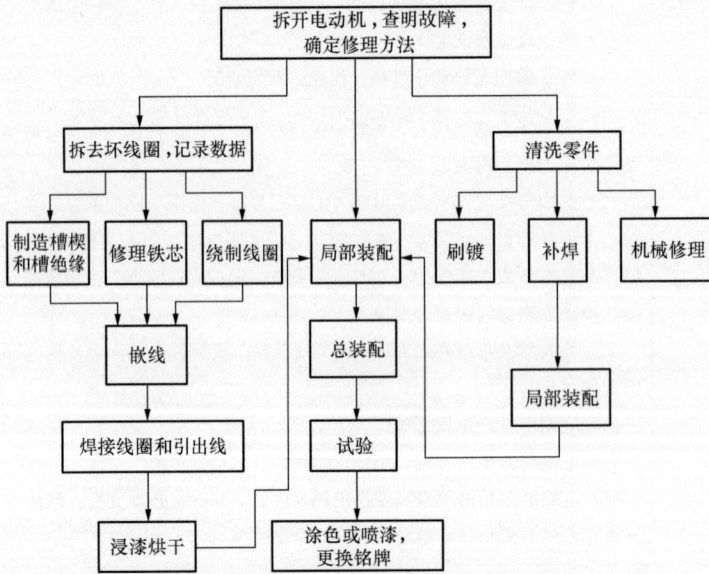

图 9-1　异步电动机修理的工艺流程图

三、异步电动机的拆卸与装配

异步电动机发生故障或需维护保养等时，经常需要拆卸与装配，如果拆装时操作不当，就会损坏机件。下面介绍异步电动机拆装的方法和注意事项。

1. 异步电动机的拆卸

（1）拆卸前的准备。

1）要用压缩空气吹净电动机表面灰尘，并将表面污垢擦拭干净。

2）测量连接部位之间的间隙，绕组的相间、相对地绝缘电阻等有关技术数据，并做好记录。

3）拆下电动机的电源引入线和外壳接地线，核对端子标号，做好与三相电源线对应的标记；松开对轮螺栓、底脚螺钉，把电动机与传动机械分开。

（2）拆卸皮带轮。

1）先将电动机与机械设备连接的皮带轮（联轴器或连接件）上的固定螺钉、键或定位销松开，然后选好适当的拉力器（又称拉马、拉令或拉子），将皮带轮拆下，如图 9-2 所示。

图 9-2　拉出皮带轮

2）架设拉力器时，要使各拉力爪间距离和长度完全相等，拉力爪平直地钩住皮带轮的轮缘，两拉力爪受力均匀，有时为防止拉力爪滑下，还要用金属丝将拉杆捆绑在一起。为防止拆卸时产生倾斜，要使拉力杆与转轴中心线一致。为了保护转轴端的顶尖孔，不要使拉力杆直接顶在顶尖孔上，在它们之间应垫上金属板或钢珠进行保护。

3）开始拆卸时动作要平稳、均匀，要保持拉力器的两臂平衡，然后逐渐加力将皮带轮取下。

4）对于轴中心较高的电动机，为防止拉力器转动和保持平衡，可在其下面垫上木块。

5）不许用大锤直接打击皮带轮的轮缘。对于配合面生锈的皮带轮，应事先涂上煤油或汽油，待 10～30min 后再进行拆卸。通常皮带轮的配合过盈是较大的，如果采取上述方法不能拆下时，要采用加热法。为此先将拉力器架设好，使拉力器的两拉力爪钩住皮带轮的边缘，并将拉力杆拧紧到一定程度，用石棉布将轴包住，以加大皮带轮与轴之间的温差，便于拆卸。然后用氧—乙炔火焰或喷灯快速、均匀地加热皮带轮，当温度达到 25℃ 左右时，拧紧拉力器的拉力杆，皮带轮便可顺利取下。

（3）拆卸端盖。

1）拆端盖前，先在两边端盖与机座配合缝上打上不同的标志，以便于装配，然后拧出端盖螺钉。对于滚动轴承的电动机应先拆外壳，后卸端盖；对于滑动轴承的电动机则是把轴承油放尽，后拆端盖，拆端盖时应提起油环。对于绕线转子异步电动机，前端盖有电刷装置和短路装置，通常是先拆前端盖，后拆后端盖，带有电刷的电动机拆卸时，应将电刷从刷握中取出，再拆掉接到电刷装置上的连接线。

2）拆端盖时，用顶丝将端盖从定子机座止口中均匀顶出，一直到端盖完全脱离机座止口为止。如果端盖孔上不具备拆卸端盖用的顶丝孔，当止口配合较松时，可用錾子（或扁铲）插入端盖与机座配合缝隙内，用手锤沿端盖圆周均匀地敲打，或用撬棍将端盖撬出，但不可用力过猛，以防打碎端盖或碰伤止口配合面。拆卸较重的端盖时，应用起重设备吊住端盖，逐步卸下。

（4）抽出转子。

1）对于一般中小型电动机，只拆除轴伸端（负载端）的轴承盖和端盖，然后由非轴伸端将转子和端盖一起用手抽出，须注意不要擦伤铁芯和绕组。

2）对于转子较重的大中型电动机，必须用起重设备抽出转子，如图 9-3 所示。选用一根内径比轴颈大 10～20mm 且管口无毛刺的钢管或铁管作为假轴套，套在轴的一端将轴延长，再在钢丝绳与轴颈间衬一层纸板或其他保护物。

3）操作时要特别小心，抽转子前应将轴颈、换向器、集电环、绕组端部保护好，在吊出过程中，钢丝绳不得撞击转子轴颈、风扇、换向器、集电环、定子绕组等，可使用透光法

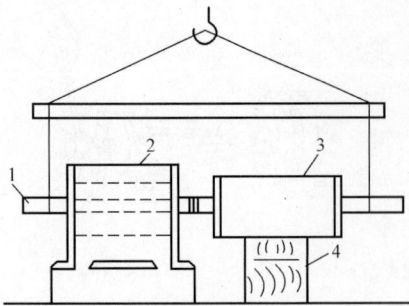

图 9-3　利用起重设备抽出转子

1—帆套管；2—机座；3—转子；4—垫木

进行监视，特别注意不使转子碰到定子。

4）抽出转子后，要及时检查绕组、铁芯、槽楔、端部绑扎等有无碰伤，对碰伤部位要及时修理好。

（5）拆卸轴承。

由于拆卸滚动轴承时有时磨损配合表面，降低配合精度，故不应轻易拆卸轴承，只作必要的清洗加油。在检修中，遇到下列情况时才考虑拆卸轴承：

1）修理或更换有故障的轴承。

2）轴承正常磨损已超过使用寿命，需更新。

3）更换其他零部件必须拆卸轴承方能进行时，例如换轴。

4）轴承安装不良，需返工重新装配等。

拆卸轴承时的注意事项：

1）拆卸轴承时，应使轴承受力点正确。从轴上拆下轴承时，应使轴承内圈均匀受力；从轴承室拆下轴承时，应使轴承外圈均匀受力。

2）从轴上拆下轴承时，通常使用拉力器，注意拉力爪应尽量扣住轴承的内圈，拉力器的使用同拆卸皮带轮相同。

3）热套装的轴承因过盈量较大，不要使用冷拆方法，应采用热拆法，即先将拉力杆拧紧到一定程度，然后用石棉布把轴承附近的转轴表面包上，防止热油浇上使转轴同时膨胀，再把油加热至110℃左右（可用废变压器油），用油壶或油勺将热油迅速浇在轴承内圈上，降低内圈与轴颈配合强度，用拉力器可轻易拆下。

4）操作时要戴手套，防止烫伤。

2．异步电动机的装配

（1）装配前的检查和准备。

1）电动机装配前，要清扫定、转子内外表面尘垢，并用沾汽油的棉布擦拭干净。

2）清除电动机内部异物和浸漆留下的漆瘤，特别是机座和端盖止口上的漆瘤和污垢一定要用刮刀和铲刀铲除干净，否则会影响电动机装配质量。

3）检查槽楔、齿压板、绕组端部绑扎和绝缘垫块是否松动和脱落，槽楔和绑扎的无纬带或绑绳是否高出铁芯表面。

4）铁芯通风沟要清理干净，不得堵塞。

5）绕组绝缘和引线绝缘以及出线盒绝缘应良好，不得有损伤。

6）绝缘电阻值不应低于规定值。新装或长期停用的异步电动机，使用前应检查绕组相间及绕组对地的绝缘电阻。通常对额定电压在 500V 以下的电动机用 500V 绝缘电阻表；对 $500\sim3000V$ 的电动机用 1000V 绝缘电阻表；对 3kV 及以上的电动机用 2500V 绝缘电阻表。一般情况下，低压电动机要求摇测绝缘电阻值不低于 $0.5M\Omega$；高压电动机要求定子绕组不低于 $1\,M\Omega/kV$，转子绕组不低于 $0.5M\Omega/kV$。同时要求检查电动机起动设备的绝缘电阻和低压电器的绝缘电阻同样不低于 $0.5\,M\Omega$。若不符合，应进行干燥处理。

7）检查装配零部件是否齐全。

（2）滚动轴承的装配。

1）原来是热套装的轴承，不能改冷套配合，仍要采用热套配合，否则会使轴承在运行中产生噪声、发热，缩短使用寿命。通常 5 号机座以下的小型电动机是采用冷套装的。

2）套装滚动轴承前，要检查轴承内圈与轴颈配合公差，以及轴承外圈与端盖轴承座的配合公差。还要检查轴承、轴颈、端盖轴承座三者配合表面的表面粗糙度。

3）套装滚动轴承时，要先将内轴承盖涂好润滑脂套入轴内，然后套装轴承，在轴颈上涂上薄薄的一层机油，便可着手装配轴承。

4）采用套筒打入轴承时，应保证轴承受力均匀。套筒可采用软金属或铜管制成，其内径应比轴颈大 2～3mm，其厚度应小于轴承内圈的厚度。套筒与轴承内圈端面的接触面应紧密。要求套筒事先擦拭干净，清除毛刺和脏物，否则敲打套筒时，脏物和毛刺会落进轴承内。装配轴承时，不要用铜棒敲打，因轴承内圈受力不均，会使装配质量不高，造成轴承故障。

5）将轴承加热至 100℃ 左右，非密封轴承可在机油中煮 5min 左右，当内圈涨大后迅速将轴承套入轴颈上。对于密封式轴承，不要用油煮加热，可用电加热法将轴承均匀加热后套入轴内。待轴承冷却收缩后，轴承内圈会紧紧地固定在轴颈上。

6）装配轴承时，轴承带型号的一面应朝外，以便检修更换时方便。

7）轴承内要加入合格的润滑脂，润滑脂的用量不宜超过轴承容积的 2/3，转速在 2000r/min 以上的电动机应为轴承容积的 1/2。

电动机的装配顺序大致与拆卸顺序相反。做好装配前的检查和准备，装好轴承，将转子小心插入定子内腔，要注意插入方向，不得触伤铁芯线圈、滑环和轴承等。按照标记将两边端盖就位并用螺钉拧紧，拧紧螺钉时应均匀交替进行，并用木榔头敲击端盖，使端盖与机座止口吻合，以保证电动机转子不偏心，最后装上轴承盖、风罩等零件。

四、异步电动机定子绕组的修理

1. 定子绕组接地的修理

定子绕组主绝缘被击穿的绕组，若属于绝缘已经老化，要全部更换新绝缘；若是局部击穿，应视绕组受损伤的具体情况进行局部修理，对于不同的异步电动机，其修理方法通常有如下几种：

（1）切除绕组个别故障线圈。这种方法只适用于绕组无匝间短路的星形连接的单路绕组。如为多路并联绕组，切除一路某个线圈后，将引起磁路不平衡，在三角形连接绕组的电动机中，只切除某相一个线圈，会在三角形内部产生环流而发热。

（2）低压电动机绕组的修理方法。如果故障发生在易见处或定子槽口附近，且易处理时，可以在故障地点塞入云母片来恢复绝缘。如果故障点在槽内，就需要打出槽楔，抬出线圈修补槽衬。若故障点发生在上层边，可以将槽楔取出，加热使绝缘软化后，抬出上层线圈，包扎绝缘带进行局部修理。如果故障发生在下层边，应抬出一个节距的线圈，进行局部修理。此时应特别注意抬线圈时不要损伤匝间绝缘，加热绝缘的温度不要超过 85℃。如果通过电流加热，电压应在额定电压的 7%～15% 之间，电流不超过额定值。

（3）高压电动机绕组接地的局部修理。将故障线圈从线槽中拔出前，应先将电动机的故障线圈加热，使绝缘软化后，再抬出槽部，避免绝缘损伤（有备用线圈时，可以更换线圈，将故障线圈换下）。线圈抬出后，将故障点绝缘削掉，但不要损伤匝间绝缘，并检查匝间绝缘，应无损伤、过热、老化等现象。然后用 0.14mm 厚的环氧玻璃粉云母带填补，填补时应半叠包扎，每包一层均用绝缘漆涂刷。云母带包扎层数由电动机电压决定。云母带包扎完后，表面应包一层玻璃丝带作为保护层，再涂以绝缘漆，经干燥并作耐压试验合格后，再将线圈嵌入槽内。焊接端部连接头，焊接完后，包扎好接头绝缘，再作耐压试验，合格后才能对电动机进行组装。

如果接地点在槽口附近，除绝缘已老化外，均可进行局部修理。若只有一根导线绝缘损坏而接地，可先将线圈加热，待绝缘软化后，用划线板撬开接地点的槽绝缘，插入适当尺寸的硬云母片或 0.5～1mm 的绝缘纸，涂以绝缘漆，测量绝缘电阻，若合格即可作耐压试验。如果有两根导线损伤，还要对匝间绝缘进行处理，匝间捆云母片绝缘，并包扎云母绝缘带，包扎前应检查导体是否有烧伤情况，若导体已烧伤，应进行修补，再作绝缘处理。

2. 定子绕组短路的修理

（1）低压电动机的修理方法。如果线圈烧损不严重，可以用修补匝间绝缘的方法处理，在损坏处包扎绝缘丝带、刷绝缘漆、垫绝缘物等，如烧损严重，就应该更换线圈。

（2）高压电动机的修理方法。

首先要抬出线圈，剥去对地绝缘，剖去导线烧伤部分，然后将短路处铜导线修光，两头锉成斜形，其斜面长度等于铜线厚度的 2 倍，各线匝间接头必须相互错开。

配好同样尺寸的导线，用电弧焊将其焊好。再按原有匝间绝缘厚度包扎匝间绝缘，并用电桥测其直流电阻以验明焊接质量是否合格。刷绝缘漆，进行烘干，然后像处理绕组接地故障一样，包好主绝缘，进行嵌线下槽工作。

（3）短路点在端部连线间的修理方法。用绝缘纸垫将连线隔开，再涂绝缘漆、烘干，使线匝间绝缘恢复。

3. 定子绕组断线的修理

一般情况下，断线故障大多发生在绕组的端部、绕组元件的接头处、电动机的引线或引线接头处，特别是铜鼻子根部折断较多。高压电动机个别线圈断股时，如果发生在接头处，应用电弧焊接好或更换备用线圈；如果发生在槽内，应先将绕组加热，加热温度到 60～70℃，将故障线圈翻出槽外，放入一根合适的绝缘导线或更换备用线圈，将接头引至槽口以外的端部进行焊接，焊接后再根据电动机的电压等级来包扎端部绝缘带。高压电动机每包一层绝缘带应刷一次绝缘漆，最后包扎一层玻璃丝带作为保护层，外部涂刷绝缘漆，烘干后作耐压试验。

4. 定子绕组的更换

定子绕组因严重损坏无法局部修理，或整个绕组绝缘老化时，需要全部拆除更换定子绕组。拆换工作包括旧绕组的拆除、线模的设计制作、清理铁芯、嵌线、接线和绑扎、绝缘处理、干燥等。

（1）旧绕组的拆除。

旧绕组拆除前，必须先记录以下数据，作为制作绕线模、选用导线规格、绕制线圈等的依据：

1）铭牌数据，包括电动机的型号、制造厂名、产品编号，电动机的容量、电压、电流、相数、频率、接法、绝缘等级、转速和温升等。

2）铁芯数据，包括定子铁芯外径、定子铁芯内径、定子铁芯总长、气隙值、通风槽数和尺寸、槽数和槽的形状尺寸等。

3）绕组数据，包括定子绕组型式、线圈节距、导线型号、导线规格、并绕根数、并联路数、每槽匝数、线圈伸出铁芯长度等。

4）槽绝缘材料、槽绝缘厚度、槽楔材料、槽楔尺寸等。

5）绕组接线草图。

6）引出线的材料。

绕组在冷态时较硬，拆除很困难，必须加热使绕组绝缘软化后，趁热迅速拆除。拆除旧绕组的方法有：

1）利用拔线机拔除。气动拔线机对于大小电动机均可使用。将电动机加热至200℃左右，尽量保证加热均匀，然后放在拔线机的工作台上，电动机调至适当位置固定好之后，用旋转铣刀片切割旧绕组的端部线圈，切剖后，在电动机的另一端用气动拔线机构开始拔线，依次拔完为止。

2）如果没有拔线设备，可采用大剪刀将绕组一端齐铁芯剪断，然后加热到200℃左右软化绝缘，另一端拆开连接线后，利用天车将导线逐槽拔出。如果是小电动机，可用手钳拔出。

3）加热的方法有专用加热炉加热法、通电加热法、火烧法等。专用加热炉加热需要专用加热炉设备，但应保证加热均匀。火烧法是采用喷灯、瓦斯火焰或柴火等加热，要注意火势不能太猛，时间不可过长，不能让铁芯损坏或过热，这种方法简单，但较难控制。通电加热法是在绕组中通以一定电流，具体方法有：① 如是380V三角形连接的小型电动机，改成星形连接，间断通入380V电源加热；② 将三相绕组接成开口三角形连接，间断通入单相220V电压；③ 用三相调压器通入约50％的额定电压，间断通电加热；④ 如果电源容量不足，可用降压变压器、交流或直流弧焊机对一组或一个线圈加热，逐步取出旧绕组。

通电加热时，如通入电流较大，可使绝缘很快软化甚至冒烟，容易把旧绕组拆出。用通电加热法时，其温度容易控制，但要有足够容量的电源设备，还应意安全。对于有故障的线圈，在通电加热时，要使电动机可靠接地，切断电源后再拆除绕组。

（2）清理铁芯。

旧绕组全部拆除后，要趁热将槽内绝缘清理干净，尤其在通风道处不准有堵塞。清理铁芯时，不许用火烧铁芯，铁芯槽口不齐时，不许用锉刀锉大槽口，对有毛刺的槽口要用软金属（如钢板）进行校正，对不整齐的相形需要修正，否则会造成嵌线困难，不齐的冲片会将槽绝缘割破，铁芯清理后，用沾有汽油的擦布擦拭铁芯各部分，尤其在相内不许有污物存在，再用压缩空气吹净铁芯，使清理后的铁芯表面干净，槽内清洁整齐。

（3）绕线模的制作。

绕制线圈前，应根据旧线圈的形状和尺寸，或根据线圈的节距来制作绕线模。绕线模的尺寸应做得相当准确，因为尺寸太短，端部长度不足，嵌线就会发生困难，甚至嵌不进槽；如尺寸太长，既浪费导线，又影响电气性能，还影响通风，甚至碰触端盖。

绕线模的种类很多，有条件的都有通用绕线模，使用调整方便，并可节省修理时间，若无通用绕线槽，应备有常用电动机成套的绕线木模。

（4）准备绝缘材料。

嵌线时所用的绝缘材料应与电动机铭牌上标志的绝缘等级相符合。绕组的槽绝缘（对地绝缘）和相间绝缘、层间绝缘所使用的材料基本相同。散嵌绕组的槽绝缘是在嵌线之前插入槽内的，采用薄膜复合材料，比多层组合绝缘剪裁工艺简便，耐热性、黏结性较好，具有一定刚度，嵌线方便。

裁剪绝缘材料时，要注意绝缘材料纤维的方向。玻璃擦布应与纤维成 45°角的方向裁，以获得最高的机械强度；绝缘纸的纤维方向应同槽绝缘的宽度方向一致，否则封材时较困难。

槽楔应用 MDB 复合槽楔，可以提高槽利用率。修理时也可用薄环氧板代用。竹楔厚度通常是 3mm，各种层连接片槽楔厚度为 2mm 左右，槽内垫条厚度为 0.5～1.0mm。

（5）绕制线圈。

1）绕线前应检查电磁线的质量和规格，检查内容包括漆包线表面应光滑清洁，无气泡和杂质，纱包线的纱层无断头和脱落现象。用明火烧或用溶剂去除绝缘层，用千分尺测量线径和绝缘厚度是否符合要求。

2）为了不使导线弯曲，要有专用的放线架，绕线时对导线的拉力应适当。

3）检查绕线机运转情况，放好绕线模，调好计数器。

4）绕线时还应注意线匝要排列整齐，不得交叉混乱。随时注意导线的绝缘，如发现绝缘损坏，须用同级的绝缘材料进行修补；如中途断线，应在线圈端部的斜边位置上接头，并用锡焊好后包上绝缘，不能在线圈直线部分或鼻端附近接头。多根并绕的线圈接头要注意错开，不能在一处接头。线圈的引出线要留在端部，不能留在直线部分。线圈绕好后应仔细核对匝数，以免产生差错。

（6）嵌线。

嵌线是一道很重要的工序，对电动机绕组的修理质量关系很大。嵌线前，应检查槽绝缘的尺寸是否正确，安放是否恰当，为了使线圈能顺利入槽，嵌线前必须将导线理齐。嵌线时线圈的引出线端要放在靠近机座出线盒的一端（拆除旧绕组时要做好记号），线圈入槽时，要防止定子铁芯槽口刮破导线绝缘，线圈入槽后，应随时用翻板将槽内的导线理直，并用压线脚将导线压实；线圈端部要理齐，使导线相互平行，以保持绕制时的形状。使用刮板和压线脚时，用力要适当，切不可用铁锤硬性敲打，以免损伤导线绝缘。嵌线过程中，应注意线圈两端伸出铁芯的长度，使其基本相等。绕组端部线圈的相间绝缘要垫好，对于双层绕组还要放好层间绝缘。最好将伸出槽口的槽绝缘剪掉，并覆好槽绝缘，打入槽楔。功率较大的电动机，其绕组端部要用扎线扎紧，使绕组端部连成整体。线圈全部嵌好后，剪去相同绝缘伸出线圈端部的多余部分（应留一定的裕量），将线圈端部敲成喇叭口，使线圈端部的内表面不致高出定子铁芯内孔，以防电动机运转时，定子绕组端部与转子相擦，并使其通风流畅。敲喇叭口时，用力要均匀，喇叭口不能过大，以免定子绕组端部碰端盖。

（7）接线。

嵌线完毕后，需要将线圈连接成三相绕组，同时将各相绕组的始末端引出，这道工序称为接线，它包括以下几项内容：

1）将每个线圈元件按每极每相槽数和线圈分配规律连成极相组。

2）将属于同相的极相组进行串联、并联、混联接成相绕组。

3）将三相绕组按铭牌规定的接法接好。

4）将三相绕组的首尾端用电线（或电缆）引到出线盒的接线板上。电动机引出线截面应符合电流要求，一般要求按电流密度为 $4A/mm^2$ 选择。

接线时应将接线头剥去漆膜，砂光。对于扁铜线头、并头套、铜楔、接线鼻等，要事先挂好锡面。

对于引接线直径在 $\phi1.35mm$ 及以下并有 2 根及以下并绕，以及引出线截面在 $6mm^2$ 及以下者，可采用并绞接法连接；对于引接线直径在 $\phi1.5mm$ 及以下并有 4 根及以下并绕，以及引出线截面在 $16mm^2$ 及以下者，可采用对绞接法连接；对于引接线直径在 $\phi1.5mm$ 及以上并有 4 根及以上并绕，以及引出线截面在 $16mm^2$ 以上或扁铜线者，可采用辅助绑扎接法连接。当引出线截面积大于 $25mm^2$ 时，要采用分两股绑扎连接。采用并头套连接时，并头套长度应在 $20\sim25mm$。使用接线鼻时要包合并压紧，在中间部位要轧压紧，线鼻距引出线绝缘约 $5\sim10mm$。

所有连接头都要采用焊接，要求焊接严密、牢固，表面光洁。

引出线的绝缘包扎应按交流电动机绕组绝缘规范进行，要求包扎紧，无空隙。

五、绕线转子绕组的修理

对于小型绕线式异步电动机的转子绕组，可采用圆铜线，一般采用双层叠绕组和单层链式绕组线圈的绕制和嵌线方法和前面所述定子绕组的修理相同。

对于较大的绕线式的绕组，采用扁钢线或铜条穿入转子槽中，称作插入线棒绕组，一般采用双层波绕组。导线的一端先弯成端部形状，将其直线部分包扎相应的绝缘后，再在外面涂一层白蜡，以便穿入槽内。

转子绕组经过局部或全部更换绝缘以后，必须重新在绕组两端打箍，早期生产的绕线转子的绕组都用钢线打箍，这在修理工作中还一直经常采用。绑扎钢线可在车床上进行，也可用木制的简易机械来进行。电动机转子绑扎钢丝的弹性极限应不低于 $1600N/mm^2$，钢丝的拉力要选择适当，拉力过大，易损伤绝缘；拉力不足，易使钢丝箍脱落。

选择钢丝的直径应尽量和原来直径一样，匝数、宽度和排列布量应尽量和原来一致。如果找不到和原来直径一样的钢丝，为了保持绑扎钢丝的机械强度和修理前一样，应考虑到钢丝的匝数要和钢丝直径的平方成正比，计算的公式如式（9-1）：

$$N_2 = N_1 \frac{d_1^2}{d_2^2} \tag{9-1}$$

式中　N_1——原来钢丝的匝数；

　　　N_2——改后钢丝的匝数；

　　　d_1——原来钢丝的直径，mm；

　　　d_2——改后钢丝的直径，mm。

必须注意，异步电动机的气隙较小，如改用直径较大的钢丝时，应考虑到是否会引起定子铁芯、绕组与转子钢丝相摩擦的可能性。

在扎钢丝前，应先在绑扎部位包扎 $2\sim3$ 层白布带，再卷上青壳纸 $1\sim2$ 层，云母 1 层，纸板宽度应比扎线宽 10～30mm。为了使钢丝扎紧，在钢丝下面每隔一定位置放置一块钢片，当该股钢丝扎好后，将钢片两端弯到钢丝上，用锡焊牢。钢丝的首端和尾端均应放在此处，以便由铜片卡紧焊牢。转子扎好钢丝后，外径应比转子铁芯外径小 2～3mm，以免转动时和定子相擦。

转子绕组除了用钢丝绑扎以外，也可采用聚脂无纬玻璃丝带绑扎。这种无纬玻璃丝带的厚度为 0.17mm，宽度有 15、20、25mm 等。绑扎时，直接将无纬带绕在转子绕组的两侧端部，绑扎拉力小于 25N，绑扎速度约为 45r/min，绕的层数及宽度、厚度应和原来的相同，在高度不超过转子铁芯的原则下，可以多绕几圈，以增强机械强度。绕好浸漆后立即送至烘干炉中加热固化，炉温为 120±5℃，时间为 10h。

绕线转子更换绕组或在两端重新打箍后，应作平衡试验。平衡的方法有静平衡和动平衡两种，根据转子铁芯的长度 L、直径 D 和圆周线速度来选择，具体条件如下：

1）转子圆周线速度低于 6m/min 时，不论转子铁芯长度与直径之比为何值，皆不校验动平衡，只需校静平衡。

2）转子圆周线速度低于 15m/min，其长度与直径之比小于 1/3（即 $L/D < 1/3$），且电动机是安装在坚固的混凝土基础上运转时，亦只需校静平衡。

3）转子圆周线速度达 15m/min，且长度与直径之比大于或等于 1/3（即 $L/D \geqslant 1/3$）时，则必须校动平衡。

4）当转子圆周线速度超过 20m/min，且其长度与直径之比大于 1/6（即 $L/D > 1/6$）时，必须校动平衡。

六、鼠笼式转子的断条修理

鼠笼式异步电动机如果处在频繁正、反转起动或经常过载运行的场合时，或者当转子浇铸不良时，就常会发生断条故障，电动机发生断条故障后，空载时还能运转，但带上负载后，转速会马上降低，甚至会停转，需及时修理。

1. 铜条鼠笼式转子的修理

铜条鼠笼式转子的绝大多数故障是导条与端环开焊或导条在端环焊接处断裂。起动笼故障多于工作笼。出现故障后，可根据以下几种情况进行修理：

（1）笼条与端环处局部开焊的处理。铜条鼠笼式转子导条与端环的连接，通常采用氧—乙炔焰纤焊方式，具体步骤如下：

1）焊接前，应先将脱焊处用锉刀清理，再用 30%硫酸溶液清洗，在焊缝周围用尖凿剔出坡口。

2）选用焊条，最好用 45%银纤焊料。

3）用数把焊炬同时加热端环，加热要均匀。当温度达到 400℃ 左右时，应改用一把焊炬集中加热施焊接处，焊炬要求中性火焰。当焊缝温度达 800℃ 左右时，可将银纤焊料润温并填满焊缝。

（2）少量笼条断裂的修理。修理少量笼条断裂故障时，应先加热笼条的较长部分的端环焊缝处，待焊剂熔化后，用铁锤打出此笼条段，然后用加热法将短的一段除掉，若直线部分有凸起圆形笼条料，应先抚去端环焊接孔邻位的铜料，然后用加热法去除笼条，打出笼条后，要清理槽内杂物，并选用与旧笼条材质和几何尺寸相同的新笼条插入槽内，进行焊接。

（3）大量笼条断裂的修理。

1）选用 4～6 把氧—乙炔焰焊炬同时加热某一端环，将全部焊缝熔化后，用专用工具将端环卸下。

2）清理笼条端头，抽出槽内全部笼条。

3）如果利用原有端环和笼条，需要详细检查。若实际配合精度不够，仍会产生断条故障。

4）抽笼条时应检查槽内清洁程度。用大锤将端口垫上软金属后，将黄铜条打入格内，然后检查松紧程度，并使伸出铁芯端长度相等。

5）笼条在槽内松动时，可用浇灌环氧树脂固定。

6）安装端环，可按原始记录套入端环。要求笼条与端环孔配合间隙为 0.1mm 左右。

7）套装完毕后进行焊接。

2. 铸铝转子的修理

（1）局部修理法。

1）确定断裂地点后，用钻孔的方法将断裂处稍加扩大，然后将转子加热至 400～500℃，用氩弧焊补焊，如无氩弧焊，也可用锡（63%）、锌（33%）、铝（4%）的焊料补焊。

2）对准断裂点，钻一个大小与转子铝条宽度相似的孔，用丝锥攻螺钉，然后将铝质螺钉拧入，将高出转子外径部分的螺钉在车床上细心车平即可。

局部修理法适用于个别转子断条情况。如果经上述修理后仍未修复或断裂处仍较多，只能重新铸铝，或将转子铝条全部更换为铜条或铜环。

（2）重新铸铝法。熔铝前先车掉两端的铝端环，用专用工具将铁芯夹紧，不使铁芯松开，常用熔铝方法有以下两种：

1）烧碱熔铝。将转子和轴一起垂直浸入 30% 浓度的工业用烧碱溶液中，然后将碱液加热到 80～100℃，直到铝条溶化为止，一般需加热 7～8h，小型转子 3～4h，大型转子需 1～2 天。待熔铝完毕后，将转子在水中冲洗，并立即投入到 0.25% 浓度的工业用冰醋酸溶液中煮沸，经 15min 左右中和掉残余的烧碱，再放入开水中煮沸 1～2h，取出后用水冲洗干净再烘干。使用此法时，应注意碱液对人身健康的影响，加强劳动保护。

2）煤炉熔铝。将转子抽出转轴，放入约 750℃ 的煤炉中，将铝条全部熔掉，熔铝后将槽内及铁芯两端的残余铝层及油污清除，必要时拆散转子叠片，最后重新叠片、压装、铸铝。

（3）铜笼焊接法。转子在熔铝后要重新铸铝，如果不具备转子铸铝条件，可以用铜笼焊接结构。铜条面积按槽面积的 70% 左右选取，宽度要比槽宽小些，不宜用几种铜条代替一根铜条。小电动机转子的端环可先在笼条伸出铁芯 20～30mm 长处敲弯和搭接，然后经整形后焊接成整体，最后经车削加工成所需尺寸，大中型电动机加铜短路环，环的截面积不应小于铝短路环的 70%，铜条和短路环应焊接牢固。铜条在槽内不能松动，如有松动，可用环氧树脂黏结在一起，也可用铁磁物质在槽内将铜条塞紧。但不可放在槽口下边，以防漏磁太大，使起动转矩降低。经过补焊或更换铜条后的转子必须作静平衡试验。

七、铁芯的修理

铁芯的常见故障有铁芯松动、齿部弹开、表面擦伤、局部烧毁、齿部弯曲和错片等。

1. 铁芯松动的修理

（1）松动原因及危害。电动机运行时铁芯受热膨胀，受到附加压力时，片间密合度会降低，从而产生松动。铁芯松动时会产生振动，使绝缘层进一步变薄，松动更加明显。铁芯的松动位置多发生在两端的铁芯段和通风沟两侧。铁芯中段和铁芯整体松动的可能性较小。

此外，铁芯两端齿连接片拆断、欠缺、接触不平，通风沟支撑条变形、开焊、脱落等也是铁芯松动的原因。当铁芯压板或通风沟支撑垫条脱出时，会损伤绕组绝缘，进入气隙会损伤铁芯，影响电动机正常工作。检查铁芯松动的方法是用手锤轻轻敲击铁芯两端齿部和齿压板，如有松动，会发出哑声，并有由冲片缝隙向外喷锈或灰尘的情况。

（2）修理铁芯。

1）铁芯两端可用铁板做成楔条插入齿压板和铁芯缝内，打牢后，用电焊烧牢。

2）铁芯两端局部松动，可先采用中性洗涤剂清除油污和锈迹。采用中性洗涤剂代替汽油、酒精、四氯化碳、三氯乙烯等清洗电动机，可以降低成本，且不损害电动机绝缘，洗后烘干并涂上环氧树脂胶，最后在一定压力下自然固化 8～12h。

3）整体铁芯的转动，可将机座上固定螺钉拧紧。若无效时，可将铁芯压圈或铁芯外圆与机座点焊牢，也可将定子铁芯压出，在其外表面涂刷环氧树脂胶后，再压入机座内，并经室温固化黏牢。

4）铁芯中间部分修理时，要先拆除绕组，然后按不同结构选用不同的修理方法。对外压装结构的铁芯，需要压出铁芯，松开扣片和拉钩，调整冲片，重新叠压。

对内压装结构的铁芯，轻微的松动，可采用汽油或中性洗涤剂清洗冲片上锈迹和油污，并擦干净，用尖刀片张开冲片，插入云母片并塞紧，最后涂环氧树脂胶并固化。严重的要将铁芯拆开，重新压紧，压力为 2～3MPa。

2. 铁芯齿部弹开的修理

（1）弹开原因。铁芯齿部弹开会产生噪声，铁片振动会刮破绝缘，折断的齿部叠片会损伤绕组端部绝缘。造成铁芯齿部弹开的原因是：

1）拆除旧绕组时将齿部叠片压倒、弯曲和变形。

2）用喷灯烧除旧绕组绝缘时，使齿端部过热变形、冲片向外翘曲，以及片间绝缘被烧焦面形成齿部弹开。

3）端部压紧装置不完善，或者根本没有。

小型电动机铁芯齿部弹开允许值与定子铁芯长度有关。定子铁芯长度小于 100mm 时，齿部弹开允许值为 3mm；铁芯长度为 101～200mm 时，齿部弹开允许值为 4mm，定子铁芯长度大于 200mm 时，齿部弹开允许值为 5mm。

（2）修理方法。

1）增添加强筋，还可增加辅助压圈。

2）涂环氧树脂胶黏结冲片。

3. 铁芯齿部弯曲和错片修理

（1）齿部弯曲和错片原因。

1）电动机发生扫膛时，将铁芯齿部撞倒、变形，引起齿部径向错片和轴向弯曲变形。

2）拆旧绕组时用力过猛，将铁芯扭曲变形，损伤齿压板条，使槽口宽度变化，影响嵌线。

3）铁芯松动，在电磁力作用下，也会产生错片现象。

（2）修理方法。一般错片，可用铜板或胶木板垫着敲平矫正，并用通过棒逐相检查。齿部严重弯曲和错片的，则需拆开和整平，并重新叠好。

4. 铁芯齿、槽局部烧伤修理

（1）局部烧伤原因。

1）绕组短路或接地弧光引起铁芯局部烧伤。

2）轴承损坏、转轴弯曲、端盖止口磨损等，造成定、转子相擦，使铁芯局部烧伤。

（2）修理方法。

1）如果烧坏的面积不大，也没有蔓延到铁芯深处，并且在加工和查看时无障碍，可以不必拆卸重叠，只须把损坏的地方修好。修理时取出损坏区域内的绕组，用扁凿或风铲清除硅钢片上的黏结块，再用小直径的风动砂轮打磨伤痕和不平的表面，消除片与片熔化在一起的缺陷，再将定子铁芯通风槽之间的通风槽片（指靠近故障点附近的通风梢片）取出，使硅钢片有一定的松动余地，然后用很薄的小钢片剥开故障点上的硅钢片，将炭化物清除，清扫干净，再涂以硅钢片绝缘漆，插入一层薄云母片，最后将通风沟的通风槽片打入，保持铁芯紧固。此方法适用于大、中型异步电动机。

2）若铁芯在槽的齿部烧伤，仍应将熔化在一起的硅钢片上的黏结块铲掉。如果影响绕组安放后的牢固性，则可用环氧树脂修补烧缺部分的铁芯。

3）小型异步电动机的硅钢片烧损后，如施工不方便，只需将定子铁芯从机座中拆下进行处理。

5. 铁芯烧损修理后的温升试验

铁芯修理后均应作铁芯温升试验，试验时通电 60～90min 后，如果铁芯温度相对环境温度升高不超过 45℃，或铁芯不同地点的温升不超过 30℃才算合格。试验时，应在电动机的不同地点、冷风区、热风区放置数支酒精温度计（不许放水银温度计），以测量温度。

第二节　异步电动机调试

一、异步电动机检修后的试验项目

异步电动机检修后的试验项目见表 9-2。

表 9-2　　　　　　　　　　异步电动机检修后的试验项目表

序号	试验名称	修理情况		
		不修理绕组	修理绕组	重绕绕组或必要时
1	绝缘电阻测定	*	*	*
2	绕组在实际冷却状态下直流电阻的测定	+	*	*
3	绝缘耐压试验	+	*	*

序号	试验名称	修理情况		
		不修理绕组	修理绕组	重绕绕组或必要时
4	超速试验	－	＋	＊
5	温升试验	＋	＋	＊
6	转子绕组开路电压测定		＊	＊
7	空载检查和空载试验	＋	＊	＊
8	堵转试验	－	＊	＊
9	效率、功率因数及转差率的测定	＋	＋	＊

注　＊指必须进行的试验。

　　＋指推荐进行的试验。

　　－指不必进行的试验。

二、试验前的准备及检查

试验前应做好准备并进行必要的检查，以保证试验不发生人身或设备事故，并使试验能顺利完成。

1. 一般检查

试验前应检查电动机的装配质量，主要检查以下几项：

(1) 电动机各种标志检查。包括出线端标志、接地标志、转向标志及其他特殊标志。

(2) 紧固件检查。检查紧固用螺钉、螺栓及螺帽是否齐全和拧紧。

(3) 机械检查。检查转子转动是否灵活，轴伸的径向偏摆是否在规定的允许范围内。转子轴向窜动范围见表 9-3。

表 9-3　　　　　　　　　　　转子轴向窜动范围　　　　　　　　　　单位：mm

电动机的容量（kW）	10 以下	10～20	30～70	70～125	125 以上
向一侧	0.50	0.70	1.00	1.50	2.00
向两侧	1.00	1.50	2.00	3.00	4.00

注　向两侧轴间窜动范围，系根据转子磁场中心位置确定。

(4) 电刷、集电环检查。检查电刷、刷握和刷架装配是否正确，电刷的弹簧压力是否适当和均匀，电刷在刷摆中能否正常活动；集电环是否生锈或积尘，电刷提升短路装置的操作机构是否灵活，接触是否良好。

2. 气隙大小及其对称性检查

这种检查一般仅对大中型异步电动机进行。气隙测量的目的是检查定、转子间原装配质量，转子是否有偏心，轴承和轴承座是否有变形等，测量方法是相隔 90°测 4 个不同位置，每次在电动机两端用塞尺在定、转子间测量最小气隙。气隙的最大允许偏差值不应超过其算术平均值的±10%。

3. 轴承运行情况和电动机振动情况检查

对滑动轴承应检查油环能否灵活转动，储油槽内的油位是否恰当。对强制循环冷却的滑动轴承，还应注意检查油路有无堵塞现象。

检查是在电动机空载运转时进行，轴承运转应平稳、轻快、无停滞现象、声音均匀无杂声，滑动轴承应无漏油及温度过高等不正常现象，电动机应无振动。

三、绝缘电阻测定

测定电动机绕组的绝缘电阻，可以反映电动机绕组绝缘处理质量，以及绝缘受潮和表面污染情况。绝缘电阻降低到一定值会影响电动机的耐压试验，甚至会危及使用者的人身安全并损坏电动机。因此，在电动机的试验方法标准中，第一项试验便是测定电动机绕组各相之间及其对机壳（地）的绝缘电阻。测量异步电动机绕组绝缘时，通常对额定电压在 500V 以下的电动机用 500V 绝缘电阻表；对 500～3000V 的电动机用 1000V 绝缘电阻表；对 3kV 及以上的电动机用 2500V 绝缘电阻表。一般情况下，低压电动机要求摇测绝缘电阻值不低于 0.5MΩ；高压电动机要求定子绕组不低于 1.0MΩ/kV，转子绕组不低于 0.5MΩ/kV。同时要求检查电动机起动设备的绝缘电阻和低压电器的绝缘电阻同样不低于 0.5MΩ。测量时，如各相绕组的始末端均引出，则应分别测量每相绕组对机壳及其相互之间的绝缘电阻。如三相绕组在电动机内部已连接，仅引出 3 个出线端时，则测量所有绕组对机壳的绝缘电阻。对绕线转子异步电动机，应分别测量定子绕组和转子绕组的绝缘电阻。对于绕组额定电压在 3kV 及以上者，每次测量绝缘电阻后，绕组应与机壳连接一段时间，电动机功率小于 1000kW 的，不少于 15s；1000kW 及以上的，不少于 1min。为了判断高压绕组绝缘干燥情况，要测定吸收比 K，当 $K \geqslant 1.3$ 时，说明干燥良好。

四、绕组在实际冷却状态下直流电阻的测定

绕组的直流电阻可用双臂电桥或单臂电桥测量。电阻在 1Ω 及以下时，必须采用双臂电桥测量。当采用其他自动检测装置或数字式微欧计等仪表测量绕组的电阻时，通过被测绕组的试验电流，应不超过其正常运行时电流的 10%，通电对间不应超过 1min。

测量时，转子静止不动，定子绕组的电阻应在电动机的出线端上测量。对绕线式转子异步电动机，转子绕组的电阻应尽可能在绕组与集电环连接的连接片上测量。如每相绕组都有始末端引出，则应测量每相绕组的电阻；如三相绕组已在电动机内部连接，仅引出 3 个出线端，则可在每两个出线端间测量电阻，此时各相电阻可近似按式 9-2 和式 9-3 计算。

对星形连接的绕组：

$$R = \frac{1}{2}R_{av} \tag{9-2}$$

对三角形连接的绕组：

$$R = \frac{3}{2}R_{av} \tag{9-3}$$

式中　R_{av}——3 个线端电阻的平均值，Ω。

定子各相绕组的直流电阻值的相互差别不应超过最小值的 2%，与以前测量的值比较，相对变化也不能大于 2%。转子绕组的直流电阻与以前所测的结果比较，相互间的差别不应超过 2%。

五、绝缘耐压试验

1. 短时升高电压试验

短时升高电压试验应在电动机空载时进行，试验外施电压为额定电压的 130%，试验时

间为 3min，对于在 130％额定电压下的空载电流超过额定电流的电动机，试验时间可缩短至 1min。对于绕线式异步电动机，试验应在转子静止及开路时进行。

2. 对地绝缘耐压试验

（1）耐压试验的一般要求。试验前，应先测定绕组的绝缘电阻，在冷态下测得的绝缘电阻，按绕组的额定电压计算应不低于 1MΩ/kV。如需进行超速、偶然过电流或短时过转矩及短时机械强度试验时，本试验应在这些试验后进行。如需进行温升试验时，本试验应在温升试验后立即进行。

试验时，电动机应在静止状态，电压施加于绕组与机壳之间，其他不参与试验的绕组与铁芯均应与机壳连接，对额定电压在 1kV 以上的多相电动机，若每相的两端均单独引出时，试验电压施加于每相（两端并接）与机壳之间，此时其他不参与试验的绕组和铁芯均应与机壳相连接。

（2）试验电压和时间。试验电压的频率为 50Hz，波形应尽可能接近正弦波，其数值应按规程规定。试验时，施加的电压以不超过试验电压半值开始，然后以不超过全值的 5％均匀地或分段地增加至全值，电压自半值加至全值的时间应不少于 10s。全值电压试验时间应持续 1min，对部分绕组重绕的电动机，试验电压不超过规定值的 75％，试验前，应对未重绕的部分进行清洁干燥。

六、超速试验

1. 超速试验的目的

为了检验转动部分零部件及绝缘体的机械强度能否承受过速情况下的离心力作用，应进行超速试验。该试验应在绕组对机壳的耐电压试验之前进行。超速试验的转速按 1～2 倍最高额定转速，持续时间为 2min。超速试验后，如无永久性的异常变形和不产生妨碍电动机正常运行的其他缺陷，且转子绕组在试验后能满足耐压试验的要求时，则应认为合格。

2. 试验的注意事项

超速试验前，应仔细检查被试电动机的装配质量，特别是轴承和油封的装配质量，以避免因不正常的摩擦而引起事故。被试电动机的控制以及转速、振动和油温的测量，应在远离被试电动机的安全区域内进行。在升速过程中，当电动机达到额定转速时，观察转速、振动、油温以及电流、电压等运行情况，如无异常现象，可均匀地升到规定的转速。试验持续到规定的时间后，切断试验线路的电源即可。试验绕线式异步电动机的危险性比鼠笼式异步电动机大。

七、温升试验

电动机某部分温度与冷却介质温度之差即为该部分的温升，通常指额定负载下绕组的温升。电动机的温升是一项关键指标，温升过高，超过了所用绝缘材料的温度限值，将使绕组受到损害，降低使用寿命；温升过低，表示电动机有效材料利用率低，经济性差。温升试验方法有直接负载法和等效负载法两种，应优先采用直接负载法，即电动机在额定电压、转速及转矩下运行。电动机绕组温度的测量方法一般选用电阻法，测量时，冷态电阻必须在相同的出线端上测量。此时绕组的平均温升 Δt 按式 9-4 计算：

$$\Delta t = \frac{R_2 - R_1}{R_1}(K_0 + t_1) + t_1 - t_0 \tag{9-4}$$

式中　　R_1——试验开始时的绕组电阻，Ω；

　　　　R_2——试验结束时的绕组电阻，Ω；

　　　　t_1——试验开始时的绕组温度，℃；

　　　　t_0——试验结束时的冷却介质温度，℃；

　　　　K_0——常数，铜为 235，铝为 225。

八、转子统组开路电压的测定

绕线式异步电动机需要进行转子开路电压的测定，测定的目的是检查定、转子绕组的匝数、节距和接线是否正确，定、转子三相绕组是否对称。试验要求是测定子电压和转子电压的算术平均值之比。

试验时，转子应静止不动，转子绕组开路，起动电阻器断开。在定子绕组上施加额定电压，在转子集电环间测量转子绕组各线间的电压值。对转子绕组开路电压高于 600V 的电动机，定子绕组上所加的电压可适当降低，测量高压电动机的转子电压时，定子电压最好是由 0.1～0.2 倍额定电压逐渐升高至所需数值，以免转子因短接而直接起动，或因并头套间有金属焊渣而产生电弧。

试验时测得的转子开路电压与铭牌标明的转子电压相比较，其差值不得超过±5％。若定子的三相电压和空载电流都平衡，而转子开路电压的不平衡度超过±2％，说明转子绕组存在不对称。三角形连接的转子绕组，若三相开路电压不平衡，则应改为开口三角形连接后再进行测量，以免受环流的影响。

在确认定子绕组正常条件下，转子绕组开路电压的过高或过低，说明转子绕组的匝数、节距或接线不正确，或绕组可能有匝间短路，以及并联支路匝数不等而存在环流等缺陷。

九、空载检查和空载试验

电动机检修总装后都要进行空载检查，检查转动时的振动、响声及轴承、电刷和电刷提升装置的运行情况，并调整到完好状态，空载检查的持续运转时间为 10～30min。外施电压可低于额定电压（约 $0.5U_N$），这样既简化起动装置，也可改善电网功率因数。

空载试验是为了测定额定功率和额定电流下的空载电流和空载损耗，检查三相电流的平衡度。若要确定铁耗和机械损耗，则要测取空载特性曲线，即测试不同外加电压与空载电流和空载损耗的关系。

绕线转子异步电动机的空载试验要将转子绕组在出线端短路，多速电动机应对每一种转速都进行空载试验，为使电动机的机械损耗达到稳定，空载试验是在电动机空载运转 30min 后开始记录数据，要记录三相电压、三相电流和三相输入功率。三相电流中任一相不得大于平均值的 10％。若三相电压相等，且改换电源相序后三相空载电流不平衡情况不变（某相电流仍大），运转时有嗡嗡声，则表明被试电动机有缺陷，一般中小型异步电动机的空载电流大约是电动机额定电流的 30％～60％，高速大容量电动机的空载电流百分率小些，低速小容量电动机的空载电流百分率大些。空载损耗约是电动机额定功率的 3％～8％，同规格异步电动机空载电流波动值在 15％以内，空载损耗的波动值在 20％以内。空载电流大，主要会使电动机的功率因数降低，从而空载损耗大，使电动机效率下降。空载试验结束后，应立即在两个出线端间测量定子绕组的电阻。

十、堵转试验

堵转试验也称短路试验，是在转子短路且堵住不转时，用三相调压器加电压至表 9-4 所示的值，测定堵转电流和堵转损耗值（恒压法），或在堵转电流等于额定电流时，测定堵转电压和堵转损耗值（恒流法）。对于绕线转子异步电动机，试验时，还应将转子绕组在集电环上短路。

表 9-4　　　　　　　　　　　　　恒压法中电动机的堵转电压值

额定电压（V）	127	220	380	440	500	660
堵转电压（V）	33	60	100	115	130	170

堵转试验所记录的数据与以前所测数据比较，不能过大或过小。短路电压偏高，说明电动机漏抗大，重绕时绕组匝数太多，会使电动机起动电流及起动转矩小，过载能力差。短路电压偏低，起动电流和空载电流会过大，都对电动机运行不利。

在堵转试验中，如发现三相电流不平衡，且短路电流偏小，应将电动机空载运转，发现空载起动过程缓慢，且有异常声响。可适当降低电压至 $0.25U_N$，使转子缓慢转动，此时若三相电流随转子位置不同而波动很大，则表明转子有缺陷。

十一、效率、功率因数及转差率的测定

该试验的目的在于测取电动机的工作特性考核效率和功率因数是否合格，取得分析电动机性能必要的数据资料。

1. 工作特性曲线的测取

工作特性曲线是电动机在额定电压和额定频率下，输入功率 P_1、定子电流 I_1、效率 η、功率因数 $\cos\varphi$ 及转差率 s 与输出功率 P_2 的关系曲线。

工作特性曲线应在电动机的温度接近热状态时，在负载试验中测取。此时在 1.25～0.25 倍额定功率范围内测取 6～8 点读数。每点应测取三相电压、三相电流、输入功率及转差率。

2. 转差率的测定

电动机转差率（或转速）的测量方法有下列几种：

（1）转差率测量仪法。在被测电动机转轴上做一个白色标记或装一个齿盘，当电动机转动时，由光电传感器将转速变换成电脉冲信号，转差率测量仪将这一信号与电源频率信号进行运算处理后，可直接显示出被试电动机的转差率。

（2）感应线圈法。在电动机轴伸附近，放置一只带铁芯的多匝线圈，线圈与磁电式检测计或阴极示波器连接。试验时，用秒表测定检流计指针或示波器波形全摆动 N 次所需的时间，转差率 s 按式（9-5）计算：

$$s = \frac{N}{tf_1} \tag{9-5}$$

（3）转速测量仪。试验时，用转速测量仪测量电动机的转速 n_t（r/min），并同时测量电源的频率 f_1，转差率 s 按式（9-6）计算：

$$s = \frac{n_0 - n_t}{n_0} \qquad (9\text{-}6)$$

式中　n_0——对应于实际电源频率 f_1 时的同步转连速。

（4）频率仪法。使用同步电动机型测功机时，将频率仪接至该测功机的定子绕组出线端上，测量试验时的频率，被试电动机的转速 n_t（r/min）按式（9-7）计算：

$$n_t = \frac{60f}{p} \qquad (9\text{-}7)$$

式中　p——同步电动机型测功机的极对数；

　　　f——频率仪测得的频率，Hz。

然后可按式（9-5）求得转差率 s。

3. 功率因数的求取

电动机的功率因数 $\cos\varphi$ 按式（9-8）确定：

$$\cos\varphi = \frac{P_1}{\sqrt{3}U_1 I_1} \qquad (9\text{-}8)$$

式中　P_1——输入功率，W；

　　　U_1——线电压，V；

　　　I_1——定子线电流，A。

当采用两只功率表测量功率时，可用式（9-9）校核功率因数值：

$$\cos\varphi = \frac{1}{\sqrt{1 + 3\left(\dfrac{P_1 - P_2}{P_1 + P_2}\right)^2}} \qquad (9\text{-}9)$$

式中　P_1、P_2——两只瓦特表的读数，如读数有负值则以负值代入。

如果两种方法求得的功率因数 $\cos\varphi$ 相差不大于 1%，则表明测量是正确的。

4. 效率测定

若有测功机，效率可用直接法测定。被试电动机的输入功率 P_1 由功率表测量，输出功率 P_2 用测功机测量，效率 η 可按式（9-10）计算：

$$\eta = \frac{P_2}{P_1} \times 100\% \qquad (9\text{-}10)$$

若没有测功机，可用间接法测定电动机的效率，此时需要测定电动机在输入功率为 P_1 时的各项损耗 ΣP，按式（9-11）：

$$\Sigma P = P_{Cu1} + P_{Cu2} + P_{Fe} + P_j + P_z \qquad (9\text{-}11)$$

式中　P_{Cu1}——定子铜耗，W；

　　　P_{Cu2}——转子铜耗，W；

　　　P_{Fe}——铁耗，W；

　　　P_j——风摩耗，W；

　　　P_z——杂散损耗，W。

定子铜耗按式 9-12 计算：

$$P_{Cu1} = 3I_{ph}^2 R_{ph} \qquad (9\text{-}12)$$

式中　　I_{ph}——定子相电流的三相平均值，A；

　　　　R_{ph}——基准工作温度下的定于绕组相电阻，Ω。

转子铜耗按式 9-13 计算

$$P_{Cu2} = P_{dc}s$$
$$P_{dc} = P_1 - P_{Fe} - P_{Cu1}$$

$$(9-13)$$

式中　　P_{dc}——电磁功率，W；

　　　　s——转差率。

铁耗和风摩耗由空载试验求得，由于异步电动机在负载变化时转速变动不大，一般认为铁耗和风摩耗为一常数值。

杂散损耗可采用各类产品设计的经验值。如在额定负载时，鼠笼型异步电动机 2 极为 $2\%P_N$（P_N 为额定功率），4、6 极为 $1.5\%P_N$，8 极为 $1\%P_N$；绕线型异步电动机取 $0.5\%P_N$。

第三节　异步电动机常见故障的分析和处理

一、故障检查的具体方法

1. 定子绕组接地故障检查

（1）现察法。接地点最易发生在绕组的端接部分接近槽口处，且其绝缘常有破裂和焦黑痕迹，故应先在这些地方寻找接地点，若找不到，则说明接地点很可能是在槽口内。

（2）仪表检查法。首先拆开三相绕组连接线，使各相绕组互不接通，用万用表的电阻挡进行测试，一根试笔触及外壳，另一根试笔依次搭在各相的接线头上，如果测得电阻值很小或为零，则表示有接地故障。也可用 500V 的绝缘电阻表检查，如果测得的绝缘电阻值等于零，则说明有接地故障；如果测得的绝缘电阻大于零而数值较小时，则说明是绝缘受潮。

（3）冒烟法。高压电动机定子绕组非金属性接地可用此法。将 200V 交流电通过调压器加到绕组和地之间，电流应控制在 5A 以内，以免烧伤铁芯，通电流后可以发现故障接地处冒白烟，甚至有火花。

（4）电压降法。高压电动机定子绕组金属性接地可用此法。采用此法时，应将电动机转子抽出，否则会在转子上感应出高电压，其检查接线如图 9-4 示，将交流或直流电源加至故障相首尾两端，加上电压后，同时记录 U_1、U_2、U_3，因 $U_1 + U_2 \approx U_3$，故可以粗略计算出故障点距引线端的距离，故障点距 A 端距离的百分值 l 按式 9-14 计算：

$$l = \frac{U_1}{U_3} \times 100\%$$

$$(9-14)$$

（5）开口变压器法。此法适用于大中型电动机，具体方法是：首先使用绝缘电阻表判断出故障在哪一相绕组，在故障相与铁芯之间加一单相交流电，如图 9-5 所示，这样就在电流流入端 A 至接地点之间所有串联绕组均有电流，而接地点以后的线圈则无电流。这时用开口变压器跨在槽上面，开口变压器的绕组接一微安表，逐槽测量，在每槽顺轴向移动开口变压器，当全槽都有感应电压产生时，说明接地点还在后槽中，当开口变压器在 X_1X_2 槽由上向下移动时，到微安表的指示消失，则表示故障点在此处。

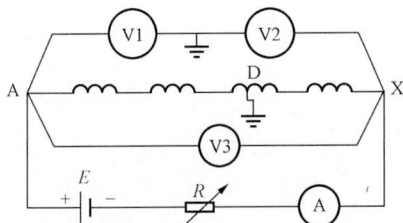

图 9-4　用电压降法寻找接地点接线

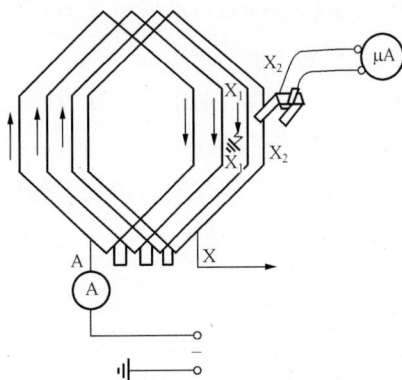

图 9-5　开口变压器法寻找接地点

2. 定子绕组短路故障检查

定子绕组短路故障可分为相间短路和匝间短路两类。检查相间短路时，可用绝缘电阻表或万用表检查相间绝缘电阻，如绝缘电阻很低，说明该两相短路。

匝间短路检查：

（1）观察法。绕组发生短路故障后，会在故障处产生高热而使绝缘焦脆。检查时可以先在绕组外面仔细地观察，看有无烧焦绝缘的地方和能否嗅到气味，或先让电动机空载运转约 10～30min（如有焦味或冒烟现象，必须立即停机），然后马上拆下端盖，用手触摸绕组末端是否发热均匀，短路故障点一般温度较高。

（2）电压降法。把有短路故障的那一相绕组的各线圈绕组间连接线的绝缘剥去，使导线裸露出来，并从引出线通入一个低压交流电（或直流电），再用万用表相应电压挡测量每个线圈两端的电压，电压读数较小的那一组（或那一个线圈）即有短路故障。

（3）短路侦察器法。短路侦察器法又称开口变压器法，是利用变压器原理来检查绕组匝间短路的，如图 9-6 所示。图中有一个不闭合的铁芯磁路，上面绕有励磁绕组，相当于变压器一次绕组。短路侦察器的底部为曲面状，以便和定子的内圆弧形面相吻合。使用时将励磁绕组接上交流电压（一般为 36V），将其开口铁芯放在定子槽上，并在该槽口或该槽口线圈的另一有效边所在槽口上放一薄铁片（或废锯条）。若薄铁片发出"吱吱"的振动声，说明线圈有短路故障。也可在短路侦察器绕组电路中串联一只电流表，注意观察电流的变化，当铁芯放在有短路故障线圈的槽口时，电流会突然增大。检测时可将短路侦察器沿定子内圆线槽逐步移动，即可找出究竟是哪一槽出现了短路，但使用这种方法时要注意以下几点：

1）三角形接线的绕组要分相拆开。

2）多支路并联的绕组也应按支路分开。

3）试验时铁片要远离开口变压器，以防止有漏磁的干扰。

4）判断双层绕组的故障线路，当发现一个槽内线圈有匝间短路的征象时，可查出该槽内上、下层绕组各自对应的另一绕组边，并用薄铁片在两个对应边的槽口上探查，根据薄铁片的不同反应，可确定哪个是故障绕组。

5）开口变压器在接通电源前，应先将变压器的开口侧放在定子铁芯上，并接触吻合，否则开口变压器的绕组会因电流过大而发热烧坏，并使检查效果不明显。

3. 定子绕组断线故障检查

（1）检查小型电动机定子绕组断线时，可用绝缘电阻表或万用表（放在低电阻挡）、校验灯等来进行。对于星形连接的电动机，检查时需每相测试，如图9-7所示。对于三角形连接的，检查时必须把三相绕组的接线头拆开后，再每相分别测试，如图9-8所示。

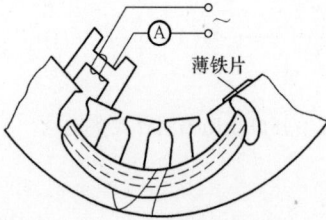

图9-6　短路侦察器法

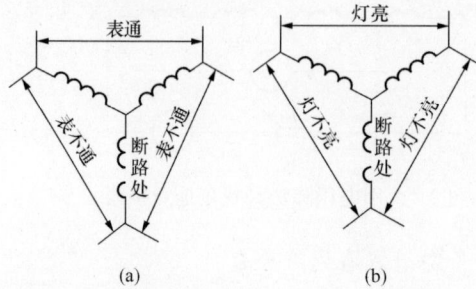

图9-7　用绝缘电阻表、万用表或校验灯
检查绕组断路（星形连接）
（a）绝缘电阻表、万用表检查；（b）校验灯检查

（2）大中型电动机绕组大多是采用多根导线并绕和多支路并联，其中如断掉若干根或断开一路时，检查就比较复杂，通常采用以下两种方法检查：

1）三相电流平衡法。星形连接的电动机三相绕组并联后，通入低电压大电流（一般可用单相交流弧焊机），如果三相电流值相差大于5%，电流小的一相为断路相。三角形连接的电动机，先要把三角形的接头拆开一个，然后把电流表接在每相绕组的两端，其中电流小的一相为断路相。

2）电阻法。用电桥测量三相绕组的电阻，如三相电阻值相差大于5%时，电阻较大的一相为断路相。

4. 线圈组或线圈元件接反的检查

（1）查线法。

仔细检查线圈元件或线圈组间的连接线，看其实际接法是否正确。

（2）指南针法。

将低压直流电源通入任何一相绕组，用指南针沿着定子铁芯槽上逐槽检查。如指南针在每极相组的方向交替变化，表示接线正确；如果邻近的极相组指南针的指向相同，表示极相组接错。如果极相组中个别线圈嵌反，则在该极相组中指南针的指向是交替变化的。检查时，如指南针方向指不清楚，应加大电源电压，再行检查。

（3）旋转磁场法。将定子绕组通入30%～50%的额定电压，放一小型滚动轴承，如轴承沿定子圆周旋转，说明绕组接线正确。如轴承不转动，说明极相组内某一线圈接线有错误。

5. 笼型转子断条故障检查

（1）运动观察法。由于笼型转子断条后电动机转动力矩减小，无法带负荷起动，故可让其先行空载起动，再加上负载，此时若转速很快，定子电流增大或发生忽大忽小的振荡，且伴随发出"嗡嗡"声，说明很可能是转子发生断条。

（2）低压试验法。电动机停止运行后，施以10％额定电压的三相低电压，在定子电路内接上电流表，使电流不超过电动机的额定值。然后用手扭转转轴使之缓慢转动，若电流表指示三相电流有较大的反复波动，说明转子可能断条；如基本平衡，说明导条完好。

（3）断条侦察器检查法。断条侦察器是利用变压器原理，检查转子断条。将转子放在如图9-9所示的两个铁芯之间，用铁芯1逐槽测量，即沿转子圆周逐槽移动。预先将220V交流电接至铁芯1的绕组上，此时如果毫伏表的读数明显减小，说明该导条有断裂。由此，可以准确地判断出笼型转子的具体断条位置。

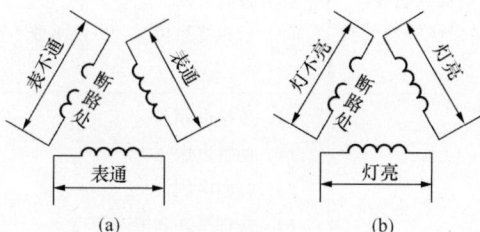

图9-8　用绝缘电阻表、万用表或校验灯
检查绕组断路（三角形连接）
（a）绝缘电阻表、万用表检查；（b）校验灯检查

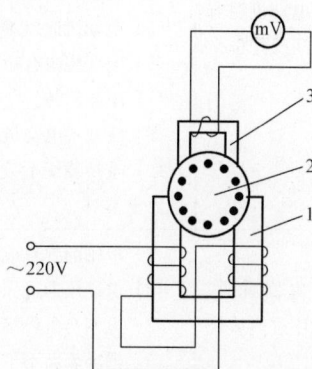

图9-9　用断条侦查器
检查转子断条
1—铁芯；2—转子；3—铁芯

二、常见故障的分析和处理

异步电动机的故障，一般可分为电气故障和机械故障两方面。其常见故障的原因和处理方法见表9-5。

表9-5　　　　　　　　　　异步电动机的常见故障、原因及处理方法

序号	故障现象	故障原因	处理方法
1	电动机不能起动，或带负载时转速低于额定转速	（1）熔断器熔断，有一相不通或电源电压过低。 （2）定子绕组中或外电路有一相断开。 （3）绕线式电动机转子绕组电路不通或接触不良。 （4）鼠笼式转子笼条断裂。 （5）角形连接的电动机引线接成星形。 （6）负载过大或传动机械卡住	（1）检查电源电压及开关、熔断器工作情况。 （2）从电源逐点检查，发现断线并接通。 （3）消除断点。 （4）修复断条。 （5）改正接线。 （6）减小负载或更换电动机，检查传动机械，消除故障

续表

序号	故障现象	故障原因	处理方法
2	电动机三相电源不平衡	(1) 三相电源电压不平衡。 (2) 定子绕组匝间短路。 (3) 重换定子绕组后，部分线圈匝数有错误。 (4) 重换定子绕组后，部分线圈接线错误	(1) 检查三相电源电压。 (2) 检查定子绕组，消除短路。 (3) 严重时，测出有错的线圈，并更换。 (4) 校正接线
3	电动机温升过高或冒烟	(1) 电动机过载。 (2) 电源电压过高或过低。 (3) 定子铁芯硅钢片之间绝缘不良或有毛刺。 (4) 转子和定子有摩擦。 (5) 电动机通风不良。 (6) 定子绕组有短路或接地故障。 (7) 单相运转。 (8) 绕线式电动机转子绕组的焊点脱焊。 (9) 重换绕组后定子接线错误或绕制的线圈匝数不对	(1) 更换电动机或减小负载。 (2) 检查电源电压。 (3) 检查定子铁芯，处理铁芯绝缘。 (4) 消除摩擦。 (5) 检查风扇，疏通通风孔道。 (6) 局部或全部更换线圈。 (7) 检查电源及绕组，修复断线。 (8) 检查修复。 (9) 校正绕组接线，更换匝数不符的线圈
4	电刷冒火，滑环过热或烧损	(1) 电刷的牌号或尺寸不符。 (2) 电刷压力过大或不足。 (3) 电刷与滑环接触面不够。 (4) 滑环表面不平或不清洁。 (5) 电刷在刷握内卡住	(1) 更接电刷。 (2) 调整电刷压力。 (3) 打磨电刷。 (4) 修理滑环和清除污垢。 (5) 检查排除
5	电动机有不正常的振动和响声	(1) 电动机地基不平或安装得不好。 (2) 滑动轴承的电动机轴颈与轴承的间隙过小或过大。 (3) 滚动轴承装配不良或本身的缺陷。 (4) 电动机转子或轴上所附带的皮带轮、飞轮、齿轮等不平衡。 (5) 转子铁芯变形或轴弯曲。 (6) 定子绕组局部短路或接地。 (7) 定子铁芯硅钢片压得不紧或铁芯外径与机座配合不够紧密。 (8) 风扇叶片碰壳。 (9) 轴承严重缺油	(1) 检查地基及安装情况，加以纠正。 (2) 检查并纠正。 (3) 检查纠正，或更换轴承。 (4) 作静平衡和动平衡试验调整平衡。 (5) 在车床上找正并处理。 (6) 检查排除。 (7) 重新压紧，用电焊点焊数处，或在机座处向定子铁芯钻孔，加固定螺栓。 (8) 校正叶片。 (9) 清洗并加新油
6	轴承过热	(1) 滚动轴承中润滑油加得过多。 (2) 润滑油变质或含杂质。 (3) 轴承损坏。 (4) 轴承与端盖贴合过紧或过松。 (5) 滚动轴承油环磨损或转动缓慢。 (6) 皮带过紧或联轴器装得不好。 (7) 电动机端盖或轴承未装好	(1) 检查油量，一般不超过轴承室的 70%。 (2) 清洗后更换新润滑油。 (3) 更换。 (4) 过松时在端盖上镶套，过紧时可重新加工。 (5) 检查修理或更换油环，补注新油。 (6) 调整。 (7) 检查调整

第十章

低压开关电器检修

发电厂在生产过程中，低压电器起着重要的作用。本章主要讲述胶盖瓷底闸刀开关、HH 型封闭开关、HD 型闸刀开关、HS 型闸刀开关和其他类型闸刀开关；交流接触器、直流接触器、磁力启动器；自动空气开关、灭磁开关的检修工艺、试验项目及标准、常见故障及处理方法；熔断器的选择配合原则。

第一节 闸刀开关检修

一、闸刀开关

闸刀开关是应用最广泛、结构最简单的一种低压电器，常用在不经常操作的电源电路中。下面就其常见类型的结构进行简单介绍。

1. 瓷底胶盖闸刀开关

瓷底胶盖闸刀开关是由闸刀开关和熔断体组合而成的一种电器，其结构和外形如图 10-1 所示。

瓷底板上有进线座、静触头、熔断丝、出线座及刀片的动触头，上面盖有胶盖，以保证安全用电，此种闸刀开关无灭弧装置。

2. 封闭式闸刀开关（铁壳开关）

封臂式闸刀开关（HH 型）主要由闸刀开关和熔断器等组成，其结构 10-2 所示。大部分部件装在一个封闭的铸铁或钢外壳内，操作铁壳外面的手柄即可进行开关的操作。

3. 杠杆闸刀开关

HD13 型杠杆闸刀开关如图 10-3（a）所示。闸刀开关的带电部分装在配电盘的背面，利用杠杆原理进行操作，既安全又省力，闸刀上装有速断刀片，并带有灭弧罩。

此外，在闸刀开关中，还有一种新型的组合式开关电器——刀熔开关（HS 型），如图 10-4 所示。

二、闸刀开关的检修

闸刀开关可以单独安装用来切断小电流的电路，大多数情况是与自动空气开关等配合使用，用以隔离电源。

（1）固定触头的钳口应有足够的压力夹住刀片，刀片与固定触头应成一直线。

（2）合闸时，手柄向上，且三相应同时顺利投入固定触头的钳口。分闸时，手柄向下且三相应同时断开。

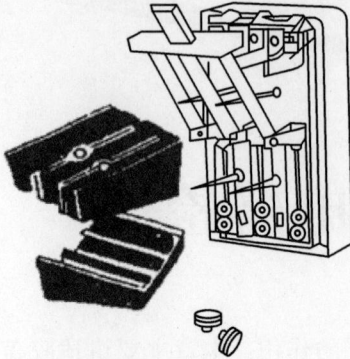

图 10-1　瓷底胶盖闸刀开关

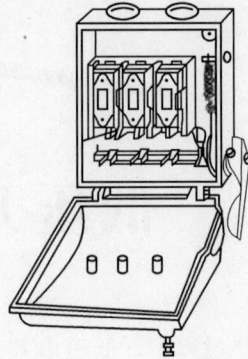

图 10-2　封闭式闸刀开关

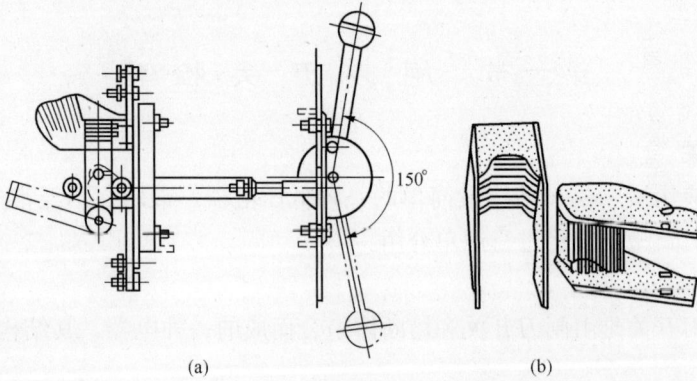

(a)　　　　　　　　(b)

图 10-3　HD13 型杠杆闸刀机构

（a）HD13 型杠杆闸刀；（b）灭弧罩

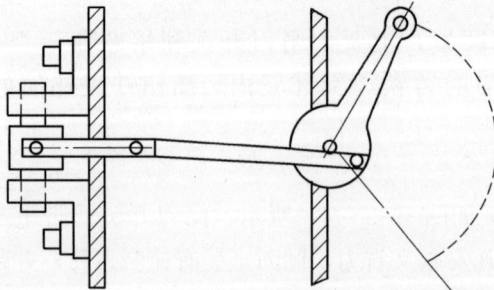

图 10-4　HS 型刀熔开关

（3）用连杆操作的闸刀开关应调节连杆的长度，使之合闸时合足，分闸时动刀片与固定触头之间拉开的距离符合规定的标准。

（4）对于双投闸刀开关分闸时，刀片应可靠地固定，不能有自行合闸的可能。

（5）各种闸刀开关，应动作灵活，固定可靠。

第二节　接触器和磁力启动器的检修

一、接触器

接触器分为直流接触器和交流接触器两种，分别用在直流和交流电路中。目前，水电厂中使用较多的是 CZ0 系列的直流接触器和 CJ10、CJ12 系列的交流接触器。

1. CZ0 系列直流接触器

CZ0 系列的直流接触器，额定电流为 150A 及以下的是立体布置整体式结构。主触头灭弧系统固定在电磁系统的背面上，磁轭就是安装支架。电厂中常用在二次回路中作直流操作电源的开关，多装在控制保护盘内或安装在具有控制保护回路的成套柜上，图 10-5 所示为 CZ0-40C 型直流接触器。

水电厂常用在一次回路中作接通和断开直流电力回路的开关，或者用于频繁启动、停止直流电动机以及控制直流电动机转向或反接制动的开关，大多安装在直流屏上。

额定电流不同的 CZ0 系列的直流接触器结构上的不同之处，主要在于电磁系统和主触头灭弧系统的布置方式上。各个系统的基本结构和工作原理都一样，因此，它们的安装方法及工艺标准基本相同。

安装在盘上的直流接触器应先进行认真检查和调试，使接触器的动杆上下活动灵活。同时，从触头端部测量，接

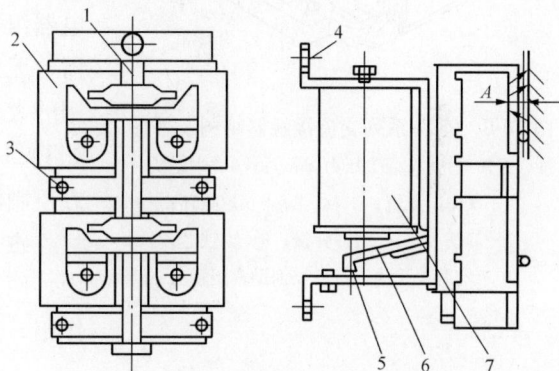

图 10-5　CZ0-40C 型直流接触器
1—动杆；2—灭弧罩；3—接线螺钉（静触头）；
4—安装孔；5—铁芯线圈；6—衔铁；7—调节
止钉；A—飞弧距离为 25mm

触器接通时，动触头对定触头的压缩行程为 4～5mm；断开时，动触头行程 12±2mm，不合格时，应拉长或压缩动杆上的弹簧，调整其压力。检查灭弧罩是否完好、齐全，测量动触头与灭弧罩之间的间隙应不小于 1mm，使动杆不与灭弧罩相擦。

检查主触头上的磁吹线圈是否脱焊、断线，触头的接触是否良好，有没有歪扭。对脱焊、断线的应重新焊牢或更换磁吹线圈经检查调试合格后，触头接触不正常时，应进行矫正，严重的应将触头取下更换。还应作通电操作试验，使吸引线圈的动作电压符合规定值。不合格时应拧进或拧出衔铁下部调节止钉，以改变衔铁与铁芯之间的距离。

2. CJ 系列交流接触器

CJ 系列交流接触器常用的有 CJ10 和 CJ12 系列。CJ10 系列接触器的磁系统均采用"E"形铁芯，40A 以下为直动式，60A 及以上为转动式，触头均采用双断点桥式结构。CJ12 系列接触器的主要结构元件与 CJ10 系列基本相同，不同点是 CJ12 系列交流接触器的主触头采用指式触头，电磁铁采用转动拍合式。图 10-6 和图 10-7 所示为 CJ10、CJ12 系列交流接触器的外形结构图。

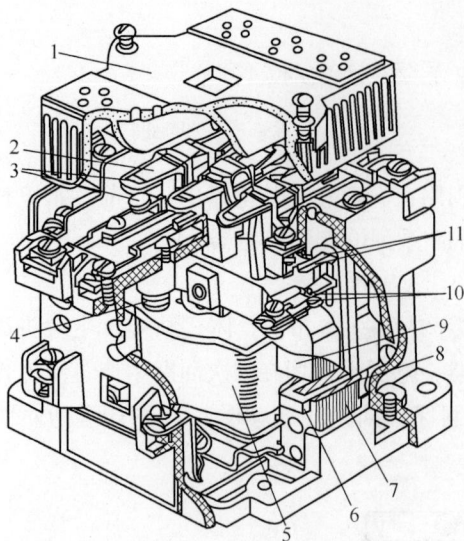

图 10-6　CJ10 系列交流接触器结构及外形

1—灭弧罩；2—触头压力弹簧片；3—主触头；

4—反作用弹簧；5—线二；6—短路环；

7—静铁芯；8—缓冲弹簧；9—动铁芯；

10—辅助常开触头；11—辅助常闭触头

CJ 系列接触器没有外壳，它常和热继电器及按钮一块使用，安装在动力操作箱的底板上。

用来控制和频繁启动额定电压为 380V、电流在 150A 以下的交流电动机或者供远距离接通与分断电路。交流接触器、热继电器和按钮三者构成的电路，实际上就是磁力启动器和按钮构成的电路，它的安装工作和常见的故障及原因与磁力启动器相同。

二、磁力启动器

1. 磁力启动器的结构

磁力启动器在结构上是由交流接触器和热继电器组成的。有封闭式外壳的称保护式磁力启动器，无外壳的称开启式磁力启动器。发电厂中使用的大多是可供单独安装的保护式磁力启动器，如 QC12 系列。磁力启动器常用作就地控制或远方控制的电动机的操作开关。

磁力启动器中的热继电器具有过负荷保护作用，而其中接触器本身的吸引线圈具有欠压保护作用。根据需要磁力启动器可制成可逆和不可逆两种。

2. 磁力启动器的检修

（1）触头系统。检查触头的贴合面，应干净、无损伤、无毛刺等。

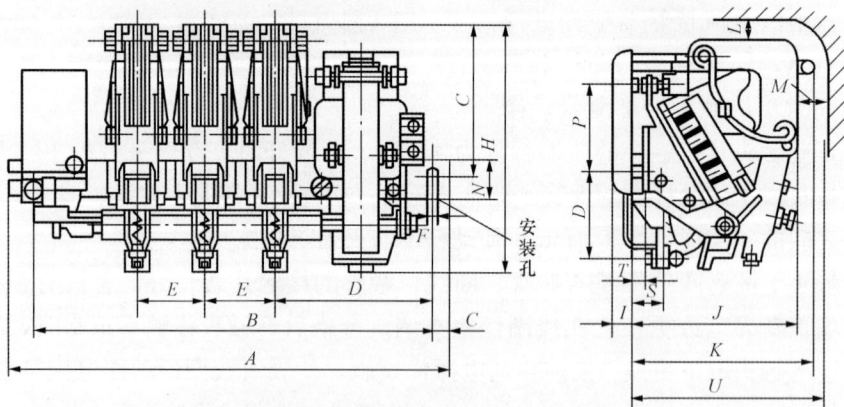

图 10-7　CJ12 系列交流接触器的外形

（2）吸引机构。经检查处理的启动器，吸引机构动作应灵活，衔铁及铁芯的螺钉应紧固，弹簧压力适当，否则应调整弹簧。铁芯与衔铁的贴合面应清洁无锈斑。若有锈蚀，可用细砂布磨光，但磨光后，不可在贴合面涂油防锈。"E"形铁芯的中间柱和衔铁吸合后应有 0.15～0.20mm 的间隙，以保证分合迅速可靠，检查衔铁吸合面上的短路环是否脱落或断裂，若脱落或断裂应进行处理或更换铁芯。

（3）吸引线圈。安装在电路中的启动器吸引线圈的额定电压值应与实际接线回路的电压一致。若不一致应根据具体情况更换线圈或改接回路接线。送电前还应测定吸引线圈的绝缘电阻值，绝缘必须良好。

（4）热继电器。JR15型热继电器如图10-8所示，此为双金属片复合加热式。转动调节按钮11，可以调节所需的整定电流，还可以根据需要将热继电器调成自动或手动复位。温度补偿双金属片5，是用来减少周围温度对热继电器动作的影响，保证热继电器能在不同环境温度下，动作特性稳定。

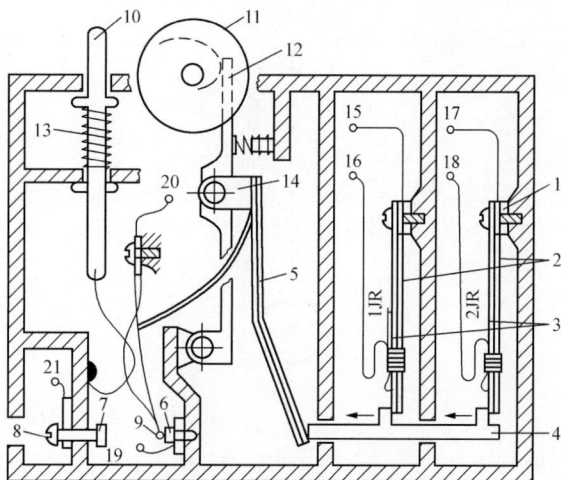

图10-8　JR15型热继电器结构示意图

1—加热元件和双金属片支架；2—主双金属片；3—加热元件；4—导板；5—温度补偿双金属片；6—动断静触头；7—动合静触头；8—复位调节拐钉；9—动触头；10—再扣按钮；11—调节旋钮；12—支撑杆；13—弹簧；14—推杆；15、16、17、18、19、20、21—接线螺钉

3. 磁力启动器接线方式

磁力启动器的接线方式有两种，分别为不可逆接线和可逆接线。如图10-9和图10-10所示。

磁力启动器应根据上述原理接线图进行接线。接线时有两点要注意：一是自保持接点KM和1KM、2KM不要漏接，闭锁接点1KM、2KM不可错接；二是要根据启动器电磁线圈的额定电压接线。若额定电压为380V，线圈KM、1KM、2KM应接在电源两根火线上，若是220V，则应将线圈一端接在零线上。

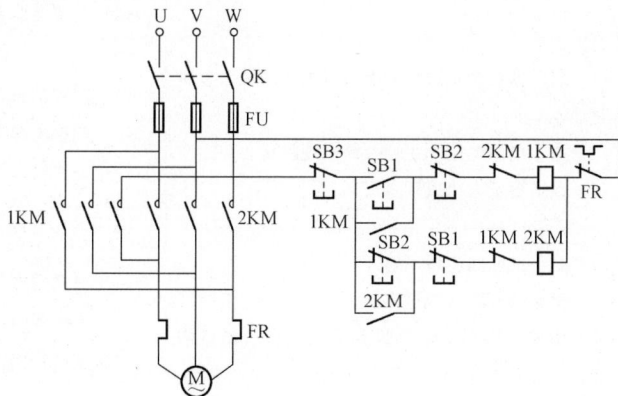

图10-9　磁力启动器的可逆接线

检查启动器的动作情况，核对回路接线是否正确，鉴定带电后响声是否正常，衔铁和触头的吸合是否牢靠等。

三、交流接触器和磁力启动器常见故障、原因及消除方法

交流接触器和磁力启动器常见故障、原因及消除方法见表10-1。

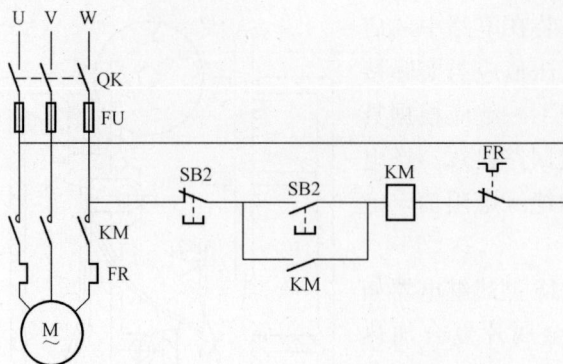

图 10-10　磁力启动器的可逆接线

表 10-1　　　　　交流接触器和磁力启动器常见的故障、原因及消除方法

序号	故障现象	故障原因	消除方法
1	触头过热	(1) 触头压力不足。 (2) 触头表面氧化或积油垢。 (3) 触头的超行程太小。 (4) 触头容量不够。 (5) 螺钉松动	(1) 调整弹簧的压力或更换触头。 (2) 用细锉打光、清扫或更换。 (3) 调整运动系统成更换触头。 (4) 更换大容量的触头。 (5) 检查螺钉并拧紧
2	触头表面烧伤	(1) 灭弧系统不良。 (2) 触头在合闸过程中有跳跃现象。 (3) 电动机启动电流过大。 (4) 电磁线圈电压不足	(1) 检查灭弧系统，防止电弧燃烧时间过长。 (2) 检查触头初压力是否合乎标准。 (3) 选择与电动机容量相配合的启动设备。 (4) 调整电源电压
3	触头磨损严重	(1) 启动器在合闸过程中电流过大，便触头金属气化加剧。 (2) 由于电源电压不足使合闸出现跳跃。 (3) 设备容量太小或频繁启动	(1) 完善消弧系统，检查触头初压力。 (2) 调整电源电压为额定值。 (3) 更换较大容量的电器
4	触头熔焊在一起	(1) 触头的断路容量不够。 (2) 触头的开断次数过多。 (3) 衔铁机构不正或灭弧罩不正引启动作机构卡涩	(1) 更换较大容量的电器。 (2) 更换触头。 (3) 进行相应的调整，消除卡涩
5	衔铁噪音大	(1) 衔铁和铁芯接触端面不良。 (2) 磁系统铁芯位置倾斜。 (3) 短路环断裂（交流）。 (4) 弹簧的反力过大。 (5) 电源电压低。 (6) 衔铁各部螺钉松动	(1) 检查铁芯和接触面，消除污垢、杂质、铁锈等。 (2) 调整磁系统的机械部分。 (3) 焊接或更换短路环。 (4) 调整弹簧压力。 (5) 调整提高电压。 (6) 检查全部螺钉并拧紧

续表

序号	故障现象	故障原因	消除方法
6	衔铁吸不上	(1) 电磁线圈断线或烧损。 (2) 衔铁或机械可动部分被卡住。 (3) 转轴生锈或倾斜	(1) 修理或更换线圈。 (2) 调整消除障碍。 (3) 去锈、上润滑油或调换配件
7	接触器动作缓慢	(1) 铁芯极面积过大。 (2) 底板上都向外倾斜	(1) 调整机械部分，减小间隙。 (2) 电器应垂直装好
8	断电时衔铁落不下来	(1) 触头弹簧压力过小。 (2) 底板上部向内倾斜。 (3) 衔铁或机械部分卡住。 (4) 衔铁被油污或锈粘住。 (5) 触头熔焊在一起。 (6) 有剩磁	(1) 调整弹簧压力。 (2) 电器应垂直装好。 (3) 调整消除障碍。 (4) 清除干净。 (5) 更换触头。 (6) 更换铁芯
9	线圈过热或烧损	(1) 弹簧的反力过大。 (2) 衔铁吸不上（交流）。 (3) 电源电压过高。 (4) 电磁线圈匝间短路。 (5) 线圈内部受潮。 (6) 线圈由于机械擦伤或附有导电尘埃而部分短路。 (7) 衔铁机构不正，有卡涩现象，频繁操作	(1) 调整弹簧压力。 (2) 消除方法前面已叙述。 (3) 应调整到电磁线圈额定电压。 (4) 应进行干燥。 (5) 更换线圈并经常保持清洁。 (6) 检查衔铁机构，消除卡涩现象
10	热继电器动作不灵活	(1) 双金属片选配不适当。 (2) 弹簧质量不好或折断。 (3) 绝缘联板断裂。 (4) 扣板在轴上不灵活	(1) 应按负荷电流选择。 (2) 更换弹簧。 (3) 更换联板。 (4) 进行检查调整
11	热继电器误动作	(1) 敷设地点温度偏高。 (2) 双金属片选配不适当。 (3) 刻度不准确	(1) 加强室内通风，选择容量较大一级的双金属片。 (2) 重新按负荷电流选配。 (3) 重新调节和校验
12	热继电器的复位动作不灵	(1) 双金属片冷却较慢。 (2) 机械部分断裂、磨损或有尘埃污垢	(1) 待双金属片冷却后，再按复位按钮，使主钩复位。 (2) 根据情况进行更换或清扫

四、交流接触器和磁力启动器的检修工艺

（一）触头的检修

触头是接通和切断主电路的执行元件，又是负荷电流的通道，容易发生过热、磨损、烧伤和熔接等故障，所以应特别注意维护和检修。

从触头常见故障和其发生的原因来看，触头检修的重点项目应是以下几方面。

1. 检查调整触头压力，更换失效或损坏的弹簧

（1）检查触头的初压力和终压力，检查结果应符合厂家的规定。表 10-2 为 CJ10 系列接触器初压力和终压力的数据。

表 10-2　　　　　　　　　CJ10 系列接触器的初压力和终压力

型号	主触头初压力（N）	主触头终压力（N）	辅助触头终压力（N）
CJ10	1.568~1.96	1.96~2.352	1.147~1.4
CJ20	3.528~4.312	4.41~5.39	1.058~1.37
CJ40	7.056~8.624	8.379~10.24	1.058~1.294
CJ60	12.74~15.68	15.68~19.6	1.411~1.725
CJ100	19.6~23.52	23.52~29.6	1.411~1.725
CJ150	26.26~32.4	29.4~37.42	1.411~1.725

初压力的简易测定方法是：在支架和动触头之间放入一张纸条，纸条在触头弹簧的作用下被压紧，同时在动触头上装入一弹簧秤（受力点应是两触头的接触点）。一手拉弹簧秤，一手拉纸条，当纸条刚可以抽出来时，这时弹簧秤上的读数就是初压力。

终压力的简易测量方法：在接触器电磁线圈上通以额定电压，使触头闭合，将纸条夹在动、静触头间。用上述同样的方法拉弹簧秤和纸条，当纸条可以抽出时，弹簧秤上的读数即为终压力。

上述两种方法，弹簧秤拉紧的方向，都应垂直于触头的接触面。

（2）如果测得触头压力与制造厂规定的数值不符，应调整弹簧压力，如果发生弹簧失效或损坏，应更换同样规格的新弹簧。

（3）配置新弹簧后应重新测试和调整触头的压力，到符合规定为止。

2. 清除触头表面氧化膜和杂质，修整烧伤麻点

（1）铜质触头表面氧化膜是一种不良导体，它使接触电阻增加，造成触头过热，因此必须清除。清除时最好用小刀轻轻地将接触面上的氧化膜刮去，如果用砂布去除，必须将砂粒清除干净。镀银的接触表面，不能用小刀去刮，只要用干净抹布擦拭即可，否则会造成人为的损坏银层。

（2）触头表面如果积聚了尘埃、油垢等，应予以清除。少量尘埃可用手提吹风机或皮老虎把灰尘吹掉；灰尘较厚可用钢丝刷刷掉；对触头表面的油垢，用汽油和四氯化碳清洗。

（3）被电弧烧出毛刺的触头表面，应仔细地用细锉将烧毛的麻点锉平，并要保持接触面的形状和原来一样磨过度。切勿锉磨过度，如果触头上镶有银块，更应注意银块的厚度，不能锉磨过度。

3. 检查触头磨损情况，必要时更换触头

主辅触头的超行程和开距，制造厂家有规定。在使用中，触头的超行程量随着触头的磨损而减小。因此，触头磨损的程度可以用超行程的数值表示。若超行程量比原规定数值减小了一半，触头应更换，更新的触头应与原触头规格相同。

4. 检查触头接触的同期性

开关各相主触头应同时接触，三相的不同期误差应小于 0.5mm，否则就需要调整。

（二）电磁系统的检修

电磁系统包括静铁芯、衔铁以及电磁线圈等元件。

1. 铁芯、衔铁接触面的清扫和修整

（1）清除铁芯和衔铁端面上的尘垢杂物，因这些杂质会造成端面接触不良，使衔铁在工作时剧烈振动。

（2）检查铁芯和衔铁接触面是否平整，铁芯的固定是否松动。应整修不平整部分，校正铁芯的固定位置并拧紧固定螺钉。

铁芯和衔铁端面的加工精度要求很高。如果端面上的确受到严重的损伤或磨损而迫切需要修理时，可用锉刀和砂纸进行，但在初步锉平后，要经过试装和修理刮平，其方法如下。

1）把衔铁和静铁芯装在支架上，端面间衬一张双面复写纸。

2）给电磁线圈通电，衔铁吸后，这时端面上接触部分紧压着复写纸，端面上印有斑点的地方，就表示接触部分。

3）切断电源，拆下铁芯，把印有斑点的地方再进行锉光或刮平。锉光和刮平应顺着迭片的方向进行，但不可锉掉太多，因为这会减小"E"形磁铁的中间磁极的必要间隙，如果间隙小于厂家规定的数值，就可能使剩磁较强，导致电磁线圈断电后衔铁粘住掉不下来。

4）重复以上步骤，多次试验，再把印有斑点的地方刮去，直到斑点平均密布整个端面上为止。

（3）用手推合或线圈通电的方式，检查衔铁动作是否灵活，并查出和消除卡阻之处。

2. 短路环的检修

短路环是防止交流接触器衔铁跳动的。如果短路环断裂或脱落，衔铁就会出现强烈的跳动和噪声，应立即检修。若短路环仅是有裂缝，可用硼砂焊剂进行焊接即可；若短路环损坏严重，则应该按原样用黄铜板凿制，并用小锉刀加工修整一个新短路环换上。

3. 电磁线圈的检修

（1）检查电磁线圈应无过热烧焦、断线等现象。若发现异样，应找出产生的原因进行修理。

（2）核对线圈额定电压与电源电压是否相符，如发现不符，则应更换电磁线圈。

（3）用绝缘电阻表磁力测量线圈的绝缘电阻，如低于 $0.5M\Omega$，应进行干燥，如电阻值比原来小得很多，即表明匝间短路。

（4）用万用表测量线圈电阻是否与原电阻值相符，如电阻值比原来小得很多，即表明匝间短路。如果线圈内有匝间短路或烧毁，应按原规格重新绕制，若无资料，可以原线圈测得有关数据进行绕制。

（三）灭弧系统的检修

灭弧系统的灭弧罩受潮、炭化或破裂，磁吹线圈匝间短路，灭弧栅片烧毁或脱落，弧角脱落等都会造成不能有效地灭弧，应立即进行检修。

（1）灭弧罩是用水泥石棉或陶土制成的，容易受潮或破裂。如果发生受潮时，可用灯泡干燥法烘干；如果发现灭弧罩炭化，可用细锉把烧焦炭化的部分锉掉，或用小刀刮掉，但是必须严格控制表面粗糙度，且修理好后应将灭弧罩吹刷干净，不能留有金属微粒或其他导电杂质；如灭弧罩破裂，应更换新品。

（2）磁吹线圈如有相互短接时，只要用螺丝刀将相碰之处拨开即可。

（3）灭弧栅片如被烧毁或脱落，应立即补上。它可用铁片按原有尺寸来制作（不能用铜片），制好后，可再镀上一层铜。

（4）弧角脱落或遗缺，可用紫铜片按原尺寸配制一个装上。

第三节　自动空气开关和灭磁开关的检修

一、自动空气开关的安装、检修及调试

自动空气开关是一种能够自动切除线路故障的低压开关，广泛应用在交直流低压配电装置中，适用于正常情况下不须频繁操作的电路中。自动空气开关的种类较多，但按其结构一般分为两大类：一类是框架式（DW 型）的开关；一类是塑料外壳式（DZ 型）的开关。这里主要以 DW10 型和 DZ10 型为例来说明自动空气开关的检修、调试。

（一）DW10 型自动空气开关的检修及调试

DW10 型自动空气开关适用于交流电压为 380V 或直流电压 440V 在正常条件下不频繁操作的电气装置中。DW10 型开关的额定电流在 1000A 以下者多为电磁操作，DW10—1000～4000A 多为电动机操作。较大容量低压电动机回路和低压配电装置中的电源进线，常用作控制操作并关。DW10 型自动开关大多安装在配电柜中，由厂家配套供应。因此，DW10 型自动开关的安装工作内容主要是检查和调试。

1. 安装检查

安装前用 500V 绝缘电阻表测量自动开关的导电部分对底座的绝缘电阻值应不小于 $10M\Omega$（$25\pm5℃$ 和相对湿度为 $50\%～70\%$ 时），如果绝缘电阻值不合要求，应对自动开关进行烘干处理，直到绝缘电阻值符合要求。检查安装构架是否平稳、牢靠，应不摇晃。之后，将自动开关用四个螺栓垂直紧固在构架上，倾斜度不超过 $5°$。检查开关的灭弧罩是否完好，隔弧板应无损坏，在开关上的装配应到位，防止开关操作时因振动而脱落。机构的转动部分应涂以润滑油，使机构动作灵活，无卡阻现象。

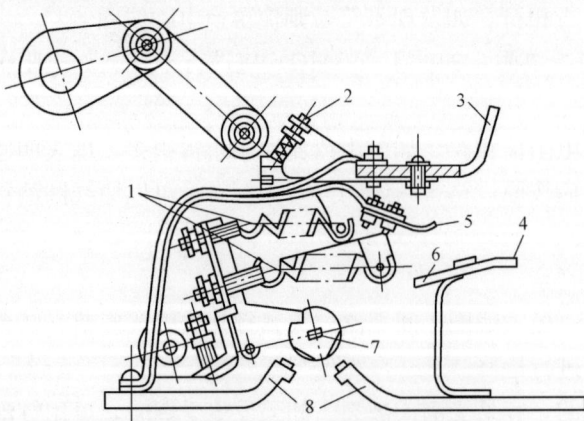

图 10-11　DW10-1000 150Q 型触头系统

1—弹簧；2—止档螺钉（供调节用）；3、4—灭弧触头；5、6—副触头；7—主动触头；8—主静触头；

2. 调试

DW10 型自动开关的调试内容较多，主要是同期性和操作机构的调试。调试应仔细，一般先手动操作，进行粗调；然后进行电动操作过程的细调，具体方法如下。

（1）同期性的调试。DW10 型自动开关的额定电流在 1000A 以上时同时配有主触头、副触头和灭弧触头，副触头和灭弧触头中的动触头和静触头之间的距离基可调的，调整动触头背面的止档螺钉，如图 10-11 所示，使触头的不同期误差应小子 0.5mm。

主触头、副触头和灭弧触头之间的动作次序应符合要求，即合闸时，灭弧触头应先闭合，然后是副触头闭合，最后是主触头闭合。分闸时动作次序与合闸相反，主触头先断开，然后是副触头，再是灭弧触头断开。在分闸状态时，三对触头的动触头与静触头之间距离应符合规定的要求，否则应进行处理和调整。

DW10 系列自动空气开关额定电流在 1000A 以下的只有主触头和灭弧触头，如 DW10-$\frac{400}{600}$ 型就没有副触头。额定电流更小的，如 DW10-250 型，只有主触头，没有灭弧触头，为了使触头不被电弧烧坏，在主触头上装引弧装置来代替灭弧触头的作用，对于这些型号的 DW10 系列自动空气开关，也应调整它的同期性，方法和前面所讲 1000A 以上的 DW10 系列开关相同。

（2）合闸机构的调整。其主要方法如下。

1）增减传动机构连杆下跳闸限位钉垫片（交直流电动机操作型）或电磁吸铁的高度（电磁操作机构型），使自由脱扣机构断开后形成"再扣"位置，准备下次合闸。自由脱扣机构如图 10-12 所示。

2）调整合闸挂钩背面上的止档螺钉，使自由脱扣机构在闭合时，挂钩可靠挂牢，其挂入的深度不应小于 2mm（如图 10-12 中 A 值）。若自由脱扣机构动作不灵活，应将其解体检查，使机构在闭合位置时符合图 10-12 中所标的 B 值。注意不要轻易改变里面的小弹簧的长短。

3）当开关的操作行程不合适时（即合不到预定位置），须调节其行程。方法是：电磁操作的开关可调节电磁线圈内动铁芯的高度；电动机操作的开关，调节传动拐臂的长短，即改变图 10-13 中调节滑块的位置。

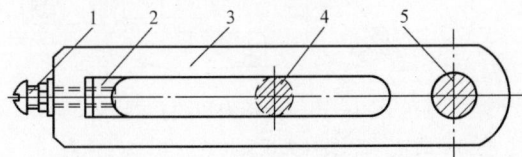

图 10-12　自由脱扣机构（闭合位置）

1、2—轴（断路器连动轴）；3—挂钩袖；4—支架；5—调节螺钉；6—挂钩；7—侧板；8、12—轴；9—弹簧；10、13—杠杆；11—主轴；

A—不小于 2mm；B—1.7～2mm；C—2～2.5mm

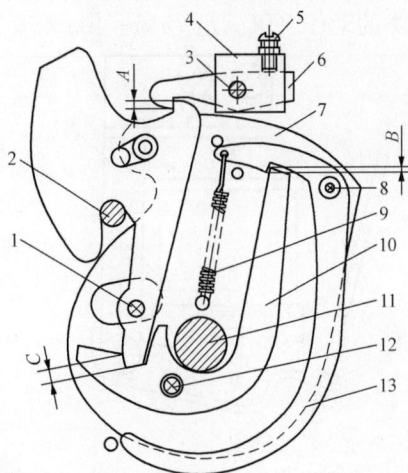

图 10-13　DW10-1500 型自动空气并关的传动拐臂

1—调节螺钉；2—调节滑块；3—传动拐臂；4、5—轴

（3）辅助接点的调试。其主要方法如下。

1）对 DW10-1000 型及更大额定电流的自动空气开关，变动辅助接点的安装高度，可以改变动连杆的起始状态，从而达到调节接点动作时间的目的。

2）对于 DW10-$\frac{400}{600}$ 型自动开关，其传动轴的左侧端部扇形板是可调节的，改变此扇形板的高度，也可以达到调节接点动作时间的目的。如图 10-16 中 ZK 的接点在合闸过程中不应过早断开，所有接点动作时间应满足接点在电路中的作用要求。

（4）分间机构的调整。调节分励脱扣器连杆的长度（如图 10-14 所示），拧出或拧进分励脱扣器调节螺帽，分闸连杆便增长或缩短，以致改变了衔铁与铁芯线圈间的距离，使分闸线圈的动作电压满足 75％～105％额定电压时吸合；小于 40％额定电压时释放。

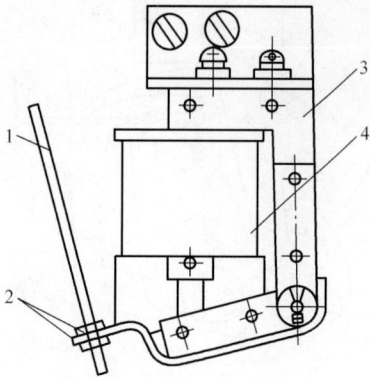

图 10-14　分励脱扣器

1—调节螺帽；2—分闸连杆；

3—分励脱扣器；4—铁芯线圈

（5）特殊失压脱扣器的调整。当电动操作电路的电压降低到某一规定范围时，特殊失压脱扣器应将自动空气开关脱扣。它只在合闸过程中对电动机或磁线圈起保护作用。图 10-15 所示为一特殊失压脱扣器。它的线圈动作电压为 75％～105％额定电压时吸合，使断路器能合闸；低于 40％额定电压时释放，断路器能断开。通过调节失压脱扣器的弹簧长度可达到上述目的。如图 10-15 中，拧进螺帽 5 可以使弹簧 3 伸长，拉力增大，线圈 4 的释放电压提高，相反拧出螺帽 5 使弹簧 3 缩短，拉力减小，线圈 4 的释放电压降低。

（6）过电流脱扣器的调整。自动空气开关本身对过电流有保护作用，这个作用是通过自动空气开关的过电流瞬时脱扣器来实现。过电流脱扣器在 DW10 系列自动空气开关出厂都装在开关上，但发电厂中的安装回路中一般都设有电流保护，这种保护比开关本身的过电流脱扣器更准确、可靠，因此 DW10 系列自动空气开关上的过电流脱扣器往往拆除不用，以免误动，拆除的方法是把过电流脱扣器的动作连杆去掉。在某些情况下。要使用 DW10 系列自动空气开关的过电流脱扣器作为保护时，应调整其动作电流值，调整的方法是调节它的可调螺钉，以改变弹簧的长度来达到。

（7）试操作。手动调节完成后，应进行电动操作的细调（以图 10-16 中直流电动机操作合闸的 DW10 系列开关为例）。利用电动机合闸的机构，在电动合闸完成后，是靠制动器使电动机制动的。制动器由抱闸制动线圈和制动带组成，当制动线圈通电时。制动器不起制动作用，而在制动线圈断电时，制动带便在弹簧作用下将电动机轴上的轮盘抱紧，从而使电动机制动。

操作开关合闸，按下启动按钮，接触器线圈 KM 通电，其接点 KM 闭合，电动机和制动线圈通电，电动机开始旋转，带动开关

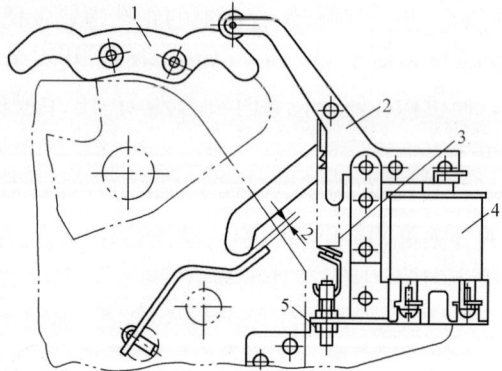

图 10-15　特殊失压脱扣器

1—凸轮；2—特殊失压脱扣器机构；3—弹簧；

4—铁芯线圈；5—螺帽（供调节弹簧用）

合闸，当开关合闸完成时，装在蜗轮上的凸轮将终点开关 XK 顶开，使接触器线圈 KM 失电，接触器 KM 失电，使电动机和制动线圈同时失电，这时制动器要起制动作用，而电动机也依靠惯性旋转一短暂时间，使得终点开关又恢复接通，为下次合闸做准备，电动机靠惯性旋转时间的长短受制动器弹簧的控制，弹簧拉力过大，则旋转时间短，终点开关未恢复接通电动机就停止转动，造成下次操作不能合闸；弹簧拉力过小，则电动机旋转时间过长，凸轮停止位置不合适，会影响下次合闸的可靠性，如开关合不到预定位里，会使开关的自由脱扣机构挂不上钩。因此，在试操作过程中，对制动器的弹簧应认真地调节，使 DW10 系列

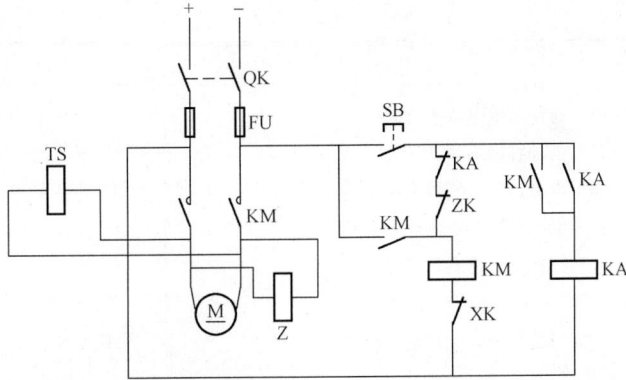

图 10-16 DW10-1500 型直流电动机操作型

SB—启动按钮；KM—接触器；KA—中间继电器；Z—抱闸制动线圈；

XK—终点开关；ZK—开关辅助接点；TS—特殊失压脱扣器

自动空气开关的动作正确可靠。试操作 2～3 次，无异常情况，可认为调试合格。

电磁操动机构的开关没有制动器。

试操作时，若发现开关动作不正常，应停电检查，分析故障的原因，找出正确处理方法，不允许在未查明原因的情况下多次电动操作，这样做易损坏设备。

3. 检修

(1) DW10 系列自动空气开关检修周期：自动开关大修周期 1 年 1 次（包括传动机构）；小修每 3 至 6 月进行 1 次；开关如有切断短路故障及其他异常情况时，应进行临时检修。

(2) 大修项目包括：触头及灭弧罩的检修；操作机构的检修；开关板及控制回路的检修；开关各附属零件的检修。

(3) 小修项目包括如下内容。

1) 开关各部件必须保持清洁，特别要注意保持绝缘部件的清洁，以免绝缘性能变坏，引起飞弧短路。

2) 开关操作机构的各个摩擦部分必须定期地涂润滑油。

3) 检查灭弧罩是否完整，损坏者必须更换。

4) 检查各触头接触情况，对于因磨损而影响开关性能的零件应及时更换。

5) 操作机构应动作灵活，无卡涩，手动电动均能正常复位，保证下次合闸成功。

6) 检查各部分弹簧受力情况，所有紧固件应无松动现象。

4. 自动开关故障现象、原因及处理方法

自动开关故障现象，原因及处理方法见表 10-3。

表 10-3　　　　　　　　　　　　自动开关故障现象、原因及处理方法

序号	故障现象	原因	处理方法
1	手动操作自动开关，触头不能闭合	(1) 失压脱扣器无电压或线圈烧坏。 (2) 储能弹簧变形，导致闭合力减小。 (3) 反作用弹簧力过大。 (4) 机构不能复位再扣	(1) 检查线路施加电压或更换线圈。 (2) 更换储能弹簧。 (3) 重新调整。 (4) 调节再扣接触面至规定值

续表

序号	故障现象	原因	处理方法
2	电动操作自动开关，触头不能闭合	(1) 操作电源电压不符。 (2) 电源容量不够。 (3) 电磁铁拉杆位移不够。 (4) 电动机操作定位开关失灵。 (5) 控制器中整流管或电容器损坏	(1) 更换电源。 (2) 增大操作电源容量。 (3) 重新调整或更换拉杆。 (4) 重新调整。 (5) 更换
3	有一点触头不能闭合	一般自动开关的一相连杆断裂	更换连杆
4	分离脱扣器不能使自动开关分断	(1) 线圈短路。 (2) 电源电压太低。 (3) 再扣接触面太大。 (4) 螺钉松动	(1) 更换线圈。 (2) 更换电源电压或升高。 (3) 重新调整。 (4) 拧紧
5	失压脱扣器不能自动分断开关	(1) 反力弹簧变小。 (2) 如为储能释放，则储能弹簧变小。 (3) 机构卡死	(1) 调整弹簧。 (2) 调整储能弹簧。 (3) 消除卡死原因
6	启动电动机时自动开关立即分断	过电流脱扣器瞬动整定值太小	调整过电流脱扣器，瞬时整定弹簧定值
7	自动开关闭合后，一定时间（约 1h）自行分断	(1) 过电流脱扣器长延时整定位不对。 (2) 热元件或半导体延时电路元件变值	(1) 重新调整。 (2) 更新
8	失压脱扣器噪音	(1) 反力弹簧力太大。 (2) 铁芯工作面有油污。 (3) 短路环断裂	(1) 重新调整。 (2) 清除油污。 (3) 更换衔铁或铁芯
9	自动开关温升过高	(1) 触头压力过分降低。 (2) 触头表面过分磨损或接触不良。 (3) 两个导电零件连接螺钉松动	(1) 调挂触头压力或更换弹簧。 (2) 更换触头或清理接触面，不能更换者只好更换整台开关。 (3) 拧紧
10	辅助开关发生故障	(1) 辅助开关的动触桥卡死或脱落。 (2) 辅助开关传动杆断裂或滚轮脱落	(1) 拨正或重断装好触桥。 (2) 更换传动杆和滚轮或更换整只转助开关

5. 检修工艺

（1）触头检修。触头的检修工艺可参见本章第二节，触头的调整参见本节 2 的内容。这里列出触头的开距和压力的规定值，见表 10-4。

表 10-4　　　　　　　　　　　　触头的开距和压力

名　称 型　号	触头初压力（N）		触头终压力（N）		触头断开距离（mm）
	DW10-1000、 1500、2500	DW10-4000	DW10-1000、 1500、2500	DW10-4000	DW10-1000 1500、2500、4000
弧触头	78.4～98	44.1～53.9	132.3～161.7	88.2～107.8	539～588
副触头	44.1～53.9	44.1～53.9	78.4～98	68.6～88.2	＞49
主触头	161.7～196	137.2～171.5	245～294	196～245	＞19.6

（2）操作机构检修。开关在操作过程中，经常出现合不上、断不开的毛病，遇到这种情况时，就应检查机构各部件有无卡涩、磨损，挂勾和弹簧有无损坏，各部间隙是否符合规定的数值，针对所查出的具体故障进行处理。处理方法同本节 4 内容。

（3）灭弧系统的检修见本章第二节内容。

（二）DZ10 系列自动空气开关的检修

DZ10 系列自动空气开关主要用于交流 500V 和直流 220V 的须频繁操作的电路中，它有过载和短路保护等功能，可以根据需要配备分励脱扣、失压脱扣和辅助触头等附属部件。图 10-17 所示为 DZ10 系列开关的结构图。

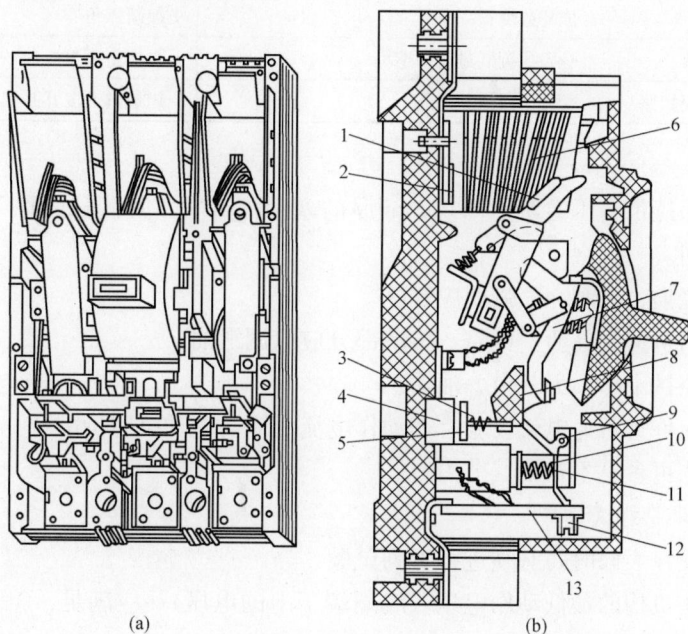

图 10-17　DZ10 系列低压开关结构图

（a）示意图；（b）剖视图

1—动触头；2—静触头；3—搭钩；4—铁芯；5—衔铁；6—灭弧栅；7—主杠杆；
8—主轴；9—轴；10—杠杆；11—弹簧；12—调节螺钉；13—双金属片

DZ10 系列自动空气开关的检修和调试可参照 DW10 系列自动开关的安装方法进行。

1. 常见故障及消除方法

DE10 系列开关的常见故障及其原因和消除方法见表 10-5

表 10-5　　　　　　　　　　DZ10 系列开关的常见故障及其原因和消除方法

序号	故障种类	故障原因	消除方法
1	触头过热	(1) 触头压力不够。 (2) 触头表面氧化或有杂质。 (3) 触头容量不够	(1) 调整触头压力，更换弹簧。 (2) 对触头表面进行打磨，用汽油或四氯化碳清洗油垢。 (3) 更换触头
2	触头烧毛	(1) 灭弧时间过长。 (2) 触头跳动	(1) 检查灭弧装置。 (2) 检查调整弹簧压力，并将烧毛处用锉刀锉平整
3	触头熔焊	(1) 触头弹簧压力不够。 (2) 触头通过电流过大	(1) 调整弹簧压力。 (2) 更换容量大的自动空气开关
4	触头磨损	(1) 启动频繁。 (2) 使用时间过长	更换新触头
5	灭弧罩受潮	环境潮湿	进行烘干
6	灭弧罩炭化	石棉表面被烧焦，形成一种碳质导体	用锉刀除去烧焦处，严重的应更换
7	灭弧罩损坏	搬运、拆装或使用不当	用环氧树脂黏接，或更换
8	弧角脱落	撞坏或烧损	更换新弧角
9	灭弧栅片脱落	烧毁或拆装过程中遗失	更换新灭弧栅片
10	磁吹线圈匝间短路	受冲击或碰撞引起	用螺丝刀拨开并调整匝间空气间隙

2. 检修要求

(1) 触头应保持足够压力，用 0.05mm 厚的塞尺检查时，其接触面积不小于 75%。导电部分螺钉应紧固。

(2) 触头无烧损、毛刺，灭弧栅应完整。

(3) 跳、合闸机构应灵活、可靠，传动部分应涂润滑油。

(4) 开关应擦拭干净，无灰尘、油垢。

(5) 对热偶元件进行通电流校验，其动作电流值应与电动机容量配合。

(6) 检修工艺可参见本章第二节内容。

3. 自动空气开关的试验

自动空气开关在大修时，必须进行下列试验。

(1) 检查操作机构的最低动作电压（线圈端子上的电压），应满足：①合闸接触器不小于 30% 额定电压，不大于 80% 额定电压；②分闸电磁铁不小于 30% 额定电压，不大于 65% 额定电压。

(2) 测量合闸接触器和分、合闸电磁线圈的绝缘电阻和直流电阻：①绝缘电阻应用 500V 或 1000V 绝缘电阻表测量不小于 1MΩ；②直流电阻应符合制造厂规定不小于 0.5MΩ。

二、灭磁开关

灭磁开关是一种专用开关，主要用于发电机转子励磁回路中。当灭磁开关合闸时，主触头接通励磁回路，使励磁装置供给转子励磁电流，当灭磁开关跳闸时，主触头切断转子励磁电路，同时，将灭磁电阻并联在转子绕组上，以限制发电机转子过电压。常用的灭磁开关类型有 DM 系列和 DW10-M 型，如图 10-18 所示。灭磁开关的检修与自动开关相似，现简要说明如下。

（1）灭磁开关的绝缘电阻应不小于 10MΩ。

（2）所有紧固件应拧紧，电阻的连接应正确牢固。

（3）灭磁开关引线端子及导电板与外部引线连接应牢固。

（4）手动合闸，检查主、副触头的接通与分断顺序是否符合要求，然后手动分闸，检查开关的锁定脱扣机构是否可靠。

（5）检查灭磁开关的各种脱扣机构，应使其在规定范围内能正确动作。

（6）检查并调整操动机构是否能在规定范围内使灭磁开关正确动作。

（7）在随机组大修时，须按灭磁开关各结构的数据的要求进行检测、调整。

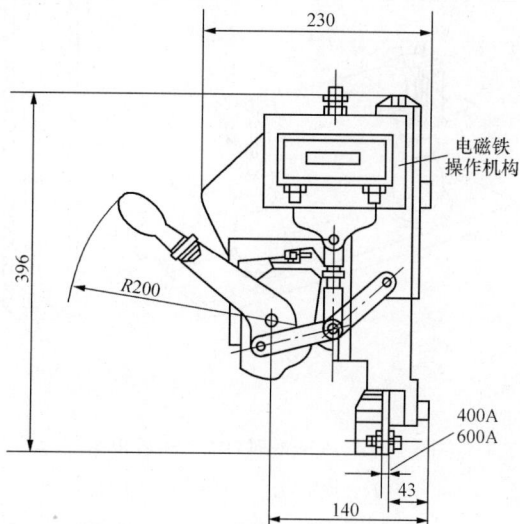

图 10-18　DW10-M 型灭磁开关

（8）应检查常开、常闭触头的接通、分断顺序是否符合要求。

（9）触头系统的检修和灭弧系统的检修。（具体工艺可参阅本章第二节）

（10）各个转动部分和摩擦部分应定期涂以润滑油，以保证机构灵活和减小摩擦。

（11）检修后的灭磁开关须进行绝缘性能试验，主要是绝缘电阻和耐压试验。

（12）检修完后，应进行数次手动和电动操作，确认正常时再投入运行。

第四节　熔断器的选用和更换

熔断器是使用最早的一种保护电器，它串联在线路中，对线路或设备的过载和短路的状况进行保护。它具有结构简单、价格便宜、使用维护方便、体积小、重量轻等优点，因而得到广泛的采用。

一、熔断器的型号含义

1. 低压熔断器类型

低压熔断器的类型有瓷插式（RC）系列、螺旋式（RL）系列、密封式（RM）系列及填料式（RTO、RSO）系列，其型号含义如下：R—熔断器；C—插入式；L—螺旋式；M—密封式；T—填料式；S—快速；O—设计序号。

2. 高压熔断器的类型及型号含义

高压熔断器的类型有户外式 RW9-35 型、RW4-6 型及 RW5-35 型，户内式 RN1 及 RN2 系列，其型号含义如下：R—熔断器；W—户外式；N—户内式。字母后数字表示设计序号。

二、常用熔断器

几种熔断器的结构如图 10-19～图 10-22 所示。

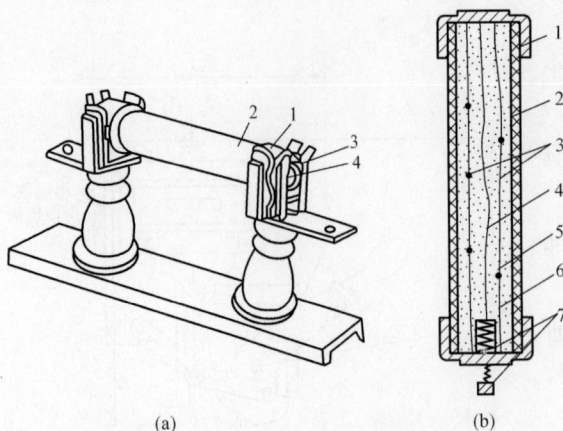

三、熔断器的动作选择性

熔断器的选择关键在于熔体的选择，熔体额定电流选择合适与否，直接影响供电的可靠性及设备的安全运行。

如果电路中有几级熔断器串联，当一支路发生短路及过载时，该支路应熔断，未故障支路可继续运行，这就叫做熔断器动作的选择性。在如图 10-23 所示系统中，在电源出口侧图 10-23 多级熔断器配置和各出线上分别装有 2FU 和 1FU，显然，每一出线负荷电流的值均小于电源出口电流，所以 1FU 熔体的额定电流应小于 2FU 熔体的额定电流。假设 1FU、2FU 熔体的保护特性曲线如图 10-24 所示的曲线 1 和曲线 2 那样，当 d 处发生短路时，短路电流为 I_{d1}；在保护特性曲线上可看到，1FU 的熔断时间为 t_1，2FU 熔断时间为 t_2，且 $t_1 < t_2$，则 1FU 先熔断，故障支路被切除。如果短路电流 I_{d2} 很大，则 t'_1 和 t'_2 相差很小，2FU 由于种种原因，可能先熔断，造成所有供电线路停电。在 d 处短路时，1FU 先熔断是有选择性动作，而 2FU 先熔断是非选择性动作。

图 10-19　RN 系列户内高压管形熔断器

(a) 外形结构；(b) 熔管剖面示意图

1—管帽；2—瓷熔管；3—工作熔体；4—指示熔体；5—锡球；

6—石英砂填料；7—熔断指示器

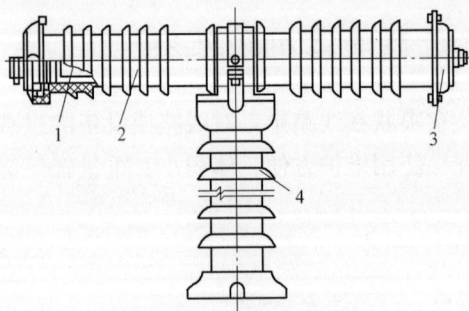

图 10-20　RW9-35 型熔断器

1—熔体管；2—瓷套；3—棒形

支柱绝缘子；4—接丝端帽

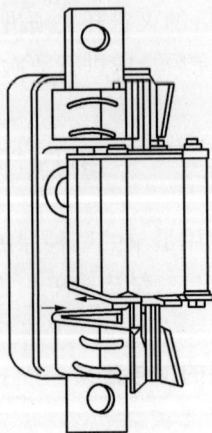

图 10-21　RTO 系列熔断器

运行经验表明，前、后级熔断器的额定电流之比为 1.5～2.4 时，是可以保证熔断器动作的选择性的。

四、熔断器的选择

1. 照明电路熔断器熔体额定电流的选择

一般照明电路中熔体材料采用铅—锑或铅—锡合金。

(1) 在照明配电支路中，熔体额定电流应大于或等于该支路实际最大负荷电流，小于支路中最细导线的安全电流。

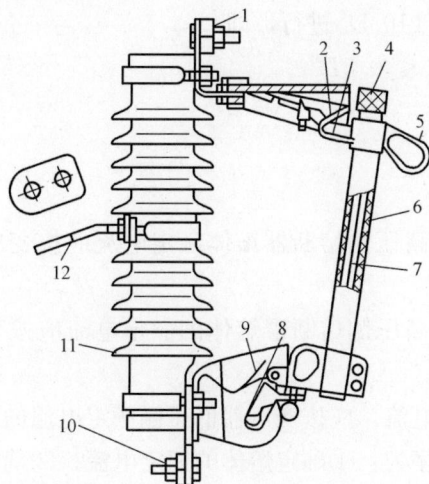

图 10-22　RW 系列户外高压跌落式熔断器

1—上接线螺钉；2—上弹性接触片；3—上动触头；
4—套管；5—耳环；6—熔管；7—熔丝；8—下触头；
9—下弹性接触片；10—下接线螺钉；11—绝缘支柱；
12—拖箍

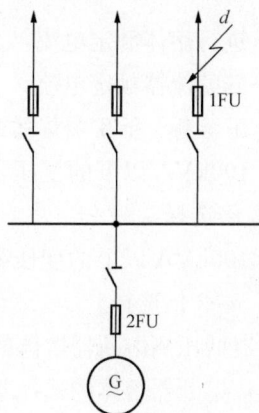

图 10-23　多级熔断器配置图

（2）照明电路的总熔体的额定电流应按式（10-1）选择

$$总熔体额定电流(A)＝(0.9-1)\times电能表额定电流(A) \tag{10-1}$$

总熔断器一般装在电能表出线上，熔体额定电流不应大于单相电能表的额定电流，但必须大于电路中全部用电器具的工作电流之和。

2. 电动机电路中熔体额定电流的选择

（1）当电路中只有一台电动机时，其熔断器熔体的额定电流为式（10-2），即

$$I_e \geqslant (1.5 \sim 2.5)I_1 \tag{10-2}$$

式中　I_e——熔体额定电流，A；

　　　I_1——电动机额定电流，A。

当电动机容量小，轻载或有降压启动设备时，倍数可取小些。重载或直接启动时，倍数可取大些。

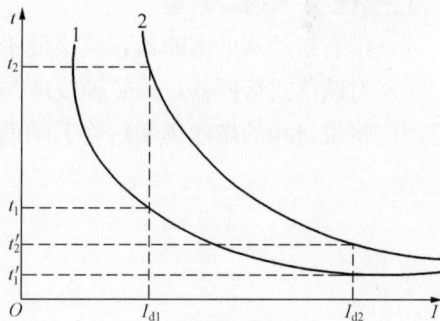

图 10-24　熔断器保护特性曲线

（2）多台电动机时，其熔断器熔体的额定电流为式（10-3），即

$$I_z \geqslant (1.5 \sim 2.5)I_{max} + \sum I_n \tag{10-3}$$

式中　I_z——总熔体额定电流，A；

　　　I_{max}——容量最大的一台电动机的额定电流，A；

　　　$\sum I_n$——其余各台电动机额定电流之和，A。

3. 硅整流快速熔断器熔体的额定电流的选择

硅整流快速熔断器熔体的选择可按式（10-4）进行，即

$$I_e \leqslant 0.8 I_g \tag{10-4}$$

式中　I_e——进行熔体额定电流，A；

I_g——硅整流器额定电流，A。

4. 配电变压器高、低压侧熔体的选择

（1）对于 100kVA 以下的变压器，其高压侧熔断器熔体额定电流应按变压器高压侧额定电流的 2～3 倍选择。

（2）对于 100kVA 以上的变压器，其高压侧熔断器熔体的额定电流应按变压器高压侧额定电流的 1.5～2 倍选择。

（3）变压器低压侧熔断器熔体的额定电流，应按变压器低压侧额定电流的 1.2 倍选择。

综上所述，熔断器熔体的选择基本程序为：①确定熔体的额定电流；②确定熔断器的额定电流、电压；③根据负荷性质确定熔断器类型。

五、熔断器的使用

熔断器使用时应注意以下几个问题。

（1）正确选择熔体，保证其工作的选择性。

（2）熔断器内所装熔体的额定电流不能超过熔断器的额定电流。

（3）熔体熔断后，应更换相同规格和材料的熔体，不能随意改变，更不能用不易熔断的其他金属丝去更换。

（4）熔体的规格应符合设计要求，不得弯折、压扁或损伤，安装应紧密牢靠。

（5）熔断器各触头应接触紧密牢靠。

（6）更换熔体时，要切断电源，不能带电更换熔断器。更换时，工作人员要戴绝缘手套、穿绝缘鞋，戴防护目镜。

（7）带有指示器的熔断器，应该便于检查其动作情况。高压熔断器的指示器应该朝下。

（8）对跌落式熔断器，熔管轴线应与铅垂线成 20°～30°角，其转动部分要灵活。安装熔管时，应将带纽扣的熔丝锁紧熔管下端的活动关节。

第十一章

直流系统检修

在发电厂直流系统中，采用蓄电池组作为直流电源。蓄电池组是一种独立可靠的电源，它在发电厂内发生任何事故，甚至在全厂交流电源均停电的情况下，仍能保证直流系统中的用电设备可靠而连续的工作。与直流高频开关柜并列运行正常运行时，高频开关柜工作一路供直流负荷，一路给蓄电池浮充。当交流失去时，高频开关柜停止工作，由蓄电池工作供直流负荷。

直流系统的检修工作主要是对蓄电池和高频开关柜的检修。通过对直流系统的检修能够保证：① 发电厂中直流电源装置有良好的运行状态，从而延长其使用年限；② 发电厂中直流母线电压均在合格范围；③ 发电厂中蓄电池组有合格的放电容量；④ 发电厂中直流电源装置的供电可靠性；⑤ 蓄电池运行维护人员的安全。

第一节 蓄 电 池 的 检 修

蓄电池虽然是一种独立可靠的直流电源，但需要很多的辅助设备（如充电和浮充电设备、保暖、通风、防酸建筑等）。在发电厂和变电站内发生任何事故时，即使在交流电源全部停电的情况下，也能保证直流系统的用电设备可靠而连续地工作。另外，不论如何复杂的继电保护装置、自动装置和任何型式的断路器，在其进行远距离操作时，均可用蓄电池的直流电作为操作电源。因此，蓄电池组在发电厂中不仅是操作电源，也是事故照明和一些直流自用机械的备用电源。

一、铅酸蓄电池的检修维护

需准备的仪表、用具、备品和资料如下。

（1）仪表。测量电解液密度用的密度计；测量电解液温度用的温度计；测量蓄电池电压用的 $41/2$ 数字万用表（精度为 0.5 级）；室外用温度计；电池容量测试器；微欧计内阻测试仪及录波仪等。

（2）用具。充注电解液用的玻璃缸、漏斗、量杯、搪瓷盆、塑料桶、注射器、手电筒、耐酸手套、耐酸围裙、胶皮靴子等。

（3）备品。化验合格的蒸馏水；密度为 $1.40g/cm^3$ 稀硫酸；中和硫酸用的碳酸氢钠；防酸隔爆帽；适当数量的备用蓄电池。

（4）资料。蓄电池直流电源装置运行日志；该蓄电池组制造厂家的技术资料、型式试验报告；充电浮电装置的说明书和电气原理图；自动装置，微机监控装置的使用说明书；投运前三次充放电循环，蓄电池组端电压、单体电池电压的记录；运行中定期均衡充电、定期核对性放电的记录、定期内阻及连接器电阻的测试记录。

二、镉镍蓄电池维护检修

所需要的仪表、用具、备品和资料与铅酸蓄电池维护检修基本相同，只是备品中备用的是 3%～5% 硼酸溶液，碱性电解液的密度为（1.20±0.01）g/cm³。

三、阀控式蓄电池维护检修

需准备的仪表、用具、备品备件和资料如下。

（1）仪表。1/2 位数字万用表；用于测量周围的环境温度水银玻璃温度计；用于测量单只表面温度红外感应式温度计；电池容量测试器，微欧计内阻测试仪、微欧级连接条电阻测试仪。

（2）安全护具。护目镜或面罩、绝缘工具、手套、耐酸围裙；绝缘扳手、塑料刷、其他清扫工具。

（3）备品。适当数量的蓄电池（可按总数的 1%）。

（4）资料。同铅酸蓄电池的检修维护规定。

四、蓄电池组的绝缘电阻

（1）电压为 220V 的蓄电池组不小于 200kΩ。

（2）电压为 110V 的蓄电池组不小于 100kΩ。

（3）电压为 48V 的蓄电池组不小于 50kΩ。

五、蓄电池检修维护

（一）镉镍蓄电池组的维护

1. 镉镍蓄电池组的运行方式

（1）镉镍蓄电池主要分为两大类：高倍率镉镍蓄电池，瞬间放电电流是蓄电池额定容量的 3～6 倍；中倍率镉镍蓄电池瞬间放电电流是蓄电池额定容量的 1～3 倍。

（2）镉镍蓄电池组在正常运行中以浮充方式运行，高倍率镉镍蓄电池浮充电压值宜取(1.36～1.39V)V×N、均衡充电压宜取(1.47～1.48V)V×N；中倍率镉镍蓄电池浮充电压值宜取(1.42～1.45V)V×N、均衡充电压宜取(1.52～1.55V)V×N，浮充电流值宜取(2～5)mA×Ah。

2. 镉镍蓄电池组的充电制度

（1）正常充电。用 I_5（5h 率放电电流）恒流对镉镍蓄电池进行的充电。蓄电池电压值逐渐上升到最高且稳定时，可认为蓄电池充满了容量，一般需要（5～7）h。

（2）快速充电。用 $2.5I_5$ 恒流对镉镍蓄电池充电 2h。

（3）浮充充电。在长期运行中，按浮充电压值和浮充电流值进行充电。

（4）不管采用何种充电方式，电解液的温度不得超过 35℃。

3. 镉镍蓄电池组的放电制度

（1）正常放电。用 I_5 电流恒流连续放电，当蓄电池组的端电压下降至 1V×N 时（其中一只镉镍蓄电池电压下降到 0.9V 时），停止放电，放电时间若大于 5h，说明该蓄电池组具有额定容量。

（2）事故放电。交流电源中断，二次负荷及事故照明负荷全由镉镍蓄电池组供电。若供电时间较长，蓄电池组端电压下降到 $1.1V \times N$ 时，应自动或手动切断镉镍蓄电池组的供电，以免因过放电使蓄电池组容量亏损过大，对恢复送电造成困难。

4. 镉镍蓄电池组的核对性放电

核对性放电程序如下。

（1）一组镉镍蓄电池。发电厂中只有一组镉镍蓄电池，不能退出运行，不能作全核对性放电。若有备用蓄电池组作为临时代用，此组镉镍蓄电池可作全核对性放电。

（2）两组镉镍蓄电池。发电厂中若有两组镉镍蓄电池，可先对其中一组蓄电池进行全核对性放电。用 I_5 恒流放电，终止电压为 $1V \times N$，在放电过程中每隔 0.5h 记录蓄电组端电压值，每隔 1h 时，测一下每个镉镍蓄电池的电压值，若放充三次均达不到蓄电池额定容量的 80% 以上，可认为此组蓄电池使用年限已到，并安排更换。

（3）电池组核对性放电周期。镉镍蓄电池组以长期浮充电运行，每年必须进行一次全核对性的容量试验。

5. 镍蓄电池组的维护

（1）镉镍蓄电池液面低。每一个镉镍蓄电池，在侧面都有电解液高度的上下刻线、在浮充电运行中、液面高度应保持在中线，液面偏低的，应注入纯蒸馏水，使整组电池液面保持一致。每三年更换一次电解液。

（2）镉镍蓄电池"爬碱"。维护办法是将蓄电池外壳上的正负极柱头的"爬碱"擦干净，或者更换为不会产生爬碱的新型大壳体镉镍蓄电池。

（3）镉镍蓄电池容量下降，放电电压低。

维护办法是更换电解液，更换无法修复的电池，用 I_5 电流进行 5h 恒流充电后，将充电电流减到 $0.5I_5$ 电流，继续过充电（3～4）h，停止充电（1～2）h 后，用 I_5 恒流放电至终止电压，再进行上述方法充电和放电，反复 3～5 次，电池容量将得到恢复。

（二）阀控蓄电池组的维护

1. 阀控蓄电池组的运行方式

阀控蓄电池组在正常运行中以浮充电方式运行，浮充电压值宜控制为（2.23～2.28）$V \times N$，在运行中主要监视蓄电池组的端电压值，浮充电流值，每只蓄电池的电压值、蓄电池组及直流母线的对地电阻值和绝缘状态。

2. 阀控蓄电池的充放电制度

（1）恒流限压充电。采用 I_{10} 电流进行恒流充电，当蓄电池组端电压上升到（2.30～2.35）$V \times N$ 限压值时，自动或手动转为恒压充电。

（2）恒压充电。在（2.30～2.35）$V \times N$ 的恒压充电下，I_{10} 充电电流逐渐减小，当充电电流减小至 $0.1I_{10}$ 电流时，充电装置的倒计时开始启动，当整定的倒计时结束时，充电装置将自动或手动地转为正常的浮充电运行，浮充电压值宜控制为（2.23～2.28）$V \times N$。

（3）补充充电。为了弥补运行中因浮充电流调整不当造成了欠充，补偿不了阀控蓄电池自放电和爬电漏电所造成蓄电池容量的亏损，根据需要设定时间（一般为 3 个月），充电装置将自动或手动进行一次恒流限压充电→恒压充电→浮充电过程，使蓄电池组随时具有满容量，确保运行安全可靠。

3. 阀控蓄电池的核对性放电

长期使用限压限流的浮充电运行方式或只限压不限流的运行方式，无法判断阀控蓄电池的现有容量，内部是否失水或干裂。只有通过核对性放电，才能找出蓄电池存在的问题。

（1）一组阀控蓄电池。发电厂中只有一组电池，不能退出运行，不作全核对性放电。若有备用阀控蓄电池组作临时代用，该组阀控蓄电池可作全核对性放电。

（2）两组蓄电池。发电厂中若具有两组阀控蓄电池，可先对其中一组阀控蓄电池组进行全核对性放电，用 I_{10} 电流恒流放电，当蓄电池组端电压下降到 1.8V×N 时，停止放电，隔 1～2h 后，再用 I_{10} 电流进行恒流限压充电→恒压充电→浮充电。反复 2～3 次，蓄电池存在的问题也能查出，容量也能得到恢复。若经过 3 次全核对性放充电，蓄电池组容量均达不到额定容量的 80% 以上，可认为此组阀控蓄电池使用年限已到，应安排更换。

（3）阀控蓄电池核对性放电周期。新安装或大修后的阀控蓄电池组，应进行全核对性放电试验，以后每隔 2～3 年进行一次核对性试验，运行了 6 年以后的阀控蓄电池，应每年作一次核对性放电试验。

4. 阀控蓄电池的运行维护

（1）阀控蓄电池在运行中电压偏差值以及放电终止电压值应符合表 11-1 的规定。

（2）搁置的阀控电池，每 3 个月进行一次补充充电。

（3）蓄电池的温度补偿系数受环境温度影响，基准温度为 25℃ 时，每下降 1℃，单体 2V 阀控蓄电池浮充电压值应提高（3～5）mV。

表 11-1　　　　阀控蓄电池在运行中电压偏差值及放电终止电压的规定

阀控式密封铅酸蓄电池	标 称 电 压（V）
	2
运行中的电压偏差值	±0.05
开路电压最大最小电压差值	0.03
放电终止电压值	1.80

（4）现场实际情况，应定期对阀控蓄电池组作外壳清洁工作。

（5）阀控蓄电池的蓄电池间建议要安装空调设备，蓄电池在 25℃ 的运行环境，以利于延长蓄电池的使用寿命。

5. 阀控蓄电池的故障及处理

（1）阀控蓄电池壳体异常。造成的原因有：充电电流过大，充电电压超过了 2.4V×N，内部有短路或局部放电，温升超标，阀控失灵等。处理方法：减小充电电流，降低充电电压，检查安全阀体是否堵死。

（2）运行中浮充电压正常，但一放电，电压很快下降到终止电压值，原因是蓄电池内部失水干涸、电解物质变质。处理方法是更换蓄电池。

（三）蓄电池检修维护安全规定

（1）蓄电池维护须由专业人员进行。

（2）遵守蓄电池和充电装置制造厂家的使用要求。

（3）对蓄电池进行作业或在电池附近作业时，应该使用专用护具（如面罩、护目镜、绝缘耐酸手套、耐酸围裙、胶皮靴子）。

（4）在连接或断开电池组任何连接线以前，必须确保蓄电池组与所有充电装置及负载处于断开位置。

（5）移动大型电池必须使用适当的起重设备。

（6）不能将工具或待连接的导线放置于电池顶部。

（7）不能使用大扭矩的电动设备来进行电池连接操作。

（8）不能直接提或拉电池外壳（如提或拉电极等）来挪动电池。

（9）不能使用化学清洗剂（如氨水、漂白剂等）清洗电池。

（10）不能卸掉电池排气阀或向密封式电池加入任何物质。

（11）不能使用有严重过充电或过放电现象的电池（表现为剧烈膨胀、外壳变形、排气阀爆裂等）。

（12）不能随意拆除装设保护电池系统的设备，如接地、熔断器、断路器等。

（13）不能在电池系统附近吸烟或使用明火。

（14）遵守其他电业安全规程。

六、蓄电池系统故障查找程序

蓄电池的故障查找可以从以下不同方面分析找出：

（1）外观检查：通过外观检查可以找出故障原因。出现热损坏（如：电极熔化）说明电池间连接线存在问题；充放电过程中可能有正常的鼓胀，但当任一侧超过厂家允许值时应视为异常鼓胀。

（2）单个电池的浮充电压。浮充电压与平均值大于±0.05V时应查明原因，例如温度变化。如不是由环境引起，需对电池进行均衡充电。如差值仍存在，可采用负载测试来确定变化的原因，浮充电压过高（2.9V），说明电池存在故障。

（3）单个电池温度。单个电池温度读数差值超过2.8℃，就需查明变化原因并采取措施。可用红外测温仪来查找电池电路中的高热点，并判断是否由于环境温度或连接线等其他因素引起的。

（4）内阻变化。如果电池内阻超过厂家基值的0.5mΩ，则应立即更换电池。如果电池内阻超过厂家基值的0.25mΩ，可以进行电池容量测试进行进一步确认。

（5）连接线维护。电池连线电阻超过厂家基值（或原始值）的20%说明连接线不符合要求，须根据要求重紧固或重做。

（6）如果下列情况都存在，则需要剔除、替换问题电池：①单个电池浮充电压过高或过低（±0.05V）；②单个电池温度差值大于11℃。

（7）外观异常。

（8）低开路电压（即电动势偏低）。

七、电池更换与组装注意事项

（1）对双组蓄电池的直流电源，在做好直流负荷转移后，方可进行电池更换。

（2）对单组蓄电池的直流电源，在接入替代电池后，方可进行电池更换。

（3）电池更换时，应确保直流电源已关机、电池已断开。

（4）对电池系统作业时应使用绝缘工具。

（5）进行极间连接时要特别注意防止短路。

（6）组装电池组时，用细钢丝刷小心轻磨电极表面至出现金属光泽，用塑料刷清洁电缆接线片。

（7）按照配置图正确排列好电极位置。

（8）所有电极的表面应涂上符合要求的防腐涂剂。

（9）在蓄电池室内焊接工作时应遵循以下规定：必须连续通风；应用石棉扳将焊接点与其他电池隔离；焊接工作应由有经验的电工进行。

第二节　充电、浮充电装置的检修

一、充电机、浮充电机的检修

（一）检修项目及周期

1. 检修项目

充电机、浮充机、整流器等直流专业所辖整流设备、直流稳压器的检修。

2. 检修周期

预防检修：二年一次，目的是对设备状态进行一次检修。

预防修复：五年一次，目的是对设备进行一次全面检查，及时预防或更换磨损的和发生故障的元件。

（二）浮充机的检修

1. 预防检测项目

（1）检查改变输出电压可能范围中空载运行情况。

（2）检查输出电压及可控硅脉冲形式。

（3）试验自动改变输出电压整定值的设备运行状态。

（4）检查设备处于限流工作中的运行状态。

（5）检查保险装置和信号装置。

2. 预防修复项目

完成预防检测所有项目，还应完成下列项目。

（1）检查保护的阻容（R-C）电路。

（2）解体检修自动开关。

（3）测量可控硅元件各极间阻值。

（4）测量控制系统电路主要参数。

（5）检查各元件的牢固性。

（三）直流稳压器的检修

1. 预防检测项目

（1）检查载流元件的绝缘电阻。

（2）检查操纵脉冲的分配情况。

(3) 检查处于"试验"状态的操纵系统。

(4) 试验信号装置电路和显示电路的工作情况。

(5) 检查保护装置的运行情况。

2. 预防修复项目

完成预防检测所有项目,还应完成下列项目。

(1) 测量可控硅的各极间电阻,二极管的极间电阻,动力电容参数。

(2) 测量操纵系统供电电压值。

(3) 检查负载变化时稳压器的工作情况。

二、高频开关直流装置的检修

1. 高频开关直流装置检修

检修人员应结合定检对高频开关直流装置做一次清洁除尘工作。大修做绝缘试验前,应将电子元件的控制板及硅整流元件断开或短接。若控制板工作不正常,应停电取下,换上备用板,启动充电装置,调整好运行参数,投入正常运行。

2. 检修前准备工作

(1) 准备工作安排见表 11-2。

表 11-2　　　　　　　　　　高频开关直流装置检修准备工作安排

序号	内　　容	标　　准
1	检修工作前做好安装摸底工作,审核相应图纸,并在安装工作前提交相关施工"三措",并向有关部门上报本次工作的材料计划	摸底工作包括检查设备状况、反措计划的执行情况及设备的缺陷
2	根据本次校验的项目,组织作业人员学习作业指导书,使全体作业人员熟悉作业内容、进度要求、作业标准和安全注意事项	要求所有工作人员都明确本次校验工作的作业内容、进度要求、作业标准和安全注意事项
3	开工前准备好施工所需仪器仪表、工器具、变电站直流系统配置图、充电装置使用说明书、充电装置图纸、一份上次试验报告、相关电池出厂资料、相关安装图纸、上次蓄电池充放电测试记录、本次需要改进的项目及相关技术资料	仪器仪表、工器具应试验合格,满足本次施工的要求,材料应齐全,图纸及资料应符合现场实际情况
4	根据现场工作时间和工作内容落实工作票	工作票应填写正确,并按《电业安全工作规程》相关部分执行

(2) 人员要求见表 11-3。

表 11-3　　　　　　　　　　高频开关直流装置检修人员要求

序号	内　　容
1	现场工作人员应身体健康、精神状态良好

序号	内　　　容
2	作业人员必须具备必要的电气知识，掌握蓄电池专业作业技能；工作负责人必须持有本专业相关职业资格证书并经批准上岗
3	全体人员必须熟悉《电业安全工作规程》的相关知识，并经考试合格

（3）工器具见表 11-4。

表 11-4 　　　　　　　　　　**高频开关直流装置工器具**

序号	名称	规格/编号	单位	数量	备注
1	数字万用表	4（1/2）	块	1	
2	组合工具	通用	套	1	
3	蓄电池专用放电器		台	1	放电电流 20A 以上
4	绝缘电阻	500V	只	1	在有效期内
5	毫伏表	真空管型	块	1	

（4）材料见表 11-5。

表 11-5 　　　　　　　　　　**高频开关直流装置检修材料**

序号	名称	规格	单位	数量
1	绝缘胶布		卷	2
2	绝缘手套、耐酸手套		双	各 3
3	小毛巾	—	条	2
4	口罩		只	2
5	毛刷	1.5"	把	2
6	苏打粉	—	公斤	0.5
7	凡士林		盒	1
8	导电膏		盒	1

（5）危险点分析见表 11-6。

表 11-6 　　　　　　　　　　**高频开关直流装置检修危险点分析**

序号	内　　　容
1	直流系统图纸如有错误，做安全措施时可能造成直流母线或负荷开关短路及失压
2	在充电设备及直流母线工作时，易造成人员触电和短路、接地事故
3	带电插拔插件，易造成集成块损坏
4	有可能误碰重要直流负荷开关，造成直流系统失压
5	在蓄电池充放电过程中有可能造成直流母线及蓄电池电压不合格
6	放电时可能因发热造成失火
7	在蓄电池室工作时有可能产生火花引起爆炸
8	在蓄电池本体上工作时有可能被渗出的酸液灼伤

（6）安全措施见表 11-7。

表 11-7　　　　　　　　　　　高频开关直流装置检修安全措施

序号	内　　容
1	做安全技术措施前应先检查现场实际接线与图纸是否一致，如发现不一致，应及时向专业技术人员汇报，经确认无误后及时修改，修改正确后严格执行
2	工作中应使用绝缘工具并戴手套，加强监护，特别是在直流母线上工作时，做好母线绝缘处理，工作人员不少于 2 人
3	在进行控制电路的检查时应该对该部分电路进行局部断电，严禁带电插拔
4	对直流负荷屏上的重要负荷开关要做醒目标记和防误碰措施
5	发电厂直流系统只有一组蓄电池，放电时可用专用二极管线夹代替蓄电池总保险的一极，防止冲击负荷造成直流母线失压；蓄电池在放电过程中每 2h 检查全部单体电压一次，防止过放电
6	在放电过程中，发热元件（放电电阻箱）必须有良好的散热条件，并且远离蓄电池和运行设备
7	蓄电池室严禁烟火，在进入蓄电池室前应提前 1h 打开抽风机
8	在蓄电池本体上工作时若被渗出的酸液灼伤，立即用 5％苏打水和清水冲洗

3. 作业程序和作业标准

（1）作业程序开工见表 11-8。

表 11-8　　　　　　　　　　　检修作业程序开工

序号	内　　容
1	工作票负责人会同工作票许可人检查工作票上所列安全措施是否正确完备，经现场核查无误后，与工作票许可人办理工作票许可手续
2	开工前工作负责人检查所有工作人员是否正确使用劳保用品，并由工作负责人带领进入作业现场并在工作现场向所有工作人员详细交待作业任务、安全措施和危险点、设备状态及人员分工，全体工作人员应明确作业范围、进度要求等内容，并在危控卡签字栏内分别签名
3	根据现场工作安全技术措施要求，完成安全技术措施并逐项打上已执行的标记，直流屏上各刀闸及小开关原始位置，各表计指示值记录在现场工作安全技术措施上，在做好安全措施工作后，方可开工

（2）检修电源的使用见表 11-9。

表 11-9　　　　　　　　　　　检修电源的使用标准及注意事项

序号	内　　容	标准及注意事项
1	检修电源接取位置	从就近检修电源箱接取；在保护室内工作，保护室内有继保专用试验电源屏，故检修电源必须接至继保专用试验电源屏的相关电源接线端子，且在工作现场电源引入处配置有明显断开点的刀闸和漏电保安器
2	接取电源时的注意事项	接取电源前应先验电，用万用表确认电源电压等级和电源类型无误后，先接刀闸处，再接电源侧；在接取电源时由继电保护人员接取

（3）检修内容和工艺标准见表 11-10。

表 11-10　　　　　　　　　　　　高频开关直流装置检修内容和工艺标准

序号	检修内容	工艺标准	安全措施及注意事项
1	充电屏检查		
1.1	充电屏外观检查、清扫	(1) 检查各个模块、元件固定应牢固可靠无松动。 (2) 检查充电屏内部各个插件板接触良好,名称及标记清晰、洁净。 (3) 检查导线布局是否整齐合理,有无破损,截面是否合格。 (4) 检查运行有无异常噪声,三相交流输入电压是否平衡或缺相。 (5) 检查散热元件有无松动、烧痕。 (6) 抽屉结构充电设备框架无变形、推拉灵活轻便、动静触头接触压力合格。 (7) 用作好绝缘的小毛刷将充电屏内各部件清扫干净	在清扫处理时,对于不能停电的设备必须做好绝缘处理
1.2	充电模块检验	(1) 浮充电压检验:将被检验充电模块单独运行,检查其浮充电压应为 (2.23~2.28) V×N。 (2) 均充电压检验:将被检验充电模块单独运行,检查其均充电压应为 (2.30~2.35) V×N。 (3) 均流不平衡度(应小于或等于±5%)检验:将被检验允电模块全部投入,使充电机满负荷运行,模块间负荷电流的均流不平衡度按下式计算 $$\beta = (I - I_P)/I_N \times 100\%$$ 式中　β——均流不平衡度; 　　　I——实测模块输出电流的极限值; 　　　I_P——N 个工作模块输出电流的平均值; 　　　I_N——模块的额定电流值。 (4) 交流过、欠压保护性能检验:将被检验充电模块单独运行,当交流输入电压波动范围低于 304V、高于 456V 时,应自动关机;电压正常后,应自动恢复工作。当直流输出电压超过预先整定限值时(大于 323V、小于 195V),应能自动告警,经延时自动关机。 (5) 稳压精度(应小于或等于±0.5%)检验:交流输入电压在额定电压±10%范围内变化,负荷电流在 0~100% 额定值变化时,直流输出电压在调整范围内的任一数值时其稳压精度(用双踪示波器测试)按照下式计算 $$\delta_U = [(U_M - U_Z)/2U_Z] \times 100\%$$ 式中　δ_U——稳压精度; 　　　U_M——输出电压波动极限值; 　　　U_Z——输出电压整定值。	在进行充电模块工作时,必须将蓄电池与直流母线可靠连接,防止直流母线失压

续表

序号	检修内容	工艺标准	安全措施及注意事项
1.2	充电模块检验	(6) 稳流精度（应小于或等于±1%）检验： 交流输入电压在额定电压±10%范围内变化、输出电流在20%－100%额定值的任一数值，充电电压在规定的调整范围内变化时，其稳流精度按照下式计算 $$\delta_l = [(I_M - I_Z)/I_Z] \times 100\%$$ 式中 δ_l——稳流精度； I_M——输出电流波动极限值； I_Z——输出电流整定值。 (7) 纹波系数（应小于或等于±0.5%）检验： $$\delta = [(U_F - U_q)/2U_P] \times 100\%$$ 式中 δ——纹波系数； U_F——直流电压脉动峰值； U_q——直流电压脉动谷值； U_P——直流电压平均值。 (8) 音响噪声无异常。 (9) 绝缘电阻大于或等于10MΩ（在线检查）。 (10) 清扫充电模块	在进行充电模块工作时，必须将蓄电池与直流母线可靠连接，防止直流母线失压
1.3	监控模块检验		
1.3.1	微机控制程序试验	(1) 正常充电程序试验：模拟恒流充电→恒压充电→浮充电等自动转换过程，整定充电电流，进行恒流充电，当电池端电压逐渐上升到整定的允许电压值，电流减小为 $0.1I_{10}$ 时，程序将控制充电装置自动转换为恒压充电状态运行。 (2) 长期浮充运行程序试验：每相隔1～3个月时间（可以任意整定一个数），程序将控制充电浮充电装置自动转入正常充电程序运行，然后又自动返回。	
1.3.2	输出限流、过流保护试验	输出限流、过流保护试验：选用外接可调电阻箱作为负载，调整电阻值，一般整定在 $(1.05～1.1)I_N$。输出电压突然下降，电流不再上升，这一点即为充电浮充电装置的限流点	
1.3.3	自检功能试验	自检功能试验：GZDW系列微机控制直流电源柜具有自检功能，能对所设定的电流、电压、时间等参数进行自动巡检，也可在屏幕上显示和修改，并发出相应的信号。程序若发现柜内有任何故障，将会自动报警	
1.3.4	三遥功能试验	三遥功能试验：通过三遥接口（一般采用RS—232、RS—422、RS—485接口）与监控中心相接，实现遥信、遥测、遥控，模拟出蓄电池组电压过低、控制母线电压过低或过高、母线接地、交流电源缺相或中断、充电浮充电装置运行方式、直流断路器运行状态等信号，遥信接口应能将上述信号在远方监控中心的屏幕上显示出来	综合自动化站必须做此项

续表

序号	检修内容	工艺标准	安全措施及注意事项
1.4	交流部分检验		
1.4.1	两路交流电源转换检验	将两路交流电源同时投运，只有一路向充电机供电。断开工作电源，另一路必须自动切换投运，同时监控模块将显示变化告警	
1.4.2	交流电源异常检验	交流电源电压过高（456V）、过低（304V）或缺相时应告警，并延时自动关机	
1.4.3	交流回路绝缘检验	交流回路对控制回路及对地的绝缘电阻值，不应小于1MΩ	
2	馈线屏检查		
2.1	直流馈线屏检查外观检查清扫	(1) 检查各个支路空气开关、母线、支架固定是否牢固可靠无松动。 (2) 检查馈线屏母线极性、颜色是否正确。 (3) 检查导线布局是否整齐合理，有无破损，截面是否合格。 (4) 检查固定连接螺栓及端子排接线应牢固无松动。 (5) 将馈线屏内各部件清扫干净	在清扫处理时，对于不能停电的设备必须做好绝缘处理，重要直流负荷做好防误碰处理
2.2	各个支路空气开关、保险的检查	(1) 检查各个支路空气开关、保险名称及标记是否清晰、洁净，指示灯是否正确。 (2) 模拟各个支路开关跳闸或保险熔断是否立即告警。 (3) 模拟各个支路跳闸、保险熔断是否立即告警	
2.3	调压装置检查		
2.3.1	手动调压试验	(1) 合闸母线电压值不变。 (2) 手动升压试验：每次手动调压一档，控制母线电压变化一次，直到调整到控制母线电压与合闸母线电压一致为止。 (3) 手动降压试验：每次手动调压一档，控制母线电压变化一次，直到调整到最低档为止	试验不得造成控制母线失压
2.3.2	自动调压试验	(1) 控制母线电压为整定值（220V）。 (2) 控制母线电压在220～245V之间变化时，自动调压装置始终使控制母线上的电压保持在整定值	
2.4	绝缘监察装置试验	(1) 对于运行的220V直流系统所有支路模拟任何一极发生接地电阻小于25KΩ接地故障时，均应可靠动作报警，发出声光信号，并与对应模拟支路一致。 (2) 装置应循环显示各个支路对地绝缘电阻和正对地、负对地及母线电压值。 (3) 模拟控制母线过压（268V）、欠压（187V）应立即告警。 (4) 装置与后台机通信应畅通，所有信号均应远方通信	
2.5	直流母线检验	(1) 检查各母线连接牢固可靠，无发热痕迹。 (2) 在断开所有其他连接支路时，柜内直流汇流排和电压小母线对地绝缘电阻应不小于10MΩ（在线检查）	

4. 高频开关直流装置状态检查

高频开关直流装置状态检查见表11-11。

表 11-11　　　　　　　　　高频开关直流装置状态检查表

序号	状态检查内容
1	直流屏型号
2	直流系统参数设置是否正确
3	各级保险和负荷开关配置是否符合梯级要求
4	自验收情况检查
5	验收各种信号结束后，应清除所有装置内部的事件报告
6	结束工作票前，按一下所有直流微机监控装置面板复位按钮，使装置复位
7	"现场安全技术措施"上所做的安全技术措施是否已全部恢复
8	工作中临时所做的安全措施是否已全部恢复（如临时短接线等）
9	微机监控和绝缘监察定值是否和最新定值单一致

5. 高频开关直流装置检修工作结束要求

高频开关直流装置检修工作结束要求见表11-12。

表 11-12　　　　　　　　　高频开关直流装置检修工作结束要求

序号	内　　容
1	验收所有直流系统信号
2	全部工作完毕，拆除所有试验接线和临时措施
3	全体工作班人员清扫、整理现场，清点工具并回收材料；一般废弃物应放在就近城市环卫系统设定的垃圾箱内，不得随便乱扔
4	工作负责人周密检查施工现场，检查是否有遗留的工具、材料
5	工作负责人在检修记录上详细记录本次工作所修项目、发现的问题、试验结果和存在的问题等
6	经值班员验收合格，并在验收记录卡上各方签字后，办理工作票终结手续

第三节　二次回路检修

一、检修周期

（1）每6~12个月对二次回路清扫一次。

（2）同设备的大修和小修进行。

二、二次回路的检修内容

（1）清扫时应注意以下事项。

1）清扫工作必须由有经验的检修人员做，人数不得少于两人：一人工作，一人监护。监护人必须熟悉二次回路的特征及运行情况。

2）必须遵守安全工作规程。清扫应戴手套。

3）清扫前应制订好工作程序，分工明确。

4）带电清扫时工具应有可靠的绝缘把柄。

（2）定期检查并做好户外端子箱和潮湿、油污场所二次线路的防水、防潮、防油污腐蚀的工作。

（3）定期检查全部保护装置时，对二次回路应检查以下项目。

1）所有接线螺钉压接应紧固，无松动和接触不良情况。

2）电压互感器和电流互感器回路接地应良好。

3）直流控制回路，电压互感器回路的熔断器完整，保险器与插座接触良好。

4）二次回路的导线应无绝缘老化、过热变色的情况。如有绝缘不良，应及时更换。

（4）定期检查二次回路的切换片和压板情况，清除积尘和锈斑。

（5）检查断路器跳闸线圈的螺钉是否紧固，辅助触头的接触是否良好。

（6）在二次回路上工作，均应按照安装接线图进行，不得凭记忆工作。工作时，只能使用绝缘把手的工具，在无电压情况下进行。只有在特殊情况下，在符合运行安全和人身安全的规定下，才允许带电工作。

三、二次回路的试验

1. 测量绝缘电阻

（1）测量项目：电流回路对地；电压回路对地；直流回路对地；信号回路对地；正极对跳闸回路；各回路间等。

（2）二次回路绝缘电阻的标准如下。

1）二次回路的每个支路和断路器、隔离开关、操作机构的电源回路均应不小于 $1M\Omega$；

2）其他比较潮湿的地方，可降低到不小于 $0.5M\Omega$。

3）直流小母线和控制盘的电压小母线，在断开所有其他并联支路时，应不小于 $10M\Omega$。

（3）测量二次回路绝缘电阻应注意以下事项。

1）测量前应将继电器、接线端子板、辅助设备、其他零件以及电缆外皮上灰尘、污垢清扫干净。

2）如在运行中发现继电保护装置、零件或导线等受潮时，要用吹风机将潮湿部分吹干。

3）潮湿天在室外变电所或潮湿房间测量绝缘电阻时，在绝缘电阻表下面应放置胶皮绝缘垫、电木板或其他绝缘物，同时应注意兆欧表端钮上接的导线不能碰到潮湿处、配电装置外壳或其他金属物。

2. 交流耐压试验

绝缘电阻测量后，还不能作为电气绝缘强度的依据，还要进行交流耐压试验。

对新装或检修的二次回路进行定期检查，2500V 绝缘电阻表用来代替交流耐压试验。根据具体情况，每 1~2 年试验一次。试验时应注意做好以下安全措施。

1）试验前必须认真核对接线图，并仔细地检查被试验的回路，以避免与外部回路相连接的情况。

2）试验前凡是与被试验回路断开的部分或用临时连接片的部分，均应编制成明细表，以便在试验结束后，接明细表将断开部分复原或拆去临时连接片。

3）试验时，凡有高压的地方（如控制盘、继电盘、断路器的操作机构及中央信号盘等），均应悬挂"止步，高压危险"的警告牌。

4）将被试验的二次回路及保护系统中所有接地线拆去，断开电压互感器的二次线圈、蓄电池及其他直流电源。凡高阻值的电阻和线圈都加以短路，以免在它们邻近发生击穿时遭到破坏。

5）耐压试验工作应在该项设备附近的外部人员不工作的时候进行才较为安全。

6）耐压试验结束后，应将所有接线系统对地放电，以确保安全。

试验完毕后，必须对被试验接线系统在试验前所拆开（或短路）的部分进行仔细检查，并将回路全部恢复原状。

四、二次回路检修后的外部检查

在检验工作结束后都必须对外部情况进行全面的检验。外部检查工作包括常规检查和专项检查两部分。

1. 常规的外部检查

（1）所有的试验记录完整，并符合部颁规程的要求。

（2）保护屏和控制屏上的标志以及继电器、辅助设备和切换设备（如操作把手、刀闸、按钮、灯具等）上的标志是否正确、清楚、完整，是否与图纸相符。

（3）导线连接的方向套标志和电缆标志是否正确、完整、清楚，是否与图纸相符。

（4）所有端子排以及继电器和其他设备上的接线是否连接可靠（应把全部螺钉紧一遍）；如果拆除不同的导线头，应用绝缘胶布包扎好，所有应该连接的连接片包括连接端子，应全部连接好。

2. 专项检查

（1）互感器（包括电流互感器、电压互感器）回路的外部检查。

1）检查互感器二次线圈端子板上的引出线无错误连接，标志正确，所有螺钉都已旋紧。

2）检查二次线圈的接点及接地情况，并检查是否便于拆装，接地点的接地应良好，接触电阻要小。

3）检查电压互感器二次回路中所用自动空气开关及熔断器是否完整，参数是否符合要求。

（2）对操作机构内的二次设备元件的检查。安装在操作机构内的二次设备元件包括：跳、合闸线圈，合闸接触器，辅助触头及连接端子等。

1）检查跳、合闸线圈和合闸接触器线圈的安装质量是否良好，如有必要可进行直流电阻的测量或检验启动电压和电流。

2）检查辅助触头动作情况是否灵活，调整是否正确、可靠。

3）检查所有端子及螺钉的连接情况是否良好。

4）跳、合闸熔丝的选择是否适当。

5）如用机械防跳装置，应检查其动作可靠。

（3）绝缘检查。具体包括以下内容。

1）对全部保护连线回路，用 1000V 绝缘电阻表测定对地绝缘电阻，其值应不小于 1MΩ。

2）测量不相联结的回路之间的绝缘电阻。

3）当在屏上进行绝缘试验时，如将回路拆开或将连接片或短路片打开以及将回路作其他任何变动时，在试验完毕后，必须仔细检查并将回路恢复原状。

五、直流传动试验

直流传动试验是检查整组保护的动作情况，确定接线、回路的动作是否与保护的原理接线相符，以及有否寄生回路存在的一种重要手段。在做直流传动试验之前，应熟悉保护的原理接线，并核对图纸把传动试验过程中可能引起其他保护误动作及熔断器误跳的回路全部拆除。

1. 检查整套保护的动作情况

（1）检查所有的直流继电器和断路器的传动装置，应满足在80%的额定操作的额定操作电压下能可靠动作。因此，直流传动试验应在直流电压为额定值的80%时，检验所有保护装置的相互动作情况。

（2）直流传动一般系人为使继电器动作，即用短路线或螺丝刀短接启动元件触头的办法，来检验保护装置的动作情况和二次回路接线安装的正确性。具体检查的内容如下。

1）检查所有继电器（由启动到出口）按相及按套（主保护和后备保护等）的动作顺序是否正确，并检查相间、及套间的相互动作情况。

2）检查用于控制设备来控制的接线回路在手控设备处于各种位置时，动作是否正确，如转换开关、刀闸、按钮等。

3）对所有闭锁装置，均应模拟实际可能的情况分别进行检验动作的正确性，如电流、电压连锁保护分别模拟短路电压、回路断线、过负荷等情况。

4）检查防跳回路动作的可靠性。

5）检查连片投入或断开位置，保护的动作是否符合原理要求。

6）检查动作于跳闸的出口中间继电器的可靠性。当多套保护共用时，应在各种可能情况下检查保护动作的情况。

检查动作于信号的保护动作情况，如瓦斯，过负荷、控制回路断路等。

2. 直流系统的检查

（1）模拟直流回路的各种不正常运行方式，如拉、合直流电源，保险丝熔断，正、负电源分别先后投入和切除，控制回路断线等，保护装置和信号是否动作，动作是否正确。

（2）检查操作回路内不正常时，如指示灯、继电器、限流电阻等的断路或短路，有否可能引起保护、信号的误动作。

六、交流传动试验

保护装置和自动装置在投入运行以前必须做交流传动试验，即用一次电流和工作电压加以检验，模拟在各种故障状态下，检验其动作的正确性。

根据被保护的设备、保护装置及现场条件，可以用下列方法取得一次电流：用外加电源法；用被保护设备的负荷电流和工作电压。

1. 用外加电源法检验

外加电源用220～380V的厂用电。用外加电源通入一次电流进行检验的方法如下。

（1）单相通电。外加电源接入升流器，升流器副边分别接入各相电流互感器原边。升高电流，检查二次电流。单相通电的目的：检查一次和二次回路相别的一致性，以及各相电流互感器的变比；检查电流回路中性线的电流或两相星形接线公共线中的电流大小；在大电流接地系统中模拟单相短路，对应相的保护应该动作。测量电流互感器的二次侧电流，可以从端子排试验端子接入电流表（以下同）。

（2）两相通电目的：模拟三种两相故障，检查对应相保护的动作情况，以检查互感器接线极性的正确性。

2. 利用被保护设备的负荷电流来检验的保护装置

（1）各种类型的电流保护（过流、速断等）的检验：如果不用外加电源法做交流模拟传动的检验时，可以用测量电流互感器二次侧角相中的负荷电流和中性线回路的不平衡电流，来检查电流互感器及其二次回路是否良好以及其接线的正确性。测量的方法就是在相应电流回路试验端子中串入电流表即可，但应注意所用的电流表表应为低内阻电流表。

（2）差动保护检验：新整定的差动保护应在变压器空载状态下进行五次合闸试验，以检查差动误护是否能躲开励磁涌流的影响，保护应不动作。检查差动保护两臂电流的大小和相位，以检查接至继电器端子的接线极性是否正确。方法是在带负荷的情况下，先测量六角图。然后用高内阻电压表测量执行元件线圈上的不平衡电压，一般情况下，在额定负荷时，此不平衡电压不应超过 0.15V。

模拟电流回路断线的检验，人为地断开保护装置一侧某相的电流互感器回路，检查保护装置是否动作。

3. 应用电压互感器工作电压检验的保护装置

（1）检验公用电压回路的正确性。在控制屏（或保护屏）电压互感器的二次引入端子上测量各相电压、线电压和开口三角形的零序电压，检查三相是否平衡。如果电压互感器二次侧采用 B 相接地，则测量各相及中性点对地电压，用以确定 B 相；如果采用中性点接地，则与同一电压互感器供电的其他屏上以知相位的端子相比较，以进行电匝回路的定相。

用相序笔（或其他方法）检验三相的相序。

接线中，如果电压回路是经过切换以后供给的，则应检查切换前后所供给电压的正确性。

（2）检验电压回路断线闭锁装置。在电压回路接入全部负荷的情况下，从电压互感器二次端子上轮流取下一相、二相及三相的熔断器，测量继电器端子上的电压，检查闭锁装置在各种断线情况下的动作情况。